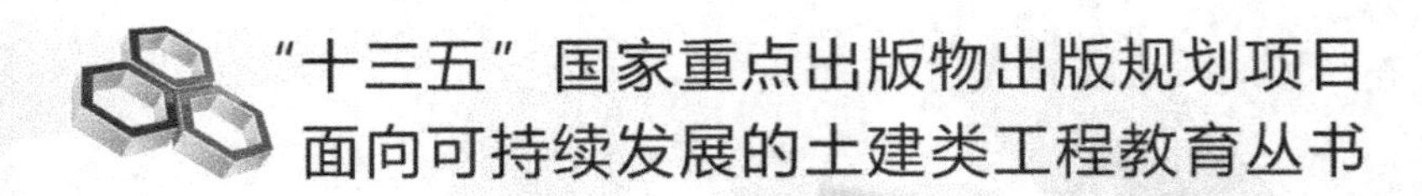

“十三五”国家重点出版物出版规划项目

面向可持续发展的土建类工程教育丛书

SUSTAINABLE DEVELOPMENT

建筑工程估价

◎主　编　许程洁

◎副主编　张　红　战　松

◎参　编　李淑红　黄昌铁　王炳霞　张艳梅　张淑红

本书根据现行的《建设工程工程量清单计价规范》（GB 50500）、《建筑安装工程费用项目组成》（建标〔2013〕44号）、《建筑工程建筑面积计算规范》（GB/T 50353）、《建设工程项目管理规范》（GB/T 50326）、《建设工程施工合同（示范文本）》（GF-2017-0201）、《建设项目总投资费用项目组成（征求意见稿）》（建办标函〔2017〕621号）等计价规范和文件及部分省、市颁布实施的工程造价定额及其相关规定、规则和规程，结合编者多年来关于“建筑工程估价”课程所积累的教学与实践经验编写而成。

本书主要内容包括建筑工程估价概论、建设工程费用、建筑工程造价计价依据、建筑工程造价文件的编制、建设项目招标投标阶段估价、房屋建筑与装饰工程计量、工业化建筑工程计量等。

本书可作为高等院校土木工程、工程管理、工程造价等专业的本科生教材或教学参考书，也可作为建设项目工程造价、经济核算和招标投标等方面从业人员的参考书或培训教材。

图书在版编目（CIP）数据

建筑工程估价/许程洁主编. —北京：机械工业出版社，2021.4（2024.6重印）

（面向可持续发展的土建类工程教育丛书）

“十三五”国家重点出版物出版规划项目

ISBN 978-7-111-68107-6

Ⅰ.①建… Ⅱ.①许… Ⅲ.①建筑工程-工程造价-估价-高等学校-教材 Ⅳ.①TU723.3

中国版本图书馆CIP数据核字（2021）第076117号

机械工业出版社（北京市百万庄大街22号 邮政编码100037）

策划编辑：冷 彬 责任编辑：冷 彬 高凤春

责任校对：王 欣 封面设计：张 静

责任印制：单爱军

北京虎彩文化传播有限公司印刷

2024年6月第1版第4次印刷

184mm×260mm · 20.75印张 · 513千字

标准书号：ISBN 978-7-111-68107-6

定价：58.00元

电话服务

客服电话：010-88361066

010-88379833

010-68326294

网络服务

机 工 官 网：www.cmpbook.com

机 工 官 博：weibo.com/cmp1952

金 书 网：www.golden-book.com

机工教育服务网：www.cmpedu.com

前言

本书是为提高教学质量、改善教学效果，满足高等院校教学改革和人才培养的需要，使学生掌握建筑工程造价的行业动态和新的管理模式，根据教育部颁布的《普通高等学校本科专业目录和专业介绍》，并结合编者多年来所积累的教学与实践经验而编写的。本书在编写过程中注重理论与工程实际相结合，充分展示我国工程造价管理体制改革的成果，贯彻《中华人民共和国招标投标法》，将现行的《建设工程工程量清单计价规范》(GB 50500)、《建筑工程建筑面积计算规范》(GB/T 50353)、《建设工程项目管理规范》(GB/T 50326)，住房和城乡建设部颁布的《建设项目总投资费用项目组成(征求意见稿)》(建办标函〔2017〕621号)和有关部门颁布实施的预算定额、消耗量定额、费用项目组成等工程造价管理文件的相关规定、规则纳入相应章节，以体现本书的时效性、实用性和可操作性。

本书系统地介绍了建筑工程估价概论、建设工程费用、建筑工程造价计价依据、建筑工程造价文件的编制、建设项目招标投标阶段估价、房屋建筑与装饰工程计量、工业化建筑工程计量等内容。

本书由哈尔滨工业大学许程洁担任主编，哈尔滨工业大学张红、沈阳建筑大学战松担任副主编。具体编写分工为：第1章由战松编写，第2章由许程洁编写，第3章由王炳霞（北京建筑大学）和张艳梅（哈尔滨工业大学）共同编写，第4章由张红、战松、许程洁共同编写，第5章由李淑红（东北林业大学）编写，第6章由黄昌铁(沈阳建筑大学)、张红、许程洁共同编写，第7章由张淑红（哈尔滨商业大学）、张红共同编写。

由于编写时间和编者水平有限，本书难免存在不足之处，恳请广大读者批评指正。

编　者

目　录

第1章

建筑工程估价概论

1.1 建筑工程概述

建筑工程是指通过对各类房屋建筑及其附属设施的建造和与其配套的线路、管道、设备的安装活动所形成的工程实体。其中“房屋建筑”指有顶盖、梁柱、墙壁、基础以及能够形成内部空间，满足人们生产、居住、学习、公共活动需要的工程。

1.1.1 工程项目划分

工程项目一般可以按照建设项目、单项工程、单位工程三级标准进行划分；也可以按照五级标准进行划分，即前述标准的三项内容再加上分部工程和分项工程，如图 1-1 所示。

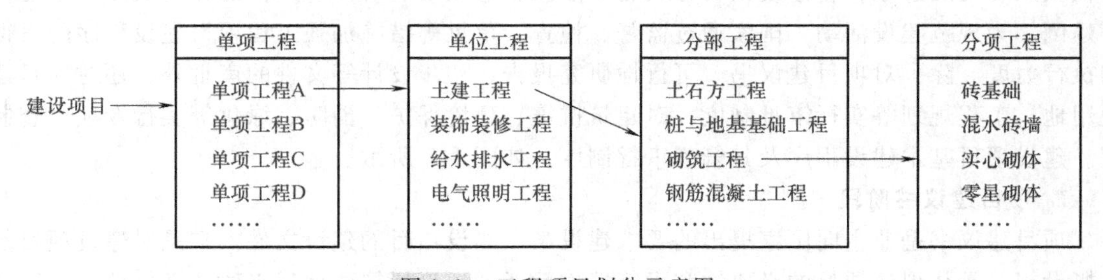

图 1-1 工程项目划分示意图

1. 建设项目

建设项目一般是指具有一个设计任务书、按一个总体设计进行施工、经济上实行独立核算、行政上有独立组织形式的建设单位。在工业建设中，一般以一个工厂为一个建设项目，如一个钢铁厂、汽车厂、机械制造厂等；在民用建设中，一般以一个事业单位为一个建设项目，如一所学校、医院等；在交通运输建设中，一般以一条铁路或公路等为一个建设项目。

2. 单项工程

单项工程又称为工程项目，是建设项目的组成部分。一个建设项目可以是一个单项工程，也可能包括几个单项工程。单项工程是具有独立的设计文件，建成后可以独立发挥生产能力或效益的工程。生产性建设项目的单项工程，一般是指能独立生产的车间。它包括厂房建筑，设备的安装及设备、工具、器具、仪器的购置等。非生产性建设项目的单项工程是指办公楼、教学楼、图书馆、食堂、宿舍等。

3. 单位工程

单位工程是单项工程的组成部分，一般是指不能独立发挥生产能力，但具有独立施工条件的工程。如车间的厂房建筑是一个单位工程，车间的设备安装又是一个单位工程。此外，还有电气照明工程（包括室内外照明设备安装、线路敷设、变电与配电设备的安装工程等）、特殊构筑物工程（如各种大型设备基础、烟囱、桥涵等）、工业管道工程等。

4. 分部工程

分部工程是单位工程的组成部分，一般是按单位工程的各个部位划分的。如房屋建筑单位工程可划分为基础工程、主体工程、屋面工程等。分部工程也可以按照工程的工种来划分，如土石方工程、钢筋混凝土工程、装饰工程等。

5. 分项工程

分项工程是分部工程的组成部分，是指通过较为简单的施工过程可以生产出来、用一定的计量单位可以进行计量计价的最小单元（称为“假定的建筑安装产品”）。如钢筋混凝土工程可划分为模板、钢筋、混凝土等分项工程；一般墙基工程可划分为开挖基槽、垫层、基础灌注混凝土（或砌石、砌砖）、防潮等分项工程。

1.1.2 建设项目基本建设程序

建设项目基本建设程序是指建设项目从策划、评估、决策、设计、施工到竣工验收、投入生产或交付使用的整个建设过程中各项工作必须遵循的先后次序。这是人们在认识客观规律的基础上制定出来的，是建设项目科学决策和顺利进行的重要保证。按照建设项目发展的内在联系和发展过程，将建设项目分成若干阶段，这些发展阶段有严格的先后次序，不能任意颠倒。为规范建设活动，国家通过监督、检查、审批等措施加强工程项目建设程序的贯彻和执行力度。除了对项目建议书、可行性研究报告、初步设计等文件的审批外，还对项目建设用地、工程规划等实行审批制度，对建筑抗震、环境保护、消防、绿化等实行专项审查制度。建设项目基本建设程序及其管理审批制度，如图 1-2 所示。

1. 项目建议书阶段

项目建议书是业主向国家提出的要求建设某一建设项目的建设文件。它是对建设项目的大概设想，是从拟建项目的必要性和可能性方面考虑，论证拟建项目兴建的必要性、可行性以及兴建的目的、要求、计划等内容，并写成报告，建议上级批准。客观上，建设项目要符合国民经济长远规划，符合部门、行业和地区规划的要求。

2. 可行性研究阶段

项目建议书批准后，应紧接着进行可行性研究。可行性研究是对建设项目技术上和经济上是否可行而进行的科学分析和论证，是技术经济的深入论证阶段，为项目决策提供依据。

可行性研究的内容可概括为市场（供需）研究、技术研究和经济研究三项。具体地说，工业项目可行性研究内容包括：项目提出的背景、必要性、经济意义、工作依据与范围；需求预测；拟建规模；建厂条件及厂址方案；资源材料和公用设施情况；进度建议；投资估算和资金筹措；社会效益及经济效益等。在可行性研究基础上，编制可行性研究报告。批准后

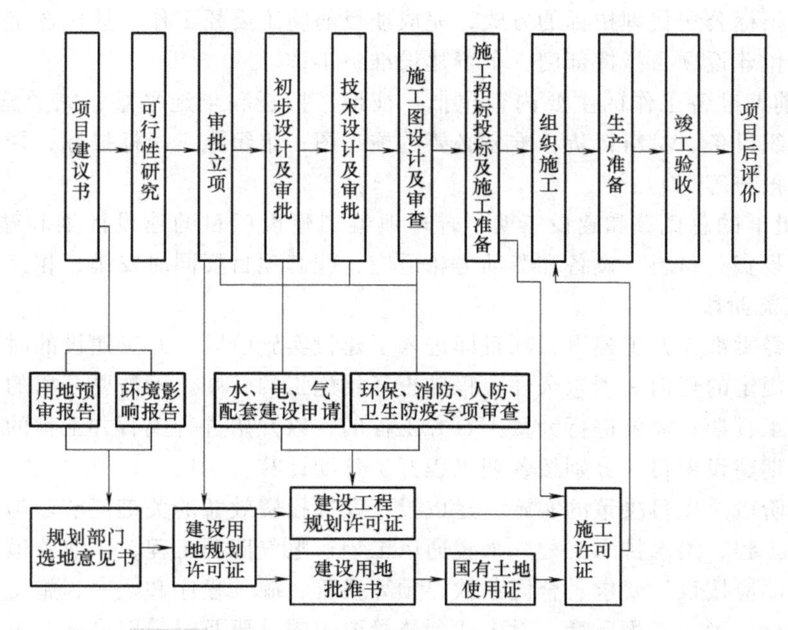

图 1-2　建设项目基本建设程序及其管理审批制度

的可行性研究报告是初步设计的依据，不得随意修改或变更。项目可行性研究经过评估审定后，按项目隶属关系，由主管部门组织，计划和设计等单位编制设计任务书。

项目建议书阶段和可行性研究阶段称为设计前期阶段或决策阶段。

3. 设计阶段

设计文件是安排建设项目和组织施工的主要依据。一般的建设项目分为初步设计和施工图设计两个阶段进行。对于技术复杂而又缺乏经验的项目，增加技术设计阶段，即按初步设计、技术设计和施工图设计三个阶段进行。

1）初步设计是设计工作的第一阶段，根据批准的可行性研究报告和设计基础资料，对项目进行系统研究，对拟建项目的建设方案、设备方案、平面布置等方面做出总体安排。其目的是阐明在指定的时间、地点和投资控制数额内，拟建项目在技术上的可能性和经济上的合理性，并通过对工程项目所做出的基本技术经济规定，编制项目总概算。初步设计可作为主要设备订货、施工准备工作、土地征用、控制基本建设投资、施工图设计或技术设计、编制施工组织总设计和施工图预算等的依据。

2）技术设计阶段要进一步解决初步设计的重大技术问题，如工艺流程、建筑结构、设备选型及数量确定等，同时对初步设计进行补充和修正，编制修正总概算。

3）施工图设计是根据批准的初步设计编制的，是初步设计的具体化。施工图设计的详细程度应能满足建筑材料、构配件及设备的购置和非标准设备的加工、制作要求；满足编制施工图预算和施工、安装、生产的要求，并编制施工图预算。因此，施工图预算是在施工图设计完成后及在施工前编制的，是基本建设过程中重要的经济文件。

4. 招标投标及施工准备阶段

为了保证施工顺利进行，必须做好以下各项工作：

1）根据计划要求的建设进度和工作实际情况，决定项目的承包方式，确定项目采用自主招标或委托招标公司代理招标的方式，完成项目的施工委托工作，择优选定承包商，成立企业或建设单位建设项目指挥部门，负责建设准备工作。

2）建设前期准备工作的主要内容包括：征地、拆迁和场地平整；完成施工用水、电、路等工程；组织设备、材料订货；准备必要的施工图；组织施工招标投标，择优选定施工单位；报批开工报告等。

3）根据批准的总概算和建设工期，合理地编制建设项目的建设计划和建设年度计划。计划内容要与投资、材料、设备和劳动力相适应，配套项目要同时安排，相互衔接。

5. 建设实施阶段

建设项目经批准新开工建设，项目即进入了建设实施阶段。开工建设的时间是指建设项目设计文件中规定的任何一项永久性工程破土开始施工的日期。不需要开槽的，正式开始打桩日期就是开工日期；需要进行大量土石方工程的，以开始进行土石方工程的日期作为正式开工日期；分期建设项目，分别按各期工程开工日期计算。

建设实施阶段是项目决策的实施、建成投产发挥投资效益的关键环节。施工阶段的内容一般包括土建工程、给水排水工程、采暖通风工程、电气照明工程、工业管道工程及设备安装等。施工活动应按设计要求、合同条款、预算投资、施工程序和顺序、施工组织设计、施工验收规范进行，确保工程质量。对未达到质量要求的，要及时采取措施，不留隐患。不合格的工程不得交工。

在实施阶段还要进行生产准备。生产准备是项目投产前由建设单位进行的一项重要工作，是建设阶段转入生产经营的必要条件，一般包括：组织管理机构，制定有关制度和规定，招收培训生产人员，组织生产人员参加设备的安装、调试和工程验收，签订原料、材料、协作产品、燃料、水、电等供应运输协议，进行工具、器具、备品、备件的制造或订货，进行其他必需的准备。

6. 竣工验收阶段

当建设项目按设计文件的内容全部施工完成后，达到竣工标准要求，便可组织验收，经验收合格后，移交给建设单位，这是建设程序的最后一步，是投资成果转入生产或服务的标志。通过竣工验收，可以检查建设项目实际形成的生产能力或效益，也可避免项目建成后继续消耗建设费用。竣工验收时，建设单位还必须及时清理所有财产、物资和未花完或应回收的资金，编制工程竣工决算，分析预（概）算执行情况，考核投资效益报主管部门审查。编制竣工决算是基本建设管理工作的重要组成部分，竣工决算是反映建设项目实际造价和投资效益的文件，是办理交付使用新增固定资产的依据，是竣工验收报告的重要组成部分。

1.2 工程造价概述

1.2.1 工程造价的含义

工程造价按字面理解就是一项工程的建造价格，从不同的角度出发，工程造价有两种含义。

1）第一种含义，从投资者——业主的角度而言，工程造价是指进行某项工程建设，预期或实际花费的全部建设投资。投资者为了获得投资项目的预期效益，就需要进行项目策划、决策及实施，直至竣工验收等一系列投资管理活动。在上述活动中所花费的全部费用，就构成了工程造价。

从上述意义上讲，工程造价的第一种含义就是指建设项目总投资中的建设投资费用，包括工程费用、工程建设其他费用和预备费三部分。其中，工程费用由设备及工器具购置费用和建筑安装工程费用组成；工程建设其他费用由土地使用费、与工程建设有关的其他费用和与未来企业生产经营有关的其他费用组成；预备费包括基本预备费和价差预备费。如果建设投资的部分资金是通过贷款方式获得的，还应包括贷款利息。

2）第二种含义，从市场交易的角度而言，工程造价是指为完成某项工程的建设，预计或实际在土地市场、设备市场、技术劳务市场以及工程承发包市场等交易活动中所形成的土地费用、建筑安装工程费用、设备及工器具购置费用以及技术与劳务费用等各类交易价格。这里“工程”的概念和范围很广，既可以是涵盖范围很大的一个建设项目，也可以是其中的一个单项工程，甚至可以是整个建设工程中的某个阶段，如土地开发工程、建筑安装工程、装饰工程，或者其中的某个组成部分，如土方工程、防水工程、电气工程等。随着经济发展中的技术进步、分工细化和市场完善，工程建设的中间产品也会越来越多，商品交换会更加频繁，工程价格的种类和形式也会更为丰富。

通常，将工程造价的第二种含义理解为建筑安装工程费用。这是因为：①建筑安装工程费用是在建筑市场通过招标投标，由需求主体（投资者）和供给主体（承包商）共同认可的价格；②建筑安装工程费用在项目建设总投资中占有50%~60%以上的份额，是建设项目投资的主体；③建筑安装施工企业是工程建设的实施者，并具有重要的市场主体地位。因此，将建筑安装工程费用界定为工程造价的第二种含义，具有重要的现实意义。但同时需要注意，这种对工程造价的界定是一种狭义的理解。

工程造价的两种含义是从不同角度阐述同一事物的本质。对建设工程投资者来说，在市场经济条件下的工程造价就是项目投资，是“购买”项目要付出的价格；同时也是投资者在作为市场供给主体“出售”项目时定价的基础。对承包商、供应商和规划、设计等机构来说，工程造价是他们作为市场供给主体出售商品和劳务的价格的总和，或者是特指范围的工程造价，如建筑安装工程造价。

1.2.2 工程造价计价的特点

工程建设活动是一项环节多、影响因素多、涉及面广的复杂活动。因而，工程造价会随项目进行的深度不同而发生变化，即工程造价的确定与控制是一个动态过程。工程造价计价的特点是由建设产品本身的固有特点及其生产过程的生产特点所决定的。

1. 单件性计价

每个建设工程产品都有其特定的用途、功能、规模，每项工程的结构、空间分隔、设备配置和内外装饰都有不同的要求。建设工程还必须在结构、造型等方面适应工程所在地的气候、地质、水文等自然条件，这就使工程项目的实物形态千差万别。因此，工程项目只能通过特殊的程序（编制估算、概算、预算、合同价、结算价及最后确定竣工决算等），就每个项目在建设过程中不同阶段的工程造价进行单件性计价。

2. 多次性计价

建设项目生产过程是一个周期长、资源消耗数量大的生产消费过程。从建设项目可行性研究开始，到竣工验收交付生产或使用，项目是分阶段进行建设的。根据建设阶段的不同，对同一工程的造价，在不同的建设阶段，有不同的名称、内容。为了适应工程建设过程中各方经济关系的建立，适应项目的决策、控制和管理的要求，需要对其进行多次性计价。

建设项目处于项目建议书阶段和可行性研究阶段，拟建工程的工程量还不具体，建设地点也尚未确定，工程造价不可能也没有必要做到十分准确，此阶段的造价为投资估算；在初步设计阶段，对应初步设计的是设计概算或设计总概算；当进行技术设计或扩大初步设计时，设计概算必须做调整、修正，反映该阶段的造价名称为修正设计概算；进行施工图设计后，工程对象比初步设计时更为具体、明确，工程量可根据施工图和工程量计算规则计算出来，对应施工图的工程造价名称为施工图预算；通过招投标由市场形成并经承发包方共同认可的工程造价是承包合同价，其中投资估算、设计概算、施工图预算都是预期或计划的工程造价；工程施工是一个动态系统，在建设实施阶段，有可能存在设计变更、施工条件变更和工料价格波动等影响，所以竣工时往往要对承包合同价做适当调整。局部工程竣工后的竣工结算和全部工程竣工合格后的竣工决算，是建设项目的局部和整体的实际造价。因此，建设项目工程造价是贯穿项目建设全过程的概念。图 1-3 中的连线表示对应关系，箭头表示多次性计价的流程及逐步深化的过程，说明了多次性计价是一个由粗到细、由浅入深、由概略到精确的计价过程，也是一个复杂而重要的管理系统。

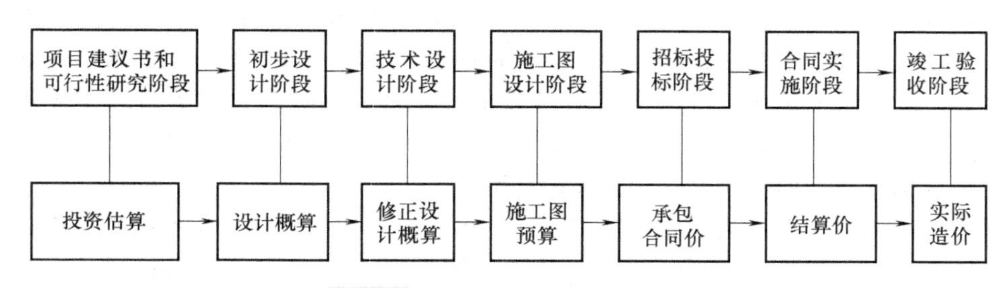

图 1-3　工程多次性计价示意图

根据项目基本建设程序，按工程造价的性质将其归纳为四部分，即：决策、设计阶段对应于工程成本规划，交易阶段对应于工程估价，施工阶段对应于合同管理，项目运营阶段对应于设施管理。

3. 分解组合计价

任何一个建设项目都可以分解为一个或多个单项工程；任何一个单项工程都是由一个或多个单位工程所组成的；作为单位工程的各类建筑工程和安装工程仍然是一个比较复杂的综合实体，还需要进一步分解，就建筑工程来说，又可以按照施工顺序细分为土石方工程、砖石砌筑工程、混凝土及钢筋混凝土工程、木结构工程、楼地面工程等分部工程；分解成分部工程后，虽然每一部分都包括不同的结构和装修内容，但是从工程计价的角度来看，还需要把分部工程按照不同的施工方法、不同的构造及不同的规格，加以更为细致的分解，划分为更为简单细小的部分。经过这样逐步分解到分项工程后，就可以得到建设项目的基本构造要素。然后再选择适当的计量单位并根据当时当地的单价，采取一定的计价方法，进行分项分部组合汇总，便能计算出工程总造价。

4. 计价依据复杂

影响造价的因素多、计价依据复杂、种类繁多，主要可分为以下几类：

1）计算设备和工程量的依据，包括项目建议书、可行性研究报告、设计文件等。

2）计算人工、材料、机械等实物消耗量的依据，包括投资估算指标、概算定额、预算定额等。

3）计算工程单价的依据，包括人工单价、材料价格、机械台班价格等。

4）计算设备单价的依据，包括设备原价、设备运杂费、进口设备关税等。

5）计算措施费和工程建设其他费用的依据，主要是相关的费用定额和指标。

6）政府规定的税、费等。

7）物价指数和工程造价指数。

工程造价计价依据的复杂性不仅使计算过程复杂，而且要求计价人员熟悉各类依据，并加以正确利用。

1.2.3 工程造价全生命周期造价管理

传统的工程造价管理理论，人们往往将注意力集中在通过哪些途径可降低建设项目工程造价，但随着建设项目的日益繁杂和工程管理思维的转变，人们对工程造价的理解也发生了变化，从项目建造、运营使用至报废拆除所发生的费用都归算在工程造价内，追求全生命周期（life cycle）内工程造价的管理。更进一步的是，人们不再单纯地将建设项目看成建设活动的静态产品，而是拥有未来收入或收益的动态产品，思考在全生命周期成本最低的基础上追求整个项目的价值，这完全是一次工程造价管理思维的重大转变。

项目的全生命周期不仅包括建造阶段，还包括未来的运营维护以及翻新拆除阶段，一般将建设项目全生命周期划分为建造（creation）阶段、使用（use）阶段和废除（demolition）阶段，其中建造阶段又进一步细分为开始（inception）、设计（design）和施工（implementation），如图 1-4 所示。实际上建设项目的未来运营和维护成本要远远大于它的建设成本，但先期建设成本的高低对未来的运营和维护成本会产生很大的影响。因此，实施全生命周期造价管理，自决策阶段开始，将一次性建设成本和未来的运营、维护成本，乃至拆除报废成本加以综合考虑，取得两者之间的最佳平衡，从建设项目全生命周期角度出发考虑造价问题，实现建设项目整个生命周期总造价的最小化是非常必要的。

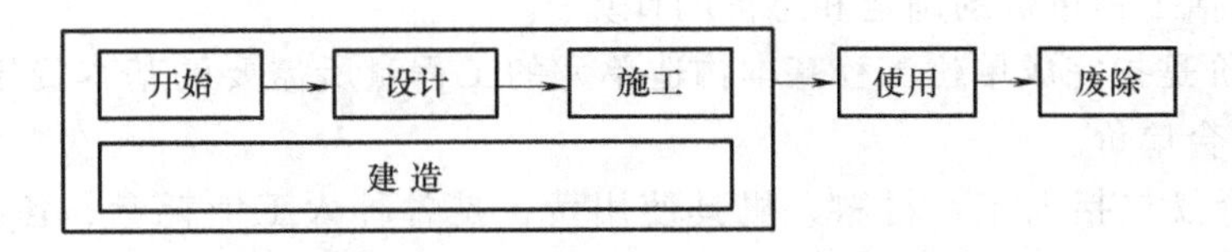

图 1-4 建设项目全生命周期示意图

1.3 建筑工程计价方式

工程计价是指按照规定的程序、方法和依据，对工程造价及其构成内容进行估计或确定的行为。工程计价依据是指在工程计价活动中，所要依据的与计价方法、计价内容和价格标准相关的工程建设法律法规、工程造价管理标准、工程计价定额、工程计价信息等。根据工程计价依据的不同，目前我国处于工程定额计价和工程量清单计价两种方法并存的状态。

1.3.1 工程计价的基本原理

建设项目是兼具单件性与多样性的集合体。每一个建设项目的建设都需要按业主的特定需要进行单独设计、单独施工，不能批量生产和按整个项目确定价格，只能采用特殊的计价程序和计价方法，即将整个项目进行分解，划分为可以按有关技术经济参数测算价格的基本构造要素（如定额项目、清单项目），这样就可以计算出基本构造要素的费用。一般来说，分解的结构层次越多，基本子项也越细，计算也更精确。

工程造价计价的主要思路就是将建设项目细分至最基本的构成单位（如定额项目或清单项目），找到适当的计量单位及当时当地的单价，采取一定的计价方法，进行分部组合汇总，计算出相应的工程造价。工程计价的基本原理就在于项目的分解与组合。无论是工程定额计价方法还是工程量清单计价方法，都是一种从下而上的分部组合计价方法。

工程计价的基本原理用公式形式表达如下：

$$\text{建筑安装工程造价} = \sum[\text{单位工程基本构造要素工程量(定额项目或清单项目)} \times \text{相应单价}] \tag{1-1}$$

工程造价的计价可分为工程计量和工程计价两个环节。

（1）工程计量

工程计量包括工程项目的划分和工程量的计算。

1）单位工程基本构造单元的确定，即划分工程项目。编制工程概（预）算时，主要是按工程定额进行项目的划分；编制工程量清单时，主要是按照清单工程量计算规范规定的清单项目进行划分。

2）工程量的计算就是按照工程项目的划分和工程量计算规则，根据不同的设计文件对工程实物量进行计算。工程实物量是计价的基础，不同的计价依据有不同的计算规则。目前，工程量计算规则包括以下两大类：

① 各类工程定额规定的计算规则。

② 各专业工程量计算规范附录中规定的计算规则。

（2）工程计价

工程计价包括工程单价的确定和总价的计算。

1）工程单价是指完成单位工程基本构造单元的工程量所需要的基本费用。工程单价包括工料单价和综合单价。

① 工料单价仅包括人工、材料、机具使用费，是各种人工消耗量、各种材料消耗量、各类施工机具台班消耗量与其相应单价的乘积。用下列公式表示：

$$\text{工料单价} = \sum(\text{人材机消耗量} \times \text{人材机单价})$$

② 综合单价除包括人工费、材料费、机具使用费外，还包括可能分摊在单位工程基本构造单元的费用。根据我国现行有关规定，又可以分成清单综合单价与全费用综合单价两种：清单综合单价中除包括人工费、材料费、施工机具使用费外，还包括企业管理费、利润和风险费用；全费用综合单价中除包括人工费、材料费、施工机具使用费外，还包括企业管理费、利润、规费和税金。

综合单价根据国家、地区、行业定额或企业定额消耗量和相应生产要素的市场价格，以及定额或市场的取费费率来确定。

2）工程总价是指经过规定的程序或办法逐级汇总形成的相应工程造价。根据采用的单价内容和计算程序不同，工程总价的计算分为工料单价法和综合单价法。

① 工料单价法。首先依据相应计价定额的工程量计算规则计算项目的工程量，然后依据定额的人、材、机要素消耗量和单价，计算各个项目的直接费，然后再计算直接费合价，最后再按照相应的取费程序计算其他各项费用，汇总后形成相应工程造价。

② 综合单价法。若采用全费用综合单价（完全综合单价），首先依据相应工程量计算规范规定的工程量计算规则计算工程量，并依据相应的计价依据确定综合单价，然后用工程量乘以综合单价，并汇总即可得出分部分项工程费（以及措施项目费），最后再按相应的办法计算其他项目费，汇总后形成相应工程造价。我国现行的《建设工程工程量清单计价规范》（GB 50500）中规定的清单综合单价属于非完全综合单价，当把规费和税金计入非完全综合单价后即形成完全综合单价。

1.3.2　工程定额计价的基本程序

工程定额计价是国家通过颁布统一的计价定额或指标，对建筑产品价格进行有计划的管理。国家以假定的建筑安装产品为对象，制定统一的预算和概算定额，按概（预）算定额规定的分部分项子目，逐项计算工程量，套用概（预）算定额单价（或单位估价表）确定直接工程费，然后按规定的取费标准确定措施费、间接费、利润和税金，经汇总后即为工程概（预）算价值。

编制建设工程造价最基本的过程有两个：工程计量和工程计价。为统一口径，工程量的计算均按照统一的项目划分和工程量计算规则计算。工程量确定以后，就可以按照一定的方法确定出工程的成本及盈利，最终确定出工程造价。概（预）算的单位价格的形成过程，就是依据概（预）算定额所确定的消耗量乘以定额单价或市场价，经过不同层次的计算形成相应造价的过程。可以用公式进一步明确工程定额计价的基本方法和程序：

$$\begin{array}{c}\text{每一计量单位建筑产品的基本构造要素}\\\text{（假定建筑产品）的直接工程费单价}\end{array}=\text{人工费}+\text{材料费}+\text{施工机具使用费} \tag{1-2}$$

$$\text{人工费}=\sum(\text{人工工日数量}\times\text{人工日工资标准}) \tag{1-3}$$

$$\text{材料费}=\sum(\text{材料用量}\times\text{材料单价})+\text{工程设备费} \tag{1-4}$$

$$\begin{aligned}\text{施工机具使用费}=&\sum(\text{施工机械台班消耗量}\times\text{机械台班单价})+\\&\sum(\text{仪器仪表台班消耗量}\times\text{仪器仪表台班单价})\end{aligned} \tag{1-5}$$

$$\text{单位工程直接费}=\sum(\text{假定建筑产品工程量}\times\text{工料单价}) \tag{1-6}$$

$$\text{单位工程概(预)算造价}=\text{单位工程直接费}+\text{间接费}+\text{利润}+\text{税金} \tag{1-7}$$

$$\text{单项工程概(预)算造价}=\sum\text{单位工程概(预)算造价}+\text{设备、工器具购置费} \tag{1-8}$$

$$\text{建设项目全部工程概(预)算造价}=\text{单项工程概(预)算造价}+\text{预备费}+\text{有关的其他费用} \tag{1-9}$$

1.3.3　工程量清单计价基本方法

工程量清单计价的过程可以分为两个阶段，即工程量清单编制和工程量清单应用两个阶段。

工程量清单编制程序如图1-5所示。

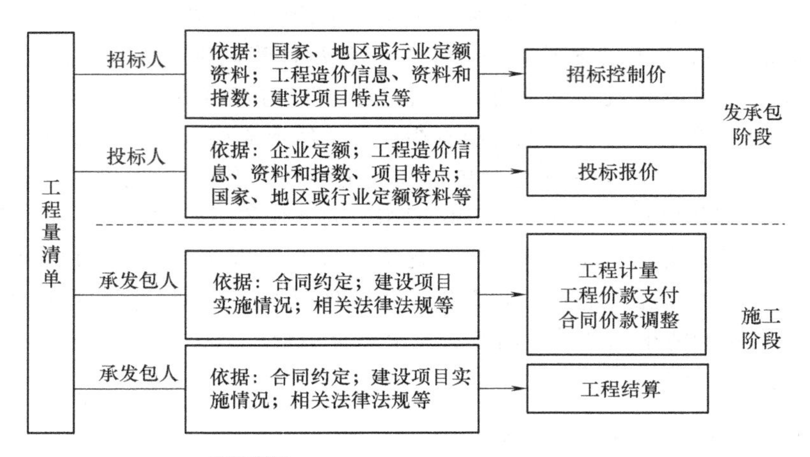

图1-5　工程量清单编制程序示意图

工程量清单计价的基本原理可以描述为：在清单计价规范规定的统一的工程量清单项目设置和工程量清单计算规则的基础上，针对具体工程的施工图和施工组织设计计算出各个清单项目的工程量，根据规定的方法计算出综合单价，并汇总各清单合价得出工程总价。

$$\text{分部分项工程费} = \sum \text{分部分项工程量} \times \text{相应分部分项综合单价}$$

$$\text{措施项目费} = \sum \text{各措施项目费}$$

$$\text{其他项目费} = \text{暂列金额} + \text{暂估价} + \text{计日工} + \text{总承包服务费}$$

$$\text{单位工程报价} = \text{分部分项工程费} + \text{措施项目费} + \text{其他项目费} + \text{规费} + \text{税金}$$

$$\text{单项工程报价} = \sum \text{单位工程报价}$$

$$\text{建设项目总报价} = \sum \text{单项工程报价}$$

上式中，综合单价是指完成一个规定清单项目所需的人工费、材料费和工程设备费、施工机具使用费和企业管理费、利润以及一定范围内的风险费用。风险费用是隐含于已标价工程量清单综合单价中，用于化解发承包双方在工程合同中约定内容和范围内的市场价格波动风险的费用。

暂列金额是指招标人在工程量清单中暂定并包括在合同价款中的一笔款项，用于工程合同签订时尚未确定或者不可预见的所需材料、工程设备、服务的采购，施工中可能发生的工程变更、合同约定调整因素出现时的合同价款调整以及发生的索赔、现场签证确认等的费用。

暂估价是指招标人在工程量清单中提供的用于支付必然发生，但暂时不能确定价格的材料、工程设备的单价以及专业工程的金额。

计日工是指在施工过程中，承包人完成发包人提出的工程合同范围以外的零星项目或工作，按合同中约定的单价计价的一种方式。

总承包服务费是指总承包人为配合协调发包人进行的工程分包，自行采购的设备、材料等进行管理、服务以及施工现场管理、竣工资料汇总整理等服务所需的费用。

工程量清单计价活动涵盖施工招标、合同管理以及竣工交付全过程，主要包括：编制招标工程量清单、招标控制价、投标报价，确定合同价，进行工程计量与价款支付、合同价款的调整、工程结算和工程计价纠纷处理等活动。

1.4 造价工程师执业资格制度

执业资格制度是对专业技术人才管理的通用规则。随着我国市场经济的发展和经济全球化进程的加快，我国的执业资格制度得到了长足的发展，其中建筑行业涉及的执业资格制度主要有建筑师、规划师、结构工程师、设备监理师、建造师、监理工程师、造价工程师、房地产估价师等多个执业资格制度，形成了具有中国特色的建筑行业执业资格体系。

《中华人民共和国建筑法》第十四条规定，“从事建筑活动的专业技术人员，应当依法取得相应的执业资格证书，并在执业资格证书许可的范围内从事建筑活动。”从法律规定上推动了我国建筑行业执业资格制度的发展。

1.4.1 我国造价工程师执业资格制度的产生与发展

我国每年基本建设投资达几十万亿元，从事工程造价业务活动的人员超过一百万人，这支队伍在专业和技术方面对管好用好基本建设投资发挥了重要的作用。为了加强建设工程造价专业技术人员的执业准入管理，确保建设工程造价管理工作的质量，维护国家和社会公共利益，1996 年 8 月，人事部、建设部联合发布了《造价工程师执业资格制度暂行规定》，明确国家在工程造价领域实施造价工程师执业资格制度。凡从事工程建设活动的建设、设计、施工、工程造价咨询、工程造价管理等单位和部门，必须在计价、评估、审查（核）、控制及管理等岗位配备有造价工程师执业资格的专业技术人员。

在实施全国统一考试之前，建设部和人事部联合对已从事工程造价管理工作并具有高级专业技术职务的人员，分别于 1997 年和 1998 年分两批通过考核认定了 1853 名工程造价管理专业人员具有造价工程师执业资格。同时，于 1997 年组织了九省市试点考试。全国造价工程师执业资格统一考试从 1998 年开始，除 1999 年外，2000 年及其以后的各年均举行了全国统一考试。截止到 2018 年底，全国注册的造价工程师已超过 16 万人。

2018 年 7 月，住房城乡建设部、交通运输部、水利部、人力资源和社会保障部四部委发布《关于印发〈造价工程师职业资格制度规定〉〈造价工程师职业资格考试实施办法〉的通知》（建人〔2018〕67 号）。通知中明确，造价工程师分为一级造价工程师和二级造价工程师。

为了加强对造价工程师的注册管理，规范造价工程师的执业行为，建设部 2006 年颁布了《注册造价工程师管理办法》，中国建设工程造价管理协会先后制定了《造价工程师继续教育实施办法》和《造价工程师职业道德行为准则》，使造价工程师执业资格制度得到逐步完善。

1.4.2 造价工程师的职业资格考试㊀

1. 考试大纲

一级造价工程师职业资格考试全国统一大纲、统一命题、统一组织。二级造价工程师职

㊀ 根据 2018 年 7 月四部委《关于印发〈造价工程师职业资格考试规定〉〈造价工程师职业资格考试实施办法〉的通知》，造价工程师执业资格考试变更为造价工程师职业资格考试。

业资格考试全国统一大纲，各省、自治区、直辖市自主命题并组织实施。

2. 报考条件

（1）一级造价工程师

凡遵守中华人民共和国宪法、法律、法规，具有良好的业务素质和道德品行，具备下列条件之一者，可以申请一级造价工程师职业资格考试：

1）具有工程造价专业大学专科（或高等职业教育）学历，从事工程造价业务工作满5年；具有土木建筑、水利、装备制造、交通运输、电子信息、财经商贸大类大学专科（或高等职业教育）学历，从事工程造价业务工作满6年。

2）具有通过工程教育专业评估（认证）的工程管理、工程造价专业大学本科学历或学位，从事工程造价业务工作满4年；具有工学、管理学、经济学门类大学本科学历或学位，从事工程造价业务工作满5年。

3）具有工学、管理学、经济学门类硕士学位或者第二学士学位，从事工程造价业务工作满3年。

4）具有工学、管理学、经济学门类博士学位，从事工程造价业务工作满1年。

5）具有其他专业相应学历或者学位的人员，从事工程造价业务工作年限相应增加1年。

（2）二级造价工程师

凡遵守中华人民共和国宪法、法律、法规，具有良好的业务素质和道德品行，具备下列条件之一者，可以申请二级造价工程师职业资格考试：

1）具有工程造价专业大学专科（或高等职业教育）学历，从事工程造价业务工作满2年；具有土木建筑、水利、装备制造、交通运输、电子信息、财经商贸大类大学专科（或高等职业教育）学历，从事工程造价业务工作满3年。

2）具有工程管理、工程造价专业大学本科及以上学历或学位，从事工程造价业务工作满1年；具有工学、管理学、经济学门类大学本科及以上学历或学位，从事工程造价业务工作满2年。

3）具有其他专业相应学历或学位的人员，从事工程造价业务工作年限相应增加1年。

3. 证书印发及适用范围

（1）一级造价工程师

证书由各省、自治区、直辖市人力资源社会保障行政主管部门颁发，在全国范围内有效。

（2）二级造价工程师

证书由各省、自治区、直辖市人力资源社会保障行政主管部门颁发，原则上在所在行政区域内有效。各地可根据实际情况制定跨区域认可办法。

4. 考试科目

造价工程师职业资格考试专业科目分为土木建筑工程、交通运输工程、水利工程和安装工程4个专业类别，考生在报名时可根据实际工作需要选择其一。

（1）一级造价工程师

考试设“建设工程造价管理”“建设工程计价”“建设工程技术与计量”“建设工程造价案例分析”4个科目。“建设工程造价管理”“建设工程计价”为基础科目，“建设工程技术与计量”“建设工程造价案例分析”为专业科目。

（2）二级造价工程师

考试设“建设工程造价管理基础知识”“建设工程计量与计价实务”2 个科目。“建设工程造价管理基础知识”为基础科目，“建设工程计量与计价实务”为专业科目。

5. 有效周期

一级造价工程师考试成绩实行 4 年为一个周期的滚动管理办法，在连续的 4 个考试年度内通过全部考试科目，方可取得一级造价工程师职业资格证书。二级造价工程师考试成绩实行 2 年为一个周期的滚动管理办法，参加全部 2 个科目考试的人员必须在连续的 2 个考试年度内通过全部科目，方可取得二级造价工程师职业资格证书。

6. 基础科目免考条件

（1）一级造价工程师

已取得造价工程师一种专业职业资格证书的人员，报名参加其他专业科目考试的，可免考基础科目。具有以下条件之一的，参加一级造价工程师考试可免考基础科目：

1）已取得公路工程造价人员资格证书（甲级）。

2）已取得水运工程造价工程师资格证书。

3）已取得水利工程造价工程师资格证书。

（2）二级造价工程师

具有以下条件之一的，参加二级造价工程师考试可免考基础科目：

1）已取得全国建设工程造价员资格证书。

2）已取得公路工程造价人员资格证书（乙级）。

3）具有经专业教育评估（认证）的工程管理、工程造价专业学士学位的大学本科毕业生。

7. 考试频次

一级造价工程师职业资格考试每年一次；二级造价工程师职业资格考试每年不少于一次，具体考试日期由各地确定。

1.4.3 造价工程师的执业范围

1. 一级造价工程师

一级造价工程师的执业范围包括建设项目全过程的工程造价管理与咨询等，具体工作内容：

1）项目建议书、可行性研究投资估算与审核，项目评价造价分析。

2）建设工程设计概算、施工预算编制和审核。

3）建设工程招标文件工程量和造价的编制与审核。

4）建设工程合同价款、结算价款、竣工决算价款的编制与管理。

5）建设工程审计、仲裁、诉讼、保险中的造价鉴定，工程造价纠纷调解。

6）建设工程计价依据、造价指标的编制与管理。

7）与工程造价管理有关的其他事项。

2. 二级造价工程师

二级造价工程师主要协助一级造价工程师开展相关工作，可独立开展以下具体工作：

1）建设工程工料分析、计划、组织与成本管理，施工图预算、设计概算编制。

2）建设工程量清单、最高投标限价、投标报价编制。

3）建设工程合同价款、结算价款和竣工决算价款的编制。

1.4.4 英国工料测量师执业资格制度简介

造价工程师在英国称为工料测量师，特许工料测量师的称号是由英国皇家测量师学会（RICS）经过严格程序而授予该会的专业会员（MRICS）和资深会员（FRICS）的。整个授予程序如图1-6所示。

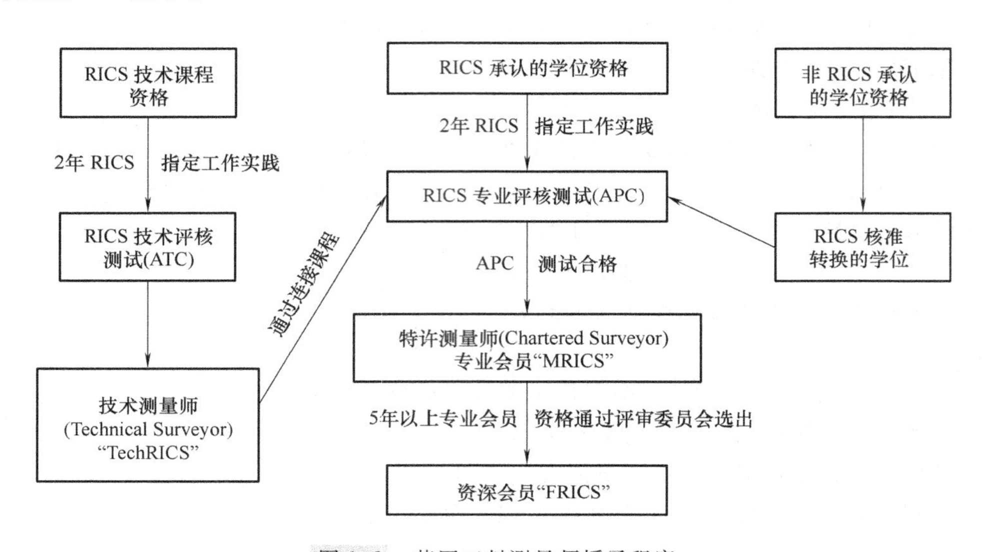

图1-6 英国工料测量师授予程序

注：1. RICS：The Royal Institution of Chartered Surveyors。

2. APC：Assessment of Professional Competence。

3. ATC：Assessment of Technical Competence。

工料测量专业本科毕业生可直接取得申请工料测量师专业工作能力培养和考核的资格。而对一般具有高中毕业水平的人员，或学习其他专业的大学毕业生，可申请技术员资格培养和考核的资格。

对工料测量专业本科毕业生（含硕士、博士学位获得者）以及经过专业知识考试合格的人员，还要通过皇家测量师学会组织的专业工作能力的考核，即通过2年以上的工作实践，在学会规定的各项专业能力考核科目范围内，获得某几项较丰富的工作经验，经考核合格后，即由皇家测量师学会发给合格证书并吸收为专业会员（MRICS），也就是有了特许工料测量师资格。

在取得特许工料测量师（工料估价师）资格以后，就可签署有关估算、概算、预算、结算、决算文件，也可独立开业，承揽有关业务，再从事12年本专业工作，或者在预算公司等单位中承担重要职务（如董事）5年以上者，经学会的资深委员评审委员会批准，即可被吸收为资深会员（FRICS）。

英国的工料测量师被认为是工程建设经济师。全过程参与工程建设造价管理，按照既定工程项目确定投资，在实施的各阶段、各项活动中控制造价，使最终造价不超过规定投资额。他们被称为“建筑业的百科全书”，享有很高的社会地位。

复　习　题

1. 工程项目如何划分？
2. 工程建设程序包括几个阶段？
3. 什么是工程造价？
4. 工程造价计价的特点是什么？
5. 建设工程计价有几种方式？
6. 工程定额计价的基本程序包括哪些内容？
7. 一级造价工程师报考的条件是什么？

第2章

建设工程费用

2.1 建设项目投资及工程造价构成

建设项目总投资是指建设项目的投资方为完成工程项目建设并达到使用要求或生产条件，在建设期内预计或实际投入的总费用。生产性建设项目总投资包括工程造价、增值税、资金筹措费和流动资金四部分；非生产性建设项目总投资包括工程造价、增值税、资金筹措费三部分。工程造价、增值税之和对应于固定资产投资。工程造价基本构成包括用于购买工程项目所含各种设备的费用，用于建筑和安装工程施工所需支出的费用，用于委托工程勘察设计应支付的费用，用于购置土地所需的费用，用于建设单位自身进行项目筹建和项目管理所花费的费用等。总之，工程造价是按照确定的建设内容、建设规模、建设标准、功能要求和使用要求等将工程项目全部建成，在建设期预计或实际支出的建设费用。

工程造价中的主要构成部分是建设投资，建设投资是为完成工程项目建设，在建设期内投入且形成现金流出的全部费用。根据国家有关法律、法规，国家发改委、建设部发布的《建设项目经济评价方法与参数（第三版）》（发改投资〔2006〕1325号）的规定及住房和城乡建设部《建设项目总投资费用项目组成（征求意见稿）》（建办标函〔2017〕621号），建设投资即工程造价，包括工程费用、工程建设其他费用和预备费三部分。工程费用是指建设期内直接用于工程建造、设备购置及其安装的建设投资，可分为建筑工程费、安装工程费和设备购置费；工程建设其他费用是指建设期发生的与土地使用权取得、整个工程项目建设以及未来生产经营有关的构成建设投资但不包括在工程费用中的费用；预备费是指在建设期内为各种不可预见因素的变化而预留的可能增加的费用，包括基本预备费和价差预备费。建设项目总投资的具体构成内容见表2-1。

表 2-1　建设项目总投资组成

<table>
<tr><th>项　目</th><th colspan="3">费用分类</th><th>费用组成</th></tr>
<tr><td rowspan="23">建设项目总投资</td><td rowspan="20">建设投资</td><td colspan="2" rowspan="3">第一部分　工程费用</td><td>建筑工程费</td></tr>
<tr><td>设备购置费</td></tr>
<tr><td>安装工程费</td></tr>
<tr><td rowspan="15">第二部分
工程建设
其他费用</td><td colspan="2">土地使用费和其他补偿费</td></tr>
<tr><td rowspan="11">与项目建设有关的其他费用</td><td>建设管理费</td></tr>
<tr><td>可行性研究费</td></tr>
<tr><td>专项评价费</td></tr>
<tr><td>研究试验费</td></tr>
<tr><td>勘察设计费</td></tr>
<tr><td>场地准备费和临时设施费</td></tr>
<tr><td>引进技术和进口设备材料其他费</td></tr>
<tr><td>特殊设备安全监督检验费</td></tr>
<tr><td>市政公用配套设施费</td></tr>
<tr><td>工程保险费</td></tr>
<tr><td>其他</td></tr>
<tr><td rowspan="3">与未来生产经营有关的其他费用</td><td>联合试运转费</td></tr>
<tr><td>专利及专有技术使用费</td></tr>
<tr><td>生产准备费</td></tr>
<tr><td colspan="2" rowspan="2">第三部分　预备费</td><td>基本预备费</td></tr>
<tr><td>价差预备费</td></tr>
<tr><td colspan="4">增值税</td></tr>
<tr><td colspan="4">资金筹措费</td></tr>
<tr><td colspan="4">流动资金</td></tr>
</table>

2.2 建筑安装工程费用概念

建筑安装工程费用是指建设单位支付给从事建筑安装工程施工企业的完成工程项目建造、生产性设备及配套工程安装所需的全部生产费用，也称为建筑安装工程造价。它由建筑工程费和安装工程费两部分组成。

1. 建筑工程费

建筑工程费是指建筑物、构筑物及与其配套的线路、管道等的建造、装饰费用。建筑工程费通常包括以下内容：

1）各类房屋建筑工程和列入房屋建筑工程预算的供水、供暖、卫生、通风、煤气等设备费用及其装设、油饰工程的费用，列入建筑工程预算的各种管道、电力、电信和电缆导线敷设工程的费用。

2）设备基础、支柱、工作台、烟囱、水塔、水池、灰塔等建筑工程以及各种炉窑的砌筑工程和金属结构工程的费用。

3）为施工而进行的场地平整，工程和水文地质勘察，原有建筑物和障碍物的拆除以及施工临时用水、电、气、路和完工后的场地清理，环境绿化、美化等工作的费用。

4）矿井开凿、井巷延伸、露天矿剥离，石油、天然气钻井，修建铁路、公路、桥梁、水库、堤坝、灌渠及防洪等工程的费用。

2. 安装工程费

安装工程费是指设备、工艺设施及其附属物的组合、装配、调试等费用，不包括应列入设备购置费的被安装设备本身的价值。安装工程费的内容包括：

1）生产、动力、起重、运输、传动和医疗、试验等各种需要安装的机械设备的装配费用，与设备相连的工作台、梯子、栏杆等设施的工程费用，附属于被安装设备的管线敷设工程费用，以及被安装设备的绝缘、防腐、保温、油漆等工作的材料费和安装费。

2）为测定安装工程质量，对单台设备进行单机试运转、对系统设备进行系统联动无负荷试运转工作的调试费。

2.3 建筑安装工程费用项目组成和计算

2.3.1 按费用构成要素划分

根据住房和城乡建设部、财政部颁布的《建筑安装工程费用项目组成》（建标〔2013〕44号）的规定，住房和城乡建设部《关于做好建筑业营改增建设工程计价依据调整准备工作的通知》（建办标〔2016〕4号），财政部、国家税务总局《关于全面推开营业税改征增值税试点的通知》（财税〔2016〕36号）的规定，按照费用构成要素划分，建筑安装工程费用由人工费、材料（含工程设备）费、施工机具使用费、企业管理费、利润、规费和税金组成。

其中人工费、材料费、施工机具使用费、企业管理费和利润包含在分部分项工程费、措施项目费、其他项目费中，如图2-1所示。

1. 人工费

（1）人工费的含义和内容

人工费是指按工资总额构成规定，支付给从事建筑安装工程施工的生产工人和附属生产单位工人的各项费用。内容包括：

1）计时工资或计件工资（G_1）。计时工资或计件工资是指按计时工资标准和工作时间或对已做工作按计件单价支付给个人的劳动报酬。

2）奖金（G_2）。奖金是指对超额劳动和增收节支支付给个人的劳动报酬，如节约奖、劳动竞赛奖等。

3）津贴补贴（G_3）。津贴补贴是指为了补偿职工特殊或额外的劳动消耗和因其他特殊原因支付给个人的津贴，以及为了保证职工工资水平不受物价影响支付给个人的物价补贴，如流动施工津贴、特殊地区施工津贴、高温（寒）作业临时津贴、高空津贴等。

4）加班加点工资（G_4）。加班加点工资是指按规定支付的在法定节假日工作的加班工资和在法定日工作时间外延时工作的加点工资。

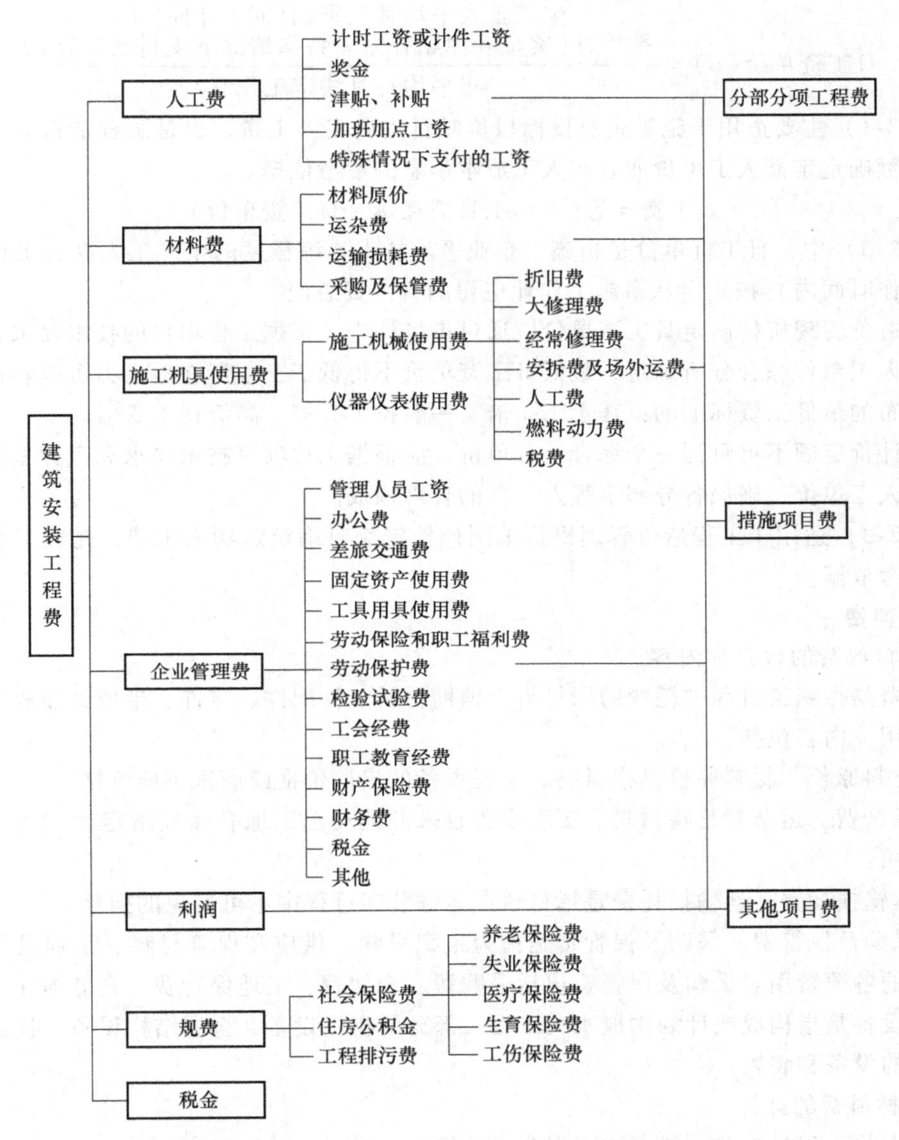

图 2-1 按费用构成要素划分的建筑安装工程费用组成

5）特殊情况下支付的工资（G_5）。特殊情况下支付的工资是指根据国家法律、法规和政策规定，因病、工伤、产假、计划生育假、婚丧假、事假、探亲假、定期休假、停工学习、执行国家或社会义务等原因按计时工资标准或计时工资标准的一定比例支付的工资。

（2）人工费的计算

人工费一般可按下列公式计算，即

$$人工费=\sum(工日消耗量\times日工资单价) \tag{2-1}$$

其中：

$$日工资单价(G)=\sum_1^5 G \tag{2-2}$$

$$日工资单价(G)=\frac{\begin{array}{c}生产工人平均月工资(计时、计件)+\\平均月(奖金+津贴补贴+特殊情况下支付的工资)\end{array}}{年平均每月法定工作日}$$

式（2-1）主要适用于施工企业投标报价时自主确定人工费，也是工程造价管理机构编制计价定额确定定额人工单价或发布人工成本信息的参考依据。

或 $$人工费=\sum(工程工日消耗量\times日工资单价) \tag{2-3}$$

式（2-3）中，日工资单价是指施工企业平均技术熟练程度的生产工人在每工作日（国家法定工作时间内）按规定从事施工作业应得的日工资总额。

工程造价管理机构确定日工资单价应通过市场调查，根据工程项目的技术要求，参考实物工程量人工单价综合分析确定，最低日工资单价不得低于工程所在地人力资源和社会保障部门所发布的最低工资标准的：普工1.3倍、一般技工2倍、高级技工3倍。

工程计价定额不可只列一个综合工日单价，应根据工程项目技术要求和工种差别适当划分多种日人工单价，确保各分部工程人工费的合理构成。

式（2-3）适用于工程造价管理机构编制计价定额时确定定额人工费，是施工企业投标报价的参考依据。

2. 材料费

（1）材料费的含义和内容

材料费是指施工过程中耗费的原材料、辅助材料、构配件、零件、半成品或成品、工程设备的费用。内容包括：

1）材料原价。材料原价是指材料、工程设备的出厂价格或商家供应价格。

2）运杂费。运杂费是指材料、工程设备自来源地运至工地仓库或指定堆放地点所发生的全部费用。

3）运输损耗费。运输损耗费是指材料在运输装卸过程中不可避免的损耗。

4）采购及保管费。采购及保管费是指为组织采购、供应和保管材料、工程设备的过程中所需要的各项费用。采购及保管费包括采购费、仓储费、工地保管费、仓储损耗。

工程设备是指构成或计划构成永久工程一部分的机电设备、金属结构设备、仪器装置及其他类似的设备和装置。

（2）材料费的计算

建筑安装工程材料费一般可按下列公式计算：

$$材料费=\sum(材料消耗量\times材料单价) \tag{2-4}$$

$$材料单价=[(材料原价+运杂费)\times(1+运输损耗率)]\times(1+采购保管费费率) \tag{2-5}$$

工程设备费可按下列公式计算：

$$工程设备费=\sum(工程设备量\times工程设备单价) \tag{2-6}$$

$$工程设备单价=(设备原价+运杂费)\times(1+采购保管费费率) \tag{2-7}$$

3. 施工机具使用费

（1）施工机具使用费的含义和内容

施工机具使用费是指施工作业所发生的施工机械、仪器仪表使用费或其租赁费。

1）施工机械使用费。施工机械使用费是指建筑安装工程项目施工中使用施工机械作业所发生的机械使用费以及机械安拆费和场外运费等。它以施工机械台班耗用量乘以施工机械台班单价表示，施工机械台班单价应由下列七项费用组成：

① 折旧费。折旧费是指施工机械在规定的使用年限内，陆续收回其原值的费用。

② 大修理费。大修理费是指施工机械按规定的大修理间隔台班进行必要的大修理，以恢复其正常功能所需的费用。

③ 经常修理费。经常修理费是指施工机械除大修理以外的各级保养和临时故障排除所需的费用。经常修理费包括为保障机械正常运转所需替换设备与随机配备工具附具的摊销和维护费用，机械运转中日常保养所需润滑与擦拭的材料费用及机械停滞期间的维护和保养费用等。

④ 安拆费及场外运费。安拆费是指施工机械（大型机械除外）在现场进行安装与拆卸所需的人工、材料、机械和试运转费用以及机械辅助设施的折旧、搭设、拆除等费用；场外运费是指施工机械整体或分体自停放地点运至施工现场或由一施工地点运至另一施工地点的运输、装卸、辅助材料及架线等费用。

⑤ 人工费。人工费是指机上司机（司炉）和其他操作人员的人工费。

⑥ 燃料动力费。燃料动力费是指施工机械在运转作业中所消耗的各种燃料及水、电等费用。

⑦ 税费。税费是指施工机械按照国家规定应缴纳的车船使用税、保险费及年检费等。

2）仪器仪表使用费。仪器仪表使用费是指工程施工所需使用的仪器仪表的摊销及维修费用。

（2）施工机具使用费的计算

1）施工机械使用费。施工机械使用费一般可按下列公式计算：

$$施工机械使用费 = \sum(施工机械台班消耗量 \times 机械台班单价) \tag{2-8}$$

$$\begin{aligned}机械台班单价 = {}&台班折旧费 + 台班大修费 + 台班经常修理费 + 台班安拆费及场外运费 + \\ &台班人工费 + 台班燃料动力费 + 台班车船税费\end{aligned} \tag{2-9}$$

需要注意的是，工程造价管理机构在确定计价定额中的施工机械使用费时，应根据《建筑施工机械台班费用计算规则》，结合市场调查编制施工机械台班单价。施工企业可以参考工程造价管理机构发布的台班单价，自主确定施工机械使用费的报价。

如果是租赁的施工机械，则施工机械使用费按式（2-10）计算。

$$施工机械使用费 = \sum(施工机械台班消耗量 \times 机械台班租赁单价) \tag{2-10}$$

2）仪器仪表使用费。仪器仪表使用费可按下式计算：

$$仪器仪表使用费 = 工程使用的仪器仪表摊销费 + 维修费 \tag{2-11}$$

4. 企业管理费

（1）企业管理费的含义和内容

企业管理费是指建筑安装企业组织施工生产和经营管理所需的费用。内容包括：

1）管理人员工资。管理人员工资是指按规定支付给管理人员的计时工资、奖金、津贴补贴、加班加点工资及特殊情况下支付的工资等。

2）办公费。办公费是指企业管理办公用的文具、纸张、账表、印刷、邮电、书报、办公软件、现场监控、会议、水电、烧水和集体取暖降温（包括现场临时宿舍取暖降温）等费用。

3）差旅交通费。差旅交通费是指职工因公出差、调动工作的差旅费、住勤补助费，市内交通费和误餐补助费，职工探亲路费，劳动力招募费，职工退休、退职一次性路费，工伤人员就医路费，工地转移费以及管理部门使用的交通工具的油料、燃料等费用。

4）固定资产使用费。固定资产使用费是指管理和试验部门及附属生产单位使用的属于固定资产的房屋、设备、仪器等的折旧、大修、维修或租赁费。

5）工具用具使用费。工具用具使用费是指企业施工生产和管理使用的不属于固定资产的工具、器具、家具、交通工具和检验、试验、测绘、消防用具等的购置、维修和摊销费。

6）劳动保险和职工福利费。劳动保险和职工福利费是指由企业支付的职工退职金、按规定支付给离休干部的经费，集体福利费、夏季防暑降温、冬季取暖补贴、上下班交通补贴等。

7）劳动保护费。劳动保护费是企业按规定发放的劳动保护用品（如工作服、手套、防暑降温饮料）的支出，以及在有碍身体健康的环境中施工的保健费用等。

8）检验试验费。检验试验费是指施工企业按照有关标准规定，对建筑以及材料、构件和建筑安装物进行一般鉴定、检查所发生的费用，包括自设试验室进行试验所耗用的材料等费用。不包括新结构、新材料的试验费，对构件做破坏性试验及其他特殊要求检验试验的费用和建设单位委托检测机构进行检测的费用，对此类检测发生的费用，由建设单位在工程建设其他费用中列支。但对施工企业提供的具有合格证明的材料进行检测不合格的，该检测费用由施工企业支付。

9）工会经费。工会经费是指企业按《中华人民共和国工会法》规定的全部职工工资总额比例计提的工会经费。

10）职工教育经费。职工教育经费是指按职工工资总额的规定比例计提，企业为职工进行专业技术和职业技能培训、专业技术人员继续教育、职工职业技能鉴定、职业资格认定以及根据需要对职工进行各类文化教育所发生的费用。

11）财产保险费。财产保险费是指施工管理用财产、车辆等的保险费用。

12）财务费。财务费是指企业为施工生产筹集资金或提供预付款担保、履约担保、职工工资支付担保等所发生的各种费用。

13）税金。税金是指企业按规定缴纳的房产税、车船使用税、土地使用税、印花税、城市维护建设税、教育费附加和地方教育附加等。

14）其他。其他包括技术转让费、技术开发费、投标费、业务招待费、绿化费、广告费、公证费、法律顾问费、审计费、咨询费、保险费等。

（2）企业管理费的计算

1）计算方法。企业管理费的计算方法，按取费基数的不同分为三种。

① 以分部分项工程费作为计算基础。它是将企业管理费按其占分部分项工程费的百分比计算。通常，可按下式计算：

$$企业管理费 = 分部分项工程费合计 \times 企业管理费费率 \tag{2-12}$$

② 以人工费和机械费合计作为计算基础。它是将企业管理费按其占人工费和机械费合计的百分比计算。通常可按下式计算：

$$企业管理费 = (人工费 + 机械费) \times 企业管理费费率 \tag{2-13}$$

③ 以人工费作为计算基础。它是将企业管理费按其占人工费的百分比计算。通常可按下式计算：

$$企业管理费 = 人工费合计 \times 企业管理费费率 \quad (2\text{-}14)$$

2）费率确定。分以下三种情况：

① 以分部分项工程费作为计算基础。通常，可按下式计算企业管理费费率：

$$企业管理费费率 = \frac{生产工人年平均管理费}{年有效施工天数 \times 人工单价} \times 人工费占分部分项工程费的比例 \quad (2\text{-}15)$$

② 以人工费和机械费合计作为计算基础。通常，可按下式计算企业管理费费率：

$$企业管理费费率 = \frac{生产工人年平均管理费}{年有效施工天数 \times (人工单价 + 每一工日机械使用费)} \times 100\% \quad (2\text{-}16)$$

③ 以人工费作为计算基础。通常，可按下式计算企业管理费费率：

$$企业管理费费率 = \frac{生产工人年平均管理费}{年有效施工天数 \times 人工单价} \times 100\% \quad (2\text{-}17)$$

需要说明的是，上述公式适用于施工企业投标报价时自主确定管理费，是工程造价管理机构编制计价定额确定企业管理费的参考依据。

工程造价管理机构在确定计价定额中企业管理费时，应以定额人工费（或定额人工费+定额机械费）作为计算基数，其费率根据历年工程造价积累的资料，辅以调查数据确定，列入分部分项工程和措施项目中。

5. 利润

（1）利润的含义和计算

利润是指施工企业完成所承包工程获得的盈利。建筑安装工程利润的计算，可分以下两种情况：

1）以人工费和机械费之和作为计算基础。以人工费和机械费之和作为计算基础的利润，可按下式计算：

$$利润 = (人工费 + 机械费) \times 利润率 \quad (2\text{-}18)$$

2）以人工费作为计算基础。以人工费作为计算基础的利润，可按下式计算：

$$利润 = 人工费合计 \times 利润率 \quad (2\text{-}19)$$

（2）补充说明

每种利润计算方法的适用范围，各地区都有明显规定，计算时必须按各地区的规定执行。其中：

1）施工企业的利润，根据企业自身需求并结合建筑市场实际自主确定，列入报价中。

2）工程造价管理机构在确定计价定额中的利润时，应以定额人工费（或定额人工费+定额机械费）作为计算基数，其费率根据历年工程造价积累的资料，并结合建筑市场实际确定，以单位（单项）工程测算，利润在税前建筑安装工程费可按不低于5%且不高于7%的费率计算。

3）利润应列入分部分项工程和措施项目中。

6. 规费

（1）规费的含义和内容

规费是指按国家法律、法规规定，由省级政府和省级有关权力部门规定必须缴纳或计取的费用。主要包括：

1）社会保险费。分以下几种：

① 养老保险费。养老保险费是指企业按照规定标准为职工缴纳的基本养老保险费。

② 失业保险费。失业保险费是指企业按照规定标准为职工缴纳的失业保险费。

③ 医疗保险费。医疗保险费是指企业按照规定标准为职工缴纳的基本医疗保险费。

④ 生育保险费。生育保险费是指企业按照规定标准为职工缴纳的生育保险费。

⑤ 工伤保险费。工伤保险费是指企业按照规定标准为职工缴纳的工伤保险费。

2）住房公积金。住房公积金是指企业按规定标准为职工缴纳的住房公积金。

3）工程排污费。工程排污费是指按规定缴纳的施工现场工程排污费。

其他应列而未列入的规费，按实际发生计取。

（2）规费的计算

1）社会保险费和住房公积金。社会保险费和住房公积金应以定额人工费为计算基础，根据工程所在地省、自治区、直辖市或行业建设主管部门规定费率，按下式计算：

$$社会保险费和住房公积金 = \sum(工程定额人工费 \times 社会保险费和住房公积金费率) \tag{2-20}$$

式中，社会保险费和住房公积金费率，可以每万元发承包价的生产工人人工费和管理人员工资含量与工程所在地规定的缴纳标准综合分析取定。

2）工程排污费。工程排污费等其他应列而未列入的规费，应按工程所在地环境保护等部门规定的标准缴纳，按实计取列入。

7. 税金

（1）税金的含义和组成

按照马克思主义价值理论和再生产理论，在社会主义市场经济条件下，工程的价格应以价值为基础，价格是价值总和的货币体现。价值的三个组成部分：一是物资消耗的支出，即转移价值的货币表现；二是为劳动者支付的报酬部分，即工资，这是劳动所创造价值的货币体现；三是劳动者为社会的劳动（剩余劳动）所创造价值的货币体现。前两部分构成工程的成本，后一部分是工程中的盈利。这种盈利表现在建筑安装工程费用中，就是建筑安装工程费用中的利润和税金。

税收是国家财政收入的主要来源。它与其他收入相比，具有强制性、固定性和无偿性等特点。通常建筑施工企业也要像其他企业一样，按国家规定缴纳税金。

根据建筑安装工程施工生产的特点，建筑施工企业应向国家缴纳的税金包括：城市维护建设税、房产税、车船使用税、土地使用税、印花税、教育费附加、地方教育附加和增值税。

按照国家规定，建筑安装工程费用的税金是指国家税法规定应计入建筑安装工程造价内的增值税销项税额。

（2）税金的计算

建筑安装工程计价依据，按照“价税分离”的原则已进行了相应的调整，在实际计算和征收税金时，为简化计算，以税前工程造价作为计税基础，按下式计算：

$$税金 = 税前工程造价 \times 增值税税率 \tag{2-21}$$

式中，税前工程造价为人工费、材料费、施工机具使用费、企业管理费、利润和规费之和，各费用项目均以不包含增值税（可抵扣进项税额）的价格计算。

建筑业增值税税率为9%。

以上规定适用一般计税方法的建设项目。

2.3.2　按工程造价形成划分

建筑安装工程费用按照工程造价形成划分由分部分项工程费、措施项目费、其他项目费、规费、税金组成。分部分项工程费、措施项目费、其他项目费包含人工费、材料费、施工机具使用费、企业管理费和利润，如图2-2所示。

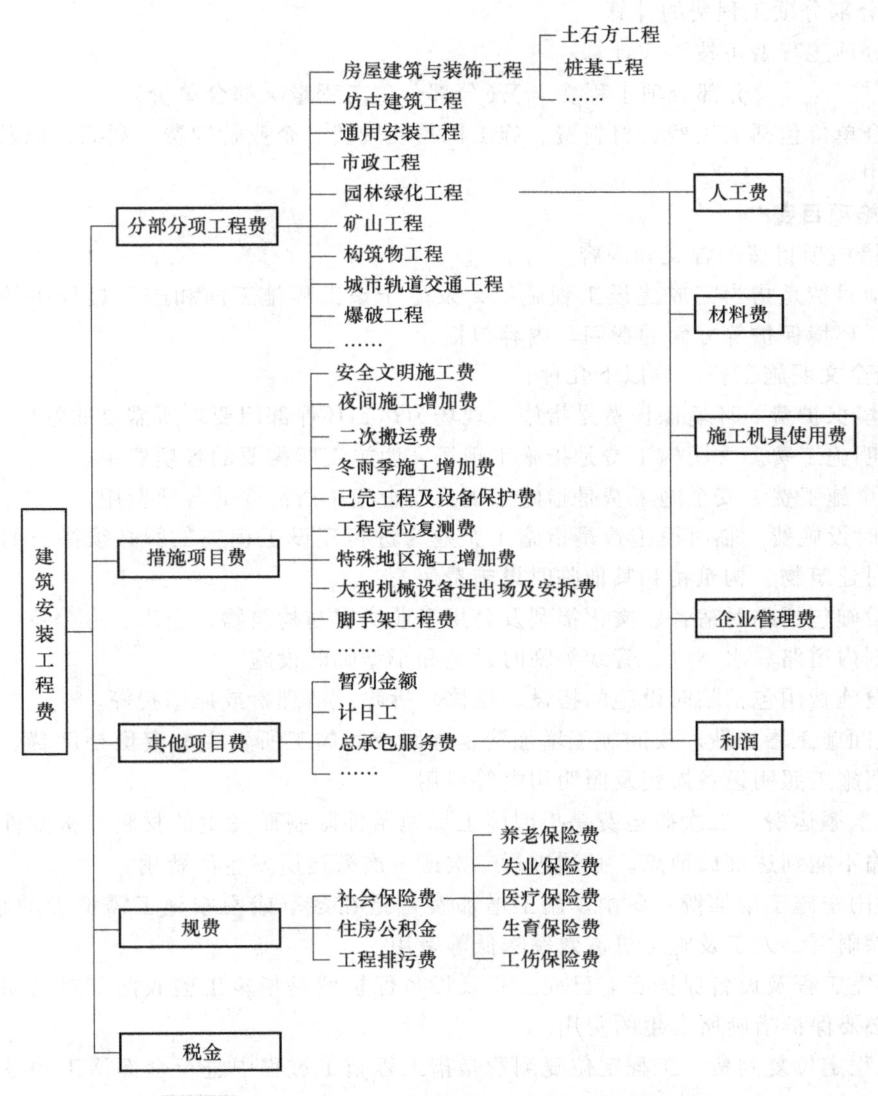

图2-2　按工程造价形成划分建筑安装工程费用组成

1. 分部分项工程费

（1）分部分项工程费的含义

分部分项工程费是指各专业工程的分部分项工程应予列支的各项费用。其中：

1）专业工程。专业工程是指按现行国家计算规范划分的房屋建筑与装饰工程、仿古建筑工程、通用安装工程、市政工程、园林绿化工程、矿山工程、构筑物工程、城市轨道交通工程、爆破工程等各类工程。

2）分部分项工程。分部分项工程是指按现行国家计算规范对各专业工程划分的项目，如房屋建筑与装饰工程划分的土石方工程、地基处理与桩基工程、砌筑工程、钢筋及钢筋混凝土工程等。

各类专业工程的分部分项工程划分，按照现行国家或行业计算规范执行。

（2）分部分项工程费的计算

分部分项工程费可按下式计算：

$$\text{分部分项工程费} = \sum(\text{分部分项工程量} \times \text{综合单价}) \tag{2-22}$$

式中，综合单价包括人工费、材料费、施工机具使用费、企业管理费、利润，以及一定范围的风险费用。

2. 措施项目费

（1）措施项目费的含义和内容

措施项目费是指为完成建设工程施工，发生于该工程施工前和施工过程中的技术、生活、安全、环境保护等方面的费用。内容包括：

1）安全文明施工费。分以下几种：

① 环境保护费。环境保护费是指施工现场为达到环保部门要求所需要的各项费用。

② 文明施工费。文明施工费是指施工现场文明施工所需要的各项费用。

③ 安全施工费。安全施工费是指施工现场安全施工所需要的各项费用。

④ 临时设施费。临时设施费是指施工企业为进行建设工程施工所必须搭设的生活和生产用的临时建筑物、构筑物和其他临时设施费用。

临时设施包括临时宿舍、文化福利及公用事业房屋与构筑物，仓库、办公室、加工厂以及规定范围内道路、水、电、管线等临时设施和小型临时设施。

临时设施费用包括临时设施的搭设、维修、拆除、清理费或摊销费等。

2）夜间施工增加费。夜间施工增加费是指因夜间施工所发生的夜班补助费、夜间施工降效、夜间施工照明设备摊销及照明用电等费用。

3）二次搬运费。二次搬运费是指因施工场地条件限制而发生的材料、构配件、半成品等一次运输不能到达堆放地点，必须进行二次或多次搬运所发生的费用。

4）冬雨季施工增加费。冬雨季施工增加费是指在冬季或雨季施工需增加的临时设施、防滑、排除雨雪，人工及施工机械效率降低等费用。

5）已完工程及设备保护费。已完工程及设备保护费是指竣工验收前，对已完工程及设备采取的必要保护措施所发生的费用。

6）工程定位复测费。工程定位复测费是指工程施工过程中进行全部施工测量放线和复测工作的费用。

7）特殊地区施工增加费。特殊地区施工增加费是指工程在沙漠或其边缘地区，高海拔、高寒、原始森林等特殊地区施工增加的费用。

8）大型机械设备进出场及安拆费。大型机械设备进出场及安拆费是指机械整体或分体自停放场地运至施工现场或由一个施工地点运至另一个施工地点，所发生的机械进出场运输及转移费用及机械在施工现场进行安装、拆卸所需的人工费、材料费、机械费、试运转费和安装所需的辅助设施的费用。

9）脚手架工程费。脚手架工程费是指施工需要的各种脚手架搭、拆、运输费用以及脚手架购置费的摊销（或租赁）费用。

（2）措施项目费的计算

本部分中只列通用措施项目费的计算方法，各专业工程的措施项目及其包含的内容详见各类专业工程的现行国家或行业计算规范。

1）国家计算规范规定应予计量的措施项目，可按下式计算：

$$措施项目费 = \sum(措施项目工程量 \times 综合单价) \tag{2-23}$$

2）国家计算规范规定不宜计量的措施项目，计算方法如下：

① 安全文明施工费。安全文明施工费的计算，可分以下三种情况：

A. 以定额分部分项工程费与定额中可以计量的措施项目费之和作为计算基础，可按下式计算：

$$\begin{aligned}安全文明施工费 = &(定额分部分项工程费 + 定额中可以计量的措施项目费) \times \\ &安全文明施工费费率(\%)\end{aligned} \tag{2-24}$$

B. 以定额人工费作为计算基础，可按下式计算：

$$安全文明施工费 = 定额人工费 \times 安全文明施工费费率(\%) \tag{2-25}$$

C. 以定额人工费与定额机械费之和作为计算基础，可按下式计算：

$$安全文明施工费 = (定额人工费 + 定额机械费) \times 安全文明施工费费率(\%) \tag{2-26}$$

上述安全文明施工费计算中，其费率由工程造价管理机构根据各专业工程的特点综合确定。

② 夜间施工增加费。夜间施工增加费的计算，分以下两种情况：

A. 以定额人工费作为计算基础，可按下式计算：

$$夜间施工增加费 = 定额人工费 \times 夜间施工增加费费率(\%) \tag{2-27}$$

B. 以定额人工费与定额机械费之和作为计算基础，可按下式计算：

$$夜间施工增加费 = (定额人工费 + 定额机械费) \times 夜间施工增加费费率(\%) \tag{2-28}$$

③ 二次搬运费。二次搬运费的计算，分以下两种情况：

A. 以定额人工费作为计算基础，可按下式计算：

$$二次搬运费 = 定额人工费 \times 二次搬运费费率(\%) \tag{2-29}$$

B. 以定额人工费与定额机械费之和作为计算基础，可按下式计算：

$$二次搬运费 = (定额人工费 + 定额机械费) \times 二次搬运费费率(\%) \tag{2-30}$$

④ 冬雨季施工增加费。冬雨季施工增加费的计算，分以下两种情况：

A. 以定额人工费作为计算基础，可按下式计算：

$$冬雨季施工增加费 = 定额人工费 \times 冬雨季施工增加费费率(\%) \tag{2-31}$$

B. 以定额人工费与定额机械费之和作为计算基础，可按下式计算：

$$冬雨季施工增加费 = (定额人工费 + 定额机械费) \times 冬雨季施工增加费费率(\%) \tag{2-32}$$

⑤ 已完工程及设备保护费。已完工程及设备保护费的计算，分以下两种情况：

A. 以定额人工费作为计算基础，可按下式计算：

已完工程及设备保护费 = 定额人工费 × 已完工程及设备保护费费率(%)　(2-33)

B. 以定额人工费与定额机械费之和作为计算基础，可按下式计算：

已完工程及设备保护费 =(定额人工费 + 定额机械费) × 已完工程及设备保护费费率(%)

(2-34)

上述②~⑤项措施项目费的费率，由工程造价管理机构根据各专业工程特点和调查资料综合分析后确定。

3. 其他项目费

(1) 暂列金额

暂列金额是指建设单位在工程量清单中暂定并包括在工程合同价款中的一笔款项。用于施工合同签订时尚未确定或者不可预见的所需材料、工程设备、服务的采购，施工中可能发生的工程变更、合同约定调整因素出现时的工程价款调整以及发生的索赔、现场签证确认等的费用。

暂列金额由建设单位根据工程特点，按有关计价规定估算，施工过程中由建设单位掌握使用，扣除合同价款调整后如有余额，归建设单位。

(2) 计日工

计日工是指在施工过程中，施工企业完成建设单位提出的施工图以外的零星项目或工作所需的费用。

计日工由建设单位和施工企业按施工过程中的签证计价。

(3) 总承包服务费

总承包服务费是指总承包人为配合、协调建设单位进行的专业工程发包，对建设单位自行采购的材料、工程设备等进行保管以及施工现场管理、竣工资料汇总整理等服务所需的费用。

总承包服务费由建设单位在招标控制价中根据总包服务范围和有关计价规定编制，施工企业投标时自主报价，施工过程中按签约合同价执行。

4. 规费和税金

规费和税金，见“按费用构成要素划分”相关内容。建设单位和施工企业均应按照省、自治区、直辖市或行业建设主管部门发布标准计算规费和税金，不得作为竞争性费用。

2.3.3 按相关文件规定划分

根据住房和城乡建设部《建设项目总投资费用项目组成（征求意见稿）》（建办标函〔2017〕621号）的规定，建筑工程费和安装工程费由直接费、间接费和利润组成。

1. 直接费

直接费是指施工过程中耗费的构成工程实体或独立计价措施项目的费用，以及按综合计费形式表现的措施费用。直接费包括人工费、材料费、施工机具使用费和其他直接费。

(1) 人工费

1) 人工费的含义和内容。人工费是指直接从事建筑安装工程施工作业的生产工人的薪酬，包括工资性收入、社会保险费、住房公积金、职工福利费、工会经费、职工教育经费及特殊情况下发生的工资等。

2) 人工费的计算。人工费仍然可按式（2-1）计算。

日工资单价由工程造价管理机构通过市场调查，根据工程项目的技术要求，参考实物工程量人工单价综合分析确定。

（2）材料费

1）材料费的含义和内容。材料费是指工程施工过程中耗费的各种原材料、半成品、构配件的费用，以及周转材料等的摊销、租赁费用。

2）材料费的计算。建筑安装工程材料费和材料单价仍然可按式（2-4）、式（2-5）计算。

（3）施工机具使用费

1）施工机具使用费的含义和内容。施工机具使用费是指施工作业所发生的施工机械、仪器仪表使用费或其租赁费，包括施工机械使用费和施工仪器仪表使用费。

① 施工机械使用费。施工机械使用费是指施工机械作业发生的使用费或租赁费。

施工机械使用费以施工机械台班耗用量与施工机械台班单价的乘积表示，施工机械台班单价由折旧费、检修费、维护费、安拆费及场外运费、人工费、燃料动力费及其他费组成。

② 施工仪器仪表使用费。施工仪器仪表使用费是指工程施工所发生的仪器仪表使用费或租赁费。

施工仪器仪表使用费以施工仪器仪表台班耗用量与施工仪器仪表台班单价的乘积表示，施工仪器仪表台班单价由折旧费、维护费、校验费和动力费组成。

2）施工机具使用费的计算。施工机具使用费可按下式计算：

$$施工机具使用费 = 施工机械使用费 + 施工仪器仪表使用费 \quad (2\text{-}35)$$

施工机械使用费可按下式计算：

$$施工机械使用费 = \sum(施工机械台班消耗量 \times 机械台班单价) \quad (2\text{-}36)$$

施工机械台班单价由工程造价管理机构按《建设工程施工机械台班费用编制规则》及市场调查分析确定。

仪器仪表使用费可按下式计算：

$$仪器仪表使用费 = \sum(仪器仪表台班消耗量 \times 仪器仪表台班单价) \quad (2\text{-}37)$$

施工仪器仪表台班单价由工程造价管理机构按《建设工程施工仪器仪表台班费用编制规则》及市场调查分析确定。

（4）其他直接费

1）其他直接费的含义和内容。其他直接费是指为完成建设工程施工，发生于该工程施工前和施工过程中的按综合计费形式表现的措施费用。内容包括冬雨季施工增加费、夜间施工增加费、二次搬运费、检验试验费、工程定位复测费、工程点交费、场地清理费、特殊地区施工增加费、已完工程及设备保护费、安全生产费、文明（绿色）施工费、施工现场环境保护费、临时设施费、工地转移费等。

2）其他直接费的计算。

① 冬雨季施工增加费。可按下式计算：

$$冬雨季施工增加费 = 计算基数 \times 冬雨季施工增加费费率(\%) \quad (2\text{-}38)$$

② 夜间施工增加费。可按下式计算：

$$夜间施工增加费 = 计算基数 \times 夜间施工增加费费率(\%) \quad (2\text{-}39)$$

③ 二次搬运费。可按下式计算：

$$二次搬运费 = 计算基数 \times 二次搬运费费率(\%) \quad (2\text{-}40)$$

④ 检验试验费。可按下式计算：

检验试验费 = 计算基数 × 检验试验费费率(%)　(2-41)

⑤ 工程定位复测费。可按下式计算：

工程定位复测费 = 计算基数 × 工程定位复测费费率(%)　(2-42)

⑥ 工程点交费。可按下式计算：

工程点交费 = 计算基数 × 工程点交费费率(%)　(2-43)

⑦ 场地清理费。可按下式计算：

场地清理费 = 计算基数 × 场地清理费费率(%)　(2-44)

⑧ 特殊地区施工增加费。可按下式计算：

特殊地区施工增加费 = 计算基数 × 特殊地区施工增加费费率(%)　(2-45)

⑨ 已完工程及设备保护费。可按下式计算：

已完工程及设备保护费 = 计算基数 × 已完工程及设备保护费费率(%)　(2-46)

⑩ 安全生产费。可按下式计算：

安全生产费 = 计算基数 × 安全生产费费率(%)　(2-47)

⑪文明（绿色）施工费。可按下式计算：

文明(绿色)施工费 = 计算基数 × 文明(绿色)施工费费率(%)　(2-48)

⑫施工现场环境保护费。可按下式计算：

施工现场环境保护费 = 计算基数 × 施工现场环境保护费费率(%)　(2-49)

⑬临时设施费。可按下式计算：

临时设施费 = 计算基数 × 临时设施费费率(%)　(2-50)

⑭工地转移费。可按下式计算：

工地转移费 = 计算基数 × 工地转移费费率(%)　(2-51)

上述其他直接费项目的费率，由工程造价管理机构根据各专业工程特点和调查资料综合分析后确定。

2. 间接费

（1）间接费的含义和内容

间接费是指施工企业为完成承包工程而组织施工生产和经营管理所发生的费用。内容包括管理人员薪酬、办公费、差旅交通费、施工单位进退场费、非生产性固定资产使用费、工具用具使用费、劳动保护费、财务费、税金，以及其他管理性的费用。

（2）间接费的计算

间接费可按下式计算：

间接费 = 计算基数 × 间接费费率　(2-52)

工程造价管理机构在确定间接费费率时，应根据历年工程造价积累的资料，辅以调查数据确定。

3. 利润

（1）利润的含义

利润是指企业完成承包工程所获得的盈利。

（2）利润的计算

利润可按下式计算：

$$利润=计算基数\times利润率 \tag{2-53}$$

对于利润的计算，需要说明两点：一是施工企业根据企业自身需求并结合建筑市场实际自主确定利润，列入报价中；二是工程造价管理机构在确定利润率时，应根据历年工程造价积累的资料，并结合建筑市场实际确定。

上述费用的构成，如图 2-3 所示。

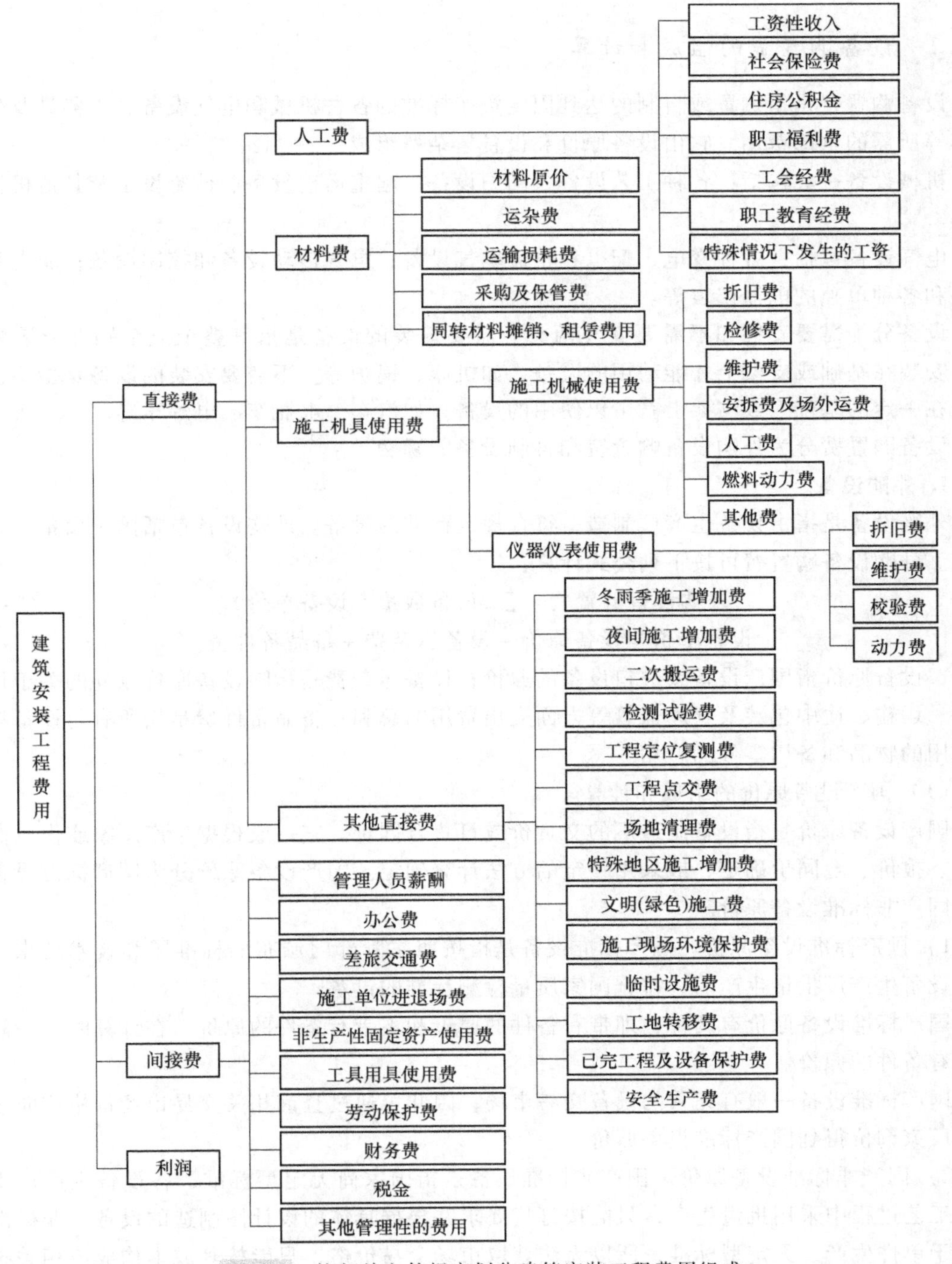

图 2-3 按相关文件规定划分建筑安装工程费用组成

2.4 设备购置费

设备购置费由设备购置费用和工具、器具及生产家具购置费用组成。在生产性工程建设中，设备与工器具购置费用占工程造价的50%以上，意味着生产技术的进步和资本有机构成的提高。

2.4.1 设备购置费的组成和计算

设备购置费是指购置或自制的达到固定资产标准的各种机械和电气设备、工器具及生产家具等所需的全部费用。它由设备原价和设备运杂费组成。

机械设备一般包括：各种工艺设备、动力设备、起重运输设备、试验设备及其他机械设备等。

电气设备包括：各种变电、配电和整流电气设备；电气传动设备和控制设备；弱电系统设备和各种单独的电器仪表等。

设备分为需要安装和不需要安装两类。需要安装的设备是指其整个或个别部分装配起来，安装在基础或支架上才能动用的设备，如机床、锅炉等。不需要安装的设备是指不需要固定在一定的基础上或支架上就可以使用的设备，如汽车、电瓶车、电焊车等。

设备购置费分为外购设备购置费和自制设备购置费。

1. 外购设备

外购设备是指由设备生产厂制造，符合规定标准的设备。外购设备包括国产设备、进口设备。外购设备购置费可按下列公式计算：

$$外购设备购置费=\sum(设备数量\times设备单价) \tag{2-54}$$

$$设备单价=设备原价+设备运杂费+备品备件费 \tag{2-55}$$

式中，设备原价指国产设备或进口设备的原价；设备运杂费是指除设备原价以外的关于设备采购、运输、途中包装及仓库保管等方面支出费用的总和；备品备件费是指所有与设备有关的备用的物品和备用零件的费用。

（1）国产设备原价的组成和计算

国产设备原价是指设备制造厂的交货价或订货合同价。它一般根据生产厂家或供应商的询价、报价、合同价确定，或采用一定的方法计算确定。国产设备原价分为国产标准设备原价和国产非标准设备原价。

1）国产标准设备原价。国产标准设备是指按照主管部门颁布的标准图和技术要求，由我国设备生产厂批量生产的、符合国家质量检测标准的设备。

国产标准设备原价有两种，即带有备件的原价和不带有备件的原价。在计算时，一般采用带有备件的原价。

国产标准设备一般有完善的设备交易市场，因此可通过查询相关交易市场价格或向设备生产厂家询价得到国产标准设备原价。

2）国产非标准设备原价。国产非标准设备是指国家尚无定型标准，各设备生产厂不可能在工艺过程中采用批量生产，只能按订货要求并根据具体的设计图制造的设备。非标准设备由于单件生产、无定型标准，所以无法获取市场交易价格，只能按其成本构成或相关技术参数估算其价格。

国产非标准设备原价有多种不同的计算方法，如成本计算估价法、系列设备插入估价法、分部组合估价法、定额估价法等。但无论采用哪种方法都应该使非标准设备计价接近实际出厂价，并且计算方法要简便。成本计算估价法是一种比较常用的估算非标准设备原价的方法。按成本计算估价法，国产非标准设备原价的组成如下：

① 材料费。材料费一般按下式计算：

$$材料费 = 材料净重 \times (1 + 加工损耗系数) \times 每吨材料综合价 \tag{2-56}$$

② 加工费。加工费包括生产工人工资和工资附加费、燃料动力费、设备折旧费、车间经费等，一般按下式计算：

$$加工费 = 设备总吨量 \times 每吨加工费 \tag{2-57}$$

③ 辅助材料费。辅助材料费简称辅材费，包括焊条、焊丝、氧气、氩气、氮气、油漆、电石等费用，一般按下式计算：

$$辅助材料费 = 设备总吨量 \times 每吨辅助材料费指标 \tag{2-58}$$

④ 专用工具费。专用工具费按上述①~③项之和乘以一定百分比计算。

⑤ 废品损失费。废品损失费按上述①~④项之和乘以一定百分比计算。

⑥ 外购配套件费。外购配套件费按设备设计图所列的外购配套件的名称、型号、规格、数量、重量，根据相应的价格加运杂费计算。

⑦ 包装费。包装费按上述①~⑥项之和乘以一定百分比计算。

⑧ 利润。利润按上述①~⑤项加第⑦项之和乘以一定利润率计算。

⑨ 税金。税金主要指增值税，一般按下列公式计算：

$$增值税 = 当期销项税额 - 进项税额 \tag{2-59}$$

$$当期销项税额 = 销售额 \times 适用增值税税率 \tag{2-60}$$

$$销售额 = ① \sim ⑧项之和$$

⑩ 非标准设备设计费。非标准设备设计费按国家规定的设计费收费标准计算。

综上所述，单台非标准设备原价可用下式表达：

$$\begin{aligned}单台非标准设备原价 = \{[&(材料费 + 加工费 + 辅助材料费) \times (1 + 专用工具费费率) \times \\ &(1 + 废品损失费费率) + 外购配套件费] \times (1 + 包装费费率) - \\ &外购配套件费\} \times (1 + 利润率) + 销项税额 + \\ &非标准设备设计费 + 外购配套件费\end{aligned} \tag{2-61}$$

【例 2-1】 某单位采购一台国产非标准设备，制造厂商生产该台设备所用材料费 20 万元，加工费 2 万元，辅助材料费 0.4 万元，为制造该设备，制造厂在材料采购过程中发生进项增值税额 3.5 万元。专用工具费费率为 1.5%，废品损失费费率为 10%，外购配套件费 5 万元，包装费费率为 1%，利润率为 7%，增值税税率为 17%，非标准设备设计费 2 万元，计算该国产非标准设备的原价。

【解】 专用工具费 = (20 + 2 + 0.4) 万元 × 1.5% = 0.336 万元

废品损失费 = (20 + 2 + 0.4 + 0.336) 万元 × 10% = 2.274 万元

包装费 = (22.4 + 0.336 + 2.274 + 5) 万元 × 1% = 0.300 万元

利润 =(22.4 +0.336 +2.274 +0.300)万元 ×7% =1.772 万元

销项税额 =(22.4 +0.336 +2.274 +5 +0.300 +1.772)万元 ×17% =5.454 万元

该国产非标准设备的原价 =22.4 +0.336 +2.274 +0.300 +1.772 +5.454 +2 +5
=39.536 万元

(2) 进口设备原价的组成及计算

进口设备的原价是指进口设备的抵岸价，即设备抵达买方边境港口或边境车站，缴纳完各种手续费、税费后形成的价格。抵岸价通常由进口设备到岸价（CIF）和进口从属费构成。进口设备的到岸价，即抵达买方边境港口或边境车站的价格。在国际贸易中，交易双方所使用的交货类别不同，则交易价格的构成内容也有所差异。进口从属费用包括银行财务费、外贸手续费、进口关税、消费税、进口环节增值税等，进口车辆的还需缴纳车辆购置税。

进口设备购置费按下列公式计算：

$$进口设备购置费 = \sum(设备数量 \times 设备单价) \tag{2-62}$$

$$设备单价 = 设备抵岸价 + 设备国内运杂费 + 备品备件费 \tag{2-63}$$

$$设备抵岸价 = 设备到岸价 + 进口从属费用 \tag{2-64}$$

$$设备到岸价 = 离岸价 + 国际运费 + 运输保险费 \tag{2-65}$$

$$进口从属费用 = 银行财务费 + 外贸手续费 + 关税 + 消费税 + 进口环节增值税 + 车辆购置税 \tag{2-66}$$

1) 进口设备的交易价格术语。在国际贸易中，较为广泛使用的交易价格术语有 FOB、CFR 和 CIF。

① FOB (free on board)。FOB 意为装运港船上交货，也称为离岸价格。

FOB 是指当货物在指定的装运港越过船舷，卖方即完成交货义务。风险转移，以在指定的装运港货物越过船舷时为分界点。费用划分与风险转移的分界点相一致。

在 FOB 交货方式下，卖方的基本义务包括：办理出口清关手续，自负风险和费用，领取出口许可证及其他官方文件；在约定的日期或期限内，在合同规定的装运港，按港口惯常的方式，把货物装上买方指定的船只，并及时通知买方；承担货物在装运港越过船舷之前的一切费用和风险；向买方提供商业发票和证明货物已交至船上的装运单据或具有同等效力的电子单证。买方的基本义务包括：负责租船订舱，按时派船到合同约定的装运港接运货物，支付运费，并将船期、船名及装船地点及时通知卖方；负担货物在装运港越过船舷后的各种费用以及货物灭失或损坏的一切风险；负责获取进口许可证或其他官方文件，以及办理货物入境手续；受领卖方提供的各种单证，按合同规定支付货款。

② CFR (cost and freight)。CFR 意为成本加运费，或称为运费在内价。

CFR 是指在装运港货物越过船舷卖方即完成交货，卖方必须支付将货物运至指定的目的港所需的运费和费用，但交货后货物灭失或损坏的风险，以及由于各种事件造成的任何额外费用，即由卖方转移到买方。与 FOB 价格相比，CFR 的费用划分与风险转移的分界点是不一致的。

在 CFR 交货方式下，卖方的基本义务包括：提供合同规定的货物，负责订立运输合同，并租船订舱，在合同规定的装运港和规定的期限内，将货物装上船并及时通知买方，支付运至目的港的运费；负责办理出口清关手续，提供出口许可证或其他官方批准的文件；承担货物在装运港越过船舷之前的一切费用和风险；按合同规定提供正式有效的运输单据、发票或具有同等效力的电子单证。买方的基本义务包括：承担货物在装运港越过船舷以后的一切风险及运输途中因遭遇风险所引起的额外费用；在合同规定的目的港受领货物，办理进口清关手续，交纳进口税；受领卖方提供的各种约定的单证，并按合同规定支付货款。

③ CIF（cost insurance and freight）。CIF 意为成本加保险费、运费，习惯称为到岸价格。

在 CIF 中，卖方除负有与 CFR 相同的义务外，还应办理货物在运输途中最低险别的海运保险，并应支付保险费。如买方需要更高的保险险别，则需要与卖方明确地达成协议，或者自行做出额外的保险安排。除保险这项义务之外，买方的义务与 CFR 相同。

2）进口设备到岸价的组成及计算。进口设备到岸价可按下式计算：

$$
\begin{aligned}
\text{进口设备到岸价(CIF)} &= \text{离岸价格(FOB)} + \text{国际运费} + \text{运输保险费} \\
&= \text{运费在内价(CFR)} + \text{运输保险费}
\end{aligned} \tag{2-67}
$$

① 货价。货价一般指装运港船上交货价（FOB）。设备货价分为原币货价和人民币货价，原币货价一律折算为美元表示，人民币货价按原币货价乘以外汇市场美元兑换人民币汇率中间价确定。进口设备货价按有关生产厂商询价、报价、订货合同价计算。

② 国际运费。国际运费即从装运港（站）到达我国目的港（站）的运费。我国进口设备大部分采用海洋运输，小部分采用铁路运输，个别采用航空运输。进口设备国际运费可按下列公式计算：

$$\text{国际运费（海、陆、空）} = \text{原币货价（FOB）} \times \text{运费率} \tag{2-68}$$

$$\text{国际运费（海、陆、空）} = \text{单位运价} \times \text{运量} \tag{2-69}$$

其中，运费率或单位运价参照有关部门或进出口公司的规定执行。

③ 运输保险费。对外贸易货物运输保险是由保险人（保险公司）与被保险人（出口人或进口人）订立保险契约，在被保险人交付议定的保险费后，保险人根据保险契约的规定对货物在运输过程中发生的承保责任范围内的损失给予经济上的补偿。这是一种财产保险。运输保险费可按下式计算：

$$\text{运费保险费} = \frac{\text{原币货价(FOB)} + \text{国外运费}}{1 - \text{保险费费率}} \times \text{保险费费率} \tag{2-70}$$

其中，保险费费率按保险公司规定的进口货物保险费费率计算。

3）进口从属费的构成及计算。进口从属费可按下式计算：

$$\text{进口从属费} = \text{银行财务费} + \text{外贸手续费} + \text{关税} + \text{消费税} + \text{进口环节增值税} + \text{车辆购置税} \tag{2-71}$$

① 银行财务费。银行财务费一般是指在国际贸易结算中，中国银行为进出口商提供金融结算服务所收取的费用，可按下式简化计算：

$$\text{银行财务费} = \text{离岸价格(FOB)} \times \text{人民币外汇汇率} \times \text{银行财务费费率} \tag{2-72}$$

② 外贸手续费。外贸手续费是指按规定的外贸手续费费率计取的费用，外贸手续费费率一般取 1.5%。外贸手续费可按下式计算：

$$\text{外贸手续费} = \text{到岸价格(CIF)} \times \text{人民币外汇汇率} \times \text{外贸手续费费率} \tag{2-73}$$

③ 关税。关税是指由海关对进出国境或关境的货物和物品征收的一种税，可按下式计算：

$$关税 = 到岸价格(CIF) \times 人民币外汇汇率 \times 进口关税税率 \tag{2-74}$$

到岸价格作为关税的计征基数时，通常又可称为关税完税价格。进口关税税率分为优惠和普通两种。优惠税率适用于与我国签订关税互惠条款的贸易条约或协定的国家的进口设备；普通税率适用于与我国未签订关税互惠条款的贸易条约或协定的国家的进口设备。进口关税税率按我国海关总署发布的进口关税税率计算。

④ 消费税。消费税仅对部分进口设备（如轿车、摩托车等）征收，可按下式计算：

$$应纳消费税税额 = \frac{到岸价格(CIF) \times 人民币外汇汇率 + 关税}{1 - 消费税税率} \times 消费税税率 \tag{2-75}$$

其中，消费税税率根据规定的税率计算。

⑤ 进口环节增值税。进口环节增值税是对从事进口贸易的单位和个人，在进口商品报关进口后征收的税种。我国增值税条例规定，进口应税产品均按组成计税价格和增值税税率直接计算应纳税额。进口环节增值税可按下式计算：

$$进口环节增值税 = 组成计税价格 \times 增值税税率 \tag{2-76}$$

$$组成计税价格 = 关税完税价格 + 关税 + 消费税 \tag{2-77}$$

增值税税率根据规定的税率计算。

⑥ 车辆购置税。进口车辆需缴纳进口车辆购置税，可按下式计算：

$$进口车辆购置税 = (关税完税价格 + 关税 + 消费税) \times 车辆购置税税率 \tag{2-78}$$

【例 2-2】 从国外进口设备，质量 1000t，装运港船上交货价为 400 万美元，工程建设项目位于国内某省会城市。如果国际运费标准为 300 美元/t，海上运输保险费费率为 3‰，银行财务费费率为 5‰，外贸手续费费率为 1.5%，关税税率为 22%，增值税税率为 17%，消费税税率为 10%，银行外汇牌价为 1 美元 = 6.6 元人民币，对该设备的原价进行估算。

【解】 进口设备 FOB = (400 × 6.6)万元 = 2640 万元

国际运费 = (300 × 1000 × 6.6)万元 = 198 万元

$$海运保险费 = \frac{2640 + 198}{1 - 3‰}万元 \times 3‰ = 8.54 万元$$

CIF = (2640 + 198 + 8.54)万元 = 2846.54 万元

银行财务费 = 2640 万元 × 5‰ = 13.20 万元

外贸手续费 = 2846.54 万元 × 1.5% = 42.70 万元

关税 = 2846.54 万元 × 22% = 626.24 万元

$$消费税 = \frac{2846.54 + 626.24}{1 - 10\%}万元 \times 10\% = 385.86 万元$$

增值税 = (2846.54 + 626.24 + 385.86)万元 × 17% = 655.97 万元

进口从属费 = 13.20 万元 + 42.70 万元 + 626.24 万元 + 385.86 万元 + 655.97 万元 = 1723.97 万元

进口设备原价 = (2846.54 + 1723.97)万元 = 4570.51 万元

（3）设备运杂费的组成及计算

1）设备运杂费的组成。设备运杂费是指国内采购设备自来源地、国外采购设备自到岸港运至工地仓库或指定堆放地点发生的采购、运输、运输保险、保管、装卸等费用。通常由下列各项组成：

① 运费和装卸费。国产设备由设备制造厂交货地点起至工地仓库（或施工组织设计指定的需要安装设备的堆放地点）止所发生的运费和装卸费；进口设备则由我国到岸港口或边境车站起至工地仓库（或施工组织设计指定的需安装设备的堆放地点）止所发生的运费和装卸费。

② 包装费。包装费是指在设备原价中没有包含的，为运输而进行的包装支出的各种费用。

③ 设备供销部门的手续费。设备供销部门的手续费按有关部门规定的统一费率计算。

④ 采购与仓库保管费。采购与仓库保管费是指采购、验收、保管和收发设备所发生的各种费用，包括设备采购人员、保管人员和管理人员的工资、工资附加费、办公费、差旅交通费，设备供应部门办公和仓库所占固定资产使用费、工具用具使用费、劳动保护费、检验试验费等。这些费用可按主管部门规定的采购与保管费费率计算。

2）设备运杂费的计算。设备运杂费可按下式计算：

$$设备运杂费 = 设备原价 \times 设备运杂费费率 \tag{2-79}$$

式中，设备运杂费费率按各部门及省、市有关规定计取。

（4）备品备件费

对于备品备件费，应该根据采购设备时是否包含区别对待；对设备原价已经包含备品备件费的，不必再单独计算；当设备原价没有包含备品备件费时，应按照下式计算：

$$备品备件费 = 设备原价 \times 备品备件费费率 \tag{2-80}$$

2. 自制设备

自制设备是指按订货要求，并根据具体的设计图自行制造的设备。自制设备购置费可按下列公式计算：

$$自制设备购置费 = \sum(设备数量 \times 设备单价) \tag{2-81}$$

$$\begin{aligned}设备单价 = (&材料费 + 加工费 + 检测费 + 专用工具费 + 外购配套件费 + 包装费 + \\ &利润 + 非标准设备设计费 + 运杂费)\end{aligned} \tag{2-82}$$

2.4.2　工器具及生产家具购置费的组成和计算

工器具及生产家具购置费是指新建或扩建项目初步设计规定的，保证初期正常生产必须购置的没有达到固定资产标准的设备、仪器、工卡模具、器具、生产家具和备品备件等的购置费用。一般以设备购置费为计算基数，按照部门或行业规定的工具、器具及生产家具费费率，按下式计算：

$$工器具及生产家具购置费 = 设备购置费 \times 定额费率 \tag{2-83}$$

2.5　工程建设其他费用

工程建设其他费用是指从工程筹建起到工程竣工验收交付使用止的整个建设期间，根据设计文件要求和国家有关规定，为保证工程建设顺利完成和交付使用后能够正常发挥效用而发生的，在工程项目的建设期发生的与土地使用权取得、整个工程项目建设以及未来生产经营有关的，除工程费用、预备费、增值税、资金筹措费、流动资金以外的费用。

工程建设其他费用主要包括土地使用费和其他补偿费、建设管理费、可行性研究费、专项评价费、研究试验费、勘察设计费、场地准备费和临时设施费、引进技术和进口设备材料其他费、工程保险费、联合试运转费、特殊设备安全监督检验费、市政公用配套设施费、专利及专有技术使用费、生产准备费等。

工程建设其他费用是项目建设投资中较常发生的费用项目，但并非每个项目都会发生这些费用项目，项目不发生的其他费用项目不计取。所以，它的特点是不属于建设项目中的任何一个工程项目，而是属于建设项目范围内的工程和费用。

2.5.1 土地使用费和其他补偿费

任何一个建设项目都是在一个固定地点与地面相连接，必须占用一定量的土地，也就必然要发生为获得建设用地而支付的费用，这就是土地使用费。它是指为获得工程项目建设使用的土地应支付的各项费用，包括建设用地费和临时土地使用费，以及由于使用土地发生的其他有关费用，如水土保持补偿费等。

1. 建设用地费

建设用地费是指为获得工程项目建设用地的使用权而在建设期内发生的费用。取得土地使用权的方式有出让、划拨和转让三种方式。

（1）通过出让方式获取国有土地使用权

国有土地使用权出让，是指国家将国有土地使用权在一定年限内出让给土地使用者，由土地使用者向国家支付土地使用权出让金的行为。土地使用权出让最高年限按下列用途确定：

1）居住用地 70 年。

2）工业用地 50 年。

3）教育、科技、文化、卫生、体育用地 50 年。

4）商业、旅游、娱乐用地 40 年。

5）综合或者其他用地 50 年。

通过出让方式获取国有土地使用权又分成两种具体方式：一是通过招标、拍卖、挂牌等竞争出让方式获取国有土地使用权；二是通过协议出让方式获取国有土地使用权。

1）通过竞争出让方式获取国有土地使用权。具体的竞争方式又包括招标、拍卖和挂牌三种。按照国家相关规定，招标、拍卖、挂牌出让土地使用权的范围包括：

① 供应商业、旅游、娱乐、工业用地和商品住宅等各类经营性用地以及有竞争要求的工业用地。

② 其他土地供地计划公布后一宗地有两个或者两个以上意向用地者的。

③ 划拨土地使用权改变用途，国有土地划拨决定书或法律、法规、行政规定等明确应当收回土地使用权，实行招标、拍卖、挂牌出让的。

④ 划拨土地使用权转让，国有土地划拨决定书或法律、法规、行政规定等明确应当收回土地使用权，实行招标、拍卖、挂牌出让的。

⑤ 出让土地使用权改变用途，国有土地划拨决定书或法律、法规、行政规定等明确应当收回土地使用权，实行招标、拍卖、挂牌出让的。

⑥ 法律、法规、行政规定明确应当招标、拍卖、挂牌出让的其他情形。

2）通过协议出让方式获取国有土地使用权。具体如下：

① 协议出让国有土地使用权范围。按照国家相关规定，出让国有土地使用权，除依照法律、法规和规章的规定，应当采用招标、拍卖或者挂牌方式外，还可采取协议方式。主要包括以下情况：

A. 供应商业、旅游、娱乐和商品住宅、工业用地等各类经营性用地以外用途的土地，其供地计划公布后同一宗地只有一个意向用地者的。

B. 原划拨、承租土地使用权申请办理协议出让，经依法批准，可以采取协议方式，但《国有土地计划决定书》《国有土地租赁合同》、法律、法规、行政规定等明确应当收回土地使用权重新公开出让的除外。

C. 划拨土地使用权转让申请办理协议出让，经依法批准，可以采取协议方式，但《国有土地划拨决定书》、法律、法规、行政规定等明确应当收回土地使用权重新公开出让的除外。

D. 出让土地使用权人申请续期，经审查准予续期的，可以采用协议方式。

② 禁止性规定。介绍如下：

A. 以协议方式出让国有土地使用权的出让金不得低于按国家规定所确定的最低价。

B. 协议出让最低价不得低于新增建设用地的土地有偿使用费、征地（拆迁）补偿费用以及按照国家规定应当缴纳的有关税费之和；有基准地价的地区，协议出让最低价不得低于出让地块所在级别基准地价的 70%。低于最低价时国有土地使用权不得出让。

（2）通过划拨方式获取国有土地使用权

国有土地使用权划拨，是指县级以上人民政府依法批准，在土地使用者缴纳补偿、安置等费用后将该土地交付其使用，或者将土地使用权无偿交付给土地使用者使用的行为。即划拨土地使用权不需要使用者出钱购买土地使用权，而是经国家批准其无偿、无年限限制地使用国有土地。但取得划拨土地使用权的使用者依法应当缴纳土地使用税。

1）以划拨方式取得国有土地使用权的规定。国家对划拨用地有着严格的规定，根据《中华人民共和国城市房地产管理法》第二十四条的规定，下列建设用地的土地使用权，确属必需的，经县级以上人民政府依法批准，可以以划拨方式取得：

① 国家机关用地和军事用地。

② 城市基础设施用地和公益事业用地。

③ 国家重点扶持的能源、交通、水利等项目用地。

④ 法律、行政法规规定的其他用地。

以划拨方式取得土地使用权的，经主管部门登记、核实，由同级人民政府颁发土地使用权证。

依法以划拨方式取得土地使用权的，除法律、行政法规另有规定外，没有使用期限的限制。虽然无偿取得划拨土地使用权没有年限限制，但因土地使用者迁移、解散、撤销、破产或者其他原因而停止使用土地的，国家应当无偿收回划拨土地使用权，并可依法出让。因城市建设发展需要和城市规划的要求，也可以对划拨土地使用权无偿收回，并可依法出让。无偿收回划拨土地使用权的，其地上建筑物和其他附着物归国家所有，但应根据实际情况给予适当补偿。

2）转让、出租、抵押的限制性规定。划拨土地使用权一般不得转让、出租、抵押，但符合法定条件的也可以转让、出租、抵押：即土地使用者为公司、企业、其他组织和个人，领有土地使用权证，地上建筑物有合法产权证明，经当地政府批准其出让并补交土地使用权出让金或者以转让、出租、抵押所获收益抵交出让金。

未经批准擅自转让、出租、抵押划拨土地使用权的，没收其非法收入，并根据其情节处以相应罚款。

（3）通过转让方式获取国有土地使用权

土地使用权转让，是指土地使用者将土地使用权再转移的行为，即土地使用者将土地使用权单独或者随同地上建筑物、其他附着物转移给他人的行为。原拥有土地使用权的一方称为转让人，接受土地使用权的一方称为受让人。

1）转让方式和使用年限。

① 转让方式。通过转让方式获取国有土地使用权的具体转让方式包括：出售、交换和赠予等。

② 使用年限。土地使用者通过转让方式取得的土地使用权，其使用年限为土地使用权出让合同规定的使用年限减去原土地使用者已使用年限后的剩余年限。

2）其他规定。

① 禁止性规定。未按土地使用权出让合同规定的期限和条件投资开发、利用土地的，土地使用权不得转让。

② “房地一并转移”规定。土地使用权转让时，其地上建筑物、其他附着物所有权随之转让。地上建筑物、其他附着物的所有人或者共有人，享有该建筑物、附着物使用范围内的土地使用权。土地使用者转让地上建筑物、其他附着物所有权时，其使用范围内的土地使用权随之转让，但地上建筑物、其他附着物作为动产转让的除外。

③ 转让价格的规定。土地使用权转让价格明显低于市场价格的，市、县人民政府有优先购买权。土地使用权转让的市场价格不合理上涨时，市、县人民政府可以采取必要的措施。

2. 建设用地取得的费用

建设用地如通过行政划拨方式取得，需承担征地补偿费用或对原用地单位或个人的拆迁补偿费用；若通过市场机制取得，则不但承担以上费用，还要向土地所有者支付有偿使用费，即土地出让金。

（1）征地补偿费用

征地补偿费用由以下几个部分构成：

1）土地补偿费。土地补偿费是对农村集体经济组织因土地被征用而造成经济损失的一种补偿。征用耕地的补偿费，为该耕地被征前三年平均年产值的6～10倍。征用其他土地的补偿费标准，由省、自治区、直辖市参照征用耕地的补偿费标准规定。土地补偿费归农村集体经济组织所有。

2）青苗补偿费和地上附着物补偿费。青苗补偿费是因征地时对其正在生长的农作物受到损害而做出的一种赔偿。在农村实行承包责任制后，农民自行承包土地的青苗补偿费应付给本人，属于集体种植的青苗补偿费可纳入当年集体收益。凡在协商征地方案后抢种的农作物、树木等，一律不予补偿。

地上附着物是指房屋、水井、树木、涵洞、桥梁、公路、水利设施、林木等地面建筑物、构筑物、附着物等。视协商征地方案前地上附着物价值与折旧情况确定，应根据“拆什么，补什么；拆多少，补多少，不低于原来水平”的原则确定。如附着物产权属个人，则该项补助费付给个人。

地上附着物的补偿标准由省、自治区、直辖市规定。

3）安置补助费。安置补助费应支付给被征地单位和安置劳动力的单位，作为劳动力安置与培训的支出，以及作为不能就业人员的生活补助。征收耕地的安置补助费，按照需要安置的农业人口数计算。需要安置的农业人口数，按照被征收的耕地数量除以征地前被征收单位平均每人占有耕地的数量计算。每一个需要安置的农业人口的安置补助费标准，为该耕地被征收前三年平均年产值的 4 ~6 倍。但是，每公顷被征收耕地的安置补助费，最高不得超过被征收前三年平均年产值的 15 倍。土地补偿费和安置补助费，尚不能使需要安置的农民保持原有生活水平的，经省、自治区、直辖市人民政府批准，可以增加安置补助费。但是，土地补偿费和安置补助费的总和不得超过土地被征收前三年平均年产值的 30 倍。

4）新菜地开发建设基金。新菜地开发建设基金是指征用城市郊区商品菜地时支付的费用。这项费用交给地方财政，作为开发建设新菜地的投资。菜地是指城市郊区为供应城市居民蔬菜，连续 3 年以上常年种菜或者养殖鱼、虾等的商品菜地和精养鱼塘。一年只种一茬或因调整茬口安排种植蔬菜的，均不作为需要收取开发基金的菜地。征用尚未开发的规划菜地，不缴纳新菜地开发建设基金。在蔬菜产销放开后，能够满足供应，不再需要开发新菜地的城市，不收取新菜地开发基金。

5）耕地占用税。耕地占用税是对占用耕地建房或者从事其他非农业建设的单位和个人征收的一种税，目的是合理利用土地资源、节约用地，保护农用耕地。耕地占用税征收范围，不仅包括占用耕地，还包括占用鱼塘、园地、菜地及其农业用地建房或者从事其他非农业建设，且均按实际占用的面积和规定的税额一次性征收。其中，耕地是指用于种植农作物的土地。占用前三年曾用于种植农作物的土地也视为耕地。

6）土地管理费。土地管理费主要作为征地工作中所发生的办公、会议、培训、宣传、差旅、借用人员工资等必要的费用。土地管理费的收取标准，一般是在土地补偿费、青苗补偿费、地面附着物补偿费、安置补助费四项费用之和的基础上提取 2% ~4%。如果是征地包干，还应在四项费用之和后再加上粮食价差、副食补贴、不可预见费等费用，在此基础上提取 2% ~4% 作为土地管理费。

（2）拆迁补偿费用

在城市规划区内国有土地上实施房屋拆迁，拆迁人应当对被拆迁人给予补偿、安置。

1）拆迁补偿。拆迁补偿的方式可以实行货币补偿和实行房屋产权调换。

货币补偿的金额，根据被拆迁房屋的区位、用途、建筑面积等因素，以房地产市场评估价格确定。具体办法由省、自治区、直辖市人民政府制定。

实行房屋产权调换的，拆迁人与被拆迁人按照计算得到的被拆迁房屋的补偿金额和所调换房屋的价格，结清产权调换的差价。

2）搬迁、安置补助费。拆迁人应当对被拆迁人或者房屋承租人支付搬迁补助费，对于在规定的搬迁期限届满前搬迁的，拆迁人可以付给提前搬家奖励费；在过渡期限内，被拆迁人或者房屋承租人自行安排住处的，拆迁人应当支付临时安置补助费；被拆迁人或者房屋承租人使用拆迁人提供的周转房的，拆迁人不支付临时安置补助费。

搬迁补助费和临时安置补助费的标准，由省、自治区、直辖市人民政府规定。有些地区规定，拆除非住宅房屋，造成停产、停业引起经济损失的，拆迁人可以根据被拆除房屋的区位和使用性质，按照一定标准给予一次性停产、停业综合补助费。

（3）出让金、土地转让金

土地使用权出让金为用地单位向国家支付的土地所有权收益，出让金标准一般参考城市基准地价并结合其他因素制定。基准地价由市土地管理局会同市物价局、市国有资产管理局、市房地产管理局等部门综合平衡后报市级人民政府审定通过，它以城市土地综合定级为基础，用某一地价或地价幅度表示某一类别用地在某一土地级别范围的地价，以此作为土地使用权出让价格的基础。

在有偿出让和转让土地时，政府对地价不做统一规定，但坚持以下原则：地价对目前的投资环境不产生大的影响；地价与当地的社会经济承受能力相适应；地价要考虑已投入的土地开发费用、土地市场供求关系、土地用途、所在区类、容积率和使用年限等。有偿出让和转让使用权，要向土地受让者征收契税；转让土地如有增值，要向转让者征收土地增值税；土地使用者每年应按规定的标准缴纳土地使用费。土地使用权出让或转让，应先由地价评估机构进行价格评估后，再签订土地使用权出让和转让合同。

（4）其他

1）临时土地使用费。临时土地使用费是指临时使用土地发生的相关费用，包括地上附着物和青苗补偿费、土地恢复费以及其他税费等。

2）其他补偿费。其他补偿费是指项目涉及的对房屋、市政、铁路、公路、管道、通信、电力、河道、水利、厂区、林区、保护区、矿区等不附属于建设用地的相关建构筑物或设施的补偿费用。

2.5.2 与项目建设有关的其他费用

1. 建设管理费

建设管理费是指为组织完成工程项目建设，在建设期内发生的各类管理性质费用。

（1）建设管理费的内容

建设管理费包括建设单位管理费、工程监理费、代建管理费、监造费、招标投标费、设计评审费、特殊项目定额研究及测定费、其他咨询费、印花税等。其中：

1）建设单位管理费。建设单位管理费是指建设单位发生的管理性质的开支。该项费用内容包括：工作人员工资、工资性补贴、施工现场津贴、职工福利费、住房基金、基本养老保险费、基本医疗保险费、失业保险费、工伤保险费、办公费、差旅交通费、劳动保护费、工具用具使用费、固定资产使用费、必要的办公及生活用品购置费、必要的通信设备及交通工具购置费、零星固定资产购置费、招募生产工人费、技术图书资料费、业务招待费、设计审查费、工程招标费、合同契约公证费、法律顾问费、咨询费、完工清理费、竣工验收费、印花税和其他管理性质开支。

2）工程监理费。工程监理费是指建设单位委托工程监理单位实施工程监理的费用。此项费用可以参考国家发展改革委与建设部联合发布的《建设工程监理与相关服务收费管理规定》（发改价格〔2007〕670号）等文件，由建设单位与监理单位协商确定相应的监理服务费用。

（2）建设单位管理费的计算

建设单位管理费按照工程费用之和（包括设备购置费和建筑安装工程费用）乘以建设单位管理费费率，按下式计算：

$$建设单位管理费 = 工程费用 \times 建设单位管理费费率 \tag{2-84}$$

建设单位管理费费率按照建设项目的不同性质、不同规模确定。有的建设项目按照建设工期和规定的金额计算建设单位管理费。由于工程监理是受建设单位委托的工程建设技术服务，属建设管理范畴。如采用监理，建设单位部分管理工作量转移至监理单位。监理费应根据委托的监理工作范围和监理深度在监理合同中商定或按当地或所属行业部门有关规定计算。因此工程监理费用应从建设管理费用中开支，在工程建设其他费用项目中不得单独列项。

如建设单位采用工程总承包方式，其总包管理费由建设单位与总包单位根据总包工作范围在合同中商定，从建设管理费中支出。

2. 可行性研究费

可行性研究费是指在工程项目投资决策阶段，依据调研报告对有关建设方案、技术方案或生产经营方案进行的技术经济论证，以及编制、评审可行性研究报告所需的费用。

可行性研究费用可依据前期研究委托合同或参考国家有关部门的文件规定确定。

3. 专项评价费

专项评价费是指建设单位按照国家规定，委托有资质的单位开展专项评价及有关验收工作发生的费用。专项评价费包括环境影响评价及验收费、安全预评价及验收费、职业病危害预评价及控制效果评价费、地震安全性评价费、地质灾害危险性评价费、水土保持评价及验收费、压覆矿产资源评价费、节能评估费、危险与可操作性分析及安全完整性评价费以及其他专项评价及验收费。

4. 研究试验费

研究试验费是指为建设项目提供和验证设计参数、数据、资料等进行必要的研究和试验，以及按照设计规定在施工中必须进行试验、验证所需的费用。研究试验费包括自行或委托其他部门的专题研究、试验所需人工费、材料费、试验设备及仪器使用费等。

这项费用按照设计单位根据工程项目的需要提出的研究试验内容和要求计算。在计算时要注意不应包括以下项目：

1）应由科技三项费用（即新产品试制费、中间试验费和重要科学研究补助费）开支的项目。

2）应在建筑安装费用中列支的施工企业对建筑材料、构件和建筑物进行一般鉴定、检查所发生的费用及技术革新的研究试验费。

3）应由勘察设计费或工程建设投资中开支的项目。

5. 勘察设计费

（1）勘察费

勘察费是指勘察人根据发包人的委托，收集已有资料、现场踏勘、制定勘察纲要，进行勘察作业，以及编制工程勘察文件和岩土工程设计文件等收取的费用。

(2) 设计费

设计费是指设计人根据发包人的委托，提供编制建设项目初步设计文件、施工图设计文件、非标准设备设计文件、竣工图文件等服务所收取的费用。

勘察设计费用，可依据勘察设计委托合同或参考国家有关部门的文件规定确定。

6. 场地准备费及临时设施费

(1) 场地准备费和临时设施费的含义和内容

1) 场地准备费。场地准备费是指为使工程项目的建设场地达到开工条件，由建设单位组织进行的场地平整和对建设场地余留的有碍于施工建设的设施进行拆除清理等准备工作而发生的费用。

2) 临时设施费。临时设施费是指建设单位为满足施工建设需要而提供的未列入工程费用的临时水、电、路、讯、气等工程和临时仓库等建（构）筑物的建设、维修、拆除、摊销费用或租赁费用，以及铁路、码头租赁等费用。

(2) 场地准备费和临时设施费的计算

1) 场地准备和临时设施，应尽量与永久性工程统一考虑。建设场地的大型土石方工程应计入工程费用的总图运输费用中。

2) 新建项目的场地准备费和临时设施费，应根据实际工程量估算，或按工程费用的比例计算；改扩建项目一般只计拆除清理费。

$$场地准备费和临时设施费 = 工程费用 \times 费率 + 拆除清理费 \tag{2-85}$$

3) 发生拆除清理费时，可按新建同类工程造价或主材费、设备费的比例计算。凡可回收材料的拆除工程采用以料抵工方式冲抵拆除清理费。

4) 此项费用不包括已列入建筑安装工程费用中的施工企业临时设施费用。

7. 引进技术和进口设备材料其他费

(1) 引进技术和进口设备材料其他费的含义、内容

1) 引进技术和进口设备材料其他费的含义。引进技术和进口设备材料其他费是指引进技术和设备发生的但未计入引进技术费和设备材料购置费的费用。

2) 引进技术和进口设备材料其他费的内容。

① 引进项目设计图资料翻译复制费、备品备件测绘费。

② 出国人员费用。出国人员费用是指买方人员出国设计联络、出国考察、联合设计、监造、培训等所发生的差旅费、生活费等。

③ 来华人员费用。来华人员费用是指卖方来华工程技术人员的现场办公费用、往返现场交通费用、接待费用等。

④ 银行担保和承诺费。银行担保和承诺费是指引进项目由国内外金融机构出面承担风险和责任担保所发生的费用，以及支付贷款机构的承诺费用。

⑤ 进口设备材料国内检验费。进口设备材料国内检验费是指按照合同或有关标准及规定对进口设备材料的质量、数量和包装等方面进行检验所发生的费用。

(2) 引进技术和进口设备材料其他费的计算

1) 引进项目设计图资料翻译复制费、备品备件测绘费。根据引进项目的具体情况计列或按引进货价（FOB）的比例估列；引进项目发生备品备件测绘费时按具体情况估列。

2) 出国人员费用。依据合同规定的出国人次、期限和相应的费用标准计算；生活费用

按照财政部、外交部规定的现行标准计算；差旅费按中国民航公布的票价计算。

3）来华人员费用。依据引进合同或协议有关条款以及来华技术人员派遣计划进行计算。来华人员接待费用可按每人次费用指标计算。引进合同价款中已包括的费用内容不得重复计算。

4）银行担保和承诺费。应按担保或承诺协议计取。编制投资估算和概算时，可以担保金额或承诺金额为基数乘以费率计算。

5）进口设备材料国内检验费等。进口设备材料国内检验费按国家现行标准执行。

8. 特殊设备安全监督检验费

特殊设备安全监督检验费是指安全监督部门对在施工现场安装的列入国家特种设备范围内的设备（设施）检验检测和监督检查所发生的应列入项目开支的费用。特殊设备包括在施工现场安（组）装的锅炉及压力容器、压力管道、消防设备、燃气设备、电梯等特殊设备和设施。

特殊设备安全监督检验费按照建设项目所在省（市、自治区）安全监督部门的规定标准计算。无具体规定的，在编制投资估算和概算时可按受检设备现场安装费的比例估算。

9. 市政公用配套设施费

市政公用配套设施费是指使用市政公用设施的工程项目，按照项目所在地政府有关规定建设或缴纳的市政公用设施建设配套费用。

此项费用按工程所在地人民政府规定标准计列。

10. 工程保险费

工程保险费是指为转移工程项目建设的意外风险，在建设期内对建筑工程、安装工程、机械设备和人身安全进行投保而发生的费用。工程保险包括建筑安装工程一切险、工程质量保险、进口设备财产保险和人身意外伤害险等。

工程保险费根据工程类别的不同，分别以建筑、安装工程费乘以建筑、安装工程保险费费率计算。具体是：

1）民用建筑。包括住宅楼、综合性大楼、商场、旅馆、医院、学校等，按照建筑工程费的2‰～4‰计算。

2）其他建筑。包括工业厂房、仓库、道路、码头、水坝、隧道、桥梁、管道等，按照建筑工程费的3‰～6‰计算。

3）安装工程。包括农业、工业、机械、电子、电器、纺织、矿山、石油、化学及钢铁工业、钢结构桥梁等，按照建筑工程费的3‰～6‰计算。

11. 其他费用

其他费用是指以上费用之外，根据工程建设需要必须发生的其他费用。

2.5.3　与未来生产经营有关的其他费用

1. 联合试运转费

联合试运转费是指新建或新增生产能力的工程项目，在交付生产前按照批准的设计文件规定的工程质量标准和技术要求，对整个生产线或装置进行负荷联合试运转所发生的费用净支出（试运转支出大于收入的差额部分费用）。

联合试运转支出包括试运转所需材料、燃料及动力消耗、低值易耗品、其他物料消耗、机械使用费、联合试运转人员工资、施工单位参加试运转人工费、专家指导费，以及必要的工业炉烘炉费；试运转收入包括试运转期间的产品销售收入和其他收入。

联合试运转费不包括应由设备安装工程费用开支的调试及试车费用，以及在试运转中暴露出来的因施工原因或设备缺陷等发生的处理费用。

2. 专利及专有技术使用费

（1）专利及专有技术使用费的含义和内容

1）专利及专有技术使用费的含义。专利及专有技术使用费是指在建设期内取得专利、专有技术、商标、商誉和特许经营的所有权或使用权发生的费用。

2）专利及专有技术使用费的内容。专利及专有技术使用费包括以下几项：

① 工艺包费、设计及技术资料费、有效专利及专有技术使用费、技术保密费和技术服务费等。

② 商标权、商誉和特许经营权费。

③ 软件费等。

（2）专利及专有技术使用费的计算

1）按专利使用许可协议和专有技术使用合同的规定计列。

2）专有技术的界定应以省、部级鉴定批准为依据。

3）项目投资中只计算需在建设期支付的专利及专有技术使用费。协议或合同规定在生产期分年支付的使用费应在成本中核算。

4）一次性支付的商标权、商誉及特许经营权费按协议或合同规定计列。协议或合同规定在生产期支付的商标权或特许经营权费应在生产成本中核算。

5）为项目配套的专用设施投资，包括专用铁路线、专用公路、专用通信设施、送变电站、地下管道、专用码头等，如由项目建设单位负责投资但产权不归属本单位的，应作为无形资产处理。

3. 生产准备费

（1）生产准备费的含义和内容

生产准备费是指在建设期内，建设单位为保证项目正常生产而发生的人员培训费、提前进厂费，以及投产使用必备的办公、生活家具用具及工器具等的购置费用。内容包括：

1）人员培训费及提前进厂费。人员培训费及提前进厂费包括自行组织培训或委托其他单位培训的人员工资、工资性补贴、职工福利费、差旅费、劳动保护费、学习资料费等。

2）为保证初期正常生产（或营业、使用）所必需的生产办公、生活家具用具购置费。

3）为保证初期正常生产（或营业、使用）所必需的第一套不够固定资产标准的生产工具、器具、用具购置费（不包括应计入设备购置费中的备品备件费）。

（2）生产准备费的计算

1）新建项目按设计定员为基数计算，改扩建项目按新增设计定员为基数计算。具体可按下式计算：

$$生产准备费=设计定员\times生产准备费指标 \tag{2-86}$$

2）可采用综合的生产准备费指标进行计算，也可以按上述费用内容分类计算。

2.5.4　补充说明

一般建设项目很少发生一些具有较明显行业特征的工程建设其他费用项目，如移民安置费、水资源费、水土保持补偿费、地震安全性评价费、地质灾害危险性评价费、河道占用补偿费、超限设备运输特殊措施费、航道维护费、植被恢复费、种质检测费、引种测试费用等，各省（市、自治区）、各部门可在实施办法中补充或具体项目发生时依据有关政策规定计取。

2.6 预备费、资金筹措费、增值税和流动资金

2.6.1　预备费

预备费又称为不可预见费，是指在建设期内因各种不可预见因素的变化而预留的可能增加的费用。我国现行规定的预备费包括基本预备费和价差预备费。

1. 基本预备费

（1）基本预备费的内容

基本预备费是指针对项目实施过程中可能发生难以预料的支出而事先预留的费用，又称为工程建设不可预见费，主要是指设计变更及施工过程中可能增加工程量的费用。基本预备费一般由以下四部分构成：

1）在批准的初步设计范围、技术设计、施工图设计及施工过程中所增加的工程费用；设计变更、工程变更、材料代用、局部地基处理等增加的费用。

2）一般自然灾害造成的损失和预防自然灾害所采取的措施费用。实行工程保险的工程项目，该费用应适当降低。

3）竣工验收时为鉴定工程质量对隐蔽工程进行必要的挖掘和修复费用。

4）超规超限设备运输增加的费用。

（2）基本预备费的计算

基本预备费以工程费用和工程建设其他费用两者之和为计取基础，乘以基本预备费费率，一般按下式进行计算：

$$基本预备费=(工程费用+工程建设其他费用)\times基本预备费费率 \tag{2-87}$$

基本预备费费率的取值应执行国家及部门的有关规定。

2. 价差预备费

（1）价差预备费的内容

价差预备费是指为在建设期内利率、汇率或价格等因素的变化而预留的可能增加的费用，也称为价格变动不可预见费。价差预备费的内容包括：人工费、设备、材料、施工机械的价差费，建筑安装工程费、工程建设其他费用调整，利率、汇率调整等增加的费用。

（2）价差预备费的计算

价差预备费一般根据国家规定的投资综合价格指数，按估算年份价格水平的投资额为基数，采用复利方法计算。价差预备费一般按下式计算：

$$P=\sum_{t=1}^{n} I_t[(1+f)^m(1+f)^{0.5}(1+f)^{t-1}-1] \tag{2-88}$$

式中 P——价差预备费；

n——建设期年数；

I_t——建设期第 t 年的投资计划额，包括工程费用、工程建设其他费用及基本预备费，即第 t 年的静态投资计划额；

f——投资价格指数；

t——建设期第 t 年；

m——建设前期年限（从编制概算到开工建设年数）。

价差预备费中的投资价格指数按国家颁布的计取，当前暂时为零，计算式中 $(1+f)^{0.5}$ 表示建设期第 t 年当年投资分期均匀投入考虑涨价的幅度，对设计建设周期较短的项目价差预备费计算公式可简化处理。特殊项目或必要时可进行项目未来价差分析预测，确定各时期投资价格指数。

【例 2-3】 某项目建筑安装工程费为 5000 万元，设备购置费为 3000 万元，项目建设前期年限为 1 年，建设期为 3 年，各年投资计划额为：第一年完成投资 20%，第二年 60%，第三年 20%。年均投资价格上涨率为 6%，求建设项目建设期间价差预备费。

【解】 工程费用 = 5000 万元 + 3000 万元 = 8000 万元

建设期第一年完成投资 = 8000 万元 × 20% = 1600 万元

第一年价差预备费为

$$P_1 = I_1[(1+f)(1+f)^{0.5}-1] = 146.14 \text{ 万元}$$

第二年完成投资 = 8000 万元 × 60% = 4800 万元

第二年价差预备费为

$$P_2 = I_2[(1+f)(1+f)^{0.5}(1+f)-1] = 752.72 \text{ 万元}$$

第三年完成投资 = 8000 万元 × 20% = 1600 万元

第三年价差预备费为：

$$P_3 = I_3[(1+f)(1+f)^{0.5}(1+f)^2-1] = 361.96 \text{ 万元}$$

所以，建设期的价差预备费为

$$P = (146.14 + 752.72 + 361.96) \text{ 万元} = 1260.82 \text{ 万元}$$

2.6.2 资金筹措费

1. 资金筹措费的含义

资金筹措费是指在建设期内应计的利息和在建设期内为筹集项目资金发生的费用。资金筹措费包括各类借款利息、债券利息、贷款评估费、国外借款手续费及承诺费、汇兑损益、债券发行费用及其他债务利息支出或融资费用。

2. 资金筹措费的计算

（1）自有资金额度

自有资金额度应符合国家或行业有关规定。

（2）建设期利息

建设期利息是指在建设期内发生的为工程项目筹措资金的融资费用及债务资金利息。

建设期利息应根据不同资金来源及利率分别计算。当总贷款是分年均衡发放时，建设期利息的计算可按当年借款在年中支用考虑，即当年贷款按半年计息，上年贷款按全年计息，一般可按下式计算：

$$Q = \sum_{j=1}^{n} (P_{j-1} + A_j/2) i \tag{2-89}$$

式中　Q——建设期利息；

P_{j-1}——建设期第（$j-1$）年末贷款累计金额与利息累计金额之和；

A_j——建设期第 j 年贷款金额；

i——贷款年利率；

n——建设期年数。

国外贷款利息的计算中，还应包括国外贷款银行根据贷款协议向贷款方以年利率的方式收取的手续费、管理费、承诺费，以及国内代理机构经国家主管部门批准的以年利率的方式向贷款单位收取的转贷费、担保费、管理费等。

【例 2-4】 某新建项目，建设期为 3 年，分年均衡进行贷款，第一年贷款为 300 万元，第二年贷款为 600 万元，第三年贷款为 400 万元，年利率为 12%，建设期内利息只计息不支付，计算建设期利息。

【解】 在建设期内，各年利息计算如下：

$$Q_1 = \frac{1}{2}A_1 i = \frac{1}{2} \times 300\text{ 万元} \times 12\% = 18\text{ 万元}$$

$$Q_2 = \left(P_2 + \frac{1}{2}A_2\right) i = \left(300\text{ 万元} + 18\text{ 万元} + \frac{1}{2} \times 600\text{ 万元}\right) \times 12\% = 74.16\text{ 万元}$$

$$Q_3 = \left(P_3 + \frac{1}{2}A_3\right) i = \left(318\text{ 万元} + 600\text{ 万元} + 74.16\text{ 万元} + \frac{1}{2} \times 400\text{ 万元}\right) \times 12\% = 143.06\text{ 万元}$$

所以，建设期利息 $= Q_1 + Q_2 + Q_3 = 18\text{ 万元} + 74.16\text{ 万元} + 143.06\text{ 万元} = 235.22\text{ 万元}$

（3）其他方式资金筹措费用

其他方式资金筹措费用应按发生额度或相关规定计列。

以上工程项目的投资可分为静态投资和动态投资两部分。建设工程静态投资是指以编制投资计划或概预算造价时的社会整体物价水平和银行利率、汇率、税率等为基本参数，按照有关文件规定计算得出的建设工程投资额。其内容包括：建筑工程费、设备购置费、安装工程费、工程建设其他费用和基本预备费。建设工程动态投资是指在建设期内，因建设工程贷款利息、汇率变动以及建设期间由于物价变动等引起的建设工程投资增加额。

2.6.3　增值税

增值税是指应计入建设项目总投资内的增值税额。

增值税应按工程费、工程建设其他费、预备费和资金筹措费分别计取。

2.6.4　流动资金

1. 流动资金的含义

流动资金是指运营期内长期占用并周转使用的营运资金，不包括运营中需要的临时性营运资金。

2. 流动资金的估算

流动资金的估算方法主要有扩大指标估算法和分项详细估算法两种。

（1）扩大指标估算法

扩大指标估算法是参照同类企业的流动资金占营业收入、经营成本的比例或者是单位产量占用营运资金的数额估算流动资金，并按下式计算：

流动资金额 = 各种费用基数 × 相应的流动资金所占比例(或占营运资金的数额) （2-90）

式中，各种费用基数是指年营业收入，年经营成本或年产量等。

（2）分项详细估算法

分项详细估算法，可简化计算，按下列公式进行：

流动资金 = 流动资产 − 流动负债 （2-91）

流动资产 = 应收账款 + 预付账款 + 存货 + 库存现金 （2-92）

流动负债 = 应付账款 + 预收账款 （2-93）

2.7 建筑安装工程计价程序

建筑安装工程各项费用之间存在着密切的内在联系，前者是后者的计算基础。因此，费用计算必须按照一定的程序进行，避免重项或漏项，做到计算清晰、结果准确。在进行建筑安装工程费用计算时，要按照当地当时的费用项目构成、费用计算方法等，遵照一定的程序进行。

2.7.1 工程量清单计价模式下单位工程费用计算程序

1. 分部分项工程（单价措施项目）综合单价计算程序

分部分项工程（单价措施项目）综合单价计算程序见表 2-2。

表 2-2 分部分项工程（单价措施项目）综合单价计算程序

序号	费用名称	计算方法
(1)	计费人工费	Σ工日消耗量 × 人工单价
(2)	人工费价差	Σ工日消耗量 ×(合同约定或建设行政主管部门最新发布的人工单价 − 原人工单价)
(3)	材料费	Σ（材料消耗量 × 除税材料单价）
(4)	材料风险费	Σ（相应除税材料单价 × 费率 × 材料消耗量）
(5)	机械费	Σ（机械消耗量 × 除税台班单价）
(6)	机械风险费	Σ（相应除税台班单价 × 费率 × 机械消耗量）
(7)	企业管理费	(1) × 费率
(8)	利润	(1) × 费率
(9)	综合单价	(1) + (2) + (3) + (4) + (5) + (6) + (7) + (8)

2. 单位工程费用计算程序

采用工程量清单计价时，单位工程费用计算程序见表 2-3。

表 2-3 采用工程量清单计价时，单位工程费用计算程序

序号	费用名称	计算方法
(一)	分部分项工程费	Σ(分部分项工程量×相应综合单价)
(A)	其中:计费人工费	Σ工日消耗量×人工单价
(二)	措施项目费	(1)+(2)
(1)	单价措施项目费	Σ(措施项目工程量×相应综合单价)
(B)	其中:计费人工费	Σ工日消耗量×人工单价
(2)	总价措施项目费	①+②+③
①	安全文明施工费	[(一)+(1)-除税工程设备金额]×费率
②	其他措施项目费	[(A)+(B)]×费率
③	专业工程措施项目费	根据工程情况确定
(三)	其他项目费	(3)+(4)+(5)+(6)
(3)	暂列金额	[(一)-工程设备金额]×费率(投标报价时按招标工程量清单中列出的金额填写)
(4)	专业工程暂估价	根据工程情况确定(投标报价时按招标工程量清单中列出的金额填写)
(5)	计日工	根据工程情况确定
(6)	总承包服务费	供应材料费用、设备安装费用或发包人发包的专业工程的(分部分项工程费+措施项目费)×费率
(四)	规费	[(A)+(B)+人工费价差]×费率
(五)	税金	[(一)+(二)+(三)+(四)]×税率
(六)	含税工程造价	(一)+(二)+(三)+(四)+(五)

2.7.2 定额计价模式下单位工程费用计算程序

采用定额计价时，单位工程费用计算程序见表 2-4。

表 2-4 采用定额计价时单位工程费用计算程序

序号	费用名称	计算方法
(一)	分部分项工程费	按计价定额实体项目计算的基价之和
(A)	其中：计费人工费	Σ工日消耗量×人工单价
(二)	措施项目费	(1)+(2)
(1)	单价措施项目费	按计价定额措施项目计算的基价之和
(B)	其中:计费人工费	Σ工日消耗量×人工单价
(2)	总价措施项目费	①+②+③
①	安全文明施工费	[(一)+(三)+(四)+(1)+(7)+(8)+(9)-除税工程设备金额]×费率
②	其他措施项目费	[(A)+(B)]×费率
③	专业工程措施项目费	根据工程情况确定
(三)	企业管理费	[(A)+(B)]×费率
(四)	利润	[(A)+(B)]×费率

（续）

序号	费用名称	计算方法
（五）	其他项目费	（3）+（4）+（5）+（6）+（7）+（8）+（9）
（3）	暂列金额	[（一）－工程设备金额]×费率（投标报价时按招标工程量清单中列出的金额填写）
（4）	专业工程暂估价	根据工程情况确定（投标报价时按招标工程量清单中列出的金额填写）
（5）	计日工	根据工程情况确定
（6）	总承包服务费	供应材料费用、设备安装费用或发包人发包的专业工程的（分部分项工程费＋措施项目费＋企业管理费＋利润）×费率
（7）	人工费价差	合同约定或（省建设行政主管部门最新发布的人工单价－人工单价）×Σ工日消耗量
（8）	材料费价差	Σ[除税材料实际价格（或信息价格、价差系数）与省计价定额中除税材料价格的（±）差价×材料消耗量]
（9）	机械费价差	Σ[省建设行政主管部门发布的除税机械费价格与省计价定额中除税机械费价格的（±）差价×机械消耗量]
（六）	规费	[（A）+（B）+（7）]×费率
（七）	税金	[（一）+（二）+（三）+（四）+（五）+（六）]×税率
（八）	含税工程造价	（一）+（二）+（三）+（四）+（五）+（六）+（七）

复 习 题

1. 建筑安装工程费包括哪些内容？
2. 分部分项工程费包括哪些内容？
3. 措施项目费一般包括哪些内容？
4. 施工现场的哪些设施属于临时设施？
5. 什么是企业管理费？其包括哪些内容？
6. 计入企业管理费中的税金包括哪些内容？
7. 什么是直接费？其包括哪些内容？
8. 什么是人工费？其包括哪些内容？
9. 什么是材料费？其包括哪些内容？
10. 哪些费用属于安全文明施工费？
11. 施工机具使用费由什么组成？都包括哪些内容？
12. 简述其他直接费的含义和包括的内容。
13. 什么是间接费？其包括哪些内容？
14. 什么是设备购置费？其包括哪些内容？如何计算？
15. 工程建设其他费用包括哪些内容？如何计算？

第 3 章

建筑工程造价计价依据

3.1 建筑工程造价计价方法概述

工程计价是指按照规定的程序、方法和依据，对工程造价及其构成内容进行估计或确定的行为。工程计价依据是指在工程计价活动中，所要依据的与计价内容、计价方法和价格标准相关的工程计量计价标准、工程计价定额及工程造价信息等。

3.1.1 建筑工程造价的计算

建筑工程造价的计算涵盖施工招标、合同管理，以及竣工交付全过程，主要包括：编制招标工程量清单、招标控制价、投标报价，确定合同价，进行工程计量与价款支付、合同价款的调整、工程结算和工程计价纠纷处理等活动。

根据采用单价的不同，工程造价的计算程序有所不同。

1）采用工料单价时，在工料单价确定后，乘以相应定额项目工程量并汇总，得出人、材、机的费用，再按照相应的取费程序计算企业管理费、利润、规费和税金等其他各项费用，汇总后形成相应工程造价。

2）采用综合单价时，在综合单价确定后，乘以相应项目工程量，经汇总即可得出分部分项工程费，再按相应的办法计取措施项目费、其他项目费、规费、税金，各项目费用汇总后得出相应工程造价。

3.1.2 建筑工程造价计价标准和依据

建筑工程造价计价标准和依据主要包括计价的相关规章规程、工程量清单计价规范和计算规范、工程定额和相关造价信息。

从目前我国现状来看，工程定额主要用于在项目建设前期各阶段对于建设投资的预测和估计，在工程建设交易阶段，工程定额通常只能作为建设产品价格形成的辅助依据。工程量清单计价依据主要适用于合同价格形成以及后续的合同价格管理阶段。计价的相关规章规程，则根据其具体内容可能适用于不同阶段的计价活动。造价信息是计价活动所必需的依据。

1. 建筑工程造价计价的相关规章规程

现行计价活动相关的规章规程主要包括《建筑工程施工发包与承包计价管理办法》《建设项目投资估算编审规程》(CECA/GC 1)、《建设项目设计概算编审规程》(CECA/GC 2)、《建设项目施工图预算编审规程》(CECA/GC 5)、《建设工程招标控制价编审规程》(CECA/GC 6)、《建设项目工程结算编审规程》(CECA/GC 3)、《建设项目全过程造价咨询规程》(CECA/GC 4)、《建设工程造价咨询成果文件质量标准》(CECA/GC 7)、《建设工程造价鉴定规程》(CECA/GC 8) 等。

2. 工程量清单计价规范和计算规范

工程量清单计价规范和计算规范包括《建设工程工程量清单计价规范》、《房屋建筑与装饰工程工程量计算规范》(GB 50854)、《仿古建筑工程工程量计算规范》(GB 50855)、《通用安装工程工程量计算规范》(GB50856)、《市政工程工程量计算规范》(GB 50857)、《园林绿化工程工程量计算规范》(GB 50858)、《矿山工程工程量计算规范》(GB 50859)、《构筑物工程工程量计算规范》(GB 50860)、《城市轨道交通工程工程量计算规范》(GB 50861)、《爆破工程工程量计算规范》(GB 50862) 等。

3. 工程定额

工程定额主要指国家、省、有关专业部门制定的各种定额，包括工程消耗量定额和工程计价定额等。

工程定额是完成规定计量单位的合格建筑安装产品所消耗资源的数量标准。它是一个综合概念，是建筑工程造价计价和管理中各类定额的总称，包括许多种类的定额，可以按照不同的原则和方法对它进行分类。

(1) 按生产要素分类

按生产要素分类，可以把工程定额分为劳动定额、机械台班定额和材料消耗定额三种。

(2) 按编制程序和用途分类

按编制程序和用途分类，可以把工程定额分为施工定额、预算定额、概算定额、概算指标、投资估算指标五种。

上述各种定额的比较见表 3-1。

表 3-1 各种定额的比较

类别	施工定额	预算定额	概算定额	概算指标	投资估算指标
对象	施工过程或基本工序	分项工程和结构构件	扩大的分项工程或扩大的结构构件	单位工程	建设项目 单项工程 单位工程
用途	编制施工预算	编制施工图预算	编制扩大初步设计概算	编制初步设计概算	编制投资估算
项目划分程度	最细	细	较粗	粗	很粗
定额水平	平均先进	社会平均	社会平均	社会平均	社会平均
定额性质	生产性定额	计价性定额	计价性定额	计价性定额	计价性定额

(3) 按照专业分类

由于工程建设涉及众多的专业，不同的专业所含的内容不同，因此就确定人工、材料和机具台班消耗数量标准的工程定额来说，也需按不同的专业分别进行编制和执行。

1) 建筑工程定额。建筑工程定额按专业对象分为建筑及装饰工程定额、房屋修缮工程定额、市政工程定额、铁路工程定额、公路工程定额、矿山井巷工程定额等。

2) 安装工程定额。安装工程定额按专业对象分为电气设备安装工程定额、机具设备安装工程定额、热力设备安装工程定额、通信设备安装工程定额、化学工业设备安装工程定额、工业管道安装工程定额、工艺金属结构安装工程定额等。

(4) 按编制单位和执行范围分类

按编制单位和执行范围分类，可以把工程定额划分为全国统一定额、行业统一定额、地区统一定额、企业定额、补充定额五种。

上述各种定额虽然适用于不同的情况和用途，但是它们是一个互相联系的、有机的整体，在实际工作中配合使用。工程定额的分类如图 3-1 所示。

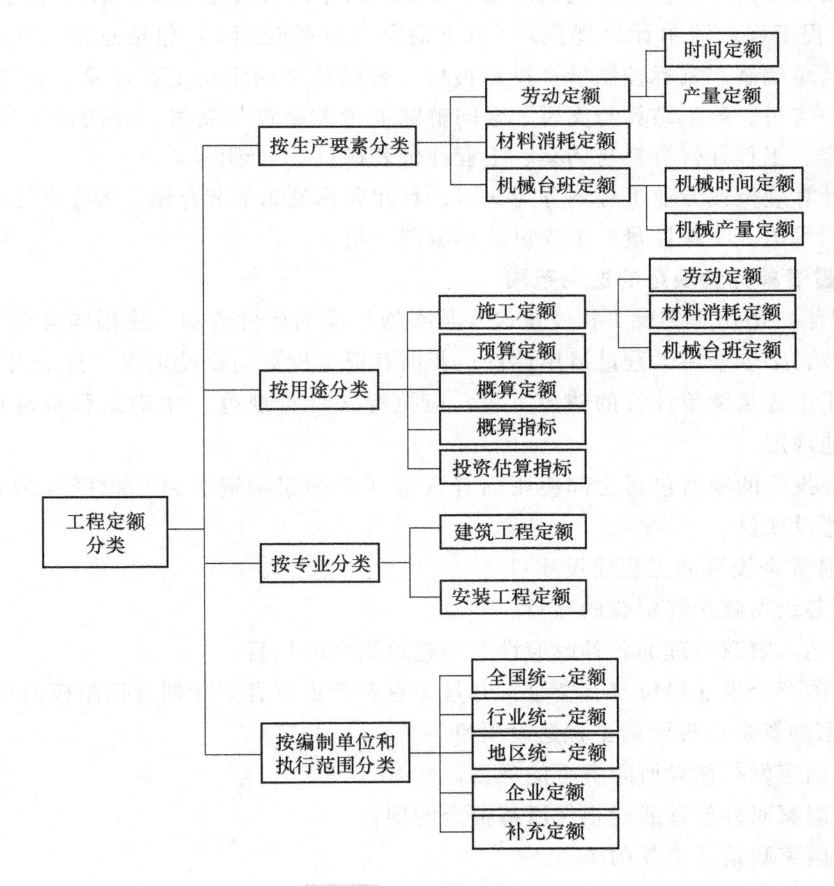

图 3-1 工程定额分类

4. 工程造价信息

工程造价信息主要包括价格信息、工程造价指数和已完工程信息等。

3.2 工程量清单计价规范与工程量计算规范

工程量清单是载明建设工程分部分项工程项目、措施项目和其他项目的名称和相应数量以及规费和税金项目等内容的明细清单。其中由招标人根据国家标准、招标文件、设计文件以及施工现场实际情况编制的称为招标工程量清单，而作为投标文件组成部分的已标明价格并经承包人确认的称为已标价工程量清单。招标工程量清单应由具有编制能力的招标人或受其委托，具有相应资质的工程造价咨询人或招标代理人编制。采用工程量清单方式招标，招标工程量清单必须作为招标文件的组成部分，其准确性和完整性由招标人负责。招标工程量清单应以单位（项）工程为单位编制，由分部分项工程项目清单、措施项目清单、其他项目清单、规费项目清单和税金项目清单组成。

3.2.1 工程量清单计价规范与工程量计算规范概述

目前，工程量清单计价主要遵循的依据是工程清单计价规范与工程量计算规范。

《建设工程工程量清单计价规范》（以下简称《计价规范》）包括总则、术语、一般规定、工程量清单编制、招标控制价、投标报价、合同价款约定、工程计量、合同价款调整、合同价款期中支付、竣工结算与支付、合同解除的价款结算与支付、合同价款争议的解决、工程造价鉴定、工程计价资料与档案、工程计价表格及11个附录。

工程量计算规范按专业工程划分为9本，具体名称见3.1节介绍。各专业工程量计算规范包括总则、术语、工程计量、工程量清单编制和附录。

1. 工程量清单计价规范的适用范围

《计价规范》适用于建设工程发承包及其实施阶段的计价活动。使用国有资金投资的建设工程发承包，必须采用工程量清单计价；非国有资金投资的建设工程，宜采用工程量清单计价；不采用工程量清单计价的建设工程，应执行《计价规范》中除工程量清单等专门性规定外的其他规定。

国有资金投资的项目包括全部使用国有资金（含国家融资资金）投资或国有资金投资为主的工程建设项目。

（1）国有资金投资的工程建设项目

1）使用各级财政预算资金的项目。

2）使用纳入财政管理的各种政府性专项建设资金的项目。

3）使用国有企事业单位自有资金，并且国有资产投资者实际拥有控制权的项目。

（2）国家融资资金投资的工程建设项目

1）使用国家发行债券所筹资金的项目。

2）使用国家对外借款或者担保所筹资金的项目。

3）使用国家政策性贷款的项目。

4）国家授权投资主体融资的项目。

5）国家特许的融资项目。

（3）国有资金（含国家融资资金）为主的工程建设项目

国有资金（含国家融资资金）为主的工程建设项目是指国有资金占投资总额50%以上，

或虽不足 50%，但国有投资者实质上拥有控股权的工程建设项目。

2. 工程量清单计价的作用

（1）提供一个平等的竞争条件

采用施工图预算来投标报价，由于设计图的缺陷，不同施工企业的人员理解不一，计算出的工程量也不同，报价就更相去甚远，也容易产生纠纷。而工程量清单计价就为投标者提供了一个平等竞争的条件，相同的工程量，由企业根据自身的实力来填报不同的单价。投标人的这种自主报价，使得企业的优势体现到投标报价中，可在一定程度上规范建筑市场秩序，确保工程质量。

（2）满足市场经济条件下竞争的需要

招投标过程就是竞争的过程，招标人提供工程量清单，投标人根据自身情况确定综合单价，利用单价与工程量逐项计算每个项目的合价，再分别填入工程量清单表内，计算出投标总价。单价成了决定性的因素，定高了不能中标，定低了又要承担过大的风险。单价的高低直接取决于企业管理水平和技术水平的高低，这种局面促成了企业整体实力的竞争，有利于我国建设市场的快速发展。

（3）有利于提高工程计价效率，能真正实现快速报价

采用工程量清单计价方式，避免了传统计价方式下招标人与投标人之间的在工程量计算上的重复工作，各投标人以招标人提供的工程量清单为统一平台，结合自身的管理水平和施工方案进行报价，促进了各投标人企业定额的完善和工程造价信息的积累和整理，体现了现代工程建设中快速报价的要求。

（4）有利于工程款的拨付和工程造价的最终结算

中标后，业主要与中标单位签订施工合同，中标价就是确定合同价的基础，投标清单上的单价就成了拨付工程款的依据。业主根据施工企业完成的工程量，可以很容易确定进度款的拨付额。工程竣工后，根据设计变更、工程量增减等，业主也很容易确定工程的最终造价，可在某种程度上减少业主与施工单位之间的纠纷。

（5）有利于业主对投资的控制

业主对因设计变更、工程量的增减所引起的工程造价变化不敏感，往往等到竣工结算时才知道这些变化对项目投资的影响有多大，但此时常常是为时已晚。而采用工程量清单计价的方式则可对投资变化一目了然，在进行设计变更时，能马上知道它对工程造价的影响，业主就能根据投资情况来决定是否变更或进行方案比较，以决定最恰当的处理方法。

3.2.2　分部分项工程项目清单

分部分项工程是“分部工程”和“分项工程”的总称。“分部工程”是单位工程的组成部分，“分项工程”是分部工程的组成部分。

分部分项工程项目清单必须载明项目编码、项目名称、项目特征、计量单位和工程量，分部分项工程项目清单必须根据各专业工程量计算规范限定的项目编码、项目名称、项目特征、计量单位和工程量计算规则进行编制。其格式见表 3-2，在分部分项工程量清单的编制过程中，由招标人负责前六项内容填列，金额部分在编制招标控制价或投标报价时填列。

表 3-2　分部分项工程和单价措施项目清单与计价表

工程名称：　　　　　　　　　　　　　　标段　　　　　　　　　　　　第　页　共　页

序号	项目编码	项目名称	项目特征描述	计量单位	工程量	金额（元）		
						综合单价	合价	其中暂估价
本页小计								
合计								

1. 项目编码

项目编码是分部分项工程和措施项目清单名称的阿拉伯数字标识。分部分项工程量清单项目编码分五级设置，用十二位阿拉伯数字表示。其中一、二位为相关工程国家计算规范代码，三、四位为专业工程顺序码，五、六位为分部工程顺序码，七、八、九位为分项工程项目名称顺序码，这九位应按各专业工程量计量规范附录的规定设置；十至十二位为清单项目名称顺序码，应根据拟建工程的工程量清单项目名称设置，不得有重码，这三位清单项目编码由招标人针对招标工程项目具体编制，并应自001起顺序编制。

项目编码结构如图3-2所示（以《房屋建筑与装饰工程工程量计算规范》为例）。

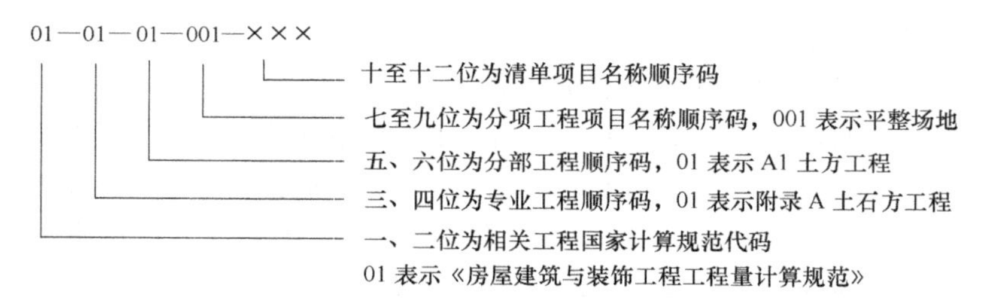

图 3-2　工程量清单项目编码结构

2. 项目名称

分部分项工程量清单的项目名称应按各专业工程量计算规范附录的项目名称结合拟建工程的实际确定。附录表中的“项目名称”为分项工程项目名称，是形成分部分项工程量清单项目名称的基础。即在编制分部分项工程量清单时，以附录中的分项工程项目名称为基础，考虑该项目的规格、型号、材质等特征要求，结合拟建工程的实际情况，使其工程量清单项目名称具体化、细化，以反映影响工程造价的主要因素。例如“墙面一般抹灰”这一分项工程在形成工程量清单项目名称时可以细化为“外墙面抹灰”“内墙面抹灰”等。清单项目名称应表达详细、准确，各专业工程量计算规范中的分项工程项目名称如有缺陷，招标人可做补充，并报当地工程造价管理机构（省级）备案。

3. 项目特征

项目特征是构成分部分项工程项目、措施项目自身价值的本质特征，是对项目的准确描述，是确定一个清单项目综合单价不可缺少的重要依据，是区分清单项目的依据，也是履行合同义务的基础。分部分项工程量清单的项目特征应按各专业工程量计算规范附录中规定的项目特征，结合技术规范、标准图集、施工图，按照工程结构、使用材质及规格或安装位置等，予以详细而准确的表述和说明。凡项目特征中未描述到的其他独有特征，由清单编制人视项目具体情况确定，以准确描述清单项目为准。

在各专业工程量计算规范附录中还有关于各清单项目“工作内容”的描述。工作内容是指完成清单项目可能发生的具体工作和操作程序，但应注意的是，在编制分部分项工程量清单时，工作内容通常无须描述，因为在《计价规范》中，工程量清单项目与工程量计算规则、工作内容有一一对应关系，当采用《计价规范》这一标准时，工作内容均有规定。

4. 计量单位

计量单位应采用基本单位，除各专业另有特殊规定外均按下面规定的单位计量：

1）以质量计算的项目：吨或千克（t 或 kg）。

2）以体积计算的项目：立方米（m^3）。

3）以面积计算的项目：平方米（m^2）。

4）以长度计算的项目：米（m）。

5）以自然计量单位计算的项目：个、套、块、樘、组、台等。

6）没有具体数量的项目：系统、项等。

各专业有特殊计量单位的，另外加以说明。当计量单位有两个或两个以上时，应根据所编工程量清单项目的特征要求，选择最适宜表现该项目特征并方便计量的单位。

计量单位的有效位数应遵守下列规定：

1）以“t”为单位，应保留小数点后三位数字，第四位小数四舍五入。

2）以“m”“m^2”“m^3”“kg”为单位，应保留小数点后两位数字，第三位小数四舍五入。

3）以“个”“件”“根”“组”“系统”等为单位，应取整数。

5. 工程量的计算

工程量主要通过工程量计算规则计算得到。工程量计算规则是指对清单项目工程量的计算规定。除另有说明外，所有清单项目的工程量应以实体工程量为准，并以完成后的净值计算；投标人投标报价时，应在单价中考虑施工中的各种损耗和需要增加的工程量。

根据工程量清单计价规范与工程量计算规范的规定，工程量计算规范可以分为房屋建筑与装饰工程、仿古建筑工程、通用安装工程、市政工程、园林绿化工程、矿山工程、构筑物工程、城市轨道交通工程、爆破工程九大类。

以房屋建筑与装饰工程为例，其计算规范中规定的实体项目包括土石方工程，地基处理与边坡支护工程，桩基工程，砌筑工程，混凝土及钢筋混凝土工程，金属结构工程，木结构工程，门窗工程，屋面及防水工程，保温、隔热、防腐工程，楼地面装饰工程，墙、柱面装饰与隔断、幕墙工程，天棚工程，油漆、涂料、裱糊工程，其他装饰工程，拆除工程，措施项目，并分别制定了它们的项目的设置和工程量计算规则。

随着工程建设中新材料、新技术、新工艺等的不断涌现，计算规范附录所列的工程量清单项目不可能包含所有项目。在编制工程量清单时，当出现计算规范附录中未包括的清单项目时，编制人应做补充。在编制补充项目时应注意以下三个方面：

1）补充项目的编码应按计算规范的规定确定。具体做法是：补充项目的编码由计算规范的代码与 B 和三位阿拉伯数字组成，并应从 001 起顺序编制，例如房屋建筑与装饰工程如需补充项目，则其编码应从01B001起顺序编制，同一招标工程的项目不得重码。

2）在工程量清单中，应附补充项目的项目名称、项目特征、计量单位、工程量计算规则和工作内容。

3）将编制的补充项目报省级或行业工程造价管理机构备案。

3.2.3 措施项目清单

1. 措施项目列项

措施项目是指为完成工程项目施工，发生于该工程施工准备和施工过程中的技术、生活、安全、环境保护等方面的项目。

措施项目清单应根据相关工程现行国家计算规范的规定编制，根据拟建工程的实际情况列项。例如，《房屋建筑与装饰工程工程量计算规范》（GB 50854）中规定的措施项目包括脚手架工程，混凝土模板及支架（撑），垂直运输，超高施工增加，大型机械设备进出场及安拆，施工排水、降水，安全文明施工及其他措施项目。

2. 措施项目清单的标准格式

（1）措施项目清单的类别

措施项目费用的发生与使用时间、施工方法或者两个以上的工序相关，但大都与实际完成的实体工程量的大小关系不大，如安全文明施工，夜间施工，非夜间施工照明，二次搬运，冬雨季施工，地上、地下设施、建筑物的临时保护设施，已完工程及设备保护等。但是有些非实体项目则是可以计算工程量的项目，如脚手架工程，混凝土模板及支架（撑），垂直运输，超高施工增加，大型机械设备进出场及安拆，施工排水、降水等，这类措施项目按照分部分项工程量清单的方式采用综合单价，更有利于措施费的确定和调整。措施项目中不能计算工程量的项目清单，以“项”为计量单位进行编制，见表3-3；可以计算工程量的清单项目，宜采用分部分项工程量清单的方式编制，列出项目编码、项目名称、项目特征、计量单位和工程量，见表3-4。

表3-3 总价措施项目清单与计价表

工程名称： 标段： 第 页 共 页

序号	项目编码	项目名称	计算基础	费率（%）	金额（元）
		安全文明施工费			
		夜间施工增加费			
		二次搬运费			
		冬雨季施工增加费			
		已完工程及设备保护费			
		…			
合计					

注：1.“计算基础”中安全文明施工费可为“定额基价”“定额人工费”或“定额人工费+定额施工机具使用费”，其他项目可为“定额人工费”或“定额人工费+定额施工机具使用费”。

2. 按施工方案计算的措施费，若无“计算基础”和“费率”的数值，也可只填“金额”数值，但应在备注栏说明施工方案出处或计算方法。

表 3-4　单价措施项目清单与计价表

工程名称：　　　　　　　　　　　　标段　　　　　　　　　　　　第　页　共　页

<table>
<tr><th rowspan="2">序号</th><th rowspan="2">项目编码</th><th rowspan="2">项目名称</th><th rowspan="2">项目特征描述</th><th rowspan="2">计量单位</th><th rowspan="2">工程量</th><th colspan="3">金额（元）</th></tr>
<tr><th>综合单价</th><th>合价</th><th>其中暂估价</th></tr>
<tr><td></td><td></td><td></td><td></td><td></td><td></td><td></td><td></td><td></td></tr>
<tr><td></td><td></td><td></td><td></td><td></td><td></td><td></td><td></td><td></td></tr>
<tr><td colspan="7">本页小计</td><td></td><td></td></tr>
<tr><td colspan="7">合计</td><td></td><td></td></tr>
</table>

注：本表适用于以综合单价形式计价的措施项目。

（2）措施项目清单的编制依据

措施项目清单的编制需考虑多种因素，除工程本身的因素外，还涉及水文、气象、环境、安全等因素。措施项目清单应根据拟建工程的实际情况列项。若出现清单计价规范中未列的项目，可根据工程实际情况补充。

措施项目清单的编制依据主要有：

1）施工现场情况、地勘水文资料、工程特点。

2）常规施工方案。

3）与建设工程有关的标准、规范、技术资料。

4）拟定的招标文件。

5）建设工程设计文件及相关资料。

3.2.4　其他项目清单

其他项目清单是指分部分项工程项目清单、措施项目清单所包含的内容以外，因招标人的特殊要求而发生的与拟建工程有关的其他费用项目和相应数量的清单。工程建设标准的高低、工程的复杂程度、工程的工期长短、工程的组成内容、发包人对工程管理的要求等都直接影响其他项目清单的具体内容。其他项目清单包括暂列金额、暂估价（包括材料暂估单价、工程设备暂估单价、专业工程暂估价）、计日工、总承包服务费。

其他项目清单宜按照表 3-5 的格式编制，出现未包含在表格中内容的项目，可根据工程实际情况补充。

表 3-5　其他项目清单与计价汇总表

工程名称：　　　　　　　　　　　　标段：　　　　　　　　　　　　第　页　共　页

序　号	项目名称	金额（元）	结算金额（元）	备　注
1	暂列金额			明细详见表 3-6
2	暂估价			
2.1	材料（工程设备）暂估价/结算价			明细详见表 3-7
2.2	专业工程暂估价/结算价			明细详见表 3-8
3	计日工			明细详见表 3-9

（续）

序　号	项目名称	金额（元）	结算金额（元）	备　注
4	总承包服务费			明细详见表3-10
5	索赔与现场签证			
合计				

注：材料（工程设备）暂估单价进入清单项目综合单价的，此处不汇总。

1. 暂列金额

暂列金额是指招标人在工程量清单中暂定并包括在合同价款中的一笔款项。用于工程合同签订时尚未确定或者不可预见的所需材料、工程设备、服务的采购，施工中可能发生的工程变更、合同约定调整因素出现时的合同价款调整，以及发生的索赔、现场签证确认等的费用。不管采用何种合同形式，其理想的标准是，一份合同的价格就是其最终的竣工结算价格，或者至少两者应尽可能接近。我国规定对政府投资工程实行概算管理，经项目审批部门批复的设计概算是工程投资控制的刚性指标，即使商业性开发项目也有成本的预先控制问题，否则，无法相对准确地预测投资收益和科学合理地进行投资控制。但工程建设自身的特性决定了工程的设计需要根据工程进展不断地进行优化和调整，业主需求可能会随工程建设进展出现变化，工程建设过程还会存在一些不能预见、不能确定的因素。消化这些因素必然会影响合同价格的调整，暂列金额正是因这类不可避免的价格调整而设立，以便达到合理确定和有效控制工程造价的目标。设立暂列金额并不能保证合同结算价格就不会再出现超过合同价格的情况。是否超出合同价格完全取决于工程量清单编制人对暂列金额预测的准确性，以及工程建设过程是否出现了其他事先未预测到的事件。

暂列金额应根据工程特点，按有关计价规定估算。暂列金额可按照表3-6的格式列示。

表3-6　暂列金额明细表

工程名称：　　　　　　　　　　　　标段：　　　　　　　　　　　　第　页　共　页

序　号	项目名称	计量单位	暂定金额（元）	备　注
1				
2				
3				
合计				

注：此表由招标人填写，如不能详列，也可只列暂定金额总额，投标人应将上述暂列金额计入投标总价中。

2. 暂估价

暂估价是指招标人在工程量清单中提供的用于支付必然发生但暂时不能确定价格的材料、工程设备的单价以及专业工程的金额，包括材料暂估单价、工程设备暂估单价和专业工程暂估价。暂估价类似于FIDIC合同条款中的Prime Cost Items，在招标阶段预见肯定要发生，只是因为标准不明确或者需要由专业承包人完成，暂时无法确定价格。暂估价数量和拟用项目应当结合工程量清单中的“暂估价表”予以补充说明。为方便合同管理，需要纳入分部分项工程量清单项目综合单价中的暂估价应只是材料、工程设备暂估单价，以方便投标人组价。

专业工程的暂估价一般应是综合暂估价，包括人工费、材料费、施工机具使用费、企业管理费和利润，不包括规费和税金。总承包招标时，专业工程设计深度往往是不够的，一般需要交由专业设计人员设计。在国际社会，出于对提高可建造性的考虑，一般由专业承包人负责设计，以发挥其专业技能和专业施工经验的优势。这类专业工程交由专业分包人完成在国际工程施工中有良好实践，目前在我国工程建设领域也已经比较普遍。公开透明地合理确定这类暂估价的实际金额的最佳途径，就是通过施工总承包人与工程建设项目招标人共同组织的招标。暂估价中的材料、工程设备暂估单价应根据工程造价信息或参照市场价格估算，列出明细表。

专业工程暂估价应分不同专业，按有关计价规定估算，列出明细表。暂估价可按照表 3-7、表 3-8 的格式列示。

表 3-7　材料（工程设备）暂估单价及调整表

工程名称：　　　　　　　　　　　　　　标段：　　　　　　　　　　　　　　第　页　共　页

序号	材料（工程设备）名称、规格、型号	计量单位	数　量		暂估（元）		确认（元）		差额 ±（元）		备注
			暂估	确认	单价	合价	单价	合价	单价	合价	
1											
2											
合计											

注：此表由招标人填写“暂估单价”，并在备注栏说明暂估价的材料、工程设备拟用在哪些清单项目上，投标人应将上述材料、工程设备暂估价计入工程量清单综合单价报价中。

表 3-8　专业工程暂估价及结算价表

工程名称：　　　　　　　　　　　　　　标段：　　　　　　　　　　　　　　第　页　共　页

序号	工 程 名 称	工 程 内 容	暂估金额（元）	结算金额（元）	差额 ±（元）	备　注
1						
2						
合计						

注：此表“暂估金额”由招标人填写，投标人应将“暂估金额”计入投标总价中。结算时按合同约定结算金额填写。

3. 计日工

在施工过程中，承包人完成发包人提出的工程合同范围以外的零星项目或工作，按合同中约定的单价计价的一种方式。计日工是为了解决现场发生的零星工作的计价而设立的。国际上常见的标准合同条款中，大多数都设立了计日工（Daywork）计价机制。计日工对完成零星工作所消耗的人工工日、材料数量、施工机具台班进行计量，并按照计日工表中填报的适用项目的单价进行计价支付。计日工适用的所谓零星项目或工作一般是指合同约定之外的或者因变更而产生的、工程量清单中没有相应项目的额外工作，尤其是那些难以事先商定价格的额外工作。

计日工应列出项目名称、计量单位和暂估数量，按照表 3-9 的格式列示。

表 3-9　计日工表

工程名称：　　　　　　　　　　　　　标段：　　　　　　　　　　　　第　页　共　页

编号	工程名称	单位	暂定数量	实际数量	综合单价（元）	合价（元）	
						暂定	实际
一	人工						
1							
2							
…							
人工小计							
二	材料						
1							
2							
…							
材料小计							
三	施工机具						
1							
2							
…							
施工机具小计							
四	企业管理费和利润						
总计							

注：此表项目名称、暂定数量由招标人填写，编制招标控制价时，单价由招标人按有关计价规定确定；投标时，单价由投标人自主报价，按暂定数量计算合价计入投标总价中。结算时，按发承包双方确认的实际数量计算合价。

4. 总承包服务费

总承包服务费是指总承包人为配合协调发包人进行的专业工程发包，对发包人自行采购的材料、工程设备等进行保管以及施工现场管理、竣工资料整理等服务所需的费用。招标人应预计该项费用并按投标人的投标报价向投标人支付该项费用。

总承包服务费应列出服务项目及其内容等。总承包服务费按照表 3-10 的格式列示。

表 3-10　总承包服务费计价表

工程名称：　　　　　　　　　　　　　标段：　　　　　　　　　　　　第　页　共　页

序号	项目名称	项目价值（元）	服务内容	计算基础	费率（%）	金额（元）
1	发包人发包专业工程					
2	发包人提供材料					
…						
	合计	—	—		—	

注：此表项目名称、服务内容由招标人填写，编制招标控制价时，费率及金额由招标人按有关计价规定确定；投标时，费率及金额由投标人自主报价，计入投标总价中。

3.2.5 规费、税金项目清单

规费项目清单应按照下列内容列项：社会保险费，包括养老保险费、失业保险费、医疗保险费、工伤保险费、生育保险费；住房公积金；工程排污费。出现《计价规范》中未列的项目，应根据省级政府或省级有关部门的规定列项。

税金项目清单应包括增值税。出现《计价规范》中未列的项目，应根据税务部门的规定列项。

规费、税金项目计价表见表3-11。

表3-11 规费、税金项目计价表

工程名称： 标段： 第 页 共 页

序 号	项目名称	计算基础	计算基数	费率（%）	金额（元）
1	规费	定额人工费			
1.1	社会保险费	定额人工费			
（1）	养老保险费	定额人工费			
（2）	失业保险费	定额人工费			
（3）	医疗保险费	定额人工费			
（4）	工伤保险费	定额人工费			
（5）	生育保险费	定额人工费			
1.2	住房公积金	定额人工费			
1.3	工程排污费	按工程所在地环境保护部门收取标准，按实计入			
2	税金	分部分项工程费+措施项目费+其他项目费+规费-按规定不计税的工程设备金额			
合计					

编制人（造价人员）： 复核人（造价工程师）：

3.3 施工定额

3.3.1 施工定额概述

1. 施工定额的概念

施工定额是指正常的施工条件下，以同一性质的施工过程为测定对象而规定的完成单位合格产品所需消耗的劳动力、材料、机具台班使用的数量标准。施工定额是直接用于施工管理中的一种定额，是建筑安装企业的生产定额，也是施工企业组织生产和加强管理，在企业内部使用的一种定额。

2. 施工定额的组成

为了适应组织施工生产和管理的需要，施工定额的项目划分很细，是建筑工程定额中分项最细、定额子目最多的一种定额，也是建筑工程定额中的基础性定额。在预算定额的编制过程中，施工定额的人工、材料、机具台班消耗的数量标准，是编制预算定额的重要依据。施工定额由劳动定额、材料消耗定额和机械台班使用定额三个相对独立的部分组成。

3. 施工定额的作用

1）施工定额是企业编制施工组织设计、施工作业计划、资源需求计划的依据。

建筑施工企业编制施工组织设计，全面安排和指导施工生产，确保生产顺利进行，确定工程施工所需人工、材料、机具等的数量，必须借助于现行的施工定额；施工作业计划是施工企业进行计划管理的重要环节，它可对施工中劳动力的需要量和施工机械的使用进行平衡，同时又能计算材料的需要量和实物工程量等。而所有这些工作，都需要以施工定额为依据。

2）施工定额是编制单位工程施工预算，加强企业成本管理和经济核算的依据。

根据施工定额编制的施工预算，是施工企业用来确定单位工程产品中的人工、材料、机具和资金等消耗量的一种计划性文件。运用施工预算，考核工料消耗，企业可以有效地控制在生产中消耗的人力、物力，达到控制成本、降低费用开支的目的。同时，企业可以运用施工定额进行成本核算，挖掘企业潜力，提高劳动生产率，降低成本，在招标、投标竞争中提高竞争力。

3）施工定额是衡量企业工人劳动生产率，贯彻按劳分配推行经济责任制的依据。

施工定额中的劳动定额是衡量和分析工人劳动生产率的主要尺度。企业可以通过施工定额实行内部经济承包、签发包干合同，衡量每一个施工队；计算劳动报酬与奖励，奖勤罚懒，开展劳动竞赛，制定评比条件，调动劳动者的积极性和创造性，促使劳动者超额完成定额所规定的合格产品数量，不断提高劳动生产率。

4）施工定额是编制预算定额的基础。

建筑工程预算定额是以施工定额为基础编制的，这就使预算定额符合现实的施工生产和经营管理的要求，使施工中所耗费的人力、物力能够得到合理的补偿。当前建筑工程施工中，由于应用新材料、采用新工艺而使预算定额缺项时，就必须以施工定额为依据，制定补充预算定额。

从上述作用可以看出，编制和执行好施工定额并充分发挥其作用，对于促进施工企业内部施工组织管理水平的提高，加强经济核算，提高劳动生产率，降低工程成本，提高经济效益，具有十分重要的意义。它对编制预算定额等工作也具有十分重要的作用。

3.3.2 施工定额的编制原则

1. 平均先进原则

平均先进水平，是在正常的施工条件下，大多数施工队组和生产者经过努力能够达到和超过的水平。这种水平使先进者感到一定压力，使处于中间水平的工人感到定额水平可望可及，对于落后工人不迁就，使他们认识到必须花大力气去改善施工条件，提高技术操作水平，珍惜劳动时间，节约材料消耗，尽快达到定额的水平。所以平均先进水平是一种可以鼓励先进，勉励中间，鞭策落后的定额水平，是编制施工定额的理想水平。

2. 简明适用原则

简明适用，就是定额的内容和形式要方便于定额的贯彻和执行。简明适用原则，要求施工定额内容要能满足组织施工生产和计算工人劳动报酬等多种需要。同时，又要简单明了，容易掌握，便于查阅、计算和携带。

3. 以专家为主编制定额的原则

编制施工定额，要以专家为主，这是实践经验的总结。施工定额的编制要求有一支经验丰富、技术与管理知识全面、有一定政策水平的稳定的专家队伍。贯彻以专家为主编制施工定额的原则，必须注意走群众路线，因为广大建筑安装工人是施工生产的实践者又是定额的执行者，最了解施工生产的实际和定额的执行情况及存在问题，要虚心向他们求教。

4. 独立自主原则

施工企业作为具有独立法人地位的经济实体，应根据企业的具体情况和要求，结合政府的技术政策和产业导向，以企业盈利为目标，自主地制定施工定额。贯彻这一原则有利于企业自主经营；有利于执行现代企业制度；有利于施工企业摆脱过多的行政干预，更好地面对建筑市场竞争的环境；也有利于促进新的施工技术和施工方法的采用。

3.3.3 劳动定额

1. 劳动定额的概念和表现形式

劳动定额又称为人工定额，是指在正常施工技术和合理劳动组织条件下，完成单位合格产品所必需的劳动消耗量标准。这个标准是国家和企业对工人在单位时间内完成产品的数量和质量的综合要求。

按其表现形式的不同，劳动定额可以分为时间定额和产量定额两种，采用分式表示时，其分子为时间定额，分母为产量定额，表 3-12 为 $1m^3$ 砌体的劳动定额。

表 3-12 $1m^3$ 砌体的劳动定额

项目		双面清水				单面清水					序号
		0.5 砖	1 砖	1.5 砖	2 砖及 2 砖以上	0.5 砖	0.75 砖	1 砖	1.5 砖	2 砖及 2 砖以上	
综合	塔吊	$\frac{1.49}{0.671}$	$\frac{1.2}{0.833}$	$\frac{1.14}{0.877}$	$\frac{1.06}{0.943}$	$\frac{1.45}{0.69}$	$\frac{1.41}{0.709}$	$\frac{1.16}{0.862}$	$\frac{1.08}{0.926}$	$\frac{1.01}{0.99}$	一
	机吊	$\frac{1.69}{0.592}$	$\frac{1.41}{0.709}$	$\frac{1.34}{0.746}$	$\frac{1.26}{0.794}$	$\frac{1.64}{0.61}$	$\frac{1.61}{0.621}$	$\frac{1.37}{0.730}$	$\frac{1.28}{0.781}$	$\frac{1.22}{0.82}$	二
砌砖		$\frac{0.996}{1}$	$\frac{0.69}{1.45}$	$\frac{0.62}{1.62}$	$\frac{0.54}{1.85}$	$\frac{0.952}{1.05}$	$\frac{0.908}{1.10}$	$\frac{0.65}{1.54}$	$\frac{0.563}{1.78}$	$\frac{0.494}{2.02}$	三
运输	塔吊	$\frac{0.412}{2.43}$	$\frac{0.418}{2.39}$	$\frac{0.418}{2.39}$	$\frac{0.418}{2.39}$	$\frac{0.412}{2.43}$	$\frac{0.415}{2.41}$	$\frac{0.418}{2.39}$	$\frac{0.418}{2.39}$	$\frac{0.418}{2.39}$	四
	机吊	$\frac{0.61}{1.64}$	$\frac{0.619}{1.62}$	$\frac{0.619}{1.62}$	$\frac{0.619}{1.62}$	$\frac{0.61}{1.64}$	$\frac{0.613}{1.63}$	$\frac{0.619}{1.62}$	$\frac{0.619}{1.62}$	$\frac{0.619}{1.62}$	五
调制砂浆		$\frac{0.081}{12.3}$	$\frac{0.096}{10.4}$	$\frac{0.101}{9.9}$	$\frac{0.102}{9.8}$	$\frac{0.081}{12.3}$	$\frac{0.085}{11.8}$	$\frac{0.096}{10.4}$	$\frac{0.101}{9.9}$	$\frac{0.102}{9.8}$	六
编号		4	5	6	7	8	9	10	11	12	

（1）时间定额

时间定额是指在一定的生产技术和生产组织条件下，某工种、某种技术等级的工人班组或个人，完成符合质量要求的单位产品所必需的工作时间。它包括工人的有效工作时间（准备与结束时间、基本工作时间、辅助工作时间）、不可避免的中断时间和工人必需的休息时间。

时间定额以工日为单位，每个工日工作时间按现行制度规定为8h，可按下列公式计算：

$$单位产品时间定额(工日)=\frac{1}{每工日产量} \tag{3-1}$$

或

$$单位产品时间定额(工日)=\frac{小组成员工日数总和}{台班产量} \tag{3-2}$$

（2）产量定额

产量定额是指在一定的生产技术和生产组织条件下，某工种、某种技术等级的班组或个人，在单位时间内（工日）应完成合格产品的数量，可按下列公式计算：

$$每工日产量=\frac{1}{单位产品时间定额} \tag{3-3}$$

或

$$台班产量=\frac{小组成员工日数总和}{单位产品时间定额(工日)} \tag{3-4}$$

从时间定额和产量定额的概念和计算式可以看出，两者互为倒数关系，可按下式计算：

$$时间定额=\frac{1}{产量定额} \tag{3-5}$$

时间定额和产量定额是劳动定额的两种不同的表现形式。但是，它们有各自的用途。时间定额以工日为单位，便于计算分部分项工程的工日需要量，计算工期和核算工资。因此，劳动定额通常采用时间定额进行计量。产量定额是以产品的数量进行计量，用于小组分配产量任务、编制作业计划和考核生产效率。

2. 工作时间分析

工作时间分析是将劳动者整个生产过程中所消耗的工作时间，根据其性质、范围和具体情况进行科学划分、归类，明确规定哪些属于定额时间，哪些属于非定额时间，找出时间损失的原因，以便拟定技术组织措施，消除产生非定额时间的因素，以充分利用工作时间，提高劳动生产率。

对工作时间的研究和分析，可以分为工人工作时间和机械工作时间两个系统进行。

（1）工人工作时间

工人在工作班内消耗的工作时间，按其消耗的性质，基本可以分为两大类：定额时间（必需消耗的时间）和非定额时间（损失时间），如图3-3所示。

1）定额时间。定额时间是工人在正常施工条件下，为完成一定产品（工作任务）所消耗的时间。定额时间包括有效工作时间、休息时间和不可避免的中断时间的消耗。

① 有效工作时间。有效工作时间是指与完成产品直接有关的时间消耗。其中包括基本工作时间、辅助工作时间、准备与结束工作时间的消耗。

A. 基本工作时间。基本工作时间是指直接与施工过程的技术操作发生关系的时间消耗。如砌砖施工过程的挂线、铺灰浆、砌砖等工作时间。基本工作时间一般与工作量的大小成正比。

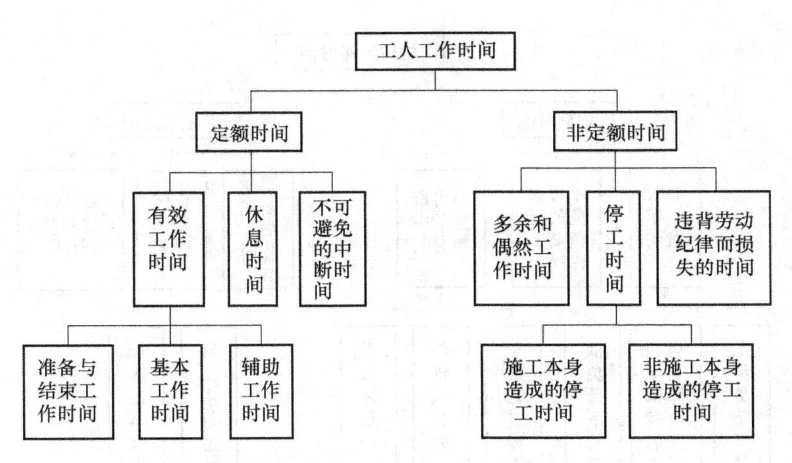

图 3-3 工人工作时间分析

B. 辅助工作时间。辅助工作时间是指为了保证基本工作顺利完成而同技术操作无直接关系的辅助性工作时间。例如，修磨校验工具、移动工作梯、工人转移工作地点等所需的时间。辅助工作一般不改变产品的形状、位置和性能。

C. 准备与结束工作时间。准备与结束工作时间是指工人在执行任务前的准备工作（包括工作地点、劳动工具、劳动对象的准备）和完成任务后的整理工作时间。

② 休息时间。休息时间是指工人在工作过程中为恢复体力所必需的短暂休息和生理需要的时间消耗。

③ 不可避免的中断时间。不可避免的中断时间是指由于施工工艺特点所引起的工作中断时间，如汽车司机等候装货的时间、安装工人等候构件起吊的时间等。

2）非定额时间。非定额时间是指和产品生产无关，而与施工组织和技术上的缺陷有关，与工人在施工过程中的个人过失或某些偶然因素有关的时间消耗，包括多余和偶然工作时间、停工时间和违反劳动纪律而损失的时间。

① 多余和偶然工作时间。多余和偶然工作时间是指在正常施工条件下不应发生的时间消耗，如重砌质量不合格的墙体及抹灰工不得不补上偶然遗留的墙洞等。

② 停工时间。停工时间是指工作班内停止工作造成的工时损失。停工时间按其性质可分为施工本身造成的停工时间和非施工本身造成的停工时间两种。施工本身造成的停工时间是指由于施工组织不善、材料供应不及时、工作面准备工作做得不好、工作地点组织不良等情况引起的停工时间。非施工本身造成的停工时间是指由于水源、电源中断引起的停工时间。

③ 违反劳动纪律而损失的时间。违反劳动纪律而损失的时间是指在工作班内工人迟到、早退、闲谈、办私事等原因造成的工时损失。

（2）机械工作时间

机械工作时间的分类与工人工作时间的分类基本相同，也分为定额时间和非定额时间，如图 3-4 所示。

1）定额时间。定额时间包括有效工作时间、不可避免的无负荷工作时间和不可避免的中断时间。

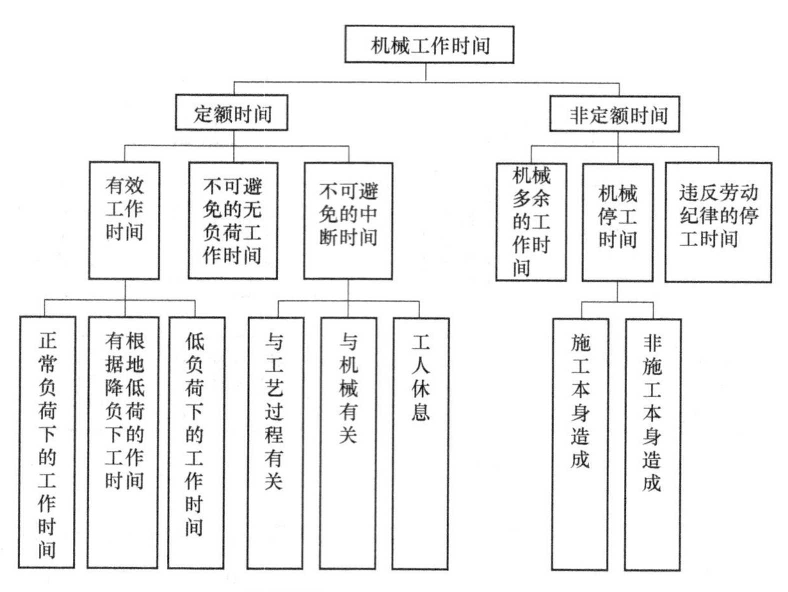

图 3-4 机械工作时间分析

① 有效工作时间。有效工作时间包括正常负荷下的工作时间、有根据地降低负荷下的工作时间、低负荷下的工作时间。

A. 正常负荷下的工作时间。正常负荷下的工作时间是指机器在与机器说明书规定的计算负荷相符的情况下进行工作的时间。

B. 有根据地降低负荷下的工作时间。有根据地降低负荷下的工作时间是指在个别情况下由于技术上的原因，机器在低于其计算负荷下工作的时间。例如，汽车运输重量轻而体积大的货物时，不能充分利用汽车的载重吨位因而不得不降低其计算负荷。

C. 低负荷下的工作时间。低负荷下的工作时间是指由于工人或技术人员的过错所造成的施工机械在降低负荷的情况下工作的时间。例如，工人装车的砂石数量不足引起的汽车在降低负荷的情况下工作所延续的时间。

② 不可避免的无负荷工作时间。不可避免的无负荷工作时间是指由施工过程的特点和机械结构的特点造成的机械无负荷工作时间。例如筑路机在工作区末端调头等。

③ 不可避免的中断时间。不可避免的中断时间是指与工艺过程的特点、机械使用中的保养、工人休息等有关的中断时间。例如汽车装卸货物的停车时间，给机械加油的时间，工人休息时的停机时间。

2）非定额时间。非定额时间包括机械多余的工作时间、机械停工时间和违反劳动纪律的停工时间。

① 机械多余的工作时间。机械多余的工作时间是指机械完成任务时无须包括的工作占用时间。例如砂浆搅拌机搅拌时多运转的时间和工人没有及时供料而使机械空运转的延续时间。

② 机械停工时间。机械停工时间是指由于施工组织不好及由于气候条件影响所引起的停工时间。例如未及时给机械加水、加油而引起的停工时间。

③ 违反劳动纪律的停工时间。违反劳动纪律的停工时间是指由于工人迟到、早退等原因引起的机械停工时间。

3. 劳动定额的编制方法

劳动定额是根据国家的政策、劳动制度、有关技术文件及资料制定的。制定劳动定额，常用的方法有四种：计时观察法、比较类推法、统计分析法、经验估计法，如图 3-5 所示。

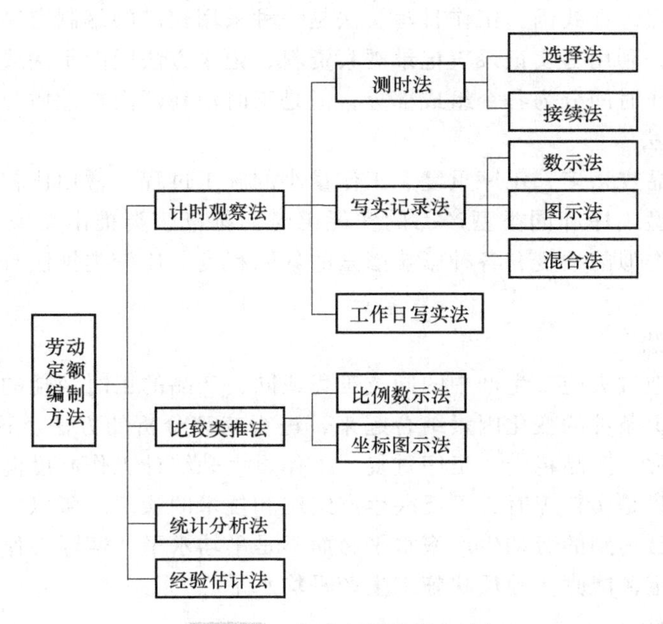

图 3-5 劳动定额编制方法

（1）计时观察法

计时观察法是研究工作时间消耗的一种技术测定方法，它以研究工时消耗为对象，以观察测时为手段，通过密集抽样和粗放抽样等技术进行直接的时间研究。计时观察法种类很多，最主要的有三种：测时法、写实记录法、工作日写实法。

1）测时法。测时法主要适用于测定那些定时重复的循环工作的工时消耗，是精确度比较高的一种计时观察法。测时法有选择法和接续法两种。

2）写实记录法。写实记录法是一种研究各种性质的工作时间消耗的方法。采用这种方法，可以获得分析工作时间消耗的全部资料。

写实记录法的观察对象，可以是一个工人，也可以是一个工人小组。写实记录法按记录时间的方法不同分为数示法、图示法和混合法三种。

① 数示法。数示法是三种写实记录法中精确度较高的一种，可以同时对两个工人进行观察，观察的工时消耗，记录在专门的数示法写实记录表中。数示法用来对整个工作班或半个工作班进行长时间观察，因此能反映工人或机器工作日全部情况。

② 图示法。图示法可同时对三个以内的工人进行观察，观察资料记入图示法写实记录表中。

③ 混合法。混合法可以同时对 3 个以上工人进行观察，记录观察资料的表格仍采用图示法写实记录表。填写表格时，各组成部分延续时间用图示法填写，完成每一组成部分的工人人数，则用数字填写在该组成部分时间线段的上面。

3）工作日写实法。工作日写实法是研究整个工作班内的各种工时消耗，包括基本工作时间、准备与结束工作时间、不可避免的中断时间以及损失时间等的一种测定方法。

这种方法既可以用来观察、分析定额时间消耗的合理利用情况，又可以研究、分析工时损失的原因。与测时法、写实记录法比较，工作日写实法具有技术简便、费力不多、应用面广和资料全面的优点。在我国，工作日写实法是一种采用较广的编制定额的方法。

工作日写实法，利用写实记录表记录观察资料，记录方法同图示法或混合法。记录时间时不需要将有效工作时间分为各个组成部分，但是工时消耗还需按性质分类记录。

（2）比较类推法

对于同类型产品规格多，工序重复、工作量小的施工过程，常用比较类推法。采用此法制定定额是以同类型工序和同类型产品的实耗工时为标准，类推出相似项目定额水平的方法。此法必须掌握类似的程度和各种影响因素的异同程度。比较类推法有比例数示法和坐标图示法两种。

（3）统计分析法

统计分析法是把过去施工生产中的同类工程或同类产品的工时消耗的统计资料，与当前生产技术和施工组织条件的变化因素结合起来，进行统计分析的方法。这种方法简单易行，适用于施工条件正常、产品稳定、工序重复、工作量大和统计工作制度健全的施工过程。但是，过去的记录，只是实耗工时，不反映生产组织和技术的状况。所以，在这样条件下求出的定额水平，只是已达到的劳动生产率水平，而不是平均水平。实际工作中，必须分析研究各种变化因素，使定额能真实地反映施工生产平均水平。

（4）经验估计法

根据定额专业人员、经验丰富的工人和施工技术人员的实际工作经验，参考有关定额资料，对施工管理组织和现场技术条件进行调查、讨论和分析制定定额的方法，叫作经验估计法。经验估计法通常作为一次性定额使用。

3.3.4 材料消耗定额

1. 材料消耗定额的概念

材料消耗定额是指在合理和节约使用材料的条件下，生产质量合格的单位产品所必须消耗的一定品种、规格的材料、半成品、构配件及不可避免的损耗等的数量标准。

2. 材料消耗定额的组成

材料消耗定额由两大部分所组成：一部分是直接用于建筑安装工程的材料，称为材料净用量；另一部分则是操作过程中不可避免产生的废料和施工现场因运输、装卸中出现的一些损耗，称为材料的损耗量。

材料损耗量可用材料损耗率来表示，见表 3-13。

材料损耗率是指材料的损耗量与材料净用量的比值，可按下式计算：

$$材料损耗率=\frac{材料损耗量}{材料净用量}\times 100\% \tag{3-6}$$

材料损耗率确定后，材料消耗量可按下列公式计算：

$$材料消耗量=材料净用量+材料损耗量 \tag{3-7}$$

或

$$材料消耗量=材料净用量\times(1+材料损耗率) \tag{3-8}$$

表 3-13 材料损耗率

材料名称	工程项目	损耗率（%）	材料名称	工程项目	损耗率（%）
标准砖	基础	0.4	石灰砂浆	抹墙及墙裙	1
标准砖	实砖墙	1	水泥砂浆	抹天棚	2.5
标准砖	方砖柱	3	水泥砂浆	抹墙及墙裙	2
白瓷砖		1.5	水泥砂浆	地面、屋面	1
陶瓷锦砖	（马赛克）	1	混凝土（现制）	地面	1
铺地砖	（缸砖）	0.8	混凝土（现制）	其余部分	1.5
砂	混凝土工程	1.5	混凝土（预制）	桩基础、梁、柱	1
砾石		2	混凝土（预制）	其余部分	1.5
生石灰		1	钢筋	现、预制混凝土	2
水泥		1	铁件	成品	1
砌筑砂浆	砖砌体	1	钢材		6
混合砂浆	抹墙及墙裙	2	木材	门窗	6
混合砂浆	抹天棚	3	玻璃	安装	3
石灰砂浆	抹天棚	1.5	沥青	操作	1

现场施工中，各种建筑材料的消耗主要取决于材料的消耗定额。用科学的方法正确地规定材料净用量指标以及材料的损耗率，对降低工程成本、节约投资，具有十分重要的意义。

3. 材料消耗定额的编制方法

（1）主要材料消耗定额的编制方法

主要材料消耗定额的编制方法有四种：观测法、试验法、统计法和计算法。

1）观测法。观测法是在现场对施工过程观察，记录产品的完成数量、材料的消耗数量以及作业方法等具体情况，通过分析与计算来确定材料消耗指标的方法。

此法通常用于制定材料的损耗量。通过现场观测，获得必要的现场资料，才能测定出哪些材料是施工过程中不可避免的损耗，应该计入定额内；哪些材料是施工过程中可以避免的损耗，不应计入定额内。在现场观测中，同时测出合理的材料损耗量，即可据此制定出相应的材料消耗定额。

2）试验法。试验法是在试验室里，用专门的设备和仪器来进行模拟试验，测定材料消耗量的一种方法。如混凝土、砂浆、钢筋等，适于试验室条件下进行试验。

试验法的优点是能在材料用于施工前就测定出材料的用量和性能，如混凝土、钢筋的强度、硬度，砂、石料粒径的级配和配合比等。缺点是由于脱离施工现场，实际施工中某些对材料消耗量影响的因素难以估计到。

3）统计法。统计法是以长期现场积累的分部分项工程的拨付材料数量、完成产品数量及完工后剩余材料数量的统计资料为基础，经过分析、计算得出单位产品材料消耗量的方法。统计法准确程度较差，应该结合实际施工过程，经过分析研究后，确定材料消耗指标。

4）计算法。有些建筑材料，可以根据施工图中所标明的材料及构造，结合式（3-7）或式（3-8）计算消耗量。例如，砌砖工程中砖和砂浆的净用量可按下列公式计算：

$$砖的净用量 = \frac{2K}{墙厚 \times (砖长 + 灰缝) \times (砖厚 + 灰缝)} \tag{3-9}$$

式中　K——墙厚砖数（0.5、1、1.5、2……）。

$$砂浆的净用量 = 1 - 砖的净用量 \times 标准砖体积 \tag{3-10}$$

【例 3-1】　用标准砖砌筑一砖墙体，求每立方米砖砌体所用砖和砂浆的消耗量。已知砖的损耗率为 1%，砂浆的损耗率为 1%，灰缝宽 0.01m。

【解】　1）砖的净用量：

$$砖的净用量 = \frac{2 \times 1}{0.24 \times (0.24 + 0.01) \times (0.053 + 0.01)}块$$
$$= 529.10 块$$

2）砂浆的净用量：

$$砂浆的净用量 = (1 - 529.10 \times 0.24 \times 0.115 \times 0.053) m^3$$
$$= 0.226 m^3$$

3）砖的消耗量：

$$砖的消耗量 = 529.10 块 \times (1 + 1\%) = 534.39 块，取 535 块$$

4）砂浆的消耗量：

$$砂浆的消耗量 = 0.226 m^3 \times (1 + 1\%) = 0.228 m^3$$

（2）周转性材料消耗量的确定

周转性材料是指在施工过程中多次使用、周转的工具性材料，如挡土板、脚手架等。这类材料在施工中不是一次消耗完，而是多次使用，逐渐消耗，并在使用过程中不断补充。周转性材料用摊销量表示。下面介绍模板摊销量的计算。

1）现浇结构模板摊销量的计算。现浇结构模板摊销量可按下列公式计算：

$$摊销量 = 周转使用量 - 回收量 \tag{3-11}$$

式中：

$$周转使用量 = \frac{一次使用量 + [一次使用量 \times (周转次数 - 1) \times 损耗率]}{周转次数}$$
$$= 一次使用量 \times \frac{1 + (周转次数 - 1) \times 损耗率}{周转次数} \tag{3-12}$$

$$回收量 = \frac{一次使用量 - 一次使用量 \times 损耗率}{周转次数} = 一次使用量 \times \frac{1 - 损耗率}{周转次数} \tag{3-13}$$

其中，一次使用量是指材料在不重复使用的条件下的一次使用量。周转次数是指新的周转材料从第一次使用（假定不补充新料）到材料不能再使用的使用次数。

【例 3-2】　某现浇钢筋混凝土独立基础，每立方米独立基础的模板接触面积为 $2.1 m^2$。根据计算，每平方米模板接触面积需用枋板材 $0.083 m^3$，模板周转次数为 6 次，每次周转损耗率为 16.6%，试计算钢筋混凝土独立基础的模板周转使用量、回收量和摊销量。

【解】　1）周转使用量：

$$\text{周转使用量}=\frac{0.083\times2.1+0.083\times2.1\times(6-1)\times16.6\%}{6}\text{m}^3=\frac{0.319}{6}\text{m}^3=0.053\text{m}^3$$

2）回收量：

$$\text{回收量}=\frac{0.083\times2.1-(0.083\times2.1\times16.6\%)}{6}\text{m}^3=\frac{0.145}{6}\text{m}^3=0.024\text{m}^3$$

3）摊销量：

$$\text{摊销量}=0.053\text{m}^3-0.024\text{m}^3=0.029\text{m}^3$$

即现场浇灌每立方米钢筋混凝土独立基础需摊销模板 0.029m^3。

2）预制构件模板摊销量的计算。预制构件模板，由于损耗很少，可以不考虑每次周转的补损率，按多次使用平均分摊的办法计算，可按下式计算：

$$\text{摊销量}=\frac{\text{一次使用量}}{\text{周转次数}} \tag{3-14}$$

3.3.5 机械台班使用定额

1. 机械台班使用定额的概念

机械台班使用定额，简称“机械台班定额”，它反映了施工机械在正常施工条件下，合理均衡地组织劳动和使用机具时，该机械在单位时间内的生产效率。

机械消耗定额是以一台机械一个工作班为计量单位，所以又称为机械台班定额。机械消耗定额是指在正常的施工技术和组织条件下，完成规定计量单位合格的建筑安装产品所消耗的施工机械台班的数量标准。机械消耗定额的主要表现形式是机械时间定额，同时也可以以产量定额表现。

按其表现形式，可分为机械时间定额和机械产量定额两种。一般采用分式形式表示：分子为机械时间定额，分母为机械产量定额，见表 3-14。

表 3-14 机械台班定额 （单位：100m^3）

项目				装车			不装车			编号
				一、二类土	三类土	四类土	一、二类土	三类土	四类土	
正铲挖土机斗容量/m^3	0.5	挖土深度	1.5m 以内	$\frac{0.466}{4.29}$	$\frac{0.539}{3.71}$	$\frac{0.629}{3.18}$	$\frac{0.442}{4.52}$	$\frac{0.490}{4.08}$	$\frac{0.578}{3.46}$	94
			1.5m 以外	$\frac{0.444}{4.50}$	$\frac{0.513}{3.90}$	$\frac{0.612}{3.27}$	$\frac{0.422}{4.74}$	$\frac{0.400}{5.00}$	$\frac{0.485}{5.12}$	95
			2m 以内	$\frac{0.400}{5.00}$	$\frac{0.454}{4.41}$	$\frac{0.545}{3.67}$	$\frac{0.370}{5.41}$	$\frac{0.420}{4.76}$	$\frac{0.512}{3.91}$	96
	1.0		2m 以外	$\frac{0.382}{5.24}$	$\frac{0.431}{4.64}$	$\frac{0.518}{3.86}$	$\frac{0.353}{5.67}$	$\frac{0.400}{5.00}$	$\frac{0.485}{4.12}$	97
			2m 以内	$\frac{0.322}{6.21}$	$\frac{0.369}{5.42}$	$\frac{0.420}{4.76}$	$\frac{0.290}{6.69}$	$\frac{0.351}{5.70}$	$\frac{0.420}{4.76}$	98
			2m 以外	$\frac{0.307}{6.51}$	$\frac{0.351}{5.69}$	$\frac{0.398}{5.02}$	$\frac{0.285}{7.01}$	$\frac{0.334}{5.99}$	$\frac{0.398}{5.02}$	99
序号				1	2	3	4	5	6	

(1) 机械时间定额

机械时间定额是指在合理劳动组织和合理使用机械正常施工的条件下，完成单位合格产品所必须消耗的机械工作时间。计量单位用“台班”或“台时”表示，可按下式计算：

$$单位产品的机械时间定额(台班)=\frac{1}{台班产量} \tag{3-15}$$

(2) 机械产量定额

机械产量定额是指在合理劳动组织与合理使用机械正常施工的条件下，机械在单位时间（如每个台班）内应完成的合格产品数量。其计量单位用 m^2、m^3、块等表示。

(3) 人工、机械配合时人工时间定额

人工、机械配合施工时，由于机械必须由工人小组配合操作才能完成工作，因此台班内小组成员总工日内应完成合格产品的数量也就是机械的总产量。所以完成单位合格产品的人工时间定额可按下式计算：

$$单位产品人工时间定额(工日)=\frac{小组成员工日数总和}{台班总产量} \tag{3-16}$$

【例 3-3】 斗容量 $1m^3$ 正铲挖土机挖四类土，深度在 2m 以内，不装车，小组成员 2 人，机械台班产量为 4.76（定额单位是 $100m^3$），试计算其人工时间定额和机械时间定额。

【解】 查定额可得：

$$挖 100m^3 土的人工时间定额=\frac{2}{4.76}工日=0.42 工日$$

$$挖 100m^3 土的机械时间定额=\frac{1}{4.76}台班=0.21 台班$$

《全国建筑安装工程统一劳动定额》是以一个单机作业的定员人数（台班工日）核定的。施工机械台班消耗定额，是对工人班组签发施工任务书，下达施工任务，实行计件奖励的依据；是编制机械需用量计划和作业计划、考核机械效率、核定企业机械调度和维修计划的依据；也是编制预算定额的基础资料。其内容是以机械作业为主体划分项目，列出完成各种分项工程或施工过程的台班产量标准。此外，还包括机械性能、作业条件和劳动组合等说明。

2. 机械台班定额的编制方法

(1) 拟定正常的施工条件

拟定机械工作正常的施工条件，主要是拟定工作地点的合理组织和合理的工人编制。

工作地点的合理组织，就是对施工地点机械和材料的放置位置、工人从事操作的场所，做出科学合理的平面布置和空间安排。拟定合理的工人编制，就是根据施工机械的性能和设计能力，工人的专业分工和劳动功效，合理确定操纵机械及配合施工的工人数量。

(2) 确定机械纯工作 1h 的正常生产率

确定机械正常生产率必须先确定机械纯工作 1h 的正常劳动生产率。确定机械纯工作 1h 的正常生产率可以分三步进行：

第一步，计算机械一次循环的正常延续时间。它等于这次循环中各组成部分延续时间之和，可按下式计算：

$$\text{机械一次循环的正常延续时间} = \sum \text{循环内各组成部分延续时间} \tag{3-17}$$

第二步，计算施工机械纯工作 1h 的循环次数，可按下式计算：

$$\text{机械纯工作 1h 的循环次数} = \frac{60 \times 60\text{s}}{\text{一次循环的正常延续时间}} \tag{3-18}$$

第三步，求机械纯工作 1h 的正常生产率，可按下式计算：

$$\text{机械纯工作 1h 的正常生产率} = \text{机械纯工作 1h 的循环次数} \times \text{一次循环生产的产品数量} \tag{3-19}$$

【例 3-4】 某轮胎式起重机吊装大型屋面板，每次吊装一块，经过计时观察，测得循环一次的各组成部分的平均延续时间如下：

挂钩时的停车时间 12s
上升回转时间 63s
下落就位时间 46s
脱钩时间 13s
空钩回转下降时间 43s
合计 177s

求机械纯工作 1h 的正常生产率。

【解】

$$\text{机械一次循环的正常延续时间} = 12\text{s} + 63\text{s} + 46\text{s} + 13\text{s} + 43\text{s} = 177\text{s}$$

$$\text{机械纯工作 1h 的循环次数} = \frac{60 \times 60}{177}\text{次} = 20.34\text{ 次}$$

$$\text{机械纯工作 1h 的正常生产率} = 20.34\text{ 次} \times 1\text{ 块/次} = 20.34\text{ 块}$$

（3）确定施工机械的正常利用系数

施工机械的正常利用系数是指机械在工作班内工作时间的利用率，可按下式计算：

$$\text{施工机械的正常利用系数} = \frac{\text{工作班内机械纯工作时间}}{\text{机械工作班延续时间}} \tag{3-20}$$

（4）计算机械台班定额

计算机械台班定额是编制机械台班定额的最后一步。在确定了机械工作正常条件、机械 1h 纯工作时间的正常生产率和机械利用系数后，就可以确定机械台班的定额指标了，可按下式计算：

$$\text{施工机械台班产量定额} = \text{机械纯工作 1h 的正常生产率} \times \text{工作班延续时间} \times \text{机械正常利用系数} \tag{3-21}$$

【例 3-5】 例 3-4 中，机械纯工作 1h 的正常生产率为 20.34 块，工作班 8h 内机械实际工作时间是 7.2h，求机械台班的产量定额和时间定额。

【解】

$$\text{机械正常利用系数} = \frac{7.2}{8} = 0.9$$

$$机械台班产量定额 = 20.34 \times 0.9 块/台班 = 18.31 块/台班$$

$$机械台班时间定额 = \frac{1}{18.31} 台班/块 = 0.055 台班/块$$

3.4 工程计价定额

工程计价定额是指工程定额中直接用于工程计价的定额或指标，包括预算定额、概算定额、概算指标和估算指标等。工程计价定额主要用来在建设项目的不同阶段作为确定和计算工程造价的依据。

3.4.1 预算定额

1. 预算定额的概念及其作用

（1）预算定额的概念

预算定额是在正常的施工条件下，完成一定计量单位合格分项工程和结构构件所需消耗的人工、材料、施工机械台班数量及其相应费用标准。预算定额是工程建设中的一项重要的技术经济文件，是编制施工图预算的主要依据，是确定和控制工程造价的基础。

（2）预算定额的作用

1）预算定额是编制施工图预算、确定建筑安装工程造价的基础。施工图设计一经确定，工程预算造价就取决于预算定额水平和人工、材料及机械台班的价格。预算定额起着控制劳动消耗、材料消耗和机械台班使用的作用，进而起着控制建筑产品价格的作用。

2）预算定额是编制施工组织设计的依据。施工组织设计的重要任务之一是确定施工中所需人力、物力的供求量，并做出最佳安排。施工单位在缺乏本企业的施工定额的情况下，根据预算定额也能够比较精确地计算出施工中各项资源的需要量，为有计划地组织材料采购和预制件加工、劳动力和施工机具的调配，提供可靠的计算依据。

3）预算定额是工程结算的依据。工程结算是建设单位和施工单位按照工程进度对已完成的分部分项工程实现货币支付的行为。按进度支付工程款，需要根据预算定额将已完分项工程的造价算出。单位工程验收后，再按竣工工程量、预算定额和施工合同规定进行结算，以保证建设单位建设资金的合理使用和施工单位的经济收入。

4）预算定额是施工单位进行经济活动分析的依据。预算定额规定的物化劳动和劳动消耗指标，是施工单位在生产经营中允许消耗的最高标准。施工单位必须以预算定额作为评价企业工作的重要标准，作为努力实现的目标。施工单位可根据预算定额对施工中的人工、材料、机具的消耗情况进行具体的分析，以便找出并克服低功效、高消耗的薄弱环节，提高竞争能力。只有在施工中尽量降低劳动消耗，采用新技术，提高劳动者素质，提高劳动生产率，才能取得较好的经济效益。

5）预算定额是编制概算定额的基础。概算定额是在预算定额基础上综合扩大编制的。利用预算定额作为编制依据，不但可以节省编制工作的大量人力、物力和时间，收到事半功倍的效果，还可以使概算定额在水平上与预算定额保持一致，以免造成执行中的不一致。

6）预算定额是合理编制招标控制价、投标报价的基础。在深化改革中，预算定额的指令性作用将日益削弱，而对施工单位按照工程个别成本报价的指导性作用仍然存在，因此预算定额作为编制招标控制价的依据和施工企业报价的基础性作用仍将存在，这也是由预算定额本身的科学性和指导性决定的。

2. 预算定额的编制

（1）编制原则

为保证预算定额的质量，充分发挥预算定额的作用，实际使用简便，在编制工作中应遵循以下原则：

1）按社会平均水平确定预算定额的原则。预算定额是确定和控制建筑安装工程造价的主要依据。因此，它必须遵照价值规律的客观要求，即按生产过程中所消耗的社会必要劳动时间确定定额水平。所谓预算定额的平均水平，是指在正常的施工条件下，合理的施工组织和工艺条件、平均劳动熟练程度和劳动强度下，完成单位分项工程基本构造单元所需要的劳动时间。

2）简明适用的原则。一是指在编制预算定额时，对于那些主要的、常用的、价值量大的项目，分项工程划分宜细；次要的、不常用的、价值量相对较小的项目则可以粗些。二是指预算定额要项目齐全。要注意补充那些因采用新技术、新结构、新材料而出现的新的定额项目。如果项目不全，缺项多，就会使计价工作缺少充足的可靠的依据。三是指要求合理确定预算定额的计量单位，简化工程量的计算，尽可能地避免同一种材料用不同的计量单位和一量多用，尽量减少定额附注和换算系数。

（2）编制依据

1）现行施工定额。预算定额是在现行施工定额的基础上编制的。预算定额中人工、材料、机械台班消耗水平，需要根据施工定额取定；预算定额计量单位的选择，也要以施工定额为参考，从而保证两者的协调和可比性，减轻预算定额的编制工作量，缩短编制时间。

2）现行设计规范、施工及验收规范、质量评定标准和安全操作规程。

3）具有代表性的典型工程施工图及有关标准图。对这些施工图及有关标准图进行仔细分析研究，并计算出工程数量，作为编制定额时选择施工方法确定定额含量的依据。

4）成熟推广的新技术、新结构、新材料和先进的施工方法等。这类资料是调整定额水平和增加新的定额项目所必需的依据

5）有关科学实验、技术测定和统计、经验资料。这些是确定定额水平的重要依据。

6）现行的预算定额、材料单价、机械台班单价及有关文件规定等。包括过去定额编制过程中积累的基础资料，也是编制预算定额的依据和参考。

3. 预算定额消耗量的编制

确定预算定额人工、材料、机械台班消耗指标时，必须先按施工定额的分项逐项计算出消耗指标，然后再按预算定额的项目加以综合。但是，这种综合不是简单的合并和相加，而需要在综合过程中增加两种定额之间的适当的水平差。预算定额的水平取决于消耗量的合理确定。

人工、材料和机械台班消耗量指标，应根据定额编制原则和要求，采用理论与实际相结合、施工图计算与施工现场测算相结合、编制人员与现场工作人员相结合等方法进行计算和确定，使定额既符合政策要求，又与客观情况一致，便于贯彻执行。

(1) 人工工日消耗量的计算

预算定额中的人工的工日消耗量有两种确定方法。一种是以劳动定额为基础确定；另一种是以现场观察测定资料为基础计算，主要用于遇到劳动定额缺项时，采用现场工作日写实等测时方法测定和计算定额的人工耗用量。

预算定额中人工工日消耗量是指在正常施工条件下，生产单位合格产品所必需消耗的人工工日数量，是由分项工程所综合的各个工序劳动定额包括的基本用工、其他用工两部分组成的。

1) 基本用工。基本用工是指完成一定计量单位的分项工程或结构构件的各项工作过程的施工任务所必需消耗的技术工种用工。按技术工种相应劳动定额工时定额计算，以不同工种列出定额工日。基本用工包括：

① 完成定额计量单位的主要用工。按综合取定的工程量和相应劳动定额进行确定，可按下式计算：

$$基本用工=\sum(综合取定的工程量\times劳动定额) \tag{3-22}$$

例如工程实际中的砖基础，有1砖厚、1砖半厚、2砖厚等之分，用工各不相同，在预算定额中由于不区分厚度，需要按照统计的比例，加权平均得出综合的人工消耗。

② 按劳动定额规定应增（减）计算的用工量。例如在砖墙项目中，分项工程的工作内容包括附墙烟囱孔、垃圾道、壁橱等零星组合部分的内容，其人工消耗量相应增加附加人工消耗。由于预算定额是在施工定额子目的基础上综合扩大的，包括的工作内容较多，施工的工效视具体部位而不一样，所以需要另外增加人工消耗，而这种人工消耗也可以列入基本用工内。

2) 其他用工。其他用工是辅助基本用工消耗的工日，包括超运距用工、辅助用工和人工幅度差用工。

① 超运距用工。超运距是指劳动定额中已包括的材料、半成品的场内水平搬运距离与预算定额所考虑的现场材料、半成品堆放地点到操作地点的水平运输距离之差，可按下列公式计算：

$$超运距=预算定额取定运距-劳动定额已包括的运距 \tag{3-23}$$

$$超运距用工=\sum(超运距材料数量\times时间定额) \tag{3-24}$$

需要指出，实际工程现场运距超过预算定额取定运距时，可另行计算现场二次搬运费等。

② 辅助用工。辅助用工是指技术工种劳动定额内不包括而在预算定额内又必须考虑的用工。例如机械土方工程配合用工、材料加工（筛砂、洗石、淋化石膏）、电焊点火用工等。辅助用工可按下式计算：

$$辅助用工=\sum(材料加工数量\times相应的加工劳动定额) \tag{3-25}$$

③ 人工幅度差用工。人工幅度差用工即预算定额与劳动定额的差额，主要是指在劳动定额中未包括而在正常施工情况下不可避免但又很难准确计量的用工和各种工时损失。内容包括：各工种间的工序搭接及交叉作业相互配合或影响所发生的停歇用工；施工过程中，移动临时水电线路而造成的影响工人操作的时间；工程质量检查和隐蔽工程验收工作而影响工人操作的时间；同一现场内单位工程之间因操作地点转移而影响工人操作的时间；工序交接时对前一工序不可避免的修整用工；施工中不可避免的其他零星用工。人工幅度差用工可按

下式计算：

$$人工幅度差用工=(基本用工+辅助用工+超运距用工)\times 人工幅度差系数 \quad (3\text{-}26)$$

人工幅度差系数一般为10%～15%。在预算定额中，人工幅度差的用工量列入其他用工量中。

（2）材料消耗量的计算

材料消耗量计算方法主要有以下几种：

1）凡有标准规格的材料，按规范要求计算定额计量单位的耗用量，如砖、防水卷材、块料面层等。

2）凡设计图标注尺寸及下料要求的，按设计图尺寸计算材料净用量，如门窗制作用材料、方料、板料等。

3）换算法。各种胶结、涂料等材料的配合比用料，可以根据要求条件换算，得出材料用量。

4）测定法。测定法包括实验室试验法和现场观察法，各种强度等级的混凝土及砌筑砂浆配合比的耗用原材料数量的计算，须按照规范要求试配，经过试压合格以后并经过必要的调整后得出的水泥、砂子、石子、水的用量。对新材料、新结构又不能用其他方法计算定额消耗用量时，须用现场测定方法来确定，根据不同条件可以采用写实记录法和观察法，得出定额的消耗量。

材料损耗量是指在正常条件下不可避免的材料损耗，如现场内材料运输及施工操作过程中的损耗等，可按下列公式计算：

$$材料损耗率=\frac{材料损耗量}{材料净用量}\times 100\% \quad (3\text{-}27)$$

$$材料损耗量=材料净用量\times 损耗率 \quad (3\text{-}28)$$

故材料的消耗量可按下列公式计算：

$$材料消耗量=材料净用量+损耗量 \quad (3\text{-}29)$$

或

$$材料消耗量=材料净用量\times(1+损耗率) \quad (3\text{-}30)$$

（3）机械台班消耗量的计算

预算定额中的机械台班消耗量是指在正常施工条件下，生产单位合格产品（分部分项工程或结构构件）必需消耗的某种型号施工机械的台班数量。下面主要介绍机械台班消耗量的计算。

1）根据施工定额确定机械台班消耗量的计算。这种方法是指用施工定额中机械台班产量加机械幅度差计算预算定额的机械台班消耗量。

机械幅度差是指在施工定额中所规定的范围内没有包括，而在实际施工中又不可避免产生的影响机械或使机械停歇的时间。其内容包括：

① 施工机械转移工作面及配套机械相互影响损失的时间。

② 在正常施工条件下，机械在施工中不可避免的工序间歇。

③ 工程开工或收尾时工作量不饱满所损失的时间。

④ 检查工程质量影响机械操作的时间。

⑤ 临时停机、停电影响机械操作的时间。

⑥ 机械维修引起的停歇时间。

综上，预算定额的机械台班消耗量可按下式计算：

预算定额机械台班消耗量 = 施工定额机械台班消耗量 ×（1 + 机械幅度差系数）　（3-31）

【例 3-6】 已知某挖土机挖土，一次正常循环工作时间是 40s，每次循环平均挖土量 $0.3m^3$，机械时间利用系数为 0.8，机械幅度差系数为 25%。求该机械挖土方 $1000m^3$ 的预算定额机械台班消耗量。

【解】 机械纯工作 1h 的循环次数 $=\frac{3600}{40}$次/台时 = 90 次/台时

机械纯工作 1h 的正常生产率 $=90\times0.3m^3$/台时 $=27m^3$/台时

施工机械台班产量定额 $=27\times8\times0.8m^3$/台班 $=172.8m^3$/台班

施工机械台班时间定额 $=\frac{1}{172.8}$台班/m^3 = 0.00579 台班/m^3

预算定额机械台班消耗量 = 0.00579 台班/m^3 ×（1 + 25%）= 0.00724 台班/m^3

挖土方 $1000m^3$ 的预算定额机械台班消耗量 = 1000 × 0.00723 台班 = 7.24 台班

2）以现场测定资料为基础确定机械台班消耗量。如遇到施工定额缺项者，则需要依据单位时间完成的产量测定。具体方法可参见 3.3 节。

4. 预算定额基价编制

预算定额基价就是预算定额分项工程或结构构件的单价，只包括人工费、材料费和施工机具使用费，也称为工料单价。

预算定额基价一般通过编制单位估价表、地区单位估价表及设备安装价目表确定单价，用于编制施工图预算。在预算定额中列出的“预算价值”或“基价”，应视作该定额编制时的工程单价。

预算定额基价的编制方法，简单说就是人工、材料、机具的消耗量和人工、材料、机具单价的结合过程。其中，人工费由预算定额中每一分项工程各种用工数，乘以地区人工工日单价之和算出；材料费由预算定额中每一分项工程的各种材料消耗量，乘以地区相应材料预算价格之和算出；机具费由预算定额中每一分项工程的各种机械台班消耗量，乘以地区相应施工机械台班预算价格之和，以及仪器仪表使用费汇总后算出。上述单价均为不含增值税进项税额的价格。

分项工程预算定额基价可按下式计算：

分项工程预算定额基价 = 人工费 + 材料费 + 机具使用费　（3-32）

其中：

人工费 = Σ（现行预算定额中各种人工工日用量 × 人工日工资单价）

材料费 = Σ（现行预算定额中各种材料耗用量 × 相应材料单价）

机具使用费 = Σ（现行预算定额中机械台班用量 × 机械台班单价）+ Σ（仪器仪表台班用量 × 仪器仪表台班单价）

预算定额基价是根据现行定额和当地的价格水平编制的，具有相对的稳定性。但是为了适应市场价格的变动，在编制预算时，必须根据工程造价管理部门发布的调价文件对固定的工程预算单价进行修正。修正后的工程单价乘以根据施工图计算出来的工程量，就可以获得符合实际市场情况的人工、材料、机具费用。

【例 3-7】 某预算定额基价见表 3-15。其中定额子目 3-1 的定额基价计算过程为：

定额人工费 = (42.00 × 11.790) 元 = 495.18 元

定额材料费 = (230.00 × 5.236 + 0.32 × 649.000 + 37.15 × 2.407 + 3.85 × 3.137) 元 = 1513.46 元

定额机具使用费 = (70.89 × 0.393) 元 = 27.86 元

定额基价 = (495.18 + 1513.46 + 27.86) 元 = 2036.50 元

表 3-15 某预算定额基价 （计量单位：$10m^3$）

定额编号		3-1				3-2		3-3	
项目		砖基础				混水砖墙			
						1/2 砖		3/4 砖	
基价（元）		2036.50				2382.93		2353.03	
其中	人工费	495.18				845.88		824.88	
	材料费	1513.46				1514.01		1502.98	
	机具使用费	27.86				23.04		25.17	
名称		单位	单价（元）	数量					
综合工日		工日	42.00	11.790	495.180	20.140	845.880	19.640	824.880
材料	水泥砂浆 M5	m^3	—	—	—	(1.950)	—	(2.130)	—
	水泥砂浆 M5	m^3	—	(2.360)	—	—	—	—	—
	标准砖	千块	230.00	5.236	1204.280	5.641	1297.430	5.510	1267.300
	水泥 32.5 级	kg	0.32	649.000	207.680	409.500	131.040	447.300	143.136
	中砂	m^3	37.15	2.407	89.420	1.989	73.891	2.173	80.727
	水	m^3	3.85	3.137	12.077	3.027	11.654	3.075	11.839
机械	灰浆搅拌机 200L	台班	70.89	0.393	27.860	0.325	23.039	0.355	25.166

3.4.2 概算定额

1. 概算定额的概念

概算定额是在预算定额基础上，确定完成合格的单位扩大分项工程或单位扩大结构构件所需消耗的人工、材料和施工机械台班的数量标准及其费用标准。概算定额又称为扩大结构定额。

概算定额是预算定额的综合与扩大。它将预算定额中有联系的若干个分项工程项目综合为一个概算定额项目。如砖基础概算定额项目，就是以砖基础为主，综合了平整场地、挖地槽、铺设垫层、砌砖基础、铺设防潮层、回填土及运土等预算定额中分项工程项目。

概算定额与预算定额的相同之处在于，它们都是以建（构）筑物各个结构部分和分部分项工程为单位表示的，内容也包括人工定额、材料定额和施工机械台班使用定额三个基本部分，并列有基准价。概算定额表达的主要内容、表达的主要方式及基本使用方法都与预算定额相近。

概算定额与预算定额的不同之处，在于项目划分和综合扩大程度上的差异，同时，概算定额主要用于设计概算的编制。由于概算定额综合了若干分项工程的预算定额，因此，概算工程量计算和概算表的编制，都比编制施工图预算简化一些。

2. 概算定额的作用

1）概算定额是初步设计阶段编制概算、扩大初步设计阶段编制修正概算的主要依据。

2）概算定额是对设计项目进行技术经济分析比较的基础资料之一。

3）概算定额是编制建设工程主要材料计划的依据。

4）概算定额是控制施工图预算的依据。

5）概算定额是施工企业在准备施工期间，编制施工组织总设计或总规划时，对生产要素提出需要量计划的依据。

6）概算定额是工程结束后，进行竣工决算和评价的依据。

7）概算定额是编制概算指标的依据。

3. 概算定额的编制

（1）编制原则

概算定额应该贯彻社会平均水平和简明适用的原则。由于概算定额和预算定额都是工程计价的依据，所以应符合价值规律和反映现阶段大多数企业的设计、生产及施工管理水平；但在概预算定额水平之间应保留必要的幅度差。概算定额的内容和深度是以预算定额为基础的综合和扩大，在合并中不得遗漏或增加项目，以保证其严密性和正确性。概算定额要达到简化、准确和适用。

（2）编制依据

概算定额的编制依据，因其使用范围不同而不同。其编制依据一般有以下几种：

1）国家和地区的相关文件。

2）现行的设计规范、施工验收规范和各类工程预算定额、施工定额。

3）具有代表性的标准设计图和其他设计资料。

4）有关的施工图预算及有代表性的工程决算资料。

5）现行的人工日工资单价、材料单价、施工机械台班单价及其他的价格资料。

（3）编制步骤

概算定额的编制步骤与预算定额的编制步骤大体是一致的，包括准备阶段、定额初稿编制、征求意见、审查、批准发布五个步骤。

在其定额初稿编制过程中，需要根据已经确定的编制方案和概算定额项目，收集和整理各种编制依据，对各种资料进行深入细致的测算和分析，确定人工、材料和施工机械台班的消耗量指标，最后编制概算定额初稿。概算定额水平与预算定额水平之间应有一定的幅度差，幅度差一般在5%以内。

4. 概算定额手册的内容

按专业特点和地区特点编制的概算定额手册，内容基本上由文字说明、定额项目表和附录三个部分组成。

（1）概算定额的内容与形式

1）文字说明。文字说明有总说明和分部工程说明。在总说明中，主要阐述概算定额的性质和作用、概算定额编纂形式、应注意的事项、概算定额编制目的、使用范围、定额使用方法的统一规定。

2）定额项目表。主要包括以下内容：

① 定额项目的划分。概算定额项目一般按以下两种方法划分：一是按土石方、基础、墙、梁板柱、门窗、楼地面、屋面、装饰、构筑物等工程结构划分；二是按基础、墙体、梁柱、楼地面、屋盖、其他等工程部位（分部）划分，如基础工程中包括了砖、石、混凝土基础等项目。

② 定额项目表。定额项目表是概算定额手册的主要内容，由若干分节定额组成。各节定额包括工程内容、定额表及附注说明等。定额表中列有定额编号、计量单位、概算价格、人工、材料、机械台班消耗量指标，综合了预算定额的若干项目与数量。表 3-16 为某现浇钢筋混凝土矩形柱概算定额。

表 3-16　某现浇钢筋混凝土矩形柱概算定额

工作内容：模板安拆、钢筋绑扎安放、混凝土浇捣养护

定额编号			3002	3003	3004	3005	3006
项　目			现浇钢筋混凝土矩形柱				
			周长 1.5m 以内	周长 2.0m 以内	周长 2.5m 以内	周长 3.0m 以内	周长 3.0m 以外
人工、材料、机械名称（规格）		单位	m^3				
人工	混凝土工	工日	0.8187	0.8187	0.8187	0.8187	0.8187
	钢筋工	工日	1.1037	1.1037	1.1037	1.1037	1.1037
	木工（装饰）	工日	4.7676	4.0832	3.0591	2.1798	1.4921
	其他工	工日	2.0342	1.7900	1.4245	1.1107	0.8653
材料	泵送预拌混凝土	m^3	1.0150	1.0150	1.0150	1.0150	1.0150
	木模板成材	m^3	0.0363	0.0311	0.0233	0.0166	0.0144
	工具式组合钢模板	kg	9.7087	8.3150	6.2294	4.4388	0.0385
	扣件	只	1.1799	1.0150	0.7571	0.5394	0.3693
	零星卡具	kg	3.7354	3.1992	2.3967	1.7078	1.1690
	钢支撑	kg	1.2900	1.1049	0.8277	0.5898	0.4037
	柱箍、梁夹具	kg	1.9579	1.6768	1.2563	0.8952	0.6128
	钢丝 18#～22#	kg	0.9024	0.9024	0.9024	0.9024	0.9024
	水	m^3	1.2760	1.2760	1.2760	1.2760	1.2760
	圆钉	kg	0.7475	0.6402	0.4796	0.3418	0.2340
	草袋	m^2	0.0865	0.0865	0.0865	0.0865	0.0865
	成型钢筋	t	0.1939	0.1939	0.1939	0.1939	0.1939
	其他材料费	%	1.0906	0.9579	0.7467	0.5523	0.3916
机械	汽车式起重机 5t	台班	0.0281	0.0241	0.0180	0.0129	0.0088
	载重汽车 4t	台班	0.0422	0.0361	0.0271	0.0193	0.0132
	混凝土输送泵车 $75m^3/h$	台班	0.0108	0.0108	0.0108	0.0108	0.0108
	木工圆锯机 $\phi500mm$	台班	0.0105	0.0090	0.0068	0.0048	0.0033
	混凝土振捣器插入式	台班	0.1000	0.1000	0.1000	0.1000	0.1000

(2) 概算定额应用规则

1) 符合概算定额规定的应用范围。

2) 工程内容、计量单位及综合程度应与概算定额一致。

3) 必要的调整和换算应严格按定额的文字说明和附录进行。

4) 避免重复计算和漏项。

5) 参考预算定额的应用规则。

3.4.3 概算指标及其编制

1. 概算指标的概念和作用

概算指标通常是以单位工程为对象，以建筑面积、建筑体积或成套设备装置的台或组为计量单位而规定的人工、材料、机械台班的消耗量标准和造价指标。

概算定额与概算指标的主要区别是：

1) 确定各种消耗量指标的对象不同。概算定额是以单位扩大分项工程或单位扩大结构构件为对象，而概算指标则是以单位工程为对象。因此，概算指标比概算定额更加综合与扩大。

2) 确定各种消耗量指标的依据不同。概算定额以现行预算定额为基础，通过计算之后才综合确定出各种消耗量指标，而概算指标中各种消耗量指标的确定，则主要来自各种预算或结算资料。

概算指标和概算定额、预算定额一样，都是与各个设计阶段相适应的多次性计价的产物，它主要用于初步设计阶段，其作用主要有：

1) 概算指标可以作为编制投资估算的参考。

2) 概算指标是初步设计阶段编制概算书，确定工程概算造价的依据。

3) 概算指标中的主要材料指标可以作为匡算主要材料用量的依据。

4) 概算指标是设计单位进行设计方案比较、设计技术经济分析的依据。

5) 概算指标是编制固定资产投资计划，确定投资额和主要材料计划的依据。

6) 概算指标是建筑企业编制劳动力、材料计划，实行经济核算的依据。

2. 概算指标的分类、组成内容及表现形式

(1) 概算指标的分类

概算指标可分为两大类：一类是建筑工程概算指标；另一类是设备及安装工程概算指标，如图 3-6 所示。

(2) 概算指标的组成内容及表现形式

1) 概算指标的组成内容。一般分为文字说明和列表形式两部分，以及必要的附录。

① 总说明和分册说明。其内容一般包括：概算指标的编制范围、编制依据、分册情况、指标包括的内容、指标未包括的内容、指标的使用方法、指标允许调整的范围及调整方法等。

② 列表形式。具体如下：

A. 房屋建筑、构筑物一般是以建筑面积、建筑体积、“座”“个”等为计算单位，附以必要的示意图，示意图画出建筑物的轮廓示意或单线平面图，列出综合指标：“元/m^2”或

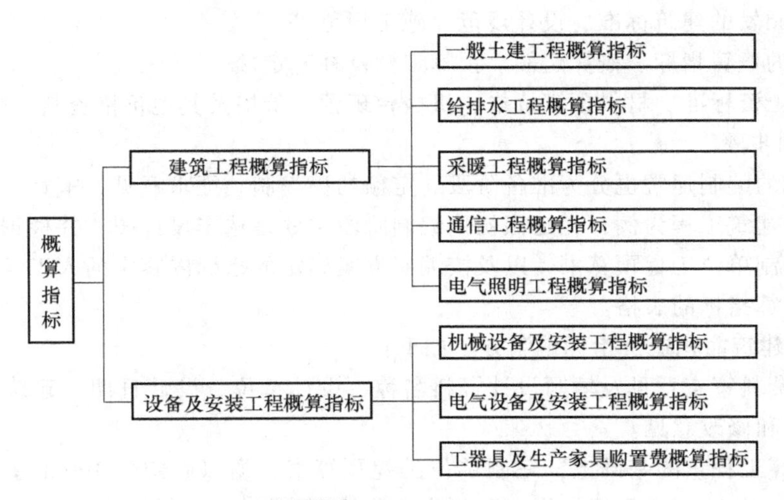

图 3-6 概算指标分类

“元/m^3”，自然条件（如地耐力、地震烈度等），建筑物的类型、结构形式及各部位中结构主要特点，主要工程量。

B. 安装工程的设备以“t”或“台”为计算单位，也可以设备购置费或设备原价的百分比（%）表示；工艺管道一般以“t”为计算单位；通信电话站安装以“站”为计算单位。列出指标编号、项目名称、规格、综合指标（元/计算单位）之后一般还要列出其中的人工费，必要时还要列出主要材料费、辅材费。

总体来讲列表形式分为以下几个部分：

A. 示意图。表明工程的结构、工业项目，还表示出起重机及起重能力等。

B. 工程特征。对采暖工程特征应列出采暖热媒及采暖形式：对电气照明工程特征可列出建筑层数、结构类型、配线方式、灯具名称等；对房屋建筑工程特征主要对工程的结构形式、层高、层数和建筑面积进行说明。

C. 经济指标。说明该项目每 100m^2 的造价指标及其土建、水暖和电气照明等单位工程的相应造价。

D. 构造内容及工程量指标。说明该工程项目的构造内容和相应计算单位的工程量指标及人工、材料消耗指标。

2）概算指标的表现形式。概算指标在具体内容的表示方法上，分为综合概算指标和单项概算指标两种形式。

① 综合概算指标。综合概算指标是按照工业或民用建筑及其结构类型而制定的概算指标。综合概算指标的概括性较大，其准确性、针对性不如单项概算指标。

② 单项概算指标。单项概算指标是指为某种建筑物或构筑物而编制的概算指标。单项概算指标的针对性较强，故指标中对工程结构形式要做介绍。只要工程项目的结构形式及工程内容与单项概算指标中的工程概况相吻合，编制出的设计概算就比较准确。

3. 概算指标的编制

（1）编制依据

1）标准设计图和各类工程典型设计。

2）国家颁发的建筑标准、设计规范、施工规范等。

3）现行的概算指标、概算定额、预算定额及补充定额。

4）人工工资标准、材料预算价格、机械台班预算价格及其他价格资料。

（2）编制步骤

概算指标的编制通常也分为准备阶段、定额初稿编制、征求意见、审查、批准发布五个步骤。以房屋建筑工程为例，在定额初稿编制阶段主要是选定设计图，并根据设计图资料计算工程量和编制单位工程预算书，以及按编制方案确定的指标内容中的人工及主要材料消耗指标，填写概算指标的表格。

每 $100m^2$ 建筑面积造价指标编制方法如下：

1）编写资料审查意见及填写设计资料名称、设计单位、设计日期、建筑面积及构造情况，提出审查和修改意见。

2）在计算工程量的基础上，编制单位工程预算书，据以确定每 $100m^2$ 建筑面积及构造情况以及人工、材料、机具消耗指标和单位造价的经济指标。

① 计算工程量。就是根据审定的设计图和预算定额计算出建筑面积及各分部分项工程量，然后按编制方案规定的项目进行归并，并以每平方米建筑面积为计算单位，换算出所含的工程量指标。

② 根据计算出的工程量和预算定额等资料，编出预算书，求出每 $100m^2$ 建筑面积的预算造价及人工、材料、施工机具使用费和材料消耗量指标。

构筑物是以“座”为单位编制概算指标的，因此，在计算完工程量，编制出预算书后，不必进行换算，预算书确定的价值就是每座构筑物概算指标的经济指标。

3.4.4 投资估算指标及其编制

1. 投资估算指标及其作用

投资估算指标是编制建设项目建议书、可行性研究报告等前期工作阶段投资估算的依据，也可以作为编制固定资产计划投资额的参考。与概预算定额相比较，估算指标以独立的建设项目、单项工程或单位工程为对象，综合项目全过程投资和建设中的各类成本和费用，反映出其扩大的技术经济指标，既是定额的一种表现形式，但又不同于其他的计价定额。投资估算指标既具有宏观指导作用，又能为编制项目建议书和可行性研究阶段投资估算提供依据。

1）在编制项目建议书阶段，它是项目主管部门审批项目建议书的依据之一，并对项目的规划及规模起参考作用。

2）在可行性研究报告阶段，它是项目决策的重要依据，也是多方案比选、优化设计方案、正确编制投资估算、合理确定项目投资额的重要基础。

3）在建设项目评价及决策过程中，它是评价建设项目投资可行性、分析投资效益的主要经济指标。

4）在项目实施阶段，它是限额设计和工程造价确定与控制的依据。

5）它是核算建设项目建设投资需要额和编制建设投资计划的重要依据。

6）合理准确地确定投资估算指标是进行工程造价管理改革，实现工程造价事前管理和主动控制的前提条件。

2. 投资估算指标的编制

(1) 编制原则

由于投资估算指标属于项目建设前期进行投资估算的技术经济指标，它不但要反映实施阶段的静态投资，还必须要反映项目建设前期和交付使用期内发生的动态投资，以投资估算指标为依据编制的投资估算，包含项目建设的全部投资额。这就要求投资估算指标比其他各种计价定额具有更大的综合性和概括性。因此，投资估算指标的编制工作，除应遵循一般定额的编制原则外，还必须坚持以下原则：

1) 投资估算指标项目的确定，应考虑以后几年编制建设项目建议书和可行性研究报告投资估算的需要。

2) 投资估算指标的分类、项目划分、项目内容、表现形式等要结合各专业的特点，并且要与项目建议书、可行性研究报告的编制深度相适应。

3) 投资估算指标的编制内容，典型工程的选择，必须遵循国家的有关建设方针政策，符合国家技术发展方向，贯彻国家发展方向原则，使指标的编制既能反映正常建设条件下的造价水平，也能适应今后若干年的科技发展水平。坚持技术上的先进、可行和经济上的合理，力争以较少的投入求得最大的投资效益。

4) 投资估算指标的编制要反映不同行业、不同项目和不同工程的特点，投资估算指标要适应项目前期工作深度的需要，而且具有更大的综合性。投资估算指标要密切结合行业特点，项目建设的特定条件，在内容上既要贯彻指导性、准确性和可调性原则，又要有一定的深度和广度。

5) 投资估算指标的编制要贯彻静态和动态相结合的原则。要充分考虑在市场经济条件下，由于建设条件、实施时间、建设期限等因素的不同，考虑到建设期的动态因素，即价格、建设期利息及涉外工程的汇率等因素的变动，导致指标的量差、价差、利息差、费用差等“动态”因素对投资估算的影响，对上述动态因素给予必要的调整办法和调整参数，尽可能减少这些动态因素对投资估算准确度的影响，使指标具有较强的实用性和可操作性。

(2) 编制依据

1) 依照不同的产品方案、工艺流程和生产规模，确定建设项目主要生产、辅助生产、公用设施及生活福利设施等单项工程内容、规模、数量以及结构形式，选择相应具有代表性、符合技术发展方向、数量足够的已经建成或正在建设的并具有重复使用可能的设计图及其工程量清单、设备清单、主要材料用量表和预算资料、决算资料，经过分类，筛选、整理出编制依据。

2) 国家和主管部门制定颁发的建设项目用地定额、建设项目工期定额、单项工程施工工期定额及生产定员标准等。

3) 编制年度现行全国统一、地区统一的各类工程概预算定额、各种费用标准。

4) 编制年度的各类工资标准、材料单价、机具台班单价及各类工程造价指数，应以所处地区的标准为准。

5) 设备价格。

3. 投资估算指标的内容

投资估算指标是确定和控制建设项目全过程各项投资支出的技术经济指标，其范围涉及建设前期、建设实施期和竣工验收交付使用期等各个阶段的费用支出，内容因行业不同而各异，一般可分为建设项目综合指标、单项工程指标和单位工程指标三个层次。表 3-17 为装配式混凝土高层住宅（PC 率 50%，±0.00 以上）项目的投资估算指标示例。

表 3-17　装配式混凝土高层住宅（PC 率 50%，±0.00 以上）项目的投资估算指标

指标编号	1-7		
项目名称	单　位	金　额	占比（%）
估算参考指标	元/m^2	2478.00	100.00
建筑安装工程费用	元/m^2	2106.00	85.00
工程建设其他费用	元/m^2	248.00	10.00
预备费	元/m^2	124.00	5.00
建筑安装工程造价			
项目名称	单　位	金　额	占总建筑安装工程费用比例（%）
人工费	元/m^2	288.00	13.68
材料费	元/m^2	1554.00	73.79
机械费	元/m^2	52.55	2.50
组织措施费	元/m^2	38.03	1.81
企业管理费	元/m^2	40.75	1.93
规费	元/m^2	33.96	1.61
利润	元/m^2	25.83	1.23
税金	元/m^2	72.72	3.45
建筑安装工程造价合计	元/m^2	2105.84	100.00
人工、主要材料消耗量			
人工、材料名称	单　位	单方用量	备　注
人工	工日	2.40	
钢材	kg	33.77	不含构件中钢筋
商品混凝土	m^3	0.20	不含构件中商品混凝土
预制构件	m^3	0.195	

（1）建设项目综合指标

建设项目综合指标是指按规定应列入建设项目总投资的从立项筹建开始至竣工验收交付使用的全部投资额，包括单项工程投资、工程建设其他费用和预备费等。

建设项目综合指标一般以项目的综合生产能力单位投资表示，如“元/t”“元/kW”；或以使用功能表示，如医院床位：“元/床”。

（2）单项工程指标

单项工程指标是指按规定应列入能独立发挥生产能力或使用效益的单项工程内的全部投资额，包括建筑工程费、安装工程费、设备、工器具及生产家具购置费和可能包含的其他费用。单项工程一般划分原则如下：

1）主要生产设施。直接参加生产产品的工程项目，包括生产车间或生产装置。

2）辅助生产设施。为主要生产车间服务的工程项目，包括集中控制室、中央实验室、机修、电修、仪器仪表修理及木工（模）等车间，原材料、半成品、成品及危险品等仓库。

3）公用工程。公用工程包括给排水系统（给排水泵房、水塔、水池及全厂给排水管网）、供热系统（锅炉房及水处理设施、全厂热力管网）、供电及通信系统（变配电所、开关所及全厂输电、电信线路）以及热电站、热力站、煤气站、空压站、冷冻站、冷却塔和全厂管网等。

4）环境保护工程。环境保护工程包括废气、废渣、废水等处理和综合利用设施及全厂性绿化。

5）总图运输工程。总图运输工程包括厂区防洪、围墙大门、传达及收发室、汽车库、消防车库、厂区道路、桥涵、厂区码头及厂区大型土石方工程。

6）厂区服务设施。厂区服务设施包括厂部办公室、厂区食堂、医务室、浴室、哺乳室、自行车棚等。

7）生活福利设施。生活福利设施包括职工医院、住宅、生活区食堂、俱乐部、托儿所、幼儿园、子弟学校、商业服务点以及与之配套的设施。

8）厂外工程。如水源工程、厂外输电、输水、排水、通信、输油等管线以及公路、铁路专用线等。

单项工程指标一般以单项工程生产能力单位投资，如“元/t”或其他单位表示。如变配电站：“元/(kV·A)”；锅炉房：“元/蒸汽吨”；供水站：“元/m^2”；办公室、仓库、宿舍、住宅等房屋则区别不同结构形式以“元/m^2”表示。

（3）单位工程指标

单位工程指标是指按规定应列入能独立设计、施工的工程项目的费用，即建筑安装工程费用。

单位工程指标一般以如下方式表示：房屋区别不同结构形式以“元/m^2”表示；道路区别不同结构层、面层以“元/m^2”表示；水塔区别不同结构层、容积以“元/座”表示；管道区别不同材质、管径以“元/m”表示。

4. 投资估算指标的编制方法

投资估算指标的编制通常也分为准备阶段、定额初稿编制、征求意见、审查、批准发布五个步骤。但考虑到投资估算指标的编制涉及建设项目的产品规模、产品方案、工艺流程、设备选型、工程设计和技术经济等各个方面，既要考虑到现阶段技术状况，又要展望技术发展趋势和设计动向，通常编制人员应具备较高的专业素质。在各个工作阶段，针对投资估算指标的编制特点，具体工作具有特殊性。

（1）收集整理资料

收集整理已建成或正在建设的，符合现行技术政策和技术发展方向、有可能重复采用的、有代表性的工程设计施工图、标准设计以及相应的竣工决算或施工图预算资料等，这些资料是编制工作的基础，资料收集得越广泛，反映出的问题越多，编制工作考虑得越全面，就越有利于提高投资估算指标的实用性和覆盖面。同时，对调查收集到的资料要选择占投资比例大，相互关联多的项目进行认真的分析整理，由于已建成或正在建设的工程的设计意图、建设时间和地点、资料的基础等不同，相互之间的差异很大，需要去粗取精、去伪存真地加以整理，才能重复利用。将整理后的数据资料按项目划分栏目加以归类，按照编制年度的现行定额、费用标准和价格，调整成编制年度的造价水平及相互比例。

由于调查收集的资料来源不同，虽然经过一定的分析整理，但难免会由于设计方案、建设条件和建设时间上的差异带来的某些影响，使数据失准或漏项等。必须对有关资料进行综合平衡调整。

（2）测算审查

测算是将新编的指标和选定工程的概预算，在同一价格条件下进行比较，检验其“量差”的偏离程度是否在允许偏差的范围之内，如偏差过大，则要查找原因，进行修正，以保证指标的确切、实用。测算同时也是对指标编制质量进行的一次系统检查，应由专人进行，以保持测算口径的统一，在此基础上组织有关专业人员予以全面审查定稿。

3.5 装配式建筑工程消耗量定额

2016年12月23日，住房和城乡建设部正式发布《装配式建筑工程消耗量定额》，该定额由住房和城乡建设部委托浙江省住房和城乡建设厅等单位编制。《装配式建筑工程消耗量定额》[TY 01-01（01）—2016]与《房屋建筑与装饰工程消耗量定额》（TY 01-31—2015）配套使用，《房屋建筑与装饰工程消耗量定额》（TY 01-31—2015）中的相关装配式建筑构件安装子目（定额编号5-356～5-373）同时废止。

3.5.1 编制目的

为贯彻落实《国务院办公厅关于大力发展装配式建筑的指导意见》（国办发〔2016〕71号）“适用、经济、安全、绿色、美观”的建筑方针，推进建造方式创新，促进传统建造方式向现代建造方式转变，满足装配式建筑项目的计价需要，合理确定和有效控制其工程造价，制定《装配式建筑工程消耗量定额》。

3.5.2 适用范围及作用

《装配式建筑工程消耗量定额》（本节中的“本定额”均指此定额）适用于装配式混凝土结构、钢结构、木结构建筑工程项目。

本定额为国家法定定额，是为了满足装配式建筑项目的计价需要，为业主和施工单位进行工程计价活动提供参考，是合理确定和有效控制工程造价的依据。有以下作用：本定额是完成规定计量单位分部分项、措施项目所需的人工、材料、施工机械台班的消耗量标准，是各地区、部门工程造价管理机构编制建筑工程定额确定消耗量，以及编制国有投资工程投资估算、设计概算和最高投标限价（标底）的依据。

3.5.3 编制依据

本定额是按现行的装配式建筑工程施工验收规范、质量评定标准和安全操作规程，根据正常的施工条件和合理的劳动组织与工期安排，结合国内大多数施工企业现阶段采用的施工方法、机械化程度进行编制的。

3.5.4 定额中有关人工、材料和机械的说明及规定

1. 定额中有关人工的说明及规定

1）定额的人工以合计工日表示，并分别列出普工、一般技工和高级技工的工日消耗量。

2）定额的人工包括基本用工、超运距用工、辅助用工和人工幅度差。

3）定额的人工每工日按 8h 工作制计算。

2. 定额中有关材料的说明及规定

1）定额采用的材料（包括构配件、零件、半成品、成品）均为符合国家质量标准和相应设计要求的合格产品。

2）定额中的材料包括施工中消耗的主要材料、辅助材料、周转材料和其他材料。

3）定额中材料消耗量包括净用量和损耗量。损耗量包括：从工地仓库、现场集中堆放地点（或现场加工地点）至操作（或安装）地点的施工场内运输损耗、施工操作损耗、施工现场堆放损耗等，规范（设计文件）规定的预留量、搭接量不在损耗中考虑。

4）定额中各类预制构配件均按成品构件现场安装进行编制。

5）定额中所使用的砂浆均按干混预拌砂浆编制，若实际使用现拌砂浆或湿拌预拌砂浆时，按以下方法调整：

① 使用现拌砂浆的，除将定额中的干混预拌砂浆调整为现拌砂浆外，每立方米砂浆增加一般技工 0.382 工日，同时将原定额中干混砂浆罐式搅拌机调整为 200L 灰浆搅拌机，台班含量不变。

② 使用湿拌预拌砂浆的，除将定额中的干混预拌砂浆调整为湿拌预拌砂浆外，另按相应定额中每立方米砂浆扣除一般技工 0.2 工日，并扣除干混砂浆罐式搅拌机台班数量。

6）定额的周转材料按摊销量进行编制，已包括回库维修的耗量。

7）对于用量少、低值易耗的零星材料，列为其他材料。

3. 定额中有关机械的说明及规定

1）定额中的机械按常用机械、合理机械配备和施工企业的机械化装备程度，并结合工程实际综合确定。

2）定额的机械台班消耗量是按正常机械施工工效并考虑机械幅度差综合确定，每台班按 8h 工作制计算。

3）凡单位价值 2000 元以内、使用年限在一年以内的不构成固定资产的施工机械，不列入机械台班消耗量，作为工具用具在建筑安装工程费中的企业管理费考虑，其消耗的燃料动力等已列入材料内。

4）装配式混凝土结构、装配式住宅钢结构的预制构件安装定额中，未考虑吊装机械，其费用已包括在措施项目的垂直运输费中。

3.5.5　装配式建筑的措施项目

装配式建筑的措施项目，除本定额另有说明外，应按《房屋建筑与装饰工程消耗量定额》有关规定计算，其中：

1）装配式混凝土结构工程的综合脚手架按《房屋建筑与装饰工程消耗量定额》第十七章“措施项目”相应项目乘以系数 0.85 计算；建筑物超高增加费按《房屋建筑与装饰工程消耗量定额》第十七章“措施项目”相应项目计算，其中人工消耗量乘以系数 0.7。

2）装配式钢结构工程的综合脚手架、垂直运输按本定额第五章“措施项目”的相应项目及规定执行；建筑物超高增加费按《房屋建筑与装饰工程消耗量定额》第十七章“措施项目”相应项目计算，其中人工消耗量乘以系数 0.7。

3）装配式木结构工程的综合脚手架按《房屋建筑与装饰工程消耗量定额》第十章“措施项目”相应项目乘以系数0.85，垂直运输费乘以系数0.6。

3.5.6 其他说明

1）定额的工作内容已说明了主要的施工工序，次要工序虽未一一列出，但均已包括在内。

2）定额中遇有两个或两个以上系数时，按连乘法计算。

3）定额凡注明“××以内”或“××以下”的，均包括“××”本身；注明“××以外”或“××以上”的，则不包括“××”本身。

4）定额中未注明或省略的尺寸单位，均为“mm”。

5）本说明未尽事宜，详见各章说明及附注。

3.5.7 《装配式建筑工程消耗量定额》的组成

《装配式建筑工程消耗量定额》结构分为说明与定额子目表两大部分，其中“说明”部分包括：总说明、章节说明、计算规则。从宏观到微观，从抽象到具体，它们之间既层次分明又互有交叉，所以，必须结合起来看。

《装配式建筑工程消耗量定额》主体部分分为五章，分别是装配式混凝土结构工程、装配式钢结构工程、装配式木结构工程、建筑构件及部品工程和措施项目。

定额子目表示例见表3-18。

表3-18 预制混凝土构件安装——柱

工作内容：支撑杆连接件预埋，结合面清理，构件吊装、就位、校正、垫实、固定，坐浆料铺筑，搭设及拆除钢支撑

计量单位：$10m^3$

定额编号				1-1
项目				实心柱
名称			单位	消耗量
人工	合计工日		工日	9.340
	其中	普工	工日	2.802
		一般技工	工日	5.604
		高级技工	工日	0.934
材料	预制混凝土柱		m^3	10.050
	干混砌筑砂浆 DM M20		m^3	0.080
	垫铁		kg	7.480
	垫木		m^3	0.010
	斜支撑杆件 $\phi48\times3.6$		套	0.340
	预埋铁件⊖		kg	13.050
	其他材料费		%	0.600
机械	干混砂浆罐式搅拌机		台班	0.008

⊖ 现在一般称为预埋件，为与规范保持一致。本书保留用“预埋铁件”。

3.6 工程造价信息

3.6.1 工程造价信息概述

1. 工程造价信息的概念

工程造价信息是一切有关工程造价的特征、状态及其变动的消息的组合。在工程发承包市场和工程建设过程中，工程造价总是在不停地运动着、变化着，并呈现出种种不同特征。人们对工程发承包市场和工程建设过程中工程造价运动的变化，是通过工程造价信息来认识和掌握的。

在工程发承包市场和工程建设中，工程造价是最灵敏的调节器和指示器，无论是政府工程造价主管部门，还是工程发承包双方，都要通过接收工程造价信息来了解工程建设市场动态，预测工程造价发展，决定政府的工程造价政策和工程发承包价。因此，工程造价主管部门和工程发承包双方都要接收、加工、传递和利用工程造价信息。工程造价信息作为一种社会资源在工程建设中的地位日趋明显，特别是随着我国工程量清单计价制度的推行，工程价格从政府计划的指令性价格向市场定价转化，而在市场定价的过程中，信息起着举足轻重的作用，因此工程造价信息资源开发的意义更为重要。

2. 工程造价信息的特点

1）区域性。建筑材料大多重量大、体积大、产地远离消费地点，因而运输量大，费用也较高。尤其不少建筑材料本身的价值或生产价格并不高，但所需要的运输费用却很高，这都在客观上要求尽可能就近使用建筑材料。因此，这类建筑信息的交换和流通往往限制在一定的区域内。

2）多样性。建设工程具有多样性的特点，要使工程造价管理的信息资料满足不同特点项目的需求，在信息的内容和形式上应具有多样性的特点。

3）专业性。工程造价信息的专业性集中反映在建设工程的专业化上，例如水利、电力、铁道、公路等工程，所需的信息有它的专业特殊性。

4）系统性。工程造价信息是由若干具有特定内容和同类性质的、在一定时间和空间内形成的一连串信息。一切工程造价的管理活动和变化总是在一定条件下受各种因素的制约和影响。工程造价管理工作也同样是多种因素相互作用的结果，并且从多方面被反映出来，因而从工程造价信息源发出来的信息都不是孤立、紊乱的，而是大量的、有系统的。

5）动态性。工程造价信息需要经常不断地收集和补充新的内容，进行信息更新，真实反映工程造价的动态变化。

6）季节性。由于建筑生产受自然条件影响大，施工内容的安排必须充分考虑季节因素，使得工程造价的信息也不能完全避免季节性的影响。

3. 工程造价信息的分类

为便于对信息的管理，有必要将各种信息按一定的原则和方法进行区分和归集，并建立起一定的分类系统和排列顺序。因此在工程造价管理领域，也应该按照不同的标准对信息进行分类。

（1）工程造价信息分类的原则

对工程造价信息进行分类，必须遵循以下基本原则：

1）稳定性。信息分类应选择分类对象最稳定的本质属性或特征作为信息分类的基础和标准。信息分类体系应建立在对基本概念和划分对象的透彻理解和准确把握的基础上。

2）兼容性。信息分类体系必须考虑到项目各参与方所应用的编码体系的情况，项目信息的分类体系应能满足不同项目参与方高效信息交换的需要。同时，与有关国际、国内标准的一致性也是兼容性应考虑的内容。

3）可扩展性。信息分类体系应具备较强的灵活性，可以在使用过程中进行方便的扩展，以保证增加新的信息类型时，不至于打乱已建立的分类体系。同时一个通用的信息分类体系还应为具体环境中信息分类体系的拓展和细化创造条件。

4）综合实用性。信息分类应从系统工程的角度出发，放在具体的应用环境中进行整体考虑。这体现在信息分类的标准与方法的选择上，应综合考虑项目的实施环境和信息技术工具。

（2）工程造价信息的具体分类

1）按管理组织的角度划分。工程造价信息可以分为系统化工程造价信息和非系统化工程造价信息。

2）按形式划分。工程造价信息可以分为文件式工程造价信息和非文件式工程造价信息。

3）按信息来源划分。工程造价信息可以分为横向的工程造价信息和纵向的工程造价信息。

4）按反映经济层面划分。工程造价信息分为宏观工程造价信息和微观工程造价信息。

5）按动态性划分。工程造价信息可分为过去的工程造价信息、现在的工程造价信息和未来的工程造价信。

6）按稳定程度划分。工程造价信息可以分为固定工程造价信息和流动工程造价信息。

4. 工程造价信息的主要内容

从广义上说，所有对工程造价的计价过程起作用的资料都可以称为工程造价信息。例如各种定额资料、标准规范、政策文件等。但最能体现信息动态性变化特征，并且在工程价格的市场机制中起重要作用的工程造价信息主要包括价格信息、工程造价指数和已完工程信息三类。

（1）价格信息

价格信息包括各种建筑材料、装修材料、安装材料、人工工资、施工机具等的最新市场价格。这些信息是比较初级的，一般没有经过系统的加工处理，也可以称其为数据。

（2）工程造价指数

工程造价指数（造价指数信息）是反映一定时期价格变化对工程造价影响程度的指数，包括各种单项价格指数、设备工器具价格指数、建筑安装工程造价指数、建设项目或单项工程造价指数。

（3）已完工程信息

已完或在建工程的各种造价信息，可以为拟建工程或在建工程造价提供依据。这种信息也可称为工程造价资料。具体表现形式见表 3-19 ~ 表 3-23。

表 3-19 ××市××装配式高层住宅工程概况

<table>
<tr><td>建筑面积</td><td>8469.7m²</td><td>工 程 地 点</td><td></td><td>工 程 用 途</td><td colspan="2">高层住宅</td></tr>
<tr><td>结构类型</td><td>框剪</td><td>檐 高</td><td>39.7m</td><td>基础埋置深度</td><td colspan="2">3m</td></tr>
<tr><td>层 数</td><td>地上 14 层，
地下 1 层</td><td>层 高</td><td>2.8m</td><td>预 制 率</td><td colspan="2">35%</td></tr>
<tr><td>造价</td><td colspan="6">3172 元/m²</td></tr>
<tr><td rowspan="12">建筑与
装饰工程</td><td colspan="2">土石方工程</td><td colspan="4">土方全部外运，回填再购入</td></tr>
<tr><td colspan="2">基础处理与边坡支护工程</td><td colspan="4">满堂基础、混凝土墙</td></tr>
<tr><td colspan="2" rowspan="2">砌筑工程</td><td colspan="2">外墙类型</td><td colspan="2">预制混凝土</td></tr>
<tr><td colspan="2">内墙类型</td><td colspan="2">砂加气砌块</td></tr>
<tr><td colspan="2">混凝土及钢筋混凝土工程</td><td colspan="4">现浇，预制（预制外墙、预制空调板、预制楼梯、预制阳台、预制叠合楼板）</td></tr>
<tr><td colspan="2">门窗工程</td><td colspan="4">外门窗均采用断热铝合金。窗采用隔热铝合金充氩气（传热系数 2.2，气密性 6 级）</td></tr>
<tr><td colspan="2">屋面及防水工程</td><td colspan="4">卷材防水、保温隔热层、细石混凝土刚性面层</td></tr>
<tr><td colspan="2">防腐、隔热、保温工程</td><td colspan="4">内保温</td></tr>
<tr><td colspan="2">楼地面装饰工程</td><td colspan="4">20mm 厚水泥砂浆面层，电梯厅、大堂部分为地砖</td></tr>
<tr><td colspan="2">柱墙面装饰与隔断工程、幕墙工程</td><td colspan="4">内墙部分水泥砂浆粉刷，批腻子，公用部位涂料（装配式墙面无粉刷基层）</td></tr>
<tr><td colspan="2">天棚工程</td><td colspan="4">批腻子</td></tr>
<tr><td colspan="2">油漆、涂料、裱糊工程</td><td colspan="4">批腻子</td></tr>
<tr><td rowspan="5">安装工程</td><td colspan="2">电气设备安装工程</td><td colspan="4">公灯、电梯双电源切换箱、动力照明配电箱、公共部位感应吸顶灯、应急照明灯、疏散灯及荧光灯，低烟无卤电缆、铜芯线，钢管及塑料管敷设、普通开关插座、防雷接地装置</td></tr>
<tr><td colspan="2">给水排水、采暖、燃气工程</td><td colspan="4">给水：水箱、潜水泵、总管钢塑复合管、支管 PPR 管、UPVC 排水管、普通卫生洁具（坐便器、洗脸盆、洗涤盆）、螺纹水表</td></tr>
<tr><td colspan="2">消防工程</td><td colspan="4">喷淋系统及火灾报警系统</td></tr>
<tr><td colspan="2">建筑智能化系统工程</td><td colspan="4">弱电工程：户内多媒体配电箱、钢管敷设、部分槽架、穿电话线及网线</td></tr>
<tr><td colspan="2">电梯工程</td><td colspan="4">国产、合资品牌</td></tr>
</table>

表 3-20 ××市××装配式高层住宅造价指标汇总

序号	项 目 名 称	造价（万元）	平方米造价（元/m²）	占总造价比例（%）
1	分部分项工程	1730.99	2043.75	64.44
1.1	建筑与装饰工程	1440.95	1701.30	53.64
1.2	安装工程	290.04	342.45	10.80
2	措施项目	452.23	533.94	16.83
3	其他项目	—	—	—
4	规费	244.19	288.31	9.09
5	增值税	259.10	305.91	9.64
总造价（合计）		2686.51	3171.91	100.00

表 3-21 ××市××装配式高层住宅分部分项工程造价指标

序号	项目名称	造价（万元）	平方米造价（元/m²）	占总造价比例（%）
1.1	建筑与装饰工程	1440.95	1701.30	53.64
1.1.1	土石方工程	15.99	18.88	0.60
1.1.2	地基处理与边坡支护工程	179.38	211.79	6.68
1.1.3	砌筑工程	61.75	72.91	2.30
1.1.4	混凝土及钢筋混凝土工程	636.42	751.41	23.69
1.1.5	金属结构工程	9.89	11.68	0.37
1.1.6	门窗工程	147.37	174.00	5.49
1.1.7	屋面及防水工程	39.73	46.91	1.48
1.1.8	楼地面装饰工程	350.41	413.72	13.04
1.2	安装工程	290.04	342.45	10.80
1.2.1	电气设备安装工程	74.51	87.97	2.77
1.2.2	给水排水、采暖、燃气工程	80.33	94.84	2.99
1.2.3	消防工程	30.45	35.95	1.13
1.2.4	建筑智能化系统工程	32.77	38.69	1.22
1.2.5	电梯工程	71.99	85.00	2.68
合计		1730.99	2043.75	64.44

表 3-22 ××市××装配式高层住宅措施项目造价指标

序号	项目名称	造价（万元）	平方米造价（元/m²）	占总造价比例（%）
2	措施项目	452.23	533.94	16.83
2.1	总价措施项目	85.27	100.68	3.17
2.1.1	安全文明施工费	53.09	62.68	1.98
2.1.2	夜间施工增加费	32.18	38.00	1.20
2.2	单价措施项目	366.96	433.26	13.66
2.2.1	脚手架	65.08	76.84	2.42
2.2.2	混凝土模板及支架（撑）	223.93	264.40	8.34
2.2.3	垂直运输	42.89	50.64	1.60
2.2.4	超高施工增加	19.66	23.21	0.73
2.2.5	大型机械设备进出场及安拆	9.42	11.13	0.35
2.2.6	施工降水、排水	5.97	7.05	0.22

表 3-23 ××市××装配式高层住宅主要消耗量/工程量指标

序号	项目名称			单位	消耗量/工程量	百平方米消耗量/工程量
1	人工		建筑	工日	32617.14	385.10
			装饰	工日		
			安装	工日	5375.13	63.46
			小计	工日	37992.27	448.56
2	土石方工程			m^3		
3	桩基工程	钢管桩		m^3		
		混凝土方桩		m^3		
		混凝土管桩		m^3	518.40	6.12
		灌注桩		m^3		
		其他		m^3		
4	砌筑工程	砖基础		m^3		
		外墙砌体		m^3		
		内墙砌体		m^3	903.66	10.67
5	混凝土工程	地下（含基础）		m^3	891.15	10.52
		地上	现浇	m^3	2224.60	26.27
			工厂预制	m^3	1185.86	14.00
			小计	m^3	3410.46	40.27
6	钢筋工程			t	447.00	5.28
7	模板工程			m^2	25141.59	296.84
8	门窗工程	门		m^2	983.08	11.61
		窗		m^2	1246.30	14.71
		其他		m^2	2229.38	26.32
9	楼地面工程	块料面层		m^2	430.10	5.08
		整体面层		m^2	7179.73	84.77
		其他		m^2		
10	屋面工程	屋面防水		m^2	602.63	7.12
		隔热保温		m^2	602.63	7.12
11	外装饰工程	幕墙		m^2		
		涂料		m^2	9335.19	110.22
		块料		m^2		
		外保温		m^2		
		其他		m^2		
12	内装饰工程	内墙饰面		m^2	14066.15	166.08
		天棚		m^2	5434.78	64.17
		内保温		m^2	8100.04	95.64
		其他		m^2		
13	金属结构工程			t		

3.6.2 工程造价资料

1. 工程造价资料及其分类

工程造价资料是指已竣工和在建的有关工程可行性研究估算、设计概算、施工图预算、招标投标价格、工程竣工结算、竣工决算、单位工程施工成本以及新材料、新结构新设备、新施工工艺等建筑安装工程分部分项的单价分析等资料。

工程造价资料可以分为以下几种类别：

1）工程造价资料按照其不同工程类型（如厂房、铁路、住宅、公建、市政工程等）进行划分，并分别列出其包含的单项工程和单位工程。

2）工程造价资料按照其不同阶段，一般分为项目可行性研究投资估算、初步设计概算、施工图预算、招标控制价、投标报价、竣工结算、竣工决算等。

3）工程造价资料按照其组成特点，一般分为建设项目、单项工程和单位工程造价资料，同时也包括有关新材料、新工艺、新设备、新技术的分部分项工程造价资料。

2. 工程造价资料积累的内容

工程造价资料积累的内容，应包括“量”（如主要工程量、人工工日量、材料量、机具台班量等）和“价”，以及对工程造价有重要影响的技术经济条件，如工程的概况、建设条件等。

（1）建设项目和单项工程造价资料

1）对造价有主要影响的技术经济条件，如项目建设标准、建设工期、建设地点等。

2）主要的工程量、主要的材料量和主要设备的名称、型号、规格、数量等。

3）投资估算、概算、预算、竣工决算及造价指数等。

（2）单位工程造价资料

单位工程造价资料包括工程的内容、建筑结构特征、主要工程量、主要材料用量和单价、人工工日用量和人工费、机具台班用量和施工机具使用费以及相应的造价等。

（3）其他

主要包括有关新材料、新工艺、新设备、新技术分部分项工程的人工工日、主要材料用量和机具台班用量。

3. 工程造价资料的管理

（1）建立工程造价资料积累制度

1991年11月，建设部印发了关于《建立工程造价资料积累制度的几点意见》的文件，标志着我国的工程造价资料积累制度正式建立起来，工程造价资料积累工作正式开展。建立工程造价资料积累制度是工程造价计价依据极其重要的基础性工作；全面系统地积累和利用工程造价资料，建立稳定的造价资料积累制度，对于我国加强工程造价管理，合理确定和有效控制工程造价具有十分重要的意义。

工程造价资料积累的工作量非常大，牵涉面也非常广，应当依靠各级政府有关部门和行业组织进行组织管理。

（2）资料数据库的建立和网络化管理

积极推广使用计算机建立工程造价资料数据库，开发通用的工程造价资料管理程序以提高工程造价资料的适用性和可靠性。要建立造价资料数据库，把同类型工程合并在一个数据库文件中，而把另一类型工程合并到另一数据库文件中，从而得到不同层次的造价资料数据库。工程造价资料数据库的建立必须严格遵守统一的标准和规范。

（3）工程造价资料信息化建设

工程造价资料信息化是以工程造价资料为基础，以计算机技术、通信技术等现代信息技术在工程造价活动中的应用为主要内容，以工程造价信息专门技术的研发和专门人才培养为支撑，实现工程造价活动由传统信息获取、加工、处理和纸上信息等方式向现代电子、网络方式转变，实现工程造价信息资源深度开发和利用的过程。

4. 工程造价资料的运用

1）作为编制固定资产投资计划的参考，用作建设成本分析。

由于基建支出不是一次性投入，一般是分年逐次投入，因此可以采用下面的公式把各年发生的建设成本折合为现值，可按下式计算：

$$z = \sum_{k=1}^{n} Tk(1 + i)^{-k} \tag{3-33}$$

式中 z——建设成本现值；

T——建设期间第 k 年投入的建设成本；

k——实际建设工期年限；

i——折现率。

在这个基础上，也可以用以下公式计算出建设成本节约额和建设成本降低率（当两者为负数时，表明的是成本超支的情况），可按下列公式计算：

$$\text{建设成本节约额} = \text{批准概算现值} - \text{建设成本现值} \tag{3-34}$$

$$\text{建设成本降低率} = \frac{\text{建设成本节约额}}{\text{批准概算}} \times 100\% \tag{3-35}$$

以及按建设成本构成把实际数与概算数加以对比。对建筑安装工程投资，要分别从实物工程量和价格两方面对实际数与概算数进行对比。对设备工器具投资，则要从设备规格数量、设备实际价格等方面与概算进行对比。各种比较的结果综合在一起，可以比较全面地描述项目投入实施的情况。

2）进行单位生产能力投资分析。单位生产能力投资可按下式计算：

$$\text{单位生产能力投资} = \frac{\text{全部投资完成额(现值)}}{\text{全部新增生产能力(使用能力)}} \tag{3-36}$$

在其他条件相同的情况下，单位生产能力投资越小，则投资效益越好。计算的结果可与类似的工程进行比较，从而评价该建设工程的效益。

3）编制投资估算的重要依据。造价人员在编制估算时一般采用类比的方法，因此需要选择若干个类似的典型工程加以分解、换算和合并，并考虑当前的设备与材料价格情况，最后得出工程的投资估算额。有了工程造价资料数据库，造价人员就可以从中挑选出所需要的典型工程，运用计算机进行适当的分解与换算，加上造价人员的经验和判断，最后得出较为可靠的工程投资估算额。

4）编制初步设计概算和审查施工图预算的重要依据。在编制初步设计概算时，有时要用类比的方式进行编制。这种类比法比估算要细致深入，可以具体到单位工程甚至分部工程的水平上。在限额设计和优化设计方案的过程中，设计人员可能要反复修改设计方案，每次修改都希望能得到相应的概算。具有较多的典型工程资料是十分有益的。多种工程组合的比较不仅有助于设计人员探索造价分配的合理方式，还为设计人员指出修改设计方案的可行途径。

施工图预算编制完成之后，需要有经验的造价管理人员来审查，以确定其正确性。可以通过造价资料的运用来得到帮助。可从造价资料中选取类似资料，将其造价与施工图预算进行比较，从中发现施工图预算是否有偏差和遗漏。由于设计变更、材料调价等因素所带来的造价变化，在施工图预算阶段往往无法事先估计到，此时参考以往类似工程的数据，有助于预见到这些因素发生的可能性。

5）确定招标控制价和投标报价的参考资料。在为建设单位制定招标控制价或施工单位投标报价的工作中，无论是用工程量清单计价还是用定额计价法，工程造价资料都可以发挥重要作用。它可以向甲、乙双方指明类似工程的实际造价及其变化规律，使得甲、乙双方都可以对未来将发生的造价进行预测和准备，从而避免招标控制价和投标报价的盲目性。尤其是在工程量清单计价方式下，投标人自主报价，没有统一的参考标准，除了根据有关政府机构颁布的人工、材料、机械价格指数外，更大程度上依赖于企业已完工程的历史经验。这对于工程造价资料的积累分析就提出了很高的要求，不仅需要总造价及专业工程的造价分析资料，还需要更加具体的，能够与工程量清单计价规范相适应的各分项工程的综合单价资料，并且根据企业历年来完成的类似工程的综合单价的发展趋势还可以得到企业的技术能力和发展能力水平变化的信息。

6）进行技术经济分析的基础资料。由于不断地搜集和积累工程在建期间的造价资料，所以到结算和决算时能简单容易地得出结果。由于造价信息的及时反馈，使得建设单位和施工单位都可以尽早地发现问题，并及时予以解决。这也正是使对造价的控制由静态转入动态的关键所在。

7）编制各类定额的基础资料。通过分析不同种类分部分项工程造价，了解各分部分项工程中各类实物量消耗，掌握各分部分项工程预算和结算的对比结果，造价管理部门就可以发现原有定额是否符合实际情况，从而提出修改方案。对于新工艺和新材料，也可以从积累的资料中获得编制新增定额的有用信息。概算定额和估算指标的编制与修订，也可以从造价资料中得到参考依据。

8）用以测定调价系数、编制造价指数。为了计算各种工程造价指数（如材料费价格指数、人工费价格指数、施工机具使用费价格指数、建筑安装工程价格指数、设备及工器具价格指数、工程造价指数、投资总量指数等），必须选取若干个典型工程的数据进行分析与综合，在此过程中，已经积累起来的造价资料可以充分发挥作用。

9）用以研究同类工程造价的变化规律。造价管理部门可以在拥有较多的同类工程造价资料的基础上，研究出各类工程造价的变化规律。

3.6.3 工程造价指数

1. 工程造价指数的概念

在建筑市场供求和价格水平发生经常性波动的情况下，建筑工程造价及其各组成部分也处于不断变化之中，这不仅使不同时期的工程在“量”与“价”两方面都失去可比性，也给合理确定和有效控制造价造成了困难。根据工程建设的特点，编制工程造价指数是解决这些问题的最佳途径。以合理方法编制的工程造价指数，不仅能够较好地反映工程造价的变动趋势和变化幅度，而且可用以剔除价格水平变化对造价的影响，正确反映建筑市场的供求关系和生产力发展水平。

工程造价指数是反映一定时期由于价格变化对工程造价影响程度的一种指标，是调整工程造价价差的依据。工程造价指数反映了报告期与基期相比的价格变动趋势，利用它来研究实际工作中的下列问题很有意义：

1）可以利用工程造价指数分析价格变动趋势及其原因。

2）可以利用工程造价指数预计宏观经济变化对工程造价的影响。

3）工程造价指数是工程发承包双方进行工程估价和结算的重要依据。

2. 工程造价指数的内容

工程造价指数的内容主要包括：

（1）各种单项价格指数

这其中包括了反映各类工程的人工费、材料费、施工机具使用费报告期价格对基期价格的变化程度的指标。可利用它研究主要单项价格变化的情况及其发展变化的趋势。其计算过程可以简单表示为报告期价格与基期价格之比。以此类推，可以把各种费率指数也归于其中，例如企业管理费指数，甚至工程建设其他费用指数等这些费率指数的编制可以直接用报告期费率与基期费率之比求得。很明显，这些单项价格指数都属于个体指数，其编制过程相对比较简单。

（2）设备、工器具价格指数

设备、工器具的种类、品种和规格很多。设备、工器具费用的变动通常是由两个因素引起的，即设备、工器具单件采购价格的变化和采购数量的变化，并且工程所采购的设备、工器具是由不同规格、不同品种组成的。因此，设备、工器具价格指数属于总指数。由于采购价格与采购数量的数据无论是基期还是报告期都比较容易获得，因此设备、工器具价格指数可以用综合指数的形式来表示。

（3）建筑安装工程造价指数

建筑安装工程造价指数也是一种总指数，其中包括了人工费指数、材料费指数、施工机具使用费指数以及企业管理费等各项个体指数的综合影响。由于建筑安装工程造价指数相对比较复杂，涉及的方面较广，利用综合指数来进行计算分析难度较大。因此，可以通过对各项个体指数的加权平均，用平均数指数的形式来表示。

（4）建设项目或单项工程造价指数

该指数是由设备、工器具价格指数，建安装工程造价指数，工程建设其他费用指数综合得到的。它也属于总指数，并且与建筑安装工程造价指数类似，一般也用平均数指数的形式来表示。

根据造价资料的期限长短来分类，也可以把工程造价指数分为时点造价指数、月造价指数、季造价指数和年造价指数等。

3. 工程造价信息的动态管理

工程造价信息管理是指对信息的收集、加工整理、存储、传递与应用等一系列工作的总称。其目的就是通过有组织的信息流通，使决策者能及时、准确地获得相应的信息。为了达到工程造价信息动态管理的目的，在工程造价信息管理中应遵循以下基本原则：

1）标准化原则。要求在项目的实施过程中对有关信息的分类进行统一，对信息流程进行规范，力求做到格式化和标准化，从组织上保证信息生产过程的效率。

2）有效性原则。工程造价信息应针对不同层次管理者的要求进行适当加工，针对不同管理层提供不同要求和浓缩程度的信息。这一原则是为了保证信息产品对于决策支持的有效性。

3）定量化原则。工程造价信息不应是项目实施过程中产生数据的简单记录，而应该是经过信息处理人员的比较与分析。采用定量工具对有关数据进行分析和比较是十分必要的。

4）时效性原则。考虑到工程造价计价过程的时效性，工程造价信息也应具有相应的时效性，以保证信息产品能够及时服务于决策。

5）高效处理原则。通过采用高性能的信息处理工具（如工程造价信息管理系统）尽量缩短信息在处理过程中的延迟。

复　习　题

1. 什么是工程计价？有哪些工程计价方法？
2. 什么是工程单价？有哪几种？
3. 工程计价标准和依据是什么？
4. 什么是工程定额？工程定额是如何分类的？
5. 工程量清单计价规范的适用范围是什么？
6. 什么是施工定额？施工定额由哪几部分组成？
7. 施工定额的作用是什么？
8. 什么是劳动定额？其表示形式有哪几种？相互之间有何关系？
9. 工人工作时间由哪几部分组成？各部分包括哪些内容？
10. 机械工作时间由哪几部分组成？各部分包括哪些内容？
11. 制定劳动定额的方法有哪几种？
12. 什么是材料消耗定额？材料消耗定额由哪几部分组成？
13. 材料消耗定额的编制方法有哪几种？
14. 什么是机械台班消耗定额？其表现形式有哪几种？相互之间有何关系？
15. 什么是预算定额？它有什么作用？
16. 什么是概算定额？它有什么作用？
17. 什么是概算指标？它有什么作用？
18. 装配式建筑工程消耗量定额的适用范围是什么？它有什么作用？
19. 什么是工程造价信息？工程造价信息如何分类？
20. 什么是工程造价指数？工程造价指数包括哪几种？

第 4 章

建筑工程造价文件的编制

4.1 投资估算

4.1.1 投资估算的概念及其编制内容

1. 投资估算的含义及作用

(1) 投资估算的含义

投资估算是在投资决策阶段，以方案设计或可行性研究文件为依据，按照规定的程序、方法和依据，对拟建项目所需总投资及其构成进行的预测和估计，是在研究并确定项目的建设规模、产品方案、技术方案、工艺技术、设备方案、厂址方案、工程建设方案以及项目进度计划等的基础上，依据特定的方法，估算项目从筹建、施工直至建成投产所需全部建设资金总额并测算建设期各年资金使用计划的过程。投资估算的成果文件称为投资估算书，也简称投资估算。投资估算书是项目建议书或可行性研究报告的重要组成部分，是项目决策的重要依据之一。

投资估算按委托内容可分为建设项目投资估算、单项工程投资估算、单位工程投资估算。投资估算的准确与否不仅影响到可行性研究工作的质量和经济评价结果，而且直接关系到下一阶段设计概算和施工图预算的编制，以及建设项目的资金筹措方案。因此，全面准确地估算建设项目的工程造价，是可行性研究乃至整个决策阶段造价管理的重要任务。

(2) 投资估算的作用

投资估算作为论证拟建项目的重要经济文件，既是建设项目技术经济评价和投资决策的重要依据，又是项目实施阶段投资控制的目标值。投资估算在建设工程的投资决策、造价控制、筹集资金等方面都有重要作用。

1) 项目建议书阶段的投资估算，既是项目主管部门审批项目建议书的依据之一，也是编制项目规划、确定建设规模的参考依据。

2) 项目可行性研究阶段的投资估算，既是项目投资决策的重要依据，也是研究、分析、计算项目投资经济效果的重要条件。当可行性研究报告被批准后，其投资估算额将作为设计任务书中下达的投资限额，即建设项目投资的最高限额，不能随意突破。

3）项目投资估算是设计阶段造价控制的依据，投资估算一经确定，即成为限额设计的依据，用以对各设计专业实行投资切块分配，作为控制和指导设计的尺度。

4）项目投资估算可作为项目资金筹措及制订建设贷款计划的依据，建设单位可根据批准的项目投资估算额，进行资金筹措和向银行申请贷款。

5）项目投资估算是核算建设项目固定资产投资需要额和编制固定资产投资计划的重要依据。

6）投资估算是建设工程设计招标、优选设计单位和设计方案的重要依据。在工程设计招标阶段，投标单位报送的投标书中包括项目设计方案、项目的投资估算和经济性分析，招标单位根据投资估算对各项设计方案的经济合理性进行分析、衡量、比较，在此基础上，择优确定设计单位和设计方案。

2. 投资估算的阶段划分与精度要求

（1）国外项目投资估算的阶段划分与精度要求

在英国、美国等国家，对一个建设项目从开发设想至施工图设计期间各阶段项目投资的预计额均称为估算，只是因各阶段设计深度、技术条件的不同，对投资估算的准确度要求有所不同。英国、美国等国家把建设项目的投资估算分为以下五个阶段：

1）投资设想阶段。在尚无工艺流程图、平面布置图，也未进行设备分析的情况下，即根据假想条件比照同类已投产项目的投资额，并考虑涨价因素编制项目所需投资额。这一阶段称为毛估阶段，或称为比照估算。这一阶段投资估算的意义是判断一个项目是否需要进行下一步工作，此阶段对投资估算精度的要求较低，允许误差大于±30%。

2）投资机会研究阶段。此时应有初步的工艺流程图、主要生产设备的生产能力及项目建设的地理位置等条件，故可套用相近规模项目的单位生产能力建设费用来估算拟建项目所需的投资额，据此初步判断项目是否可行，或审查项目引起投资兴趣的程度。这一阶段称为粗估阶段，或称为因素估算。其对投资估算精度的要求为误差控制在±30%以内。

3）初步可行性研究阶段。此时已具有设备规格表、主要设备的生产能力和尺寸、项目的总平面布置、各建筑物的大致尺寸、公用设施的初步位置等条件。此时期的投资估算额，可据此决定拟建项目是否可行，或据此列入投资计划。这一阶段称为初步估算阶段，或称为认可估算。其对投资估算精度的要求为误差控制在±20%以内。

4）详细可行性研究阶段。此时项目的细节已清楚，并已进行建筑材料、设备的询价，也已进行设计和施工的咨询，但工程图和技术说明尚不完备。可根据此时期的投资估算额进行筹款。这一阶段称为确定估算，或称为控制估算。其对投资估算精度的要求为误差控制在±10%以内。

5）工程设计阶段。此时应具有工程的全部设计图、详细的技术说明、材料清单、工程现场勘察资料等，故可根据单价逐项计算，从而汇总出项目所需的投资额。可据此投资估算控制项目的实际建设。这一阶段称为详细估算，或称为投标估算。其对投资估算精度的要求为误差控制在±5%以内。

（2）我国项目投资估算的阶段划分与精度要求

投资估算是进行建设项目技术经济评价和投资决策的基础。在项目建议书、预可行性研究、可行性研究、方案设计阶段（包括概念方案设计和报批方案设计）以及项目申请报告中应编制投资估算。投资估算的准确性不仅影响可行性研究工作的质量和经济评价结果，还直接关系到下一阶段设计概算和施工图预算的编制。因此，应全面准确地对建设项目建设总投资进行投资估算。尤其是前三个阶段的投资估算显得尤为重要：

1）项目建议书阶段的投资估算。项目建议书阶段的投资估算是指按项目建议书中的产品方案、项目建设规模、产品主要生产工艺、企业车间组成、初选建厂地点等，估算建设项目所需投资额。此阶段项目投资估算是审批项目建议书的依据，是判断项目是否需要进入下一阶段工作的依据。其对投资估算精度的要求为误差控制在 ±30% 以内。

2）预可行性研究阶段的投资估算。预可行性研究阶段的投资估算是指在掌握更详细、更深入的资料的条件下，估算建设项目所需投资额。此阶段项目投资估算是初步明确项目方案，为项目进行技术经济论证提供依据，同时是判断是否进行可行性研究的依据。其对投资估算精度的要求为误差控制在 ±20% 以内。

3）可行性研究阶段的投资估算。可行性研究阶段的投资估算较为重要，是对项目进行较详细的技术经济分析，决定项目是否可行，并比选出最佳投资方案的依据。此阶段的投资估算经审查批准后，即是工程设计任务书中规定的项目投资限额，对工程设计概算起控制作用。其对投资估算精度的要求为误差控制在 ±10% 以内。

3. 投资估算的内容

根据中国建设工程造价管理协会标准《建设项目投资估算编审规程》规定，投资估算按照编制估算的工程对象划分，包括建设项目投资估算、单项工程投资估算和单位工程投资估算等。投资估算文件一般由封面、签署页、编制说明、投资估算分析、总投资估算表、单项工程估算表、主要技术经济指标等内容组成。

（1）投资估算编制说明

投资估算编制说明一般包括以下内容：

1）工程概况。

2）编制范围。说明建设项目总投资估算中所包括的和不包括的工程项目和费用；如有几个单位共同编制时，说明分工编制的情况。

3）编制方法。

4）编制依据。

5）主要技术经济指标。主要技术经济指标包括投资、用地和主要材料用量指标。当设计规模有远、近期不同的考虑时，或者土建与安装的规模不同时，应分别计算后再综合。

6）有关参数、率值选定的说明。如征地拆迁、供电供水、考察咨询等费用的费率标准选用情况。

7）特殊问题的说明（包括采用新技术、新材料、新设备、新工艺）；必须说明价格的确定；进口材料、设备、技术费用的构成与技术参数；采用特殊结构的费用估算方法；安全、节能、环保、消防等专项投资占总投资的比例；建设项目总投资中未计算项目或费用的必要说明等。

8）采用限额设计的工程还应对投资限额和投资分解做进一步说明。

9）采用方案比选的工程还应对方案比选的估算和经济指标做进一步说明。

10）资金筹措方式。

(2) 投资估算分析

投资估算分析应包括以下内容:

1) 工程投资比例分析。一般民用项目要分析土建及装修、给排水、消防、采暖、通风空调、电气等主体工程和道路、广场、围墙、大门、室外管线、绿化等室外附属工程等占建设项目总投资的比例;一般工业项目要分析主要生产系统(需列出各生产装置)、辅助生产系统、公用工程(给水排水、供电和通信、供气、总图运输等)、服务性工程、生活福利设施、厂外工程等占建设项目总投资的比例。

2) 各类费用构成占比分析。分析设备购置费、建筑工程费、安装工程费、工程建设其他费用、预备费占建设项目总投资的比例;分析引进设备费用占全部设备费用的比例等。

3) 分析影响投资的主要因素。

4) 与类似工程项目的比较,对投资总额进行分析。

(3) 总投资估算

总投资估算包括汇总单项工程投资估算、工程建设其他费用、基本预备费、价差预备费、计算建设期利息等。

(4) 单项工程投资估算

单项工程投资估算中,应按建设项目划分的各个单项工程分别计算组成工程费用的建筑工程费、设备购置费和安装工程费。

(5) 工程建设其他费用估算

工程建设其他费用估算应按预期将要发生的工程建设其他费用种类,逐项详细估算其费用金额。

(6) 主要技术经济指标

工程造价人员应根据项目特点,计算并分析整个建设项目、各单项工程和主要单位工程的主要技术经济指标。

4.1.2 投资估算的编制依据及编制方法

1. 投资估算的编制依据、要求及步骤

(1) 投资估算的编制依据

建设项目投资估算编制依据是指在编制投资估算时所遵循的计量规则、市场价格、费用标准及工程计价有关参数、率值等基础资料,主要有以下几个方面:

1) 国家、行业和地方政府的有关法律、法规或规定;政府有关部门、金融机构等发布的价格指数、利率、汇率、税率等有关参数。

2) 行业部门、项目所在地工程造价管理机构或行业协会等编制的投资估算指标、概算指标(定额)、工程建设其他费用定额(规定)、综合单价、价格指数和有关造价文件等。

3) 类似工程的各种技术经济指标和参数。

4) 工程所在地同期的人工、材料、施工机械市场价格,建筑、工艺及附属设备的市场价格和有关费用。

5) 与建设项目有关的工程地质资料、设计文件、设计图或有关设计专业提供的主要工

程量和主要设备清单等。

6）委托单位提供的其他技术经济资料。

（2）投资估算的编制要求

建设项目投资估算编制时，应满足以下要求：

1）应委托相应工程造价咨询单位编制。投资估算编制单位应在投资估算成果文件上签字和盖章，对成果质量负责并承担相应责任；工程造价人员应在投资估算编制的文件上签字和盖章，并承担相应责任。由几个单位共同编制投资估算时，委托单位应制定主编单位，并由主编单位负责投资估算编制原则的制定、汇编总估算，其他参编单位负责所承担的单项工程等的投资估算编制。

2）应根据主体专业设计的阶段和深度，结合各自行业的特点，所采用生产工艺流程的成熟性，以及编制单位所掌握的国家及地区、行业或部门相关投资估算基础资料和数据的合理、可靠、完整程度，采用合适的方法，对建设项目投资估算进行编制。

3）应做到工程内容和费用构成齐全，不漏项，不提高或降低估算标准，计算合理，不少算、不重复计算。

4）应充分考虑拟建项目设计的技术参数和投资估算所采用的估算系数、估算指标，在质和量方面所综合的内容，应遵循口径一致的原则。

5）投资估算应参考相应工程造价管理部门发布的投资估算指标，依据工程所在地市场价格水平，结合项目实体情况及科学合理的建造工艺，全面反映建设项目建设前期和建设期的全部投资。对于建设项目的边界条件，如建设用地费和外部交通、水、电、通信条件，或市政基础设施配套条件等差异所产生的与主要生产内容投资无必然关联的费用，应结合建设项目的实际情况进行修正。

6）应对影响造价变动的因素进行敏感性分析，分析市场的变动因素，充分估计物价上涨因素和市场供求情况对项目造价的影响，确保投资估算的编制质量。

7）投资估算精度应能满足控制初步设计概算要求，并尽量减少投资估算的误差。

（3）投资估算的编制步骤

根据投资估算的不同阶段，主要包括项目建议书阶段及可行性研究阶段的投资估算。可行性研究阶段的投资估算的编制一般包含静态投资部分、动态投资部分与流动资金估算三部分，主要包括以下步骤：

1）分别估算各单项工程所需建筑工程费、设备购置费、安装工程费，在汇总各单项工程费用的基础上，估算工程建设其他费用和基本预备费，完成工程项目静态投资部分的估算。

2）在静态投资部分估算的基础上，估算价差预备费和资金筹措费，完成工程项目动态投资部分的估算。

3）估算流动资金。

4）估算建设项目总投资。

投资估算编制的具体流程如图 4-1 所示。

2. 静态投资部分的估算方法

静态投资部分估算的方法很多，各有其适用的条件和范围，而且误差程度也不相同。一般情况下，应根据项目的性质、占有的技术经济资料和数据的具体情况，选用适宜的

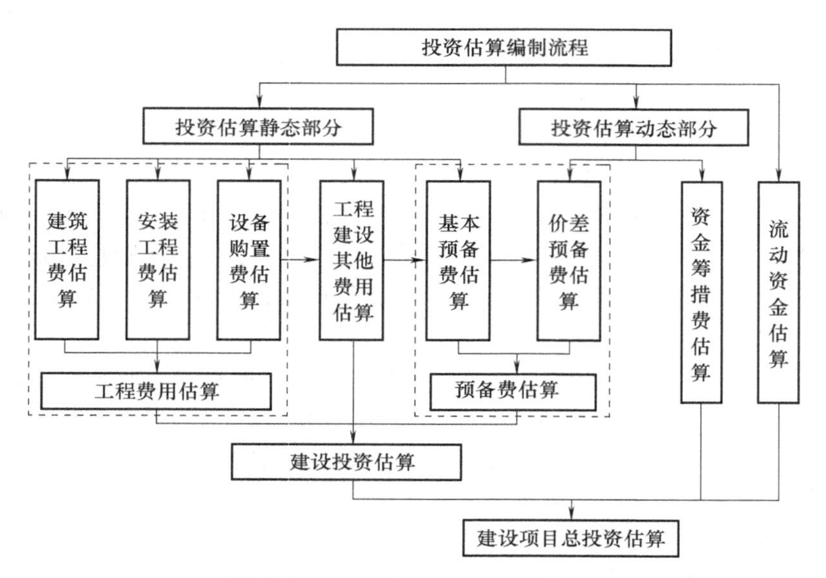

图 4-1 建设项目投资估算编制流程

估算方法。在项目建议书阶段，投资估算的精度较低，可采取简单的匡算法，如生产能力指数法、系数估算法、比例估算法或混合法等，在条件允许时，也可采用指标估算法；在可行性研究阶段，投资估算精度要求高，需采用相对详细的投资估算方法，即指标估算法。

（1）项目建议书阶段投资估算方法

1）生产能力指数法。生产能力指数法又称为指数估算法，它是根据已建成的类似项目生产能力和投资额来粗略估算同类但生产能力不同的拟建项目静态投资额的方法，其计算公式如下：

$$C_2 = C_1\left(\frac{Q_2}{Q_1}\right)^x f \tag{4-1}$$

式中 C_1——已建成类似项目的静态投资额；

C_2——拟建项目静态投资额；

Q_1——已建类似项目的生产能力；

Q_2——拟建项目的生产能力；

x——生产能力指数。

f——不同时期、不同地点的定额、单价、费用和其他差异的综合调整系数。

式（4-1）表明造价与规模（或容量）呈非线性关系，且单位造价随工程规模（或容量）的增大而减小。生产能力指数法的关键是生产能力指数的确定，一般要结合行业特点确定，并应有可靠的例证。正常情况下，不同生产率水平的国家和不同性质的项目中，取值是不同的。若已建类似项目规模和拟建项目规模的比值为0.5～2时，x的取值近似为1；若已建类似项目规模与拟建项目规模的比值为2～50，且拟建项目生产规模的扩大仅靠增大设备规模来达到时，x的取值为0.6～0.7；若靠增加相同规格设备的数量达到时，x的取值为0.8～0.9。

【例 4-1】 某地 2018 年拟建一年产 20 万 t 化工产品的项目。根据调查，该地区 2016 年建设的年产 10 万 t 相同产品的已建项目的投资额为 5000 万元。生产能力指数为 0.6，2016 年至 2018 年工程造价平均每年递增 10%。估算该项目的建设投资。

【解】 拟建项目的建设投资 $=5000$ 万元 $\times\left(\frac{20}{10}\right)^{0.6}\times(1+10\%)^2=9170.09$ 万元

生产能力指数法误差可控制在 ±20% 以内。生产能力指数法主要应用于设计深度不足，拟建建设项目与类似建设项目的规模不同，设计定型并系列化，行业内相关指数和系数等基础资料完备的情况。一般拟建项目与已建类似项目生产能力比值不宜大于 50，以在 10 倍内效果较好，否则误差就会增大。

2）系数估算法。系数估算法也称为因子估算法，它是以拟建项目的主体工程费或主要设备购置费为基数，以其他辅助配套工程费与主体工程费或设备购置费的百分比为系数，依此估算拟建项目静态投资的方法。本办法主要应用于设计深度不足，拟建建设项目与类似建设项目的主体工程费或主要设备购置费比例较大，行业内相关系数等基础资料完备的情况。在我国国内常用的方法有设备系数法和主体专业系数法，世行项目投资估算常用的方法是朗格系数法。

① 设备系数法。设备系数法是指以拟建项目的设备购置费为基数，根据已建成的同类项目的建筑安装工程费和其他工程费等与设备价值的百分比，求出拟建项目建筑安装工程费和其他工程费，进而求出项目的静态投资。其计算公式如下：

$$C=E(1+f_1P_1+f_2P_2+f_3P_3+\cdots)+I \tag{4-2}$$

式中 C——拟建项目的静态投资；

E——拟建项目根据当时当地价格计算的设备购置费；

P_1、P_2、P_3……——已建成类似项目中建筑安装工程费及其他工程费等与设备购置费的比例；

f_1、f_2、f_3——不同建设时间、地点而产生的定额、价格、费用标准等差异的调整系数；

I——拟建项目的其他费用。

② 主体专业系数法。主体专业系数法是指以拟建项目中投资比例较大，并与生产能力直接相关的工艺设备投资为基数，根据已建同类项目的有关统计资料，计算出拟建项目各专业工程（总图、土建、采暖、给排水、管道、电气、自控等）与工艺设备投资的百分比，据以求出拟建项目各专业投资，然后加总即为拟建项目的静态投资。其计算公式如下：

$$C=E(1+f_1P_1'+f_2P_2'+f_3P_3'+\cdots)+I \tag{4-3}$$

式中 E——与生产能力直接相关的工艺设备投资；

P_1'、P_2'、P_3'……——已建项目中各专业工程费用与工艺设备投资的比例。

其他符号同式（4-2）。

③ 朗格系数法。这种方法是以设备购置费为基数，乘以适当系数来推算项目的静态投资。这种方法在国内不常见，是世行项目投资估算常采用的方法。该方法的基本原理是将项目建设中的总成本费用中的直接成本和间接成本分别计算，再合为项目的静态投资。其计算公式如下：

$$C=E(1+\sum K_i)K_c \tag{4-4}$$

式中　K_i——管线、仪表、建筑物等费用的估算系数；

K_c——管理费、合同费、应急费等间接费用在内的总估算系数。

其他符号同式（4-2）。

静态投资与设备购置费之比为朗格系数 K_L，即：

$$K_L=(1+\sum K_i)K_c \tag{4-5}$$

朗格系数包含的内容见表 4-1。

表 4-1　朗格系数包含的内容

项　目		固体流程	固流流程	流体流程
朗格系数 K_L		3.1	3.63	4.74
内容	(a) 包括基础、设备、绝热、油漆及设备安装费	$E\times1.43$		
	(b) 包括上述在内和配管工程费	(a) ×1.1	(a) ×1.25	(a) ×1.6
	(c) 装置直接费	(b) ×1.5		
	(d) 包括上述在内和间接费，总投资 C	(c) ×1.31	(c) ×1.35	(c) ×1.38

【例 4-2】　在北非某地建设一座年产 30 万套汽车轮胎的工厂，已知该工厂的设备到达工地的费用为 2204 万美元。试估算该工厂的静态投资。

【解】　轮胎工厂的生产流程基本上属于固体流程，因此在采用朗格系数法时，全部数据应采用固体流程的数据。现计算如下：

1）设备到达现场的费用为 2204 万美元。

2）根据表 4-1 计算费用（a）：

(a) $=E\times1.43=$ 2204 万美元 $\times1.43=$ 3151.72 万美元

则设备基础、绝热、刷油及安装费用为

$$3151.72\text{ 万美元}-2204\text{ 万美元}=947.72\text{ 万美元}$$

3）计算费用（b）：

(b) $=E\times1.43\times1.1=$ 2204 万美元 $\times1.43\times1.1=$ 3466.89 万美元

则其中配管（管道工程）费用为：

$$3466.89\text{ 万美元}-3151.72\text{ 万美元}=315.17\text{ 万美元}$$

4）计算费用（c），即装置直接费：

(c) $=E\times1.43\times1.1\times1.5=$ 5200.34 万美元

则电气、仪表、建筑等工程费用为：

$$5200.34\text{ 万美元}-3466.89\text{ 万美元}=1733.45\text{ 万美元}$$

5）计算总投资 C：

$$C=E\times1.43\times1.1\times1.5\times1.31=6812.44\text{ 万美元}$$

则间接费用为：

$$6812.44\text{ 万美元}-5200.34\text{ 万美元}=1612.10\text{ 万美元}$$

由此估算出该工厂的静态投资为 6812.44 万美元，其中间接费用为 1612.10 万美元。

朗格系数法是国际上估算一个工程项目或一套装置的费用时，采用较为广泛的方法。但是应用朗格系数法进行工程项目或装置估价的精度仍不是很高，主要原因为：装置规模大小发生变化；不同地区自然地理条件的差异；不同地区经济地理条件的差异；不同地区气候条件的差异；主要设备材质发生变化时，设备费用变化较大而安装费变化不大。

尽管如此，由于朗格系数法是以设备购置费为计算基础，而设备费用在一项工程中所占的比例较大，对于石油、石化、化工工程而言占45%～55%，同时一项工程中每台设备所含有的管道、电气、自控仪表、绝热、油漆、建筑等，都有一定的规律。所以，只要对不同类型工程的朗格系数掌握得准确，估算精度仍可较高。朗格系数法估算误差为10%～15%。

3）比例估算法。比例估算法是根据已知的同类建设项目主要设备购置费占整个建设项目的投资比例，先逐项估算出拟建项目主要设备购置费，再按比例估算拟建项目的静态投资的方法。本办法主要应用于设计深度不足，拟建建设项目与类似建设项目的主要设备购置费比例较大，行业内相关系数等基础资料完备的情况。其计算公式如下：

$$C = \frac{1}{K}\sum_{i=1}^{n} Q_i P_i \tag{4-6}$$

式中　C——拟建项目的静态投资；

K——已建项目主要设备购置费占已建项目投资的比例；

n——主要设备种类数；

Q_i——第 i 种主要设备的数量；

P_i——第 i 种主要设备的购置单价（到厂价格）。

4）混合法。混合法是根据主体专业设计的阶段和深度，投资估算编制者所掌握的国家及地区、行业或部门相关投资估算基础资料和数据，以及其他统计和积累的可靠的相关造价基础资料，对一个拟建建设项目采用生产能力指数法与比例估算法或系数估算法与比例估算法混合估算其静态投资额的方法。

（2）可行性研究阶段投资估算方法

指标估算法是投资估算的主要方法，为了保证编制精度，可行性研究阶段建设项目投资估算原则上应采用指标估算法。指标估算法是指依据投资估算指标，对各单位工程或单项工程费用进行估算，进而估算建设项目总投资的方法。首先把拟建建设项目以单项工程或单位工程为单位，按建设内容纵向划分为各个主要生产系统、辅助生产系统、公用工程、服务性工程、生活福利设施，以及各项其他工程费用；同时，按费用性质横向划分为建筑工程、设备购置、安装工程等。然后，根据各种具体的投资估算指标，进行各单位工程或单项工程投资的估算，在此基础上汇集编制成拟建建设项目的各个单项工程费用和拟建项目的工程费用投资估算。最后，再按相关规定估算工程建设其他费、基本预备费等，形成拟建建设项目静态投资。

在条件具备时，对于对投资有重大影响的主体工程应估算出分部分项工程量，套用相关综合定额（概算指标）或概算定额进行编制。对于大型民用公共建筑，主要单项工程估算应细化到单位工程估算书。无论如何，可行性研究阶段的投资估算应满足项目的可行性研究与评估，并最终满足国家和地方相关部门批复或备案的要求。预可行性研究阶段、方案设计阶段项目建设投资估算视设计深度，宜参照可行性研究阶段的编制办法进行。

1）建筑工程费用估算。建筑工程费用是指为建造永久性建筑物和构筑物所需要的费用。主要采用单位实物工程量投资估算法，即以单位实物工程量的建筑工程费乘以实物工程总量来估算建筑工程费的方法。当无适当估算指标或类似工程造价资料时，可采用计算主体实物工程量套用相关综合定额或概算定额进行估算，但通常需要较为详细的工程资料，工作量较大。实际工作中可根据具体条件和要求选用。建筑工程费估算通常应根据不同的专业工程选择不同的实物工程量计算方法。

① 工业与民用建筑物，以“m^2”或“m^3”为单位，套用规模相当、结构形式和建筑标准相适应的投资估算指标或类似工程造价资料进行估算；构筑物以“m”“m^2”“m^3”或“座位”为单位，套用技术标准、结构形式相适应的投资估算指标或类似工程造价资料进行估算。

② 大型土方、总平面竖向布置、道路及场地铺砌、室外综合管网和线路、围墙大门等，分别以“m^3”“m^2”“m”或“座”为单位，套用技术标准、结构形式相适应的投资估算指标或类似工程造价资料进行估算。

③ 矿山井巷开拓、露天剥离工程、坝体堆砌等，分别以“m^3”“m”为单位，套用技术标准、结构形式、施工方法相适应的投资估算指标或类似工程造价资料进行估算。

④ 公路、铁路、桥梁、隧道、涵洞设施等，分别以“km（铁路、公路）”“100m^2桥面（桥梁）”“100m^2断面（隧道）”“道（涵洞）”为单位，套用技术标准、结构形式、施工方法相适应的投资估算指标或类似工程造价资料进行估算。

2）设备购置费估算。设备购置费根据项目主要设备表及价格、费用资料编制，工器具购置费按设备费的一定比例计取。对于价值高的设备应按单台（套）估算购置费，价值较小的设备可按类估算，国内设备和进口设备应分别估算。具体方法见本书2.4节。

3）安装工程费估算。安装工程费包括安装主材费和安装费。其中，安装主材费可以根据行业和地方相关部门定期发布的价格信息或市场询价进行估算；安装费根据设备专业属性，可按以下方法估算：

① 工艺设备安装费估算。以单项工程为单元，根据单项工程的专业特点和各种具体的投资估算指标，采用按设备费百分比估算指标进行估算；或根据单项工程设备总重，采用以“t”为单位的综合单价指标进行估算，即：

$$安装工程费=设备原价\times设备安装费费率 \tag{4-7}$$

$$安装工程费=设备吨重\times每吨安装费指标 \tag{4-8}$$

② 工艺非标准件、金属结构和管道安装费估算。以单项工程为单元，根据设计选用的材质、规格，以“t”为单位，套用技术标准、材质和规格、施工方法相适应的投资估算指标或类似工程造价资料进行估算，即：

$$安装工程费=吨重总量\times每吨安装费指标 \tag{4-9}$$

③ 工业炉窑砌筑和保温工程安装费估算。以单项工程为单元，以“t”“m^3”或“m^2”为单位，套用技术标准、材质和规格、施工方法相适应的投资估算指标或类似工程造价资料进行估算。

$$安装工程费=吨重(体积、面积)总量\times每吨(“m^3”“m^2”)安装费指标 \tag{4-10}$$

④ 电气设备及自控仪表安装费估算。以单项工程为单元，根据该专业设计的具体内容，采用相适应的投资估算指标或类似工程造价资料进行估算；或根据设备台套数、变配电容量、装机容量、桥架重量、电缆长度等工程量，采用相应综合单价指标进行估算，即：

$$安装工程费=设备工程量\times单位工程量安装费指标 \tag{4-11}$$

4）工程建设其他费用估算。工程建设其他费用的计算应结合拟建项目的具体情况，有合同或协议明确的费用按合同或协议列入；无合同或协议明确的费用，根据国家和各行业部门、工程所在地地方政府的有关工程建设其他费用定额（规定）和计算办法估算。

5）基本预备费估算。基本预备费的估算一般是以建设项目的工程费用和工程建设其他费用之和为基础，乘以基本预备费费率进行计算。基本预备费费率的大小，应根据建设项目的设计阶段和具体的设计深度，以及在估算中所采用的各项估算指标与设计内容的贴近度、项目所属行业主管部门的具体规定确定。

$$基本预备费=(工程费用+工程建设其他费用)\times基本预备费费率 \tag{4-12}$$

3. 动态投资部分的估算方法

动态投资部分包括价差预备费和建设期利息两部分。动态部分的估算应以基准年静态投资的资金使用计划为基础计算，而不是以编制年的静态投资为基础计算。

（1）价差预备费

价差预备费计算可详见 2.6 节。除此之外，如果是涉外项目，还应该计算汇率的影响。汇率是两种不同货币之间的兑换比率，汇率的变化意味着一种货币相对于另一种货币的升值或贬值。在我国，人民币与外币之间的汇率采取以人民币表示外币价格的形式给出，如 1 美元 =6.6 元人民币。由于涉外项目的投资中包含人民币以外的币种，需要按照相应的汇率把外币投资额换算为人民币投资额，所以汇率变化就会对涉外项目的投资额产生影响。

1）外币对人民币升值。项目从国外市场购买设备材料所支付的外币金额不变，但换算成人民币的金额增加；从国外借款，本息所支付的外币金额不变，但换算成人民币的金额增加。

2）外币对人民币贬值。项目从国外市场购买设备材料所支付的外币金额不变，但换算成人民币的金额减少；从国外借款，本息所支付的外币金额不变，但换算成人民币的金额减少。

估计汇率变化对建设项目投资的影响，是通过预测汇率在项目建设期内的变动程度，以估算年份的投资额为基数，相乘计算求得。

（2）建设期利息

建设期利息包括银行借款和其他债务资金的利息，以及其他融资费用。其他融资费用是指某些债务融资中发生的手续费、承诺费、管理费、信贷保险费等融资费用，一般情况下应将其单独计算并计入建设期利息；在项目前期研究的初期阶段，也可做粗略估算并计入建设投资；对于不涉及国外贷款的项目，在可行性研究阶段，也可做粗略估算并计入建设投资。建设期利息的计算可详见前面章节的内容。

4. 流动资金的估算

（1）流动资金估算方法

流动资金是指项目运营需要的流动资产投资，是指生产经营性项目投产后，为进行正常生产运营，用于购买原材料、燃料，支付工资及其他经营费用等所需的周转资金。流动资金估算一般采用分项详细估算法，个别情况或者小型项目可采用扩大指标法。

1）分项详细估算法。流动资金的显著特点是在生产过程中不断周转，其周转额的大小与生产规模及周转速度直接相关。分项详细估算法是根据项目的流动资产和流动负债，估算项目所占用流动资金的方法。其中，流动资产的构成要素一般包括存货、库存现金、应收账款和预付账款；流动负债的构成要素一般包括应付账款和预收账款。流动资金本年增加额计算公式如下：

$$流动资金本年增加额 = 本年流动资金 - 上年流动资金 \tag{4-13}$$

进行流动资金估算时，首先计算各类流动资产和流动负债的年周转次数，然后再分项估算占用资金额。

① 周转次数。周转次数是指流动资金的各个构成项目在一年内完成多少个生产过程，可用1年天数（通常按360天计算）除以流动资金的最低周转天数计算，则各项流动资金年平均占用额度为流动资金的年周转额度除以流动资金的年周转次数，即

$$周转次数 = \frac{360}{流动资金最低周转天数} \tag{4-14}$$

各类流动资产和流动负债的最低周转天数，可参照同类企业的平均周转天数并结合项目特点确定，或按部门（行业）的规定。另外，在确定最低周转天数时应考虑储存天数、在途天数，并考虑适当的保险系数。

② 应收账款。应收账款是指企业对外赊销商品、提供劳务尚未收回的资金，其计算公式如下：

$$应收账款 = \frac{年经营成本}{应收账款周转次数} \tag{4-15}$$

③ 预付账款。预付账款是指企业为购买各类材料、半成品或服务所预先支付的款项，其计算公式如下：

$$预付账款 = \frac{外购商品或服务年费用金额}{预付账款周转次数} \tag{4-16}$$

④ 存货。存货是指企业为销售或者生产耗用而储备的各种物资，主要有原材料、辅助材料、燃料、低值易耗品、维修备件、包装物、商品、在产品、自制半成品和产成品等。为简化计算，仅考虑外购原材料、燃料、其他材料、在产品和产成品，并分项进行计算，其计算公式如下：

$$存货 = 外购原材料、燃料 + 其他材料 + 在产品 + 产成品 \tag{4-17}$$

$$外购原材料、燃料 = \frac{年外购原材料、燃料费用}{分项周转次数} \tag{4-18}$$

$$其他材料 = \frac{年其他材料费用}{其他材料周转次数} \tag{4-19}$$

$$在产品 = \frac{年外购原材料、燃料费用 + 年工资及福利费 + 年修理费 + 年其他制造费用}{在产品周转次数} \tag{4-20}$$

$$年产品 = \frac{年经营成本 - 年其他营业费用}{产成品周转次数} \tag{4-21}$$

⑤ 现金。项目流动资金中的现金是指货币资金，即企业生产运营活动中停留于货币形态的那部分资金，包括企业库存现金和银行存款，其计算公式如下：

$$现金 = \frac{年工资及福利费 + 年其他费用}{现金周转次数} \tag{4-22}$$

⑥ 流动负债。流动负债是指在一年或者超过一年的一个营业周期内，需要偿还的各种

债务，包括短期借款、应付票据、应付账款、预收账款、应付工资、应付福利费、应付股利、应交税金、其他暂收应付款、预提费用和一年内到期的长期借款等。在可行性研究中，流动负债的估算可以只考虑应付账款和预收账款两项，其计算公式如下：

$$应付账款=\frac{外购原材料、燃料动力费及其他材料年费用}{应付账款周转次数} \tag{4-23}$$

$$预收账款=\frac{预收的营业收入年金额}{预收账款周转次数} \tag{4-24}$$

2）扩大指标估算法。扩大指标估算法是根据现有同类企业的实际资料，求得各种流动资金率指标，也可依据行业或部门给定的参考值或经验确定比率。将各类流动资金率乘以相对应的费用基数来估算流动资金。一般常用的基数有营业收入、经营成本、总成本费用和建设投资等，究竟采用何种基数依行业习惯而定，其计算公式如下：

$$年流动资金额=年费用基数\times各类流动资金率 \tag{4-25}$$

扩大指标估算法简便易行，但准确度不高，适用于项目建议书阶段的估算。

（2）流动资金估算应注意的问题

1）在采用分项详细估算法时，应根据项目实际情况分别确定现金、应收账款、预付账款、存货、应付账款和预收账款的最低周转天数，并考虑一定的保险系数。因为最低周转天数减少，将增加周转次数，从而减少流动资金需用量，所以，必须切合实际地选用最低周转天数。对于存货中的外购原材料和燃料，要分品种和来源，考虑运输方式和运输距离，以及占用流动资金的比例大小等因素确定。

2）流动资金属于长期性（永久性）流动资产，流动资金的筹措可通过长期负债和资本金（一般要求占 30%）的方式解决。流动资金一般要求在投产前一年开始筹措，为简化计算，可规定在投产的第一年开始按生产负荷安排流动资金需用量。其借款部分按全年计算利息，流动资金利息应计入生产期间财务费用，项目计算期末收回全部流动资金（不含利息）。

3）用扩大指标估算法计算流动资金，需以经营成本及其中的某些科目为基数，因此实际上流动资金估算应能够在经营成本估算之后进行。

4）在不同生产负荷下的流动资金，应按不同生产负荷所需的各项费用金额，根据上述公式分别估算，而不能直接按照 100% 生产负荷下的流动资金乘以生产负荷百分比求得。

5. 投资估算文件的编制

根据中国建设工程造价管理协会标准《建设项目投资估算编审规程》规定，单独成册的投资估算文件应包括封面、签署页、目录、编制说明、有关附表等，与可行性研究报告（或项目建议书）统一装订的应包括签署页、编制说明、有关附表等。在编制投资估算文件的过程中，一般需要编制建设投资估算表、建设期利息估算表、流动资金估算表、单项工程投资估算汇总表、总投资估算汇总表和分年投资计划表等。对于对投资有重大影响的单位工程或分部分项工程的投资估算应另附主要单位工程或分部分项工程投资估算表，列出主要分部分项工程量和综合单价进行详细估算。

（1）建设投资估算表的编制

建设投资是项目投资的重要组成部分，也是项目财务分析的基础数据，当估算出建设投资后需编制建设投资估算表，按照费用归集形式，建设投资可按概算法或形成资产法分类。

1）概算法。按照概算法分类，建设投资由工程费用、工程建设其他费用和预备费三部分构成。其中工程费用又由建筑工程费、设备购置费（含工器具及生产家具购置费）和安装工程费构成；工程建设其他费用内容较多，随行业和项目的不同而有所区别；预备费包括基本预备费和价差预备费。按照概算法编制的建设投资估算表见表4-2。

表4-2　建设投资估算表（概算法）

序号	工程或费用名称	估算价值（万元）					技术经济指标	
		建筑工程费	设备购置费	安装工程费	工程建设其他费用	合计	其中：外币	比例（%）
1	工程费用							
1.1	主体工程							
1.1.1	×××							
	…							
1.2	辅助工程							
1.2.1	×××							
	…							
1.3	公用工程							
1.3.1	×××							
	…							
1.4	服务性工程							
1.4.1	×××							
	…							
1.5	厂外工程							
1.5.1	×××							
	…							
1.6	×××							
2	工程建设其他费用							
2.1	×××							
	…							
3	预备费							
3.1	基本预备费							
3.2	价差预备费							
4	建设投资合计							
	比例（%）							

2）形成资产法。按照形成资产法分类，建设投资由形成固定资产的费用、形成无形资产的费用、形成其他资产的费用和预备费四部分组成。固定资产费用是指项目投产时将直接形成固定资产的建设投资，包括工程费用和工程建设其他费用中按规定将形成固定资产的费用，后者被称为固定资产其他费用，主要包括建设管理费、可行性研究费、研究试验费、勘

察设计费、专项评价及验收费、场地准备及临时设施费、引进技术和引进设备其他费、工程保险费、联合试运转费、特殊设备安全监督检验费和市政公用设施建设及绿化费等；无形资产费用是指将直接形成无形资产的建设投资，主要是专利权、非专利技术、商标权、土地使用权和商誉等；其他资产费用是指建设投资中除形成固定资产和无形资产以外的部分，如生产准备及开办费等。

对于土地使用权的特殊处理：按照有关规定，在尚未开发或建造自用项目前，土地使用权作为无形资产核算，房地产开发企业开发商品房时，将其账面价值转入开发成本；企业建造自用项目时将其账面价值转入在建工程成本。因此，为了与以后的折旧和摊销计算相协调，在建设投资估算表中通常可将土地使用权直接列入固定资产其他费用中。按形成资产法编制的建设投资估算表见表 4-3。

表 4-3　建设投资估算表（形成资产法）

序号	工程或费用名称	估算价值（万元）					技术经济指标	
		建筑工程费	设备购置费	安装工程费	工程建设其他费用	合计	其中：外币	比例（%）
1	固定资产费用							
1.1	工程费用							
1.1.1	×××							
1.1.2	×××							
1.1.3	×××							
	…							
1.2	固定资产其他费用							
1.2.1	×××							
	…							
2	无形资产费用							
2.1	×××							
	…							
3	其他资产费用							
3.1	×××							
	…							
4	预备费							
4.1	基本预备费							
4.2	价差预备费							
5	建设投资合计							
	比例（%）							

（2）建设期利息估算表的编制

在估算建设期利息时，需要编制建设期利息估算表，见表 4-4。建设期利息估算表主要包括建设期发生的各项借款及其债券等项目，期初借款余额等于上年借款本金和应计利息之和，即上年期末借款余额；其他融资费用主要指融资中发生的手续费、承诺费、管理费、信贷保险费等融资费用。

表 4-4　建设期利息估算表　（单位：万元）

序号	项　目	合　计	建设期					
			1	2	3	4	…	n
1	借款							
1.1	建设期利息							
1.1.1	期初借款余额							
1.1.2	当期借款							
1.1.3	当期应计利息							
1.1.4	期末借款余额							
1.2	其他融资费用							
1.3	小计（1.1 +1.2）							
2	债券							
2.1	建设期利息							
2.1.1	期初债务余额							
2.1.2	当期债务金额							
2.1.3	当期应计利息							
2.1.4	期末债务余额							
2.2	其他融资费用							
2.3	小计（2.1 + 2.2）							
3	合计（1.3 + 2.3）							
3.1	建设期利息合计（1.1 + 2.1）							
3.2	其他融资费用合计（1.2 +2.2）							

（3）流动资金估算表的编制

可行性研究阶段，根据分项详细估算法估算的各项流动资金估算的结果，编制流动资金估算表，见表 4-5。

表 4-5　流动资金估算表　（单位：万元）

序号	项　目	最低周转天数	周转次数	计算期					
				1	2	3	4	…	n
1	流动资金								
1.1	应收账款								
1.2	存货								
1.2.1	原材料								
1.2.2	×××								
1.2.3	燃料								

（续）

序号	项　　目	最低周转天数	周转次数	计　算　期					
				1	2	3	4	…	*n*
1.2.4	×××								
1.2.5	在产品								
1.2.6	产成品								
1.3	现金								
1.4	预付账款								
2	流动负债								
2.1	应付账款								
2.2	预收账款								
3	流动资金（1－2）								
4	流动资金当期增加额								

（4）单项工程投资估算汇总表的编制

按照指标估算法，可行性研究阶段根据各种投资估算指标，进行各单位工程或单项工程投资的估算。单项工程投资估算应按建设项目划分的各个单项工程分别计算组成工程费用的建筑工程费、设备购置费和安装工程费，形成单项工程投资估算汇总表，见表4-6。

表 4-6　单项工程投资估算汇总表

工程名称：

序号	工程和费用名称	估算价值（万元）						技术经济指标			
		建筑工程费	设备购置费	安装工程费		其他费用	合计	单位	数量	单位价值	比例（%）
				安装费	主材费						
一	工程费用										
（一）	主要生产系统										
1	××车间										
	一般土建及装修										
	给水排水										
	采暖										
	通风空调										
	照明										
	工艺设备及安装										
	工艺金属结构										
	工艺管道										
	工艺筑炉及保温										
	工艺非标准件										
	变配电设备及安装										

（续）

序号	工程和费用名称	估算价值（万元）						技术经济指标			
		建筑工程费	设备购置费	安装工程费		其他费用	合计	单位	数量	单位价值	比例（%）
				安装费	主材费						
	仪表设备及安装										
	…										
	小计										
	…										
2	×××										
	…										

（5）总投资估算汇总表的编制

将上述投资估算内容和估算方法所估算的各类投资进行汇总，编制总投资估算汇总表，见表4-7。项目建议书阶段的投资估算一般只要求编制总投资估算表。总投资估算表中工程费用的内容应分解到主要单项工程；工程建设其他费用可在总投资估算表中分项计算。

表4-7　总投资估算汇总表

工程名称：

序号	费用名称	估算价值（万元）						技术经济指标		
		建筑工程费	设备购置费	安装工程费	其他费用	合计	单位	数量	单位价值	比例（%）
一	工程费用									
（一）	主要生产系统									
1	××车间									
2	××车间									
3	…									
（二）	辅助生产系统									
1	××车间									
2	××仓库									
3	…									
（三）	公用及福利设施									
1	变电所									
2	锅炉房									
3	…									
（四）	外部工程									
1	××工程									
2	…									
	小计									

（续）

序号	费用名称	估算价值（万元）					技术经济指标			
		建筑工程费	设备购置费	安装工程费	其他费用	合计	单位	数量	单位价值	比例（%）
二	工程建设其他费用									
1	…									
	小计									
三	预备费									
1	基本预备费									
2	价差预备费									
	小计									
四	建设期利息									
五	流动资金									
	投资估算合计（万元）									
	比例（%）									

（6）分年投资计划表的编制

估算出项目总投资后，应根据项目计划进度的安排，编制分年投资计划表，见表 4-8。该表中的分年建设投资可以作为安排融资计划，估算建设期利息的基础。

表 4-8　分年投资计划表

序号	项　目	人民币（万元）			外币（万美元）		
		第 1 年	第 2 年		第 1 年	第 2 年	
	分年计划（%）						
1	建设投资						
2	建设期利息						
3	流动资金						
4	项目投入总资金（1+2+3）						

4.2 设计概算

4.2.1　设计概算的概念、作用

1. 设计概算的概念

设计概算是指在投资估算的控制下，在初步设计或扩大初步设计阶段，由设计单位根据初步设计或扩大初步设计的设计图及说明，依据国家或地区颁发的概算指标、概算定额、各项费用定额或取费标准（指标）、建设地区自然、技术经济条件和设备、材料价格等资料，按照设计要求，用科学的方法计算和确定建设项目从筹建至竣工交付使用所需全部费用的文件。

设计概算是以初步设计文件为依据，按照规定的程序、方法和依据，对建设项目总投资及其构成进行的概略计算。

设计概算的编制内容包括静态投资和动态投资两个层次。静态投资作为考核工程设计和施工图预算的依据；动态投资作为项目筹措、供应和控制资金使用的限额。

设计概算经批准后，一般不得调整。如果需要调整概算，应由建设单位调查分析变更原因，报主管部门审批同意后，由原设计单位核实编制调整概算，并按有关审批程序报批。当影响工程概算的主要因素查明且工程量完成了一定量后，方可对其进行调整。一个工程只允许调整一次概算。允许调整概算的原因包括以下几点：

1）超出原设计范围的重大变更。

2）超出基本预备费规定范围不可抗拒的重大自然灾害引起的工程变动和费用增加。

3）超出工程造价调整预备费的国家重大政策性的调整。

2. 设计概算的作用

设计概算是工程造价在设计阶段的表现形式，由于设计概算不是在市场竞争中形成的，它是设计单位根据有关依据计算出来的工程建设的预期费用，用于衡量建设投资是否超过估算并控制下一阶段费用支出，因此其并不具备价格属性。设计概算的主要作用是控制以后各阶段的投资，具体表现为：

1）设计概算是编制固定资产投资计划、确定和控制建设项目投资计划的依据。设计概算投资应包括建设项目从立项、可行性研究、设计、施工、试运行到竣工验收等的全部建设资金。按照国家有关规定，编制年度固定资产投资计划，确定计划投资总额及其构成数额，要以批准的初步设计概算为依据，没有批准的初步设计文件及其概算，建设工程不能列入年度固定资产投资计划。

设计概算一经批准，将作为控制建设项目投资的最高限额。在工程建设过程中，年度固定资产投资计划安排、银行拨款或贷款、施工图设计及其预算、竣工决算等，未经规定程序批准，都不能突破这一限额，确保对国家固定资产投资计划的严格执行和有效控制。

2）设计概算是控制施工图设计的依据，是进行“三算对比”的基础。经批准的设计概算是建设工程项目投资的最高限额。设计单位必须按批准的初步设计和总概算进行施工图设计，施工图预算不得突破设计概算，设计概算批准后不得任意修改和调整；如需修改或调整时，须经原批准部门重新审批。竣工结算不能突破施工图预算，施工图预算不能突破设计概算。

3）设计概算是考核设计方案技术经济合理性，选择最佳设计方案的依据。设计单位在初步设计阶段要选择最佳设计方案，设计概算是从经济角度衡量设计方案经济合理性的重要依据。因此，设计概算是衡量设计方案技术经济合理性和选择最佳设计方案的依据。

4）设计概算是编制招标控制价（招标标底）和投标报价的依据。以设计概算进行招投标的工程，招标单位以设计概算作为编制招标控制价（标底）及评标定标的依据。承包单位也必须以设计概算为依据，编制投标报价，以合适的投标报价在投标竞争中取胜。

5）设计概算是签订建设工程合同和贷款合同的依据。合同法中明确规定，建设工程合同价款是以设计概算、预算价为依据，且总承包合同不得超过设计总概算的投资额。银行贷款或各单项工程的拨款累计总额不能超过设计概算。如果项目投资计划所列支投资额与贷款突破设计概算时，必须查明原因，之后由建设单位报请上级主管部门调整或追加设计概算总投资。凡未批准之前，银行对其超支部不予拨付。

6）设计概算是考核建设项目投资效果的依据。通过设计概算与竣工决算对比，可以分析和考核建设工程项目投资效果的好坏，验证设计概算的准确性，有利于加强设计概算管理和建设项目的造价管理工作。

4.2.2　设计概算的编制

1. 编制内容

设计概算的编制一般应采用单位工程概算、单项工程综合概算和建设项目总概算三级概算编制形式。当建设项目为一个单项工程时，可采用单位工程概算、总概算两级概算编制形式。三级概算间的相互关系和费用构成，如图 4-2 所示。

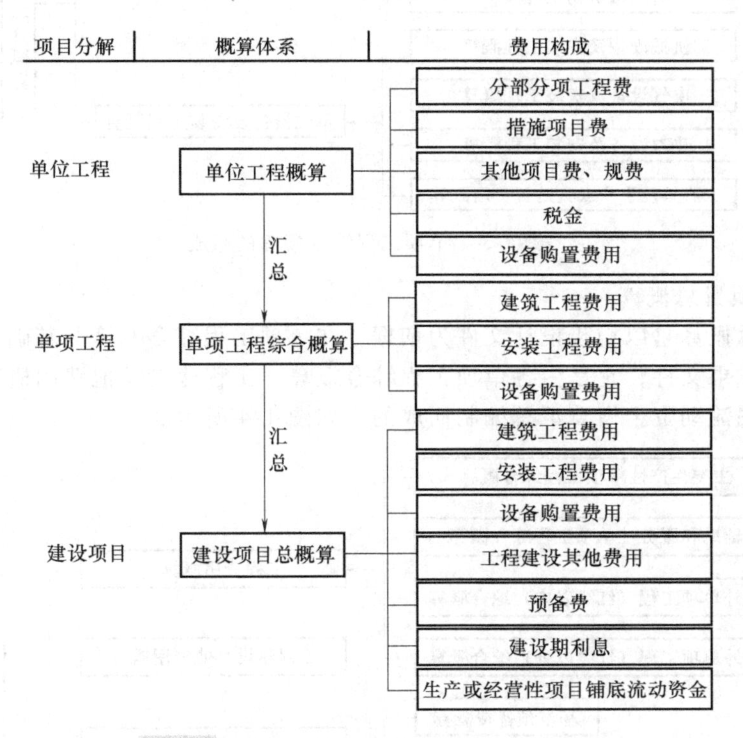

图 4-2　三级概算间的相互关系和费用构成

（1）单位工程概算

单位工程概算是以初步设计文件为依据，按照规定的程序、方法和依据，计算单位工程费用的成果文件，是编制单项工程综合概算（或项目总概算）的依据，是单项工程综合概算的组成部分。单位工程概算按其工程性质可分为建筑工程概算和设备及安装工程概算两大类。建筑工程概算包括土建工程概算，给水排水、采暖工程概算，通风、空调工程概算，电气照明工程概算，弱电工程概算，特殊构筑物工程概算等；设备及安装工程概算包括机械设备及安装工程概算，电气设备及安装工程概算，热力设备及安装工程概算，工器具及生产家具购置费概算等。

(2) 单项工程综合概算

单项工程综合概算是以初步设计文件为依据，在单位工程概算的基础上汇总单项工程费用的成果文件，由单项工程中的各单位工程概算汇总编制而成，是建设项目总概算的组成部分。单项工程综合概算的组成如图4-3所示。

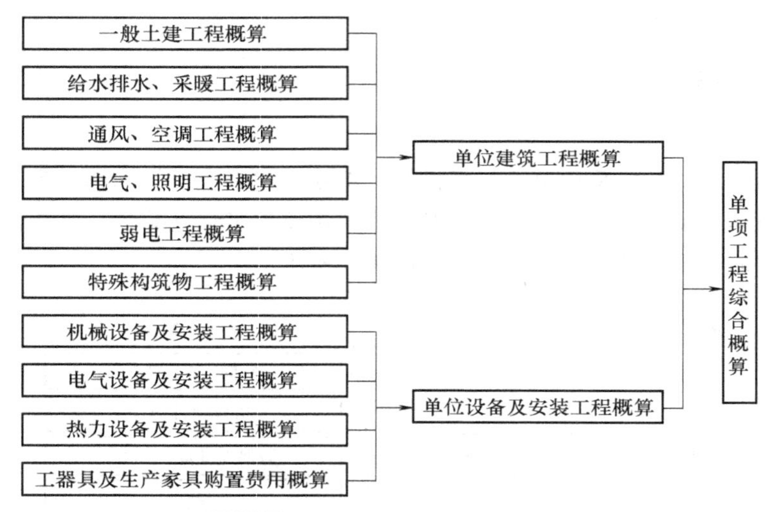

图4-3 单项工程综合概算的组成

(3) 建设项目总概算

建设项目总概算是以初步设计文件为依据，在单项工程综合概算的基础上计算建设项目概算总投资的成果文件，它是由各单项工程综合概算、工程建设其他费用概算、预备费、建设期利息和铺底流动资金概算汇总编制而成的，如图4-4所示。

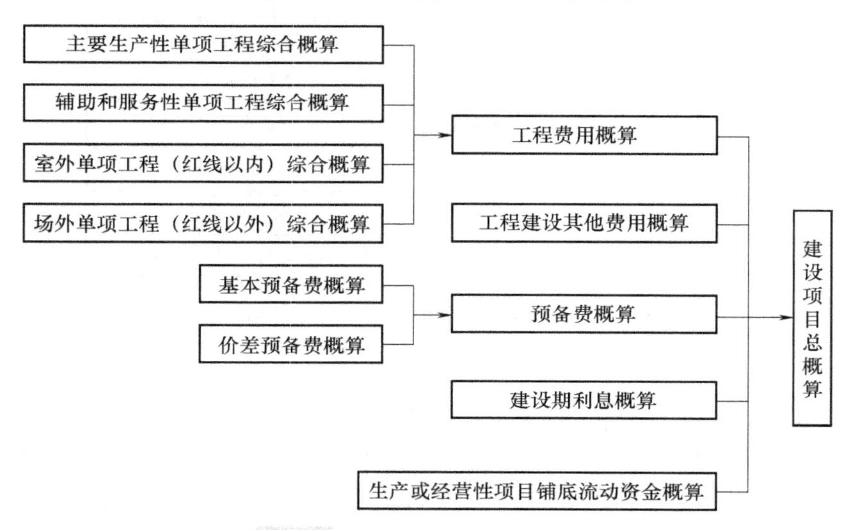

图4-4 建设项目总概算的组成

若干个单位工程概算汇总后成为单项工程综合概算，若干个单项工程综合概算和工程建设其他费用、预备费、建设期利息、铺底流动资金等概算文件汇总后成为建设项目总概算。单项工程综合概算和建设项目总概算仅是一种归纳、汇总性文件，因此，最基本的计算文件是单位工程概算书。若建设项目为一个独立单项工程，则建设项目总概算书与单项工程综合概算书可合并编制。

2. 编制依据

1）建设项目的可行性研究报告及批准的设计任务书。

2）有关建设地区自然和技术经济条件资料。

3）建设工程所在地区的工资标准、材料预算价格、机具设备价格等资料。

4）（扩大）初步设计图及说明书，材料表、设备表等有关资料。

5）国家或省、市、自治区现行的建筑安装工程概算定额或概算指标。

6）国家或省、市、自治区颁发的现行建筑安装工程费用标准。

7）类似工程的概（预）算和技术经济指标等。

8）国家、行业和地方政府有关建设和造价管理的法律、法规、规章、规程、标准等。

3. 编制方法

（1）单位工程概算的编制

单位工程概算是确定单项工程中各单位工程建设费用的文件，它是编制单项工程综合概算的依据。

单位工程概算应根据单项工程中所属的每个单体按专业分别编制，一般分土建、装饰、采暖通风、给水排水、照明、工艺安装、自控仪表、通信、道路等专业或工程分别编制。总体而言，单位工程概算包括单位建筑工程概算和单位设备及安装工程概算两类。

建筑工程概算的编制方法有：概算定额法、概算指标法、类似工程预（决）算法等；设备及安装工程概算的编制方法有：定额单价法、扩大单价法、设备价值百分比法和综合吨位指标法等。

1）建筑工程概算。建筑工程概算包括建筑物和构筑物两部分。建筑物通常包括生产厂房、附属辅助厂房和库房及文化、生活、福利和其他公用房屋；构筑物通常包括铁路、公路、码头、水塔、设备基础等。一般视工程项目规模大小、初步设计或扩大初步设计深度等有关资料齐备程度，采用以下几种编制概算的方法：

① 概算定额法。介绍如下。

A. 采用概算定额法编制概算的条件。工程项目的初步设计或扩大初步设计具有相当深度，建筑、结构类型要求比较明确，基本上能够按照初步设计的平面图、立面图、剖面图设计出楼面、地面、屋面、墙身、门窗等分部工程或扩大结构构件等项目的工程量时，可以采用概算定额法编制概算。

B. 编制方法与步骤。

a. 收集基础资料。采用概算定额法编制概算，最基本的资料是前面所提的编制依据。除此之外，还应获得建筑工程中各分部工程施工方法的有关资料。对于改建或扩建的建筑工程，还需要收集原有建筑工程的状况图，拆除及修缮工程概算定额的费用定额及旧料残值回收计算方法等资料。

b. 熟悉设计文件，了解施工现场情况。在编制概算前，必须熟悉施工图，掌握工程结构形式的特点，以及各种构件的规格和数量等，并充分了解设计意图，掌握工程全貌，以便更好地计算概算工程量，提高概算的编制速度和质量。另外，概算工作者必须深入施工现场，调查、分析和核实地形、地貌、作业环境等有关原始资料，从而保证概算内容能更好地反映客观实际，为进一步提高设计质量提供可靠的原始依据。

c. 分列工程项目，计算工程量。编制概算时，应按概算定额手册所列项目分列工程项目，并按其所规定的工程量计算规则进行工程量计算，以便正确地选套定额，提高概算造价的准确性。

d. 选套概算定额。当分列的工程项目及相应汇总的工程量，经复核无误后，即可选套概算定额，确定定额单价。通常选套概算定额的方法如下：

a）把定额编号、工程项目及相应的定额计量单位、工程量，按定额顺序填列于建筑工程概算表中。

b）根据定额编号，查阅各工程项目的单位概算基价，填列于概算表格的相应栏内。

另外，在选套概算定额时，必须按各分部工程说明中的有关规定进行，避免错选或重套定额项目，以保证概算的准确性。

e. 计取各项费用，确定相应的工程概算造价。当工程概算直接费确定后，就可按费用计算程序进行各项费用的计算，可按下列公式计算概算造价和单方造价：

$$\text{概算造价}=\text{分部分项工程费}+\text{措施项目费}+\text{其他项目费}+\text{规费}+\text{税金} \tag{4-26}$$

$$\text{单方造价}=\frac{\text{概算造价}}{\text{建筑面积}} \tag{4-27}$$

f. 编制工程概算书。按表4-9的内容填写概算书封面；按表4-10的内容计算各项费用；按表4-11的内容编制建筑工程概算表，并根据相应工程情况，如工程概况、概算编制依据、方法等，编制概算说明书；最后将概算书封面、各项工程费用计算、工程概算表等按顺序装订成册、即构成建筑工程概算书。

表4-9 工程概算书封面

工程概算书

工程编号__________

建设单位____________________

工程名称____________________　　编制单位____________________

建筑面积____________________　　编　　制____________________

概算造价____________________　　审　　核____________________

单方造价____________________

年　　月　　日

表4-10 工程费用计算

序号	项目名称	单位	计算式	合价	说明
一	分部分项工程费				
二	措施项目费				
三	其他项目费				
四	规费				
五	税金				
六	概算造价				
七	单方造价				

表 4-11 建筑工程概算表

序号	编制依据	项目名称	工程量		价值（元）	
			单位	数量	单价	合价

工程概算的编制说明应包括下列内容：

a. 工程概况，包括工程名称、建造地点、工程性质、建筑面积、概算造价和单方造价等。

b. 编制依据，包括初步设计图，依据的定额、费用标准等。

c. 编制方法，主要说明具体采用概算定额，还是概算指标或类似工程预（决）算编制的。

d. 其他有关问题的说明，如材料差价的调整方法。

② 概算指标法。介绍如下。

A. 采用概算指标法编制概算的条件。对于一般民用工程和中小型通用厂房工程，在初步设计文件尚不完备、处于方案阶段、无法计算工程量时，可采用概算指标法编制概算。概算指标是一种以建筑面积或体积为单位，以整个建筑物为依据编制的定额。它通常以整个房屋每 $100m^2$ 建筑面积（或按每座构筑物）为单位，规定人工、材料和施工机械使用费用的消耗量，所以概算定额更综合、扩大。采用概算指标法编制概算比采用概算定额法编制概算更加简化。它是一种既准确又省时的方法。

B. 编制方法和步骤。

a. 收集编制概算的原始资料，并根据设计图计算建筑面积。

b. 根据拟建工程项目的性质、规模、结构内容及层数等基本条件，选用相应的概算指标。

c. 计算分部分项工程费。通常可按下式进行计算：

$$分部分项工程费 = \frac{每\ 100m^2\ 造价指标}{100} \times 建筑面积 \tag{4-28}$$

d. 调整后分部分项工程费。通常按下式进行调整：

$$调整后分部分项工程费 = 分部分项工程费 \times 调整费率 \tag{4-29}$$

e. 计算措施项目费、其他项目费、规费、税金等。

C. 概算指标调整方法。采用概算指标法编制概算时，因为设计内容常常不完全符合概算指标规定的结构特征，所以就不能简单机械地按类似的或最接近的概算指标套用计算，而必须根据差别的具体情况，按下式分别进行换算：

$$单位面积造价调整指标 = 原指标单价 - 换出结构构件单价 + 换入结构构件单价 \tag{4-30}$$

式中，换出（入）结构构件单价可按下式进行计算：

$$换出(入)结构构件单价 = 换出(入)结构构件工程量 \times 相应概算定额单价 \tag{4-31}$$

工程概算分部分项工程费可按下式进行计算：

$$工程概算分部分项工程费=建筑面积\times单位面积造价调整指标 \tag{4-32}$$

③ 类似工程预（决）算法。介绍如下。

A. 采用类似工程预（决）算法编制概算的条件。当拟建工程缺少完整的初步设计方案，而又急等上报设计概算，申请列入年度基本建设计划时，通常采用类似工程预（决）算编制设计概算的方法，快速编制概算。类似工程预（决）算是指与拟建工程在结构特征上相近的，已建成工程的预（决）算或在建工程的预算。采用类似工程预（决）算法编制概算，不受不同单位和地区的限制，只要拟建工程项目在建筑面积、体积、结构特征和经济性方面完全或基本类似，已（在）建工程的相关数额即可采用。

B. 编制步骤和方法。具体如下：

a. 收集有关类似工程设计资料和预（决）算文件等原始资料。

b. 了解和掌握拟建工程初步设计方案。

c. 计算建筑面积。

d. 选定与拟建工程相类似的已（在）建工程预（决）算。

e. 根据类似工程预（决）算资料和拟建工程的建筑面积，计算工程概算造价和主要材料消耗量。

f. 调整拟建工程与类似工程预（决）算资料的差异部分，使其成为符合拟建工程要求的概算造价。

C. 调整类似工程预（决）算的方法。采用类似工程预（决）算法编制概算，往往因拟建工程与类似工程之间在基本结构特征上存在差异而影响概算的准确性。因此，必须先求出各种不同影响因素的调整系数（或费用）加以修正。具体调整方法如下：

a. 综合系数法。采用类似工程预（决）算法编制概算，经常因建设地点不同而引起人工费、材料和施工机具使用费以及措施项目费、其他项目费、规费、税金等费用不同，故常采用上述各费用所占类似工程预（决）算价值的比例系数，即综合调整系数进行调整。

采用综合系数法调整类似工程预（决）算，通常可按下式进行计算：

$$单位工程概算造价=类似工程预(决)算价值\times综合调整(差价)系数K \tag{4-33}$$

式中，综合调整（差价）系数 K 可按下式计算：

$$K=aK_1+bK_2+cK_3+dK_4+eK_5 \tag{4-34}$$

式中 a——人工工资在类似预（决）算价值中所占的比例，按下式计算：

$$a=\frac{人工工资}{类似预(决)算价值}\times100\% \tag{4-35}$$

b——材料费在类似预（决）算价值中所占的比例，按下式计算：

$$b=\frac{材料费}{类似预(决)算价值}\times100\% \tag{4-36}$$

c——施工机具使用费在类似预（决）算价值中所占的比例，按下式计算：

$$c=\frac{施工机具使用费}{类似预(决)算价值}\times100\% \tag{4-37}$$

d——措施项目费、其他项目费、规费在类似预（决）算价值中所占的比例，按下式计算：

$$d=\frac{\text{措施项目费、其他项目费及规费}}{\text{类似预(决)算价值}}\times 100\% \tag{4-38}$$

e——税金在类似预（决）算价值中所占的比例，按下式计算：

$$e=\frac{\text{税金}}{\text{类似预(决)算价值}}\times 100\% \tag{4-39}$$

K_1——工资标准因地区不同而产生在价值上差别的调整（差价）系数，按下式计算：

$$K_1=\frac{\text{编制概算地区的工资标准}}{\text{采用类似预(决)算地区的工资标准}} \tag{4-40}$$

K_2——材料预算价格因地区不同而产生在价值上差别的调整（差价）系数，按下式计算：

$$K_2=\frac{\text{编制概算地区的材料预算价格}}{\text{采用类似预(决)算地区的材料预算价格}} \tag{4-41}$$

K_3——施工机具使用费因地区不同而产生在价值上差别的调整（差价）系数，按下式计算：

$$K_3=\frac{\text{编制概算地区的施工机具使用费}}{\text{采用类似预(决)算地区的施工机具使用费}} \tag{4-42}$$

K_4——措施项目费、其他项目费、规费因地区不同而产生在价值上差别的调整（差价）系数，按下式计算：

$$K_4=\frac{\text{编制概算地区的措施项目费、其他项目费及规费}}{\text{采用类似预(决)算地区的措施项目费、其他项目费及规费}} \tag{4-43}$$

K_5——税金因地区不同而产生在价值上差别的调整（差价）系数，按下式计算：

$$K_5=\frac{\text{编制概算地区的税金率}}{\text{采用类似预(决)算地区的税金率}} \tag{4-44}$$

b. 价格（费用）差异系数法。采用类似工程预（决）算法编制概算，常因类似工程预（决）算的编制时间距现在时间较长，现时编制概算，其人工工资标准、材料预算价格和施工机具使用费以及措施项目费、其他项目费、规费和税金等费用标准必然发生变化。此时，则应将类似工程预（决）算的上述价格和费用标准与现行的标准进行比较，测定其价格和费用变动幅度系数，加以适当调整。采用价格（费用）差异系数法调整类似工程预（决）算，一般按下式进行计算：

$$\text{单位工程概算造价}=\text{类似工程预(决)算造价}\times G \tag{4-45}$$

式中 G——类似工程预（决）算的价格（费用）差异系数，可按下式计算：

$$G=aG_1+bG_2+cG_3+dG_4+eG_5 \tag{4-46}$$

G_1——工资标准因时间不同而产生的价差系数，按下式计算：

$$G_1=\frac{\text{编制概算现时工资标准}}{\text{采用类似预(决)算时工资标准}} \tag{4-47}$$

G_2——材料预算价格因时间不同而产生的价差系数，按下式计算：

$$G_2=\frac{\text{编制概算现时材料预算价格}}{\text{采用类似预(决)算时材料预算价格}} \tag{4-48}$$

G_3——施工机具使用费因时间不同而产生的价差系数，按下式计算：

$$G_3=\frac{\text{编制概算现时施工机具使用费}}{\text{采用类似预(决)算时施工机具使用费}} \tag{4-49}$$

G_4——措施项目费、其他项目费、规费因时间不同而产生的价差系数，按下式计算：

$$G_4 = \frac{\text{编制概算现时措施项目费、其他项目费及规费}}{\text{采用类似预(决)算时措施项目费、其他项目费及规费}} \tag{4-50}$$

G_5——税金因时间不同而产生的价差系数，按下式计算：

$$G_5 = \frac{\text{编制概算现时税金率}}{\text{采用类似预(决)算时税金率}} \tag{4-51}$$

a、b、c、d、e 意义同前。

c. 结构、材料差异换算法。每个建筑工程都有其各自的特异性，在其结构、内容、材质和施工方法上常常不能完全一致。因此，采用类似工程预（决）算法编制概算，应充分注意其中的差异，进行分析对比和调整换算，正确计算工程费。

拟建工程的结构、材质和类似工程预（决）算的局部有差异时，一般可按下式进行换算：

$$\text{单位工程概算造价} = \text{类似工程预(决)算造价} - \text{换出工程费} + \text{换入工程费} \tag{4-52}$$

式中，换出（入）工程费 = 换出（入）结构单价 × 换出（入）工程量。

2）单位设备及安装工程概算。单位设备及安装工程概算包括单位设备购置费概算和单位设备安装工程费概算两大部分。

根据初步设计的设备清单计算出设备原价，并汇总求出设备总原价，然后按有关规定的设备运杂费费率乘以设备总原价，两项相加再考虑工器具及生产家具购置费即为设备购置费概算。有关设备购置费概算的计算可参见第 2 章的介绍。设备购置费概算的编制依据包括：设备清单、工艺流程图；各部门和各省、市、自治区规定的现行设备价格和运费标准、费用标准。

设备安装工程费概算的编制方法应根据初步设计深度和要求所明确的程度而采用，其主要编制方法有：

① 定额单价法。当初步设计较深，有详细的设备清单时，可直接按安装工程定额单价编制安装工程概算，概算编制程序与安装工程施工图预算程序基本相同。该法的优点是计算比较具体，精确性较高。

② 扩大单价法。当初步设计深度不够，设备清单不完备，只有主体设备或仅有成套设备重量时，可采用主体设备、成套设备的综合扩大安装单价编制概算。

上述两种方法的具体编制步骤与建筑工程概算相类似。

③ 设备价值百分比法，又称为安装设备百分比法。当初步设计深度不够，只有设备出厂价而无详细规格、重量时，安装费可按占设备费的百分比计算。其百分比值（即安装费率）由相关管理部门制定或由设计单位根据已完类似工程确定。该法常用于价格波动不大的定型产品和通用设备产品，可按下式计算：

$$\text{设备安装工程费} = \text{设备原价} \times \text{安装费率} \tag{4-53}$$

④ 综合吨位指标法。当初步设计提供的设备清单有规格和设备重量时，可采用综合吨位指标编制概算，其综合吨位指标由相关主管部门或由设计单位根据已完类似工程的资料确定。该法常用于设备价格波动较大的非标准设备和引进设备的安装工程概算，可按下式计算：

$$\text{设备安装工程费} = \text{设备吨重} \times \text{每吨设备安装费指标} \tag{4-54}$$

单位设备及安装工程概算要按照规定的表格格式进行编制，表格格式见表4-12。

表4-12 单位设备及安装工程概算表

单位工程概算编号： 工程名称（单位工程）： 第 页 共 页

序号	定额编号	工程项目或费用名称	单位	数量	单价（元）					合价（元）				
					设备费	主材费	定额基价	其中：人工费	其中：机械费	设备费	主材费	定额费	其中：人工费	其中：机械费
一		设备安装												
1	××	×××××												
2	××	×××××												
二		管道安装												
1	××	××××××												
三		防腐保温												
1	××	×××××												
		小计												
		工程综合取费												
		合计（单位工程概算费用）												

编制人： 审核人：

（2）单项工程综合概算的编制

单项工程综合概算是确定单项工程建设费用的综合性文件，它是由该单项工程的各专业单位工程概算汇总而成的，是建设项目总概算的组成部分。

单项工程综合概算文件一般包括编制说明（不编制总概算时列入）、综合概算表（含其所附的单位工程概算表和建筑材料表）两大部分。当建设项目只有一个单项工程时，此时综合概算文件（实为总概算）除包括上述两大部分外，还应包括工程建设其他费用、建设期利息、预备费的概算。

1）编制说明。编制说明应列在综合概算表的前面，其内容包括：

① 工程概况。简述建设项目性质、特点、生产规模、建设周期、建设地点、主要工程量、工艺设备等情况。引进项目要说明引进内容以及与国内配套工程等主要情况。

② 编制依据。编制依据包括国家和有关部门的规定、设计文件、现行概算定额或概算指标、设备材料的价格和费用指标等。

③ 编制方法。说明设计概算是采用概算定额法，还是采用概算指标法或其他方法。

④ 主要设备、材料的数量。

⑤ 主要技术经济指标。主要包括项目概算总投资（有引进的，给出所需外汇额度）及主要分项投资、主要技术经济指标（主要单位投资指标）等。

⑥ 工程费用计算表。主要包括建筑工程费用计算表、工艺安装工程费用计算表、配套工程费用计算表、其他涉及工程的工程费用计算表。

⑦ 引进设备材料有关费率取定及依据。主要是关于国外运输费、国外运输保险费、关税、增值税、国内运杂费、其他有关税费等。

⑧ 引进设备材料从属费用计算表。

⑨ 其他必要的说明。

2）综合概算表。综合概算表是根据单项工程所辖范围内的各单位工程概算等基础资料，按照国家或部委所规定统一表格进行编制。对于工业建筑而言，其概算包括建筑工程和设备及安装工程；对于民用建筑而言，其概算包括一般土木工程、给水排水、采暖通风及电气照明工程等。

综合概算一般应包括建筑工程费用、安装工程费用、设备购置费。当不编制总概算时，还应包括工程建设其他费用、建设期利息、预备费等费用项目。

单项工程综合概算表见表 4-13。

表 4-13　单项工程综合概算表

建设项目名称：　　　　　　　　单项工程名称：　　　　单位：万元　第　页　共　页

序号	概算编号	工程项目和费用名称	概算价值						其中：引进部分	
			设计规模和主要工程量	建筑工程	安装工程	设备购置	其他	总价	美元	折合人民币
一		主要工程								
1	×	×××××								
2	×	×××××								
二		辅助工程								
1	×	×××××								
2	×	×××××								
三		配套工程								
1	×	×××××								
2	×	×××××								
		单项工程概算费用合计								

（3）建设项目总概算的编制

建设项目总概算是设计文件的重要组成部分，是预计整个建设项目从筹建到竣工交付使用所花费的全部费用的文件。它由各单项工程综合概算、工程建设其他费用、建设期利息、预备费和经营性项目的铺底流动资金概算所组成，按照主管部门规定的统一表格进行编制而成。

建设项目总概算文件应包括：编制说明、总概算表、各单项工程综合概算书、工程建设其他费用概算表、主要建筑安装材料汇总表。独立装订成册的总概算文件宜加封面、签署页（扉页）和目录。

1）封面、签署页及目录。

2）编制说明。编制说明的内容与单项工程综合概算文件相同。

3）总概算表。总概算表格式见表 4-14。

表 4-14　总概算表

总概算编号：　　　　工程名称：　　　　单位：万元　　　　共　页　第　页

序号	概算编号	工程项目和费用名称	概算价值					其中：引进部分		占总投资比例（%）
			建筑工程	安装工程	设备购置	其他费用	合计	美元	折合人民币	
1	2	3	4	5	6	7	8	9	10	11
		第一部分　工程费用								
		一、主要生产和辅助生产项目								
1		×××厂房	√	√	√		√			
2		×××厂房	√	√	√	√	√			
		…	…	…	…					
3		机修车间	√	√	√		√			
4		电修车间	√	√	√		√			
5		工具车间	√	√	√		√			
6		木工车间	√	√	√		√			
7		模型车间	√	√	√		√			
8		仓库	√				√			
		…	…	…	…		…			
		小计	√	√	√		√			
		二、公用设施项目								
9		变电所	√	√	√					
10		锅炉房	√	√	√		√			
11		压缩空气站	√	√	√					
12		室外管道	√	√	√					
13		输电线路		√			√			
14		水泵房	√		√		√			
15		铁路专用线	√				√			
16		公路	√							
17		车库	√							

（续）

序号	概算编号	工程项目和费用名称	概算价值					其中：引进部分		占总投资比例（%）
			建筑工程	安装工程	设备购置	其他费用	合计	美元	折合人民币	
18		运输设备			√	√	√			
19		人防设备	√	√	√					
		…	…	…	…					
		小计	√	√	√	√	√			
		三、生活福利、文化教育及服务项目								
20		职工住宅	√	√		√				
21		俱乐部	√	√		√				
22		医院	√	√	√	√	√			
23		食堂及办公门卫	√	√		√	√			
24		学校托儿所	√	√		√				
25		浴室厕所	√							
		…	…	…						
		小计	√	√	√	√	√			
		第一部分　工程费用合计	√	√	√	√	√			
		第二部分　其他费用项目								
26		土地征用费								
27		建设管理费				√	√			
28		研究试验费								
29		生产工人培训费					√			
30		办公和生活用具购置费	…	…	…	√	√			
31		联合试车费					√			
32		勘察设计费					√			
		…								
		第二部分其他费用项目合计				√	√			
		第一、第二部分合计	√	√	√	√	√			
		预备费				√	√			
		建设期利息				√	√			
		铺底流动资金				√	√			
		建设项目概算总投资（其中回收金额）	√	√	√	√	√			
		投资比例（%）	√	√	√		√			

4）工程建设其他费用概算表。工程建设其他费用概算按国家或地区或部委所规定的项目和标准确定，并按统一格式编制，见表4-15。

表4-15 工程项目其他费用表

序号	费用项目编号	费用项目名称	费用计算基数	费率	金额	计算公式	备注
1							
2							
	合计						

应按具体发生的工程建设其他费用项目填写工程建设其他费用概算表，需要说明和具体计算的费用项目依次在相应的说明及计算式栏内填写或具体计算。填写时应注意以下事项：

① 土地征用及拆迁补偿费应填写土地补偿单价、数量和安置补助费标准、数量等，列式计算所需费用，填入金额栏。

② 建设管理费包括建设单位管理费、工程质量监督费、工程监理费等，按“建筑安装工程费×费率”或有关定额列式计算。

③ 研究试验费应根据设计需要进行研究试验的项目分别填写项目名称及金额或列式计算或进行说明。

5）单项工程综合概算表和建筑安装单位工程概算表。

6）主要建筑安装材料汇总表。针对每一个单项工程列出钢筋、型钢、水泥、木材等主要建筑安装材料的消耗量。

4.3 施工图预算

4.3.1 施工图预算的概念及作用

1. 施工图预算的概念

施工图预算是以施工图设计文件为依据，按照规定的程序、方法和依据，在工程开工前对工程项目的费用进行的预测与计算。施工图预算既可以是按照有关主管部门统一规定的预算单价、取费标准、计价程序计算得到的属于计划或预期性质的施工图预算，也可以是通过招标投标法定程序后施工企业依据企业定额、资源市场单价以及市场供求及竞争状况计算得到的反映市场性质的施工图预算。

2. 施工图预算的作用

施工图预算的作用一般包括以下几个方面：

（1）对投资方的作用

1）施工图预算是控制施工图设计阶段不突破设计概算的依据。

2）施工图预算是控制造价及资金合理使用的依据。

3）施工图预算是确定工程招标控制价的依据。

4）施工图预算是确定合同价款、拨付工程进度款及办理工程结算的依据。

（2）对施工企业的作用

1）施工图预算是施工企业编制报价文件的依据。

2）施工图预算是建筑工程预算包干的依据和签订合同的主要内容。

3）施工图预算是施工企业编制进度计划，组织材料、机具、设备和劳动力供应的依据。

4）施工图预算是施工企业控制工程成本的依据。

5）施工图预算是施工企业加强经营管理，搞好核算，实行对施工预算和施工图预算“两算对比”的基础，也是施工企业编制经营计划、进行施工准备的依据。

（3）对其他方面的作用

1）对工程咨询企业，客观准确地为委托方编制施工图预算，不仅体现其专业素质，而且强化了投资方对工程造价的控制，有利于节约投资，提高建设项目投资效益。

2）对于工程项目管理、监督等中介服务企业，客观准确的施工图预算是为业主方提供投资控制的依据。

3）对于工程造价管理部门，施工图预算是其监督、检查执行有关标准、合理确定工程造价、测算造价指数以及审定工程招标控制价的依据。

4）对仲裁及司法机关，如果履行合同的过程中发生经济纠纷，施工图预算是其按照仲裁条款及法律程序处理、解决问题的依据。

4.3.2 施工图预算的编制

1. 编制依据

1）经过批准和会审的全部施工图设计文件。在编制施工图预算之前，施工图必须经过建设主管部门批准，同时还要经过图纸会审，并签署“图纸会审纪要”；预算部门不仅要具备全部施工图设计文件和“图纸会审纪要”，而且要具备施工图所要求的全部标准图。

2）经过批准的工程设计概算文件。设计单位编制的设计概算文件经过主管部门批准后，是国家控制工程投资最高限额和单位工程预算的主要依据。如果施工图预算所确定的投资总额超过设计概算，则应调整设计概算，并经原批准部门批准后，方可实施。

3）经过批准的施工组织设计文件。拟建工程施工组织设计文件经施工企业主管部门批准以后，它所确定的施工方案和相应的技术组织措施，就成为预算部门必须具备的依据之一。如土方开挖方案和大型钢筋混凝土预制构件吊装方案等。

4）工程预算定额。现行工程预算定额规定了分项工程项目划分、分项工程内容、工程量计算规则和定额使用说明等内容，因此它是编制施工图预算的主要依据。

5）地区建筑工程费用定额。工程费用随地区不同取费标准不同。按照国家规定，各地区均制定了建筑工程费用定额，它规定了各项费用取费标准；这些标准是确定工程预算造价的基础。

6）地区材料预算价格表。地区材料价格是编制单位估价表和确定材料价差的依据，预算部门必须具备材料预算价格表。

7）预算工作手册。预算工作手册是预算部门必备的参考书。它主要包括：各种常用数据和计算公式，各种标准构件的工程量和材料量、金属材料规格和计量单位之间的换算，以及投资估算指标、概算指标、单位工程造价指标和工期定额等参考资料。因此，预算工作手册是预算部门必备的基础资料。

8）工程合同。建设单位和施工企业所签订的工程承包合同文件，是双方进行工程结算和竣工决算的基础。合同中的一些相关条款，在编制单位工程预算时必须遵循和执行。

2. 编制内容

施工图预算由建设项目总预算、单项工程综合预算和单位工程预算组成。

1）建设项目总预算是反映施工图设计阶段建设项目投资总额的造价文件，是施工图预算文件的主要组成部分，由组成该建设项目的各个单项工程综合预算和相关费用组成。具体包括：建筑安装工程费、设备购置费、工程建设其他费用、预备费、建设期利息及铺底流动资金。施工图预算应控制在已批准的设计总概算投资范围以内。

2）单项工程综合预算是反映施工图设计阶段一个单项（设计单元）造价的文件，是总预算的组成部分，由构成该单项工程的各个单位工程施工图预算组成。其编制的费用项目是各单项工程的建筑安装工程费、设备及工器具购置费和工程建设其他费用总和。

3）单位工程预算是依据单位工程施工图设计文件、人工、材料和施工机具价格等，按照规定的计价方法编制的工程造价文件。其包括单位建筑工程预算和单位设备及安装工程预算。单位建筑工程预算是建筑工程各专业单位工程施工图预算的总称。

4.3.3　单位工程施工图预算的编制

1. 建筑安装工程费计算

单位工程预算是施工图预算的关键。其中的建筑安装工程费应根据施工图设计文件、有关的定额（或综合单价）以及人工、材料、施工机具等价格资料进行计算。编制方法和步骤如下：

（1）收集编制预算的基础文件和资料

编制预算的基础文件和资料主要包括：施工图设计文件，施工组织设计文件，设计概算文件，建筑工程预算定额，建设工程费用定额，工程承包合同文件、当地各种人工、材料、施工机具当时的实际价格，以及预算工作手册等文件和资料。

（2）熟悉预算基础文件和资料

1）熟悉施工图设计文件。施工图是编制单位工程预算的基础。在编制工程预算之前，必须结合“图纸会审纪要”，对全部施工设计文件进行认真熟悉和详细审查，这样不仅可以发现和改进施工图中的问题，而且可以在预算人员头脑中形成一个完整、系统和清楚的工程实物形象，对加快预算速度十分有利。

熟悉施工图的要点主要包括：审查施工图是否齐全，施工图与说明书是否一致；每张施工图本身有无差错；各单位工程施工图之间有无矛盾；掌握工程结构形式、特点和全貌；了解工程地质和水文地质资料；复核建筑平面图、立面图和剖面图等各部分尺寸关系。

2）熟悉施工组织设计文件。在编制单位工程预算时，应全面掌握施工组织设计文件，并重点熟悉以下内容：各分部（项）工程的施工方案（如土方工程开挖方法），各种大型预制构件吊装方法和各项技术组织措施，充分了解这些内容，对于正确计算工程量和选套预算定额十分有利。

（3）掌握施工现场情况

为编制出符合施工实际的单位工程预算，除了要全面掌握施工图设计文件和施工组织设计文件外，还必须掌握施工现场的实际情况。例如：施工现场障碍物拆除情况，场地平整状况；土方开挖和基础施工状况；工程中地质和水文地质状况；施工顺序和施工项目划分状况；主要建筑材料、构配件和制品供应状况；以及其他施工条件、施工方法和技术组织措施的实施状况。这些现场施工状况，对单位工程预算的准确性影响很大，必须随时观察和掌握，并做好记录以备应用。

（4）计算工程量

工程量是编制单位工程预算的原始数据，其计算的准确性和快慢，将直接影响所编预算的质量和速度。一般应根据划分的工程量计算项目，按照相应工程量计算规则，逐个计算各分项工程的工程量；复核后，可按预算定额规定和分部分项工程顺序进行列表汇总。

（5）选套定额或确定分部分项工程单价

如果是选套定额确定工程单价，必须合理选套定额，并根据以下三种情况分别进行处理：

1）当计算项目工程内容与规定工程内容一致时，可以直接选套定额。

2）当计算项目工程内容与规定工程内容不一致，而定额规定允许换算时，应进行定额换算；然后选套换算后的定额。

3）当计算项目工程内容与规定工程内容不一致，而定额规定不允许换算时，可以直接选套定额或按照编制补充定额的要求编制补充定额，并报请当地建设主管部门批准，作为一次性定额纳入预算文件。

填列分部分项工程单价和计算分部分项工程费。一般按照定额顺序或施工顺序要求，逐项将分部分项工程单价填入工程预算书中，并计算分部分项工程费。

（6）计算工程预算造价和技术经济指标

按照建筑安装单位工程造价构成的规定费用项目、费率及计费基础，分别计算出各项费用并汇总单位工程造价，计算各项技术经济指标。

（7）工料分析

根据各分部分项工程的实物工程量和相应定额中的项目所列的用工工日、材料及机械数量，计算出各分部分项工程所需的人工、材料及机械数量，其计算按下列公式进行：

$$\text{人工工日消耗量} = \text{某工种定额用量} \times \text{某分项工程量} \tag{4-55}$$

$$\text{材料消耗量} = \text{某种材料定额用量} \times \text{某分项工程量} \tag{4-56}$$

$$\text{机械台班消耗量} = \text{某种机械定额用量} \times \text{某分项工程量} \tag{4-57}$$

汇总统计单位工程所需的各类人工工日、材料、机械台班消耗量相加汇总便可得到单位工程各类人工、材料、机械台班的消耗量。

（8）复核

在复核时，应对项目填列、工程量计算公式、套用的单价、采用的各项取费费率以及各项计算数值的正确性和精确度等进行全面复核，以便及时发现差错，及时修改，从而提高预算的准确性。

（9）编制说明、填写封面

编制说明主要包括：工程性质、内容范围、施工图预算所采用的设计图号、预算定额、费用定额等编制依据、存在的问题及处理的结果等需要说明的问题。

填写封面应写明工程名称、工程编号、建筑面积、预算总造价及单位平方米造价、编制单位名称及负责人和编制日期，审查单位名称及负责人和审核日期等。

2. 设备购置费计算

设备购置费计算方法及内容可参照第 2 章有关介绍。

3. 单位工程预算书编制

单位工程预算由建筑安装工程费和设备购置费组成，将计算好的建筑安装工程费和设备购置费相加，即得到单位工程预算，即

单位工程预算 = 建筑安装工程费 + 设备购置费

单位工程预算书由单位建筑工程预算书和单位设备及安装工程预算书组成。单位建筑工程预算书则主要由建筑工程预算表和建筑工程取费表构成，单位设备及安装工程预算书则主要由设备及安装工程预算表和设备及安装工程取费表构成。

4.3.4 单项工程综合预算的编制

单项工程综合预算由组成该单项工程的各个单位工程预算汇总而成，可按下式计算：

$$单项工程预算 = \sum 单位建筑工程费用 + \sum 单位设备及安装工程费用 \tag{4-58}$$

4.3.5 建设项目总预算的编制

建设项目总预算由组成该建设项目的各个单项工程综合预算，以及经计算的工程建设其他费、预算费、建设期利息和铺底流动资金汇总而成。当建设项目有多个单项工程时，可按下式计算：

总预算 = $\sum$ 单项工程预算 + 工程建设其他费 + 预备费 + 建设期利息 + 铺底流动资金

当建设项目只有一个单项工程时，可按下式计算：

$$\begin{aligned}总预算 = &\sum 单位建筑工程费用 + \sum 单位设备及安装工程费用 + \\ &工程建设其他费 + 预备费 + 建设期利息 + 铺底流动资金\end{aligned} \tag{4-59}$$

式中，工程建设其他费、预备费、建设期利息、铺底流动资金的具体编制方法可参照第 2 章相关内容。以建设项目施工图预算编制时为界线，若上述费用已经发生，按合理发生金额列入，如果还未发生，按照原概算内容和本阶段的计费原则计算列入。

4.4 竣工决算

4.4.1 竣工决算的概念及作用

1. 竣工决算的概念

竣工决算是指在竣工验收、交付使用阶段，由建设单位编制的建设项目从筹建到竣工投产或使用全过程实际成本的经济文件。它也是建设单位向国家报告建设项目实际造价和投资效果的重要文件。

为了严格执行基本建设项目竣工验收制度，正确核定新增固定资产价值，考核投资效果，建立健全经济责任制，按照国家关于基本建设项目竣工验收的规定，所有的新建、扩建、改建和重建的建设项目竣工后都要编制竣工决算。根据建设项目规模的大小，竣工决算可分为大、中型建设项目竣工决算和小型建设项目竣工决算两大类。

施工企业为了总结经验，提高经营管理水平，在单位工程竣工后，往往也编制单位工程竣工成本决算，核算单位工程的实际成本、预算成本和成本降低额，作为实际成本分析，反映经营成果，总结经验和提高管理水平的手段。它与建设项目竣工决算，在概念的内涵上是不同的。

2. 竣工决算的作用

（1）作为国家对基本建设投资实行计划管理的重要手段

按国家计划管理基本建设投资的规定，在批准基本建设项目计划任务书时，按投资估算，估计基本建设计划投资数额。在确定基本建设项目设计方案时，按设计概算，决定基本建设项目计划总投资最高数额。为了保证投资计划的实施，在施工图设计时，编制施工图预算，确定单项工程或单位工程的计划价格，并且规定它不能超过相应的设计概算。施工企业要在施工图预算指标控制之下，编制施工预算，确定施工计划成本。然而，在基本建设项目从筹建到竣工投产或交付使用的全过程中，各项费用的实际发生数额，基本建设投资计划的执行情况，只能在建设单位编制的建设项目竣工决算中全面地反映出来。通过对竣工的各项费用数额与设计概算中的相应费用指标进行对比，得出节约或超支的情况，分析节约或超支的原因，总结经验和教训，加强投资的计划管理，提高基本建设投资效果。

（2）作为国家对基本建设实行“三算”对比的基本依据

“三算”对比中的设计概算和施工图预算都是在建筑施工前，根据不同建设阶段有关资料进行计算，确定拟建工程所需要的费用。在一定意义上，它属于主观上的估算范畴。建设项目竣工决算所确定的建设费用，是在建设中实际支付的费用。因此，它在“三算”对比中具有特殊的作用，能够直接反映出固定资产投资计划完成情况和投资效果。

（3）作为竣工验收的主要依据

按基本建设程序规定，建设项目应及时组织竣工验收工作，对建设项目进行全面考核。在竣工验收之前，建设单位向主管部门提出验收报告，其中主要组成部分是建设单位编制的竣工决算文件，作为验收委员会（或小组）的验收依据。验收人员要检查建设项目的实际建筑物、构筑物和生产设备与设施的生产和使用情况，同时，审查竣工决算文件中的有关内容和指标，确定建设项目的验收结果。

（4）作为确定建设单位新增固定资产价值的依据

在竣工决算中，详细地计算了建设项目所有的建筑工程费、安装工程费、设备费和其他费用等新增固定资产总额及流动资金，作为建设管理部门向企事业使用单位移交财产的依据。

（5）作为基本建设成果和财务的综合反映

建设项目竣工决算包括了基本建设项目从筹建到建成投产（可使用）的全部实际费用。它除了用货币形式表示基本建设的实际成本和有关指标外，还包括建设工期、工程量和投产的实物量，以及技术经济指标。它综合了工程的年度财务决算，全面地反映了基本建设的主要情况。

4.4.2 竣工决算的编制

1. 竣工决算的编制依据

建设项目竣工决算的编制依据主要有：

1）经批准的建设项目可行性研究报告、投资估算。

2）经批准的建设项目初步设计或扩大初步设计及总概算书及其批复文件。

3）经批准的建设项目设计图、说明（包括总平面图、建筑工程施工图、安装工程施工图及有关资料）及其施工图预算。

4）设计变更记录、施工记录或施工签证单及其他施工发生的费用记录。

5）招标控制价、承包合同、工程结算等有关资料。

6）竣工图及各种竣工验收资料。

7）历年基建计划、历年财务决算及批复文件。

8）设备、材料调价文件和调价记录。

9）有关财务核算制度、办法和其他有关资料。

2. 竣工决算的内容

建设项目竣工决算应包括从筹建到竣工投产全过程的全部实际费用，即包括建筑工程费、安装工程费、设备购置费用及预备费等费用。建设项目竣工决算的内容包括竣工财务决算说明书、竣工财务决算报表、工程竣工图和工程造价对比分析四个部分，前两个部分又称为建设项目竣工财务决算，是竣工决算的核心内容和重要组成部分。

（1）竣工财务决算说明书

竣工决算说明书主要包括以下内容：

1）建设项目概况。

2）建设项目概算和基本建设计划的执行情况。

3）各项技术经济指标完成和各项拨款的使用情况。

4）建设成本和投资效果分析，以及建设中的主要经验。

5）存在的问题和解决的建议。

（2）竣工财务决算报表

竣工财务决算报表按大、中型建设项目和小型建设项目分别制定。

1）建设项目竣工财务决算审批表。大、中、小型建设项目均要填报审批表，见表4-16。

表4-16　建设项目竣工财务决算审批表

<table>
<tr><td>建设项目法人（建设单位）</td><td></td><td>建设性质</td><td></td></tr>
<tr><td>建设项目名称</td><td></td><td>主管部门</td><td></td></tr>
<tr><td colspan="4">开户银行意见：

盖　章
年　月　日</td></tr>
<tr><td colspan="4">专员办审批意见：

盖　章
年　月　日</td></tr>
<tr><td colspan="4">主管部门或地方财政部门审批意见：

盖　章
年　月　日</td></tr>
</table>

① 建设性质是指新建、扩建、改建和重建建设项目等。

② 主管部门是指建设单位的主管部门。

③ 所有建设项目均须先经开户银行签署意见后，由相应主管部门批准。中央级小型项目由主管部门签署审批意见；中央级大中型建设项目报所在地财政监察专员办事机构签署意见后，再由主管部门报财政部审批；地方级项目由同级财政部门签署审批意见。

④ 已具备竣工验收条件的项目，三个月内应及时填报审批表。

2）大、中型建设项目竣工工程概况表。

① 大、中型建设项目的一般情况包括建设项目或单项工程名称、建设地址、建设时间和批准情况。

② 建设规模包括占地面积、新增生产能力、完成主要工程量和建设成本。

③ 主要技术经济指标包括主要材料消耗量指标、单位面积造价、单位生产能力投资、单位产品成本和投资回收年限等。

该表填列的主要内容为全面考核基本建设计划完成情况、概预算的执行情况和分析投资效果提供依据。大、中型建设项目竣工工程概况表见表4-17。

3）大、中型建设项目竣工财务决算表。该表采用现金平衡表示形式，填列了建设项目从开工到竣工的全部资金来源和资金占用情况，全面地反映基本建设的实际收入和支出，是考核资金来源和使用情况以及分析投资效果的依据，见表4-18。其主要内容包括：

① 基建资金来源。主要包括基建预算拨款、基建其他贷款、应付款、固定资金和专用基金等。

② 基建资金占用。主要包括交付使用财产、应核销的投资支出、银行存款现金以及专用基金资产等。

4）大、中型建设项目交付使用资产总表。交付使用资产总表是反映建设项目建成后，交付使用新增固定资产、流动资产、无形资产和其他资产的全部情况及价值，作为财产交接、检查投资计划完成情况和分析投资效果的依据，见表4-19。其主要内容包括：

① 建设项目交付使用的固定资产。各工种项目的名称，建筑安装工程资产价值，设备工程资产价值和其他费用数额。

② 流动资金数额。交付作用财产总表填列了建设项目建成后新增固定资产和流动资产的全部价值。它是竣工验收后向生产或使用单位交接财产的依据。

5）建设项目交付使用资产明细表。大、中、小型建设项目均要填报此表，该表是交付使用财产总表的具体化，反映交付使用固定资产、流动资产、无形资产和其他资产的详细内容，是使用单位建立资产明细账和登记新增资产价值的依据，见表4-20。其主要内容包括：

① 各项建筑工程的名称、结构形式、建筑面积和价值。

② 各种设备、工具、器具和家具的名称、规格、型号、单位、数量和价值。

③ 设备安装费用数额。该表填列了交付使用全部固定资产的详细情况，作为向生产或使用单位交接财产的依据，也是使用单位经营管理的依据。

表 4-17 大、中型建设项目竣工工程概况表

<table>
<tr><td>建设项目或单项工程名称</td><td colspan="2"></td><td>建设地址</td><td colspan="4"></td></tr>
<tr><td>主要设计单位</td><td colspan="2"></td><td>主要施工企业</td><td colspan="4"></td></tr>
<tr><td rowspan="3">占地面积</td><td>计划</td><td>实际</td><td rowspan="3">总投资（万元）</td><td colspan="2">设计</td><td colspan="2">实际</td></tr>
<tr><td rowspan="2"></td><td rowspan="2"></td><td>固定资产</td><td>流动资金</td><td>固定资产</td><td>流动资金</td></tr>
<tr><td></td><td></td><td></td><td></td></tr>
<tr><td rowspan="2">新增生产能力</td><td colspan="2">能力（效益）名称</td><td>设计</td><td colspan="4">实际</td></tr>
<tr><td colspan="2"></td><td></td><td colspan="4"></td></tr>
<tr><td rowspan="2">建设起止时间</td><td>设计</td><td colspan="6">从 年 月开工至 年 月竣工</td></tr>
<tr><td>实际</td><td colspan="6">从 年 月开工至 年 月竣工</td></tr>
<tr><td>设计概算批准文号</td><td colspan="7"></td></tr>
<tr><td rowspan="3">完成主要工程量</td><td colspan="2">建筑面积/m²</td><td colspan="5">设备（台、套、吨）</td></tr>
<tr><td>设计</td><td>实际</td><td colspan="3">设计</td><td colspan="2">实际</td></tr>
<tr><td></td><td></td><td colspan="3"></td><td colspan="2"></td></tr>
<tr><td rowspan="2">收尾工程</td><td colspan="2">工程内容</td><td colspan="3">投资额</td><td colspan="2">完成时间</td></tr>
<tr><td colspan="2"></td><td colspan="3"></td><td colspan="2"></td></tr>
</table>

<table>
<tr><td></td><td colspan="2">项目</td><td>核算</td><td>实际</td><td>主要指标</td></tr>
<tr><td rowspan="7">基建支出</td><td colspan="2">建筑安装工程</td><td></td><td></td><td rowspan="12"></td></tr>
<tr><td colspan="2">设备</td><td></td><td></td></tr>
<tr><td colspan="2">待摊投资
其中：建设单位管理费</td><td></td><td></td></tr>
<tr><td colspan="2">其他投资</td><td></td><td></td></tr>
<tr><td colspan="2">待核销基建支出</td><td></td><td></td></tr>
<tr><td colspan="2">非经营项目转出投资</td><td></td><td></td></tr>
<tr><td colspan="2">合计</td><td>概算</td><td>实际</td></tr>
<tr><td rowspan="4">主要材料消耗</td><td>名称</td><td>单位</td><td></td><td></td></tr>
<tr><td>钢材</td><td>t</td><td></td><td></td></tr>
<tr><td>木材</td><td>m³</td><td></td><td></td></tr>
<tr><td>水泥</td><td>t</td><td></td><td></td></tr>
<tr><td>主要技术经济指标</td><td colspan="4"></td></tr>
</table>

表 4-18　大、中型建设项目竣工财务决算表

资金来源	金额	资金占用	金额	补充资料
一、基建拨款		一、基本建设支出		1. 基建投资借款期末余额
1. 预算拨款		1. 交付使用资金		
2. 基建基金拨款		2. 在建工程		2. 应收生产单位投资借款末数
3. 进口设备转账拨款		3. 待核销基建支出		
4. 器材转账拨款		4. 非经营项目转出投资		3. 基建结余资金
5. 煤代油专用基金拨款		二、应收生产单位投资借款		
6. 自筹资金拨款		三、拨付所属投资借款		
7. 其他拨款		四、器材		
二、项目资本		其中：待处理器材损失		
1. 国家资本		五、货币资金		
2. 法人资本		六、预付及应收款		
3. 个人资本		七、有价证券		
三、项目资本公积		八、固定资产		
四、基建借款		固定资产原值		
五、上级拨入投资借款		减：累计折旧		
六、企业债券资金		固定资产净值		
七、待冲基建支出		固定资产清理		
八、应付款		待处理固定资产损失		
九、未交款				
1. 未交税金				
2. 未交基建收入				
3. 未交基建包干节余				
4. 其他未交款				
十、上级拨入资金				
十一、留成收入				
合计		合计		

表 4-19　大、中型建设项目交付使用资产总表

单项工程项目名称	总计	固定资产					流动资产	无形资产	其他资产
		建筑工程	安装工程	设备	其他	合计			
1	2	3	4	5	6	7	8	9	10

交付单位盖章　　年　　月　　日　　　　　　　　接收单位盖章　　年　　月　　日

表 4-20 建设项目交付使用资产明细表

单项工程项目名称	建筑工程			设备、工具、器具、家具						流动资产		无形资产		其他资产	
	结构	面积/m^2	价值（元）	名称	规格型号	单位	数量	价值（元）	设备安装费（元）	名称	价值（元）	名称	价值（元）	名称	价值（元）
合计															

交付单位盖章　　年　　月　　日　　　　　　　　接收单位盖章　　年　　月　　日

6）小型建设项目竣工财务决算总表。该表主要反映小型建设项目的全部工程和财务情况，见表 4-21。其主要内容包括：

① 建设项目的概况。主要包括名称、地址和占地面积，建设时间及新增生产能力和建设成本等。

② 资金来源和资金占用情况。该表综合了建设项目竣工工程概况表和竣工财务决算表的内容，它表明了工程的主要情况、财务实际收入和支出。

3. 建设工程竣工图

建设工程竣工图是真实地记录各种地上和地下建筑物、构筑物等情况的技术文件，是工程进行交工验收、维护改建和扩建的依据，是国家的重要技术档案。国家规定：各项新建、扩建、改建的基本建设工程，特别是基础、地下建筑、管线、结构、井巷、洞室、桥梁、隧道、港口、水坝以及设备安装等隐蔽部位，都要编制竣工图。竣工图应根据下述情况确定：

1）按图竣工没有变动的，由施工单位（包括总包和分包施工单位）在原施工图上加盖“竣工图”标志后，作为竣工图。

2）在施工过程中，虽有一般性设计变更，但能将原施工图加以修改补充作为竣工图的，可不重新绘制，由施工单位（包括总包和分包施工单位）负责在原施工图（必须是新蓝图）上注明修改的部分，并附以设计变更通知单和施工说明，加盖“竣工图”标志后，作为竣工图。

3）结构形式改变、施工工艺改变、平面布置改变、项目改变以及其他重大改变，不宜再在原施工图上修改、补充者，应重新绘制改变后的竣工图。由设计原因造成的，由设计单位负责重新绘制；由施工原因造成的，由施工单位负责重新绘制；由其他原因造成的，由建设单位自行绘制或委托设计单位绘制。施工单位负责在新图上加盖“竣工图”标志，并附以有关记录和说明，作为竣工图。

4）为了满足竣工验收和竣工决算需要，还应绘制能反映竣工工程全部内容的工程设计平面示意图。

4. 工程造价比较分析

经批准的概、预算是考核实际建设工程造价的依据，在分析时，可将决算报表中所提供的实际数据和相关资料与批准的概预算指标进行对比，以反映竣工项目总造价和单方造价是节约还是超支，在比较的基础上，总结经验教训，找出原因，以利于改进。在实际工作中，应侧重分析以下内容：

表 4-21　小型建设项目竣工财务决算总表

建设项目名称			建设地址				
初步设计概算批准文号							
占地面积	计划	实际	总投资（万元）	计划		实际	
				固定资产	流动资产	固定资产	流动资产
新增生产能力	能力（效益）名称		设计	实际			
建设起止时间	计划	从　年　月开工至　年　月竣工					
	实际	从　年　月开工至　年　月竣工					
基建支出	项目			概算（元）		实际（元）	
	建筑安装工程						
	设备						
	待摊投资 其中：建设单位管理费						
	其他投资						
	待核销基建支出						
	非经营项目转出投资						
	合计						

资金来源	
项目	金额（元）
一、基建拨款其中：预算拨款	
二、项目资本	
三、项目资本公积	
四、基建借款	
五、上级拨入借款	
六、企业债券资金	
七、待冲基建支出	
八、应付款	
九、未交款	
其中：未交基建收入 未交包干收入	
十、上级拨入资金	
十一、留成收入	
合计	

资金运用	
项目	金额（元）
一、交付使用资产	
二、待核销基建支出	
三、非经营项目转出投资	
四、应收生产单位投资借款	
五、拨付所属投资借款	
六、器材	
七、货币资金	
八、预付及应收款	
九、有价证券	
十、原有固定资产	
合计	

1）主要实物工程量。概预算编制的主要实物工程量的增减必然使工程概预算造价和竣工决算实际工程造价随之增减。因此，要认真对比分析和审查建设项目的建设规模、结构、标准、工程范围等是否遵循批准的设计文件规定，其中有关变更是否按照规定的程序办理，它们对造价的影响如何。对实物工程量出入较大的项目，还必须查明原因。

2）主要材料消耗量。在建筑安装工程投资中，考核材料费的消耗是重点。在考核主要材料消耗量时，要按照竣工决算表中所列三大材料实际超概算的消耗量，查清是哪一个环节超出量最大，并查明超额消耗的原因。

3）建设单位管理费、建筑安装工程措施费。要根据竣工决算报表中所列的建设单位管理费数额进行比较，确定其节约或超支数额，并查明原因。对于建筑安装工程措施费的费用项目的取费标准，国家和各地均有统一的规定，要按照有关规定查明是否多列或少列费用项目，有无重计、漏计、多计的现象以及增减的原因。

以上所列内容是工程造价对比分析的重点，应侧重分析。但对具体项目应进行具体分析，选择哪些内容作为考核、分析重点，还应因地制宜，视项目的具体情况而定。

4.4.3　竣工决算的编制步骤

1）收集、整理和分析有关资料。在竣工验收阶段，应注意收集资料，系统地整理所有的技术资料、工程结算的经济文件、施工图和各种变更与签证资料，并分析它们的准确性，为准确与迅速编制竣工决算制造条件。

2）清理各项账务、债务和结余物资。在收集、整理和分析有关资料过程中，要特别注意建设工程从筹建到竣工投产（或使用）全部费用的各项账务、债权和债务的清理，做到工完账清。既要核对账目，又要查点库有实物的数量，做到账与物相符，对结余的各种材料、工器具和设备，要逐项清点核实，妥善管理，并按规定及时处理，收回资金。对各种往来款项要及时全面清理，为竣工决算的编制提供准确的数据和结果。

3）填写竣工决算报表。按照建设项目决算报表内容，根据编制依据中的有关资料进行统计或计算各个项目的数量，并将其结果填到相应表格的栏目内，完成所有报表的填写。

4）编写竣工决算说明。按照建设项目竣工决算说明的内容要求，根据编制依据材料和填写在报表中的结果，编写文字说明。

5）上报主管部门审查。将编写的文字说明和填写的表格经核对无误后，装订成册，即为建设项目竣工决算文件。将其上报主管部门审查，同时，抄送有关部门，并把其中财务成本部分送交开户银行签证。

复　习　题

1. 建设项目总投资包括哪些内容？
2. 静态投资估算的方法有哪几种？
3. 流动资金分项详细估算法包括哪些项目？
4. 什么是生产能力指数法？
5. 设计概算的概念和编制依据是什么？
6. 设计概算应包括哪几部分内容？
7. 什么是单位工程概算？它包括哪些内容？

8. 编制单位工程概算的方法有哪几种？
9. 什么情况下可以用概算定额法编制概算？
10. 什么情况下可以用概算指标法编制概算？
11. 什么是单项工程综合概算？如何进行编制？
12. 什么是建设项目总概算？由哪几部分组成？
13. 什么是施工图预算？施工图预算的作用是什么？
14. 施工图预算编制的依据、内容是什么？
15. 单位工程预算编制的方法有哪些？
16. 竣工决算的作用是什么？
17. 竣工决算分哪几类？
18. 竣工决算的依据有哪些？
19. 简述竣工决算的内容。
20. 简述竣工决算的编制步骤。

第5章

建设项目招标投标阶段估价

5.1 工程量清单与招标控制价的编制

为使建设工程发包与承包计价活动规范有序地进行，不论是招标发包还是直接发包，都必须注重前期工作。尤其是对招标发包，关键的是应从施工招标开始，在拟定招标文件的同时，科学合理地编制工程量清单、招标控制价以及评标标准和办法，只有这样，才能对投标报价、合同价的约定以至后期的工程结算这一工程发承包计价全过程起到良好的控制作用。

5.1.1 工程量清单的编制

工程量清单是招标人依据国家标准、招标文件、设计文件以及施工现场实际情况编制的，随招标文件发布、供投标报价的工程量清单，包括说明和表格。编制招标工程量清单，应充分体现“量价分离”和“风险分担”原则。招标阶段，由招标人或其委托的工程造价咨询人根据工程项目设计文件，编制出招标工程项目的工程量清单，并将其作为招标文件的组成部分。招标人应对工程量清单的准确性和完整性负责；投标人应结合企业自身实际、参考市场有关价格信息完成清单项目工程的组合报价，并对其承担风险。

1. 招标工程量清单的编制依据及准备工作

（1）招标工程量清单的编制依据

1）《计价规范》以及各专业工程量计算规范等。

2）国家或省级、行业建设主管部门颁发的计价定额和办法。

3）建设工程设计文件及与建设工程有关的标准、规范、技术资料。

4）拟定的招标文件。

5）施工现场情况、地勘水文资料、工程特点及常规施工方案。

6）其他相关资料。

（2）招标工程量清单编制的准备工作

在收集资料包括编制依据的基础上，招标工程量清单编制的准备工作如下：

1）初步研究。对各种资料进行认真研究，为工程量清单的编制做准备。主要包括：

① 熟悉《计价规范》和各专业工程量计算规范、当地计价规定及相关文件；熟悉设计文件，掌握工程全貌，便于清单项目列项的完整、工程量的准确计算及清单项目的准确描述，对设计文件中出现的问题应及时提出。

② 熟悉招标文件、招标设计，确定工程量清单编审的范围及需要设定的暂估价；收集相关市场价格信息，为暂估价的确定提供依据。

③ 对《计价规范》缺项的新材料、新技术、新工艺，收集足够的基础资料，为补充项目的制定提供依据。

2）现场踏勘。为了选用合理的施工组织设计和施工技术方案，需进行现场踏勘，以充分了解施工现场情况及工程特点，主要对以下两方面进行调查：

① 自然地理条件。自然地理条件包括：工程所在地的地理位置、地形、地貌、用地范围等；气象、水文情况，包括气温、湿度、降雨量等；地质情况，包括地质构造及特征、承载能力等；地震、洪水及其他自然灾害情况。

② 施工条件。施工条件包括：工程现场周围的道路、进出场条件、交通限制情况；工程现场施工临时设施、大型施工机具、材料堆放场地安排情况；工程现场邻近建筑物与招标工程的间距、结构形式、基础埋深、新旧程度、高度；市政给排水管线位置、管径、压力，废水、污水处理方式，市政、消防供水管道管径、压力、位置等；现场供电方式、方位、距离、电压等；工程现场通信线路的连接和铺设；当地政府有关部门对施工现场管理的一般要求、特殊要求及规定等。

3）拟定常规施工组织设计。施工组织设计是指导拟建工程项目的施工准备和施工的技术经济文件。根据项目的具体情况编制施工组织设计，拟定工程的施工方案、施工顺序、施工方法等，便于工程量清单的编制及准确计算，特别是工程量清单中的措施项目。

作为招标人，仅需拟定常规的施工组织设计即可。在拟定常规的施工组织设计时需注意以下问题：

① 估算整体工程量。根据概算指标或类似工程进行估算，且仅对主要项目加以估算即可，如土石方、混凝土等。

② 拟定施工总方案。施工总方案仅需对重大问题和关键工艺进行原则性的规定，不需要考虑施工步骤，主要包括：施工方法，施工机械设备的选择，科学的施工组织，合理的施工进度，现场的平面布置及各种技术措施。制定总方案要满足以下原则：从实际出发，符合现场的实际情况，在切实可行的范围内尽量求其先进和快速；满足工期的要求；确保工程质量和施工安全；尽量降低施工成本，使方案更加经济合理。

③ 确定施工顺序。合理确定施工顺序需要考虑以下几点：各分部分项工程之间的关系；施工方法和施工机械的要求；当地的气候条件和水文要求；施工顺序对工期的影响。

④ 编制施工进度计划。施工进度计划要满足合同对工期的要求，在不增加资源的前提下尽量提前。编制施工进度计划时要处理好工程中各分项工程、分部工程、单位工程之间的关系，避免出现施工顺序的颠倒或工种的相互冲突。

⑤ 计算人、材、机资源需要量。人工工日数量根据估算的工程量、选用的定额、拟定的施工总方案、施工方法及要求的工期来确定，并考虑节假日、气候等因素的影响。材料需要量主要根据估算的工程量和选用的材料消耗定额进行计算。机械台班数量则根据施工方案

确定选择机械设备方案及机械种类的匹配要求，再根据估算的工程量和机械时间定额进行计算。

⑥ 施工平面图布置。施工平面图布置是根据施工方案、施工进度要求，对施工现场的道路交通、材料仓库、临时设施等做出合理的规划布置，主要包括：建设项目施工总平面图上的一切地上、地下已有和拟建的建筑物、构筑物以及其他设施的位置和尺寸；所有为施工服务的临时设施的布置位置，如施工用地范围，施工用道路，材料仓库，取土与弃土位置，水源、电源位置，安全、消防设施位置，永久性测量放线标桩位置等。

2. 招标工程量清单的编制内容

（1）分部分项工程量清单的编制

分部分项工程量清单所反映的是拟建工程分部分项工程项目名称和相应数量的明细清单，招标人负责包括项目编码、项目名称、项目特征描述、计量单位和工程量在内的五项内容。

1）项目编码。分部分项工程量清单的项目编码，应根据拟建工程的工程量清单项目名称设置，同一招标工程的项目编码不得有重码。

2）项目名称。分部分项工程量清单的项目名称应按专业工程量计算规范附录的项目名称结合拟建工程的实际确定。

在分部分项工程量清单中所列出的项目，应是在单位工程的施工过程中以其本身构成该单位工程实体的分项工程，但应注意：

① 当在拟建工程的施工图中有体现，并且在专业工程量计算规范附录中也有相对应的项目时，则根据附录中的规定直接列项，计算工程量，确定其项目编码。

② 当在拟建工程的施工图中有体现，但在专业工程量计算规范附录中没有相对应的项目，并且在附录项目的“项目特征”或“工程内容”中也没有提示时，则必须编制针对这些分项工程的补充项目，在清单中单独列项并在清单的编制说明中注明。

3）项目特征描述。分部分项工程量清单的项目特征应依据专业工程量计算规范附录中规定的项目特征，并结合拟建工程项目的实际，按照以下要求予以描述：

① 必须描述的内容：涉及可准确计量，结构要求，材质要求，安装方式的内容。

② 可不描述的内容：对计量计价没有实质影响的内容，应由投标人根据施工方案确定的内容，应由投标人根据当地材料和施工要求确定的内容，应由施工措施解决的内容。

③ 可不详细描述的内容：施工图，标准图集标注明确的，清单编制人在项目特征描述中应注明由投标人自定的。

4）计量单位。分部分项工程量清单的计量单位与有效位数应遵守《计价规范》规定。当附录中有两个或两个以上计量单位的，应结合拟建工程项目的实际选择其中一个确定。

5）工程量。分部分项工程量清单中所列工程量应按专业工程量计算规范规定的工程量计算规则计算。另外，对补充项的工程量计算规则必须符合下述原则：一是其计算规则要具有可计算性；二是计算结果要具有唯一性。

（2）措施项目清单的编制

措施项目清单是指为完成工程项目施工，发生于该工程施工准备和施工过程中技术、生活、安全、环境保护等方面的非工程实体项目清单，措施项目分为单价措施项目和总价措施项目。

措施项目清单的编制需考虑多种因素，除工程本身的因素外，还涉及水文、气象、环境、安全等因素。措施项目清单应根据拟建工程的实际情况列项，若出现《计价规范》中未列的项目，可根据工程实际情况补充。项目清单的设置要考虑拟建工程的施工组织设计，施工技术方案，相关的施工规范与施工验收规范，招标文件中提出的某些必须通过一定的技术措施才能实现的要求，设计文件中一些不足以写进技术方案的但是要通过一定的技术措施才能实现的内容。

一些可以精确计算工程量的措施项目可采用与分部分项工程量清单编制相同的方式，采用综合单价进行计算，编制“分部分项工程和单价措施项目清单与计价表”，而有一些措施项目费用的发生与使用时间、施工方法或者两个以上的工序相关，但大都与实际完成的实体工程量的大小关系不大，如安全文明施工、冬雨季施工、已完工程设备保护等，应编制“总价措施项目清单与计价表”。

（3）其他项目清单的编制

其他项目清单是指应招标人的特殊要求而发生的与拟建工程有关的其他费用项目和相应数量的清单。工程建设标准的高低、工程的复杂程度、工程的工期长短、工程的组成内容、发包人对工程管理要求等都直接影响到其具体内容。当出现未包含在表格中内容的项目时，可根据实际情况补充。其中：

1）暂列金额。暂列金额是指招标人暂定并包括在合同中的一笔款项。用于工程合同签订时尚未确定或者不可预见的所需材料、工程设备、服务的采购，施工中可能发生的工程变更、合同约定调整因素出现时的合同价款调整，以及发生的索赔、现场签证确认等的费用。此项费用由招标人填写其项目名称、计量单位、暂定金额等，若不能详列，也可只列暂定金额总额。由于暂列金额由招标人支配，实际发生后才得以支付，因此，在确定暂列金额时应根据施工图的深度、暂估价设定的水平、合同价款约定调整的因素以及工程实际情况合理确定。一般可按分部分项工程量清单的10%～15%确定，不同专业预留的暂列金额应分别列项。

2）暂估价。暂估价是指招标人在招标文件中提供的用于支付必然要发生但暂时不能确定价格的材料、工程设备的单价以及专业工程的金额。一般而言，为方便合同管理和计价，需要纳入分部分项工程量项目综合单价中的暂估价，最好只限于材料费，以方便投标与组价。以“项”为计量单位给出的专业工程暂估价一般应是综合暂估价，即应当包括除规费、税金以外的企业管理费、利润等。

3）计日工。计日工是为了解决现场发生的零星工作或项目的计价而设立的。计日工为额外工作的计价提供了一个方便快捷的途径。计日工对完成零星工作所消耗的人工工时、材料数量、机械台班进行计量，并按照计日工表中填报的适用项目的单价进行计价支付。编制计日工表格时，一定要给出暂定数量，并且需要根据经验，尽可能估算一个比较贴近实际的数量，且尽可能把项目列全，以消除因此而产生的争议。

4）总承包服务费。总承包服务费是指为了解决招标人在法律法规允许的条件下，进行专业工程发包及自行采购供应材料、设备时，要求总承包人对发包的专业工程提供协调和配合服务，对供应的材料、设备提供收、发和保管服务及对施工现场进行统一管理，对竣工资料进行统一汇总整理等发生并向承包人支付的费用。招标人应当按照投标人的投标报价支付该项费用。

（4）规费和税金项目清单的编制

规费和税金项目清单应按照规定的内容列项，当出现规范中没有的项目，应根据省级政府或有关部门的规定列项。税金项目清单除规定的内容外，如国家税法发生变化或增加税种，应对税金项目清单进行补充。规费、税金的计算基础和费率均应按国家或地方相关部门的规定执行。

（5）工程量清单总说明的编制

工程量清单总说明包括以下内容：

1）工程概况。工程概况中要对建设规模、工程特征、计划工期、施工现场实际情况、自然地理条件、环境保护要求等做出描述。其中，建设规模是指建筑面积；工程特征应说明基础及结构类型、建筑层数、高度、门窗类型及各部位装饰、装修做法；计划工期是指按工期定额计算的施工天数；施工现场实际情况是指施工场地的地表状况；自然地理条件是指建筑场地所处地理位置的气候及交通运输条件；环境保护要求是针对施工噪声及材料运输可能对周围环境造成的影响和污染所提出的防护要求。

2）工程招标及分包范围。招标范围是指单位工程的招标范围，如建筑工程招标范围为“全部建筑工程”，装饰装修工程招标范围为“全部装饰装修工程”，或招标范围不含桩基础、幕墙、门窗等。工程分包是指特殊工程项目的分包，如招标人自行采购安装“铝合金门窗”等。

3）工程量清单编制依据。工程量清单编制依据包括《计价规范》、设计文件、招标文件、施工现场情况、工程特点及常规施工方案等。

4）工程质量、材料、施工等的特殊要求。工程质量要求是指招标人要求拟建工程的质量应达到合格或优良标准；材料要求是指招标人根据工程的重要性、使用功能及装饰装修标准提出，诸如对水泥的品牌、钢材的生产厂家、花岗石的出产地、品牌等的要求；施工要求一般是指建设项目中对单项工程的施工顺序等的要求。

5）其他需要说明的事项。

（6）招标工程量清单汇总

在分部分项工程量清单、措施项目清单、其他项目清单、规费和税金项目清单编制完成以后，经审查复核，与工程量清单封面及总说明汇总并装订，由相关责任人签字和盖章，形成完整的招标工程量清单文件。

5.1.2 招标控制价的编制

《中华人民共和国招标投标法实施条例》规定，招标人设有最高投标限价的，应当在招标文件中明确最高投标限价或者最高投标限价的计算方法，招标人不得规定最低投标限价。

1. 招标控制价的基本概念

（1）招标控制价的概念

招标控制价是指根据国家或省级建设行政主管部门颁发的有关计价依据和办法，根据拟定的招标文件和工程量清单，结合工程具体情况发布的招标工程的最高投标限价。

招标控制价是推行工程量清单计价过程中对传统标底概念的性质进行界定后所设置的专业术语，它使招标时评标定价的管理方式发生了很大的变化。

（2）采用招标控制价招标的优点

1）可有效控制投资，防止恶性哄抬报价带来的投资风险。

2）可提高透明度，避免暗箱操作、寻租等违法活动的产生。

3）可使各投标人自主报价，不受标底的左右，公平竞争，符合市场规律。

4）既设置了控制上限又尽量地减少了业主依赖评标基准价的影响。

（3）采用招标控制价招标可能出现的问题

1）若“最高限价”大大高于市场平均价时，就预示中标后利润很丰厚，只要投标不超过公布的限额都是有效投标，从而可能诱导投标人串标、围标。

2）若公布的最高限价远远低于市场平均价，就会影响招标效率。即可能出现只有1～2人投标或出现无人投标等情况，结果使招标人不得不修改招标控制价进行二次招标。

2. 编制招标控制价的规定

1）国有资金投资的工程建设项目应实行工程量清单招标，招标人应编制招标控制价，并应当拒绝高于招标控制价的投标报价，即投标人的投标报价若超过公布的招标控制价，则其投标作为废标处理。

2）招标控制价应由具有编制能力的招标人或受其委托具有相应资质的工程造价咨询人编制。工程造价咨询人不得同时接受招标人和投标人对同一工程的招标控制价和投标报价的编制。

3）招标控制价应在招标文件中公布，不得进行上浮或下调。在公布招标控制价时，应公布招标控制价总价，以及各单位工程的分部分项工程费、措施项目费、其他项目费、规费和税金。

4）招标控制价超过批准的概算时，招标人应将其报原概算审批部门审核。这是由于我国对国有资金投资项目的投资控制实行的是设计概算审批制度，国有资金投资的工程原则上不能超过批准的设计概算。

5）招标人应将招标控制价及有关资料报送工程所在地工程造价管理机构备查。

3. 招标控制价的编制依据

招标控制价的编制依据是指在编制招标控制价时需要进行工程量计量、价格确认、工程计价的有关参数、率值的确定等工作时所需的基础性资料，主要包括：

1）现行国家标准《计价规范》与专业工程量计算规范。

2）国家或省级、行业建设主管部门颁发的计价定额和计价办法。

3）与建设项目相关的标准、规范、技术资料。

4）招标文件及工程量清单。

5）施工现场情况、工程特点及常规施工方案。

6）工程造价管理机构发布的工程造价信息；没有发布工程造价信息的，参照市场价。

4. 招标控制价的编制内容

招标控制价的编制内容包括分部分项工程费、措施项目费、其他项目费、规费和税金，各个部分有不同的计价要求：

（1）分部分项工程费的编制要求

1）工程量依据招标文件中提供的分部分项工程量清单确定。

2）分部分项工程费应根据招标文件中的分部分项工程量清单及有关要求，按《计价规范》的有关规定确定综合单价并进行计价。

3）招标文件提供了暂估单价的材料，应按暂估的单价计入综合单价。

4）为使招标控制价与投标报价所包含的内容一致，综合单价中应包括招标文件中要求投标人所承担的风险内容及其范围产生的风险费用。

（2）措施项目费的编制要求

1）措施项目费中的安全文明施工费应当按照国家或省级、行业建设主管部门的规定标准计价，该部分不得作为竞争性费用。

2）措施项目应按招标文件中提供的措施项目清单确定，措施项目分为以“量”计算和以“项”计算两种。对于可精确计量的措施项目，以“量”计算即按其工程量与分部分项工程工程量清单单价相同的方式确定综合单价；对于不可精确计量的措施项目，则以“项”为单位，采用费率法按有关规定综合取定，采用费率法时需确定某项费用的计费基数及其费率，结果应是包括除规费、税金以外的全部费用。

（3）其他项目费的编制要求

1）暂列金额。暂列金额可根据工程的复杂程度、设计深度、工期长短、工程环境条件（包括地质、水文、气候条件等）进行估算，一般可以分部分项工程费的 10% ~15% 为参考。

2）暂估价。暂估价中的材料单价应按照工程造价管理机构发布的工程造价信息中的材料单价计算，工程造价信息未发布的材料单价，其单价参考市场价格估算；暂估价中的专业工程暂估价应分不同专业，按有关计价规定估算。

3）计日工。在编制招标控制价时，对计日工中的人工单价和施工机械台班单价应按省级、行业建设主管部门或其授权的工程造价管理机构公布的单价计算；材料应按工程造价管理机构发布的工程造价信息中的材料单价计算，工程造价信息未发布单价的材料，其价格应按市场调查确定的单价计算。

4）总承包服务费。总承包服务费应按照省级、行业建设主管部门的规定计算，在计算时可参考以下标准：

① 招标人仅要求对分包的专业工程进行总承包管理和协调时，按分包的专业工程估算造价的 1.5% 计算。

② 招标人要求对分包的专业工程进行总承包管理和协调，并同时要求提供配合服务时，根据招标文件中列出的配合服务内容和提出的要求，按分包的专业工程估算造价的 3% ~5% 计算。

③ 招标人自行供应材料的，按招标人供应材料价值的 1% 计算。

（4）规费和税金的编制要求

规费和税金必须按国家或省级、行业建设主管部门的规定计算。

5. 确定招标控制价应考虑的风险因素

编制招标控制价在确定其综合单价时，应考虑一定范围内的风险因素。在招标文件中应通过预留一定的风险费用，或明确说明风险所包括的范围及超出该范围的价格调整方法。

对于招标文件中未做要求的可按以下原则确定：

1）对于技术难度较大和管理复杂的项目，可考虑一定的风险费用，并纳入综合单价中。

2）对于工程设备、材料价格的市场风险，应依据招标文件的规定，工程所在地或行业工程造价管理机构的有关规定，以及市场价格趋势考虑一定率值的风险费用，纳入综合单价中。

3）规费、税金等法律、法规、规章和政策变化的风险和人工单价等风险费用不应纳入综合单价中。

6. 编制招标控制价时应注意的问题

1）采用的材料价格应是工程造价管理机构通过工程造价信息发布的材料价格，工程造价信息未发布材料单价的材料，其价格应通过市场调查确定。另外，未采用工程造价管理机构发布的工程造价信息时，需在招标文件或答疑补充文件中对招标控制价采用的与造价信息不一致的市场价格予以说明，采用的市场价格则应通过调查、分析确定，有可靠的信息来源。

2）施工机械设备的选型直接关系到综合单价水平，应根据工程项目特点和施工条件及常规的施工组织设计或施工方案，本着经济实用、先进高效的原则确定。

3）应该正确、全面地使用行业和地方的计价定额与相关文件。

4）不可竞争的措施项目和规费、税金等费用的计算均属于强制性的条款，编制招标控制价时应按国家有关规定计算。

5.2 投标文件及投标报价的编制

投标报价是承包商采取投标方式承揽工程项目时，计算和确定承包该项工程的投标总价格。业主把承包商的报价作为主要标准来选择中标者，也是业主和承包商就工程标价进行承包合同谈判的基础，直接关系到承包商投标的成败。报价是进行工程投标的核心。报价过高会失去承包机会，而报价过低虽然中了标，但会给工程带来亏本的风险。因此，标价过高或过低都不可取，如何进行合适的投标报价，是投标者能否中标的最关键的问题。

投标是一种要约，需要严格遵守关于招标投标的法律规定及程序，还需对招标文件做出实质性响应，并符合招标文件的各项要求，科学规范地编制投标文件与合理策略地提出报价，直接关系到承揽工程项目的中标率。

5.2.1 建设项目施工投标与投标文件的编制

1. 施工投标前期工作

（1）研究招标文件

投标人取得招标文件后，为保证工程量清单报价的合理性，应对投标人须知、合同条件、技术规范、设计图和工程量清单等重点内容进行分析，正确地理解招标文件和招标人的意图。

1）投标人须知。投标人须知反映了招标人对投标的要求，特别要注意项目的资金来源、投标书的编制和递交、投标保证金、更改或备选方案、评标方法等，重点在于防止废标。

2）合同分析。

① 合同背景分析。投标人有必要了解与拟承包的工程内容有关的合同背景，了解监理

方式，了解合同的法律依据，为报价和合同实施及索赔提供依据。

② 合同形式分析。主要分析承包方式（如分项承包、施工承包、设计与施工总承包和管理承包等）、计价方式（如单价方式、总价方式和成本加酬金方式等）。

③ 合同条款分析。主要包括：承包商的任务、工作范围和责任；工程变更及相应的合同价款调整；付款方式、时间、施工工期。

3）技术标准和要求分析。工程技术标准是按工程类型描述工程技术和工艺内容特点，对设备、材料、施工和安装方法等所规定的技术要求，有的是对工程质量进行检验、试验和验收所规定的方法和要求。它们与工程量清单中各子项工作密不可分，报价人员应在准确理解招标人要求的基础上对有关工程内容进行报价。任何忽视技术标准的报价都是不完整、不可靠的，有时可能导致工程承包重大失误和亏损。

4）设计图分析。设计图是确定工程范围、内容和技术要求的重要文件，也是投标者确定施工方法等施工计划的主要依据。

设计图的详细程度取决于招标人提供的施工图设计所达到的深度和所采用的合同形式。详细的设计图可使投标人比较准确地估价，而不够详细的设计图则需要采用综合估价方法，其结果一般不是很精确。

（2）调查工程现场

在《FIDIC 土木工程施工合同条件》第 11 条中明确规定："应当认为承包商在提交投标书之前，已对现场和其周围环境及与之有关的可用资料进行了视察和检查，……已取得上述可能对其投标产生影响或发生作用的风险、意外事件及所有其他情况的全部必要资料；应当认为承包商的投标书是以雇主提供的可利用的资料和承包商自己进行的上述视察和检查为依据的"。这说明现场考察是投标者必须经过的投标程序。按国际惯例，一般认为投标者的报价是在现场考察的基础上提出的，一旦随投标书提交了报价单，承包商就无权因为现场考察不周、对因素考虑不全面而提出修改投标报价或提出补偿等要求。

招标人在招标文件中一般会明确是否组织工程现场踏勘以及组织进行工程现场踏勘的时间和地点。调查工程现场应注意以下内容：

1）自然条件调查。如气象资料，水文资料，地震、洪水及其他自然灾害情况，地质情况等。

2）施工条件调查。主要包括：工程现场的用地范围、地形、地貌、地物、高程，地上或地下障碍物，现场的"三通一平"情况；工程现场周围的道路、进出场条件、有无特殊交通限制；工程现场施工临时设施、大型施工机具、材料堆放场地安排的可能性，是否需要二次搬运；工程现场邻近建筑物与招标工程的间距、结构形式、基础埋深、新旧程度、高度；市政给水及污水、雨水排放管线位置、高程、管径、压力、废水、污水处理方式；当地供电方式、方位、距离、电压等；工程现场通信线路的连接和敷设；当地政府有关部门对施工现场管理的一般要求、特殊要求及规定等。

3）其他条件调查。主要包括各种构件、半成品及商品混凝土的供应能力和价格，以及现场附近的生活设施等。

2. 询价与复核工程量

（1）询价

询价是投标报价的基础，它为投标报价提供可靠的依据。投标报价之前，投标人必须通过各种渠道，采用各种手段对工程所需各种材料、设备等的价格、质量、供应时间、供应数量等进行系统全面的调查。询价时要特别注意两个问题：一是产品质量必须可靠，并满足招标文件的有关规定；二是供货方式、时间、地点，有无附加条件和费用。

1）询价的渠道。

① 直接与生产厂商联系。

② 了解生产厂商的代理人或从事该项业务的经纪人。

③ 了解经营该项产品的销售商。

④ 通过互联网查询。

2）生产要素询价。

① 材料询价。材料询价的内容包括调查对比材料价格、供应数量、运输方式、保险和有效期、不同买卖条件下的支付方式等。对同种材料从不同经销部门所得到的所有资料进行比较分析，选择合适、可靠的材料供应商的报价，提供给工程报价人员使用。

② 施工机具设备询价。在外地施工需用的机具设备，有时在当地租赁或采购可能更为有利。必须采购的机具设备，可向供应厂商询价。对于租赁的机具设备，可向专门从事租赁业务的机构询价，并应详细了解其计价方法。

③ 劳务询价。劳务询价主要有两种情况：一种是成建制的劳务公司，相当于劳务分包，一般费用较高，但素质较可靠，工效较高，承包商的管理工作较轻；另一种是劳务市场招募零散劳动力，根据需要进行选择，这种方式虽然劳务价格低廉，但有时素质达不到要求或工效降低，且承包商的管理工作较繁重。投标人应在对劳务市场充分了解的基础上决定采用哪种方式，并以此为依据进行投标报价。

3）分包询价。总承包商在确定了分包工作内容后，就将分包专业的工程施工图和技术说明送交预先选定的分包单位，请他们在约定的时间内报价，以便进行比较选择，最终选择合适的分包人。对分包人询价应注意以下几点：分包标函是否完整；分包工程单价所包含的内容；分包人的工程质量、信誉及可信赖程度；质量保证措施；分包报价。

（2）复核工程量

工程量清单作为招标文件的组成部分，是由招标人提供的。工程量的大小是投标报价最直接的依据。复核工程量的准确程度，将影响承包商的经营行为：一是根据复核后的工程量与招标文件提供的工程量之间的差距，考虑相应的投标策略，决定报价尺度；二是根据工程量的大小采取合适的施工方法，选择适用、经济的施工机具设备、投入使用相应的劳动力数量等。

复核工程量，要与招标文件中所给的工程量进行对比，应注意以下几方面：

1）投标人应认真根据招标说明、设计施工图、地质资料等招标文件资料，计算主要清单工程量，复核工程量清单。正确划分分部分项工程项目，与《计价规范》保持一致。

2）针对工程量清单中工程量的遗漏或错误，是否向招标人提出修改意见取决于投标策略。投标人可以运用一些报价的技巧提高报价的质量，争取在中标后能获得更大的收益。

3）通过工程量计算复核还能准确地确定订货及采购物资的数量，防止由于超量或少购等带来的浪费、积压或停工待料。

如果招标的工程是一个大型项目，而投标时间又比较短，要在较短的时间内核算全部工程数量，将是十分困难的。即使时间紧迫，承包商至少应当在报价前核算那些工程数量较大和造价较高的项目。

在核算完全部招标工程量清单中的细目后，投标人应按大项分类汇总主要工程总量，以便对整个工程施工规模有全面和清楚的概念，并据此研究采用合适的施工方法，选择适用和经济的施工设备等。

（3）制订项目管理规划

项目管理规划是工程投标报价的重要依据，项目管理规划应分为项目管理规划大纲和项目管理实施规划。根据《建设工程项目管理规范》（GB/T 50326），当承包商以编制施工组织设计代替项目管理规划时，施工组织设计应满足项目管理规划的要求。

1）项目管理规划大纲。项目管理规划大纲是投标人管理层在投标之前编制的，旨在作为投标依据，满足招标文件要求及签订合同要求的文件。可包括下列内容（根据需要选定）：项目概况、项目范围管理规划、项目管理目标规划、项目管理组织规划、项目成本管理规划、项目进度管理规划、项目质量管理规划、项目职业健康安全与环境管理规划、项目采购与资源管理规划、项目信息管理规划、项目沟通管理规划、项目风险管理规划、项目收尾管理规划。

2）项目管理实施规划。项目管理实施规划是指在开工之前由项目经理主持编制的，旨在指导施工项目实施阶段管理的文件。项目管理实施规划必须由项目经理组织项目经理部在工程开工之前编制完成。应包括下列内容：项目概况、总体工作计划、组织方案、技术方案、进度计划、质量计划、职业健康安全与环境管理计划、成本计划、资源需求计划、风险管理规划、信息管理计划、项目沟通管理计划、项目收尾管理计划、项目现场平面布置图、项目目标控制措施、技术经济指标。

3. 编制投标文件

（1）投标文件编制的内容

投标人应当按照招标文件的要求编制投标文件。投标文件应当包括下列内容：

1）投标函及投标函附录。

2）法定代表人身份证明或附有法定代表人身份证明的授权委托书。

3）投标保证金。

4）资格审查资料。

5）已标价工程量清单。

6）施工组织设计。

7）项目管理机构。

8）拟分包项目情况表。

9）规定的其他材料。

（2）投标文件编制时应遵循的规定

1）投标文件应按“投标文件格式”进行编写，如有必要，可以增加附页，作为投标文件的组成部分。

2）投标文件应当对招标文件有关工期、投标有效期、质量要求、技术标准和要求、招标范围等实质性内容做出响应。

3）投标文件应由投标人的法定代表人或其委托代理人签字或盖单位公章。委托代理人签字的，投标文件应附法定代表人签署的授权委托书。投标文件应尽量避免涂改，如果出现上述情况，改动之处应加盖单位公章或由投标人的法定代表人或其授权的代理人签字确认。

4）投标文件正本一份，副本份数按招标文件有关规定。正本和副本的封面上应清楚地标记“正本”或“副本”的字样。投标文件的正本与副本应分别装订成册，并编制目录。当副本和正本不一致时，以正本为准。

（3）投标文件的递交

投标人应当在招标文件规定的提交投标文件的截止时间前，将投标文件密封送达投标地点。招标人收到投标文件后，应当向投标人出具标明签收人和签收时间的凭证，在开标前任何单位和个人不得开启投标文件。在招标文件要求提交投标文件的截止时间后送达或未送达指定地点的投标文件，为无效的投标文件，招标人不予受理。有关投标文件的递交还应注意以下问题：

1）投标保证金。投标人在递交投标文件的同时，应按规定的金额、形式和日期递交投标保证金，并作为其投标文件的组成部分。联合体投标的，其投标保证金由牵头人递交。投标保证金除现金外，可以是银行出具的银行保函、保兑支票、银行汇票或现金支票。投标保证金的数额不得超过项目估算价的2%。依法必须进行招标的项目的投标单位，以现金或者支票形式提交的投标保证金应当从其基本账户转出。投标人不按要求提交投标保证金的，其投标文件作为废标处理。招标人最迟应当在书面合同签订后5日内向中标人和未中标的投标人退还投标保证金及银行同期存款利息。出现下列情况的，投标保证金将不予返还：

① 投标人在规定的投标有效期内撤销或修改其投标文件。

② 中标人在收到中标通知书后，无正当理由拒签合同协议书或未按招标文件规定提交履约担保。

2）投标有效期。投标有效期从投标截止时间起开始计算，主要用作组织评标委员会评标、招标人定标、发出中标通知书，以及签订合同等工作，一般应考虑以下因素：

① 组织评标委员会完成评标需要的时间。

② 确定中标人需要的时间。

③ 签订合同需要的时间。

一般项目投标有效期为60～90天。投标保证金的有效期应与投标有效期保持一致。出现特殊情况需要延长投标有效期的，招标人以书面形式通知所有投标人延长投标有效期。投标人同意延长的，应相应延长其投标保证金的有效期，但不得要求或被允许修改其投标文件；投标人拒绝延长的，其投标失效，但投标人有权收回其投标保证金。

3）投标文件的密封和标识。投标文件的正本与副本应分开包装，加贴封条，并在封套上清楚标记“正本”或“副本”字样，于封口处加盖投标人单位公章。

4）投标文件的修改与撤回。在规定的投标截止时间前，投标人可以修改或撤回已递交的投标文件，但应以书面形式通知招标人。在招标文件规定的投标有效期内，投标人不得要求撤销或修改其投标文件。

5）保密责任。参与招标投标活动的各方应对招标文件和投标文件中的商业和技术等秘密保密，违者应对由此造成的后果承担法律责任。

（4）联合体投标

两个以上法人或者其他组织可以组成一个联合体，以一个投标人的身份共同投标。联合体投标需遵循以下规定：

1）联合体各方应按招标文件提供的格式签订联合体协议书，明确联合体牵头人和各方权利义务，牵头人代表联合体成员负责投标和合同实施阶段的主办、协调工作，并应当向招标人提交由所有联合体成员法定代表人签署的授权书。

2）联合体各方签订共同投标协议后，不得再以自己名义单独投标，也不得组成新的联合体或参加其他联合体在同一项目中投标。

3）联合体各方应具备承担本施工项目的资质条件、能力和信誉，通过资格预审的联合体，其各方组成结构或职责，以及财务能力、信誉情况等资格条件不得改变。

4）由同一专业的单位组成的联合体，按照资质等级较低的单位确定资质等级。

5）联合体投标的，应当以联合体各方或者联合体中牵头人的名义提交投标保证金。以联合体中牵头人名义提交的投标保证金，对联合体各成员具有约束力。

（5）串通投标

在投标过程有串通投标行为的，招标人或有关管理机构可以认定该行为无效。

1）有下列情形之一的，属于投标人相互串通投标。

① 投标人之间协商投标报价等投标文件的实质性内容。

② 投标人之间约定中标人。

③ 投标人之间约定部分投标人放弃投标或者中标。

④ 属于同一集团、协会、商会等组织成员的投标人按照该组织要求协同投标。

⑤ 投标人之间为谋取中标或者排斥特定投标人而采取的其他联合行动。

2）有下列情形之一的，视为投标人相互串通投标：

① 不同投标人的投标文件由同一单位或者个人编制。

② 不同投标人委托同一单位或者个人办理投标事宜。

③ 不同投标人的投标文件载明的项目管理成员为同一人。

④ 不同投标人的投标文件异常一致或者投标报价呈规律性差异。

⑤ 不同投标人的投标保证金从同一单位或者个人的账户转出。

3）有下列情形之一的，属于招标人与投标人串通投标：

① 招标人在开标前开启投标文件并将有关信息泄露给其他投标人。

② 招标人直接或者间接向投标人泄露评标委员会成员等信息。

③ 招标人明示或者暗示投标人压低或者抬高投标报价。

④ 招标人授意投标人撤换、修改投标文件。

⑤ 招标人明示或者暗示投标人为特定投标人中标提供方便。

⑥ 招标人与投标人为谋求特定投标人中标而采取的其他串通行为。

5.2.2　投标报价的编制原则与依据

投标报价是在工程招标发包过程中，由投标人按照招标文件的要求，根据工程特点，并结合自身的施工技术、装备和管理水平，依据有关计价规定自主确定的工程造价，是投标人希望达成工程承包交易的期望价格，在不高于招标控制价的前提下既保证具有一定的竞争性，又使之有合理的利润空间。作为投标计算的必要条件，应预先确定施工方案和施工进度，此外，投标计算还必须与采用的合同形式相协调。

1. 投标报价的编制原则

报价是投标的关键性工作，报价是否合理不仅直接关系到投标的成败，还关系到中标后企业的盈亏。投标报价的编制原则如下：

1）自主报价原则。投标报价由投标人自主确定，但必须执行《计价规范》的强制性规定。投标价应由投标人或受其委托相应的工程造价咨询人员编制。

2）不低于成本原则。《中华人民共和国招标投标法》第四十一条规定："能够满足招标文件的实质性要求，并且经评审的投标价格最低，但是投标价格低于成本的除外。"《评标委员会和评标方法暂行规定》（七部委第12号令）第二十一条规定："在评标过程中，评标委员会发现投标人的报价明显低于其他投标报价或者在设有标底时明显低于标底，使得其投标报价可能低于其个别成本的，应当要求该投标人做出书面说明并提供相关证明材料。投标人不能合理说明或者不能提供相关证明材料的，由评标委员会认定该投标人以低于成本报价竞标，其投标应作为废标处理。"根据上述法律、规章的规定，特别要求投标人的投标报价不得低于成本。

3）风险分摊原则。投标报价要以招标文件中设定的发承包双方责任划分，作为考虑投标报价费用项目和费用计算的基础，发承包双方的责任划分不同，会导致合同风险分摊不同，从而导致投标人选择不同的报价；根据工程发承包模式考虑投标报价的费用内容和计算深度。

4）发挥自身优势原则。以施工方案、技术措施等作为投标报价计算的基本条件；以反映企业技术和管理水平的企业定额作为计算人工、材料和机械台班消耗量的基本依据；充分利用现场考察、调研成果、市场价格信息和行情资料，编制基础标价。

2. 投标报价的编制依据

1）《计价规范》。

2）国家或省级、行业建设主管部门颁发的计价定额和计价办法。

3）与建设项目相关的标准、规范等技术资料。

4）招标文件、招标工程量清单及其补充通知、答疑纪要。

5）建设工程设计文件及相关资料。

6）施工现场情况、工程特点及投标时拟定的施工组织设计或施工方案。

7）市场价格信息或工程造价管理机构发布的工程造价信息。

8）其他的相关资料。

3. 投标报价的编制方法和内容

投标报价的编制过程，应首先根据招标人提供的工程量清单编制分部分项工程和措施项目清单与计价表、其他项目清单与计价表、规费、税金项目清单与计价表，编制完成后，汇总得到单位工程投标报价汇总表，再逐级汇总，分别得出单项工程投标报价汇总表和建设项目投标报价汇总表。在编制过程中，投标人应按招标人提供的工程量清单填报价格。填写的项目编码、项目名称、项目特征、计量单位、工程量必须与招标人提供的一致。

（1）分部分项工程和单价措施项目清单与计价表的编制

承包人投标价中的分部分项工程费和以单价计算的措施项目费应按招标文件中分部分项工程和单价措施项目清单与计价表的特征描述确定综合单价并进行计算。因此，确定综合单价是分部分项工程和单价措施项目清单与计价表编制过程中最主要的内容，包括完成一个单位清单项目所需的人工费、材料费、施工机具使用费、企业管理费、利润，并考虑风险费用的分摊。

$$综合单价 = 人工费 + 材料费 + 施工机具使用费 + 企业管理费 + 利润 \tag{5-1}$$

1）确定综合单价时的注意事项。

① 以项目特征描述为依据。项目特征是确定综合单价的重要依据之一，投标人投标报价时应依据招标文件中清单项目的特征描述确定综合单价。在招标投标过程中，当出现招标文件中工程量清单项目特征描述与设计图不符时，投标人应以招标工程量清单的项目特征描述为准，确定投标报价的综合单价。当施工中施工图或设计变更与招标工程量清单项目特征描述不一致时，发承包双方应按实际施工的项目特征，依据合同约定重新确定综合单价。

② 材料、工程设备暂估价的处理。招标文件中在其他项目清单中提供了暂估单价的材料和工程设备，应按其暂估的单价计入清单项目的综合单价中。

③ 考虑合理的风险。招标文件中要求投标人承担的风险费用，投标人应考虑计入综合单价中。在施工过程中，当出现的风险内容及其范围（幅度）在招标文件规定的范围（幅度）内时，综合单价不得变动，合同价款不做调整。根据国际惯例并结合我国工程建设的特点，发承包双方对工程施工阶段的风险宜采用如下分摊原则：

A. 对于主要由市场价格波动导致的价格风险，如工程造价中的建筑材料、燃料等价格风险，发承包双方应当在招标文件中或在合同中对此类风险的范围和幅度予以明确约定，进行合理分摊。根据工程特点和工期要求，一般采取的方式是承包人承担5%以内的材料、工程设备价格风险，10%以内的施工机具使用费风险。

B. 对于法律、法规、规章或有关政策出台导致工程税金、规费、人工费发生变化，并由省级、行业建设行政主管部门或其授权的工程造价管理机构根据上述变化发布的政策性调整，承包人不应承担此类风险，应按照有关调整规定执行。

C. 对于承包人根据自身技术水平、管理、经营状况能够自主控制的风险，如承包人的企业管理费、利润的风险，承包人应结合市场情况，根据企业自身的实际合理确定、自主报价，该部分风险由承包人全部承担。

2）综合单价确定的步骤和方法。

① 确定计算基础。计算基础主要包括消耗量指标和生产要素单价。应根据本企业的企业实际消耗量水平，并结合拟定的施工方案确定完成清单项目需要消耗的各种人工、材料、施工机具台班的数量。计算时应采用企业定额，在没有企业定额或企业定额缺项时，可参照与本企业实际水平相近的国家、地区、行业定额，并通过调整来确定清单项目的人工、材料、机具单位用量。各种人工、材料、施工机具台班的单价，则应根据询价的结果和市场行情综合确定。

② 分析每一清单项目的工程内容。在招标文件提供的工程量清单中，招标人已对项目特征进行准确、详细的描述，投标人根据这一描述，再结合施工现场情况和拟定的施工方案确定完成各清单项目实际应发生的工程内容。必要时可参照《计价规范》中提供的工程内容，有些特殊的工程也可能出现规范列表之外的工程内容。

③ 计算工程内容的工程数量与清单单位的含量。每一项工程内容都应根据所选定额的工程量计算规则计算其工程数量，当定额的工程量计算规则与清单的工程量计算规则相一致时，可直接以工程量清单中的工程量作为工程内容的工程数量。

④ 分部分项工程人工、材料、施工机具使用费用的计算。以完成每一计量单位的清单项目所需的人工、材料、施工机具用量为基础计算，再根据预先确定的各种生产要素的单位价格，计算出每一计量单位清单项目的分部分项工程的人工费、材料费和施工机具使用费。当招标人提供的其他项目清单中列示了材料暂估价时，应根据招标人提供的价格计算材料费，并在分部分项工程量清单与计价表中表现出来。

⑤ 计算综合单价。企业管理费和利润的计算可按照规定的取费基数和一定的费率取费计算：

$$企业管理费 = (人工费 + 施工机具使用费) \times 企业管理费费率 \tag{5-2}$$

$$利润 = (人工费 + 施工机具使用费) \times 利润率 \tag{5-3}$$

将五项费用汇总，并考虑合理的风险费用后，即可得到清单综合单价。根据计算出的综合单价，可编制分部分项工程和单价措施项目清单与计价表。

3）工程量清单综合单价分析表的编制。为表明综合单价的合理性，投标人应对其进行单价分析，以作为评标时的判断依据。

（2）总价措施项目清单与计价表的编制

编制内容主要是不能精确计量的各项措施项目费。总价措施项目费应根据招标文件中的措施项目清单及投标时拟定的施工组织设计或施工方案按不同报价方式自主报价，可以“项”为单位的方式按“率值”计价，应包括除规费、税金外的全部费用。计算时应遵循以下原则：

1）投标人可根据工程实际情况结合施工组织设计，自主确定措施项目费。对招标人所列的措施项目可以进行增补。这是由于各投标人拥有的施工装备、技术水平和采用的施工方法有所差异，招标人提出的措施项目清单是根据一般情况确定的，没有考虑不同投标人的“个性”，投标人投标时应根据自身编制的投标施工组织设计或施工方案确定措施项目，对招标人提供的措施项目进行调整。

2）措施项目清单中的安全文明施工费应按照国家或省级、行业建设主管部门的规定计价，不得作为竞争性费用。招标人不得要求投标人对该项费用进行优惠，投标人也不得将该项费用参与市场竞争。

（3）其他项目清单与计价表的编制

其他项目费主要包括暂列金额、暂估价、计日工以及总承包服务费。投标人对其他项目费投标报价时应遵循以下原则：

1）暂列金额应按照其他项目清单中列出的金额填写，不得变动。

2）暂估价不得变动和更改。暂估价中的材料暂估价必须按照招标人提供的暂估单价计入清单项目的综合单价；专业工程暂估价必须按照招标人提供的其他项目清单中列出的金额填写。材料暂估单价和专业工程暂估价均由招标人提供，为暂估价格，在工程实施过程中，对于不同类型的材料与专业工程采用不同的计价方法。

① 招标人在工程量清单中提供了暂估价的材料和专业工程属于依法必须招标的，由承包人和招标人共同通过招标确定材料单价与专业工程中标价。

② 若材料不属于依法必须招标的，经发承包双方协商确认单价后计价。

③ 若专业工程不属于依法必须招标的，由发包人、总承包人与分包人按有关计价依据进行计价。

3）计日工应按照其他项目清单列出的项目和估算的数量，自主确定各项综合单价并计算费用。

4）总承包服务费应根据招标人在招标文件中列出的分包专业工程内容和供应材料、设备情况，按照招标人提出的协调、配合与服务要求和施工现场管理需要自主确定。

（4）规费、税金项目清单与计价表的编制

规费和税金应按国家或省级、行业建设主管部门的规定计算，不得作为竞争性费用。这是由于规费和税金的计取标准是依据有关法律、法规和政策规定制定的，具有强制性。因此，投标人在投标报价时必须按照国家或省级、行业建设主管部门的有关规定计算规费和税金。

（5）投标价的汇总

投标人的投标总价应当与组成工程量清单的分部分项工程费、措施项目费、其他项目费和规费、税金的合计金额相一致，即投标人在进行工程量清单招标的投标报价时，不能进行投标总价优惠（或降价、让利），投标人对投标报价的任何优惠（或降价、让利）均应反映在相应清单项目的综合单价中。

5.3 合同价款的确定

5.3.1 合同价款的调整

由于工程建设的周期长、涉及的经济关系和法律关系复杂、受自然条件和客观因素影响大，导致项目的实际情况和招标投标时的情况相比发生一些变化，如设计变更、材料价格的变化、某些经济政策的变化、施工条件的变化及其他不可预见的变化等。发承包双方应当在施工合同中约定合同价款，实行招标工程的合同价款由合同双方依据中标通知书的中标价款在合同协议书中约定，不实行招标工程的合同价款由合同双方依据双方确定的施工图预算的总造价在合同协议书中约定。在工程施工阶段，由于项目实际情况的变化，发承包双方在施工合同中约定的合同价款可能会出现变动。为合理分配双方的合同价款变动风险，有效地控制工程造价，发承包双方应当在施工合同中明确约定合同价款的调整事件、调整方法及调整程序。

1. 工程变更

工程变更可以理解为合同工程实施过程中由发包人提出或由承包人提出经发包人批准的合同工程的任何改变。工程变更指令发出后，应当迅速落实指令，全面修改相关的各种文件。承包人也应当抓紧落实，如果承包人不能全面落实变更指令，则扩大的损失应当由承包人承担。

导致工程变更的原因很多，主要有三个方面：一是由于勘察设计工作深度不够，导致在施工过程中出现了许多招标文件中没有考虑或估算不准确的工作量，因而不得不改变施工项目或增减工程量；二是由于不可预见因素的发生，如自然或社会原因引起的停工、返工或工期拖延等；三是由于发包人或承包人的原因导致的，如发包人对工程有新的要求或对工程进度计划的调整导致了工程变更，承包人由于施工质量原因导致的工期拖延等。

(1) 工程变更的范围

根据《标准施工招标文件》(2017年版) 中的通用合同条款，工程变更的范围和内容包括以下几方面：

1) 取消合同中任何一项工作，但被取消的工作不能转由发包人或其他人实施。

2) 改变合同中任何一项工作的质量或其他特性。

3) 改变合同工程的基线、标高、位置或尺寸。

4) 改变合同中任何一项工作的施工时间或改变已批准的施工工艺或顺序。

5) 为完成工程需要追加的额外工作。

在履行合同过程中，经发包人同意，监理人可按约定的变更程序向承包人做出变更指示，承包人应遵照执行。没有监理人的变更指示，承包人不得擅自变更。

(2) 工程变更的程序

1) 发包人的变更指示。

① 发包人直接发布变更指示。发生合同约定的变更情形时，发包人应在合同规定的期限内向承包人发出书面变更指示。变更指示应说明变更的目的、范围、变更内容以及变更的工程量及其进度和技术要求，并附有关变更施工图和文件。承包人收到变更指示后，应按变更指示进行变更工作。发包人在发出变更指示前，可以要求承包人提交一份关于变更工作的实施方案，发包人同意该方案后再向承包人发出变更指示。

② 发包人根据承包人的建议发布变更指示。承包人收到发包人按合同约定发出的施工图和文件后，经检查认为其中存在变更情形的，可向发包人提出书面变更建议，但承包人不得仅仅为了施工便利而要求对工程进行设计变更。承包人的变更建议应阐明要求变更的依据，并附必要的施工图和说明。发包人收到承包人的书面建议后，确认存在变更情形的，应在合同规定的期限内做出变更指示。发包人不同意作为变更情形的，应书面答复承包人。

2) 承包人的合理化建议导致的变更。承包人对发包人提供的施工图、技术要求以及其他方面提出的合理化建议，均应以书面形式提交给发包人。合理化建议被发包人采纳并构成变更的，发包人应向承包人发出变更指示。发包人同意采用承包人的合理化建议，所发生费用和获得收益的分担或分享，由发包人和承包人在合同条款中另行约定。

(3) 工程变更的价款调整方法

1) 分部分项工程费的调整。工程变更引起分部分项工程项目发生变化的，应按照下列规定调整：

① 已标价工程量清单中有适用于变更工程项目的，且工程变更导致的该清单项目的工程数量变化不足15%时，采用该项目的单价。

② 已标价工程量清单中没有适用，但有类似于变更工程项目的，可在合理范围内参照类似项目的单价调整。

③ 已标价工程量清单中没有适用也没有类似于变更工程项目的，由承包人根据变更工程资料、计量规则和计价办法、工程造价管理机构发布的信息（参考）价格和承包人报价浮动率，提出变更工程项目的单价或总价，报发包人确认后调整。承包人报价浮动率可按下列公式计算：

实行招标的工程：

$$承包人报价浮动率\ L=\left(1-\frac{中标价}{招标控制价}\right)\times 100\% \tag{5-4}$$

不实行招标的工程：

$$承包人报价浮动率\ L=\left(1-\frac{报价}{施工图预算}\right)\times 100\% \tag{5-5}$$

注：上述公式中的中标价、招标控制价或报价、施工图预算，均不含安全文明施工费。

④ 已标价工程量清单中没有适用也没有类似于变更工程项目，且工程造价管理机构发布的信息（参考）价格缺价的，由承包人根据变更工程资料、计量规则、计价办法和通过市场调查等有法律依据的市场价格提出变更工程项目的单价或总价，报发包人确认后调整。

2）措施项目费的调整。工程变更引起措施项目发生变化的，承包人提出调整措施项目费的，应事先将拟实施的方案提交发包人确认，并详细说明与原方案措施项目相比的变化情况。拟实施的方案经发承包双方确认后执行，并应按照下列规定调整措施项目费：

① 安全文明施工费，按照实际发生变化的措施项目调整，不得浮动。

② 采用单价计算的措施项目费，根据实际发生变化的措施项目按前述分部分项工程费的调整方法确定单价。

③ 按总价（或系数）计算的措施项目费，除安全文明施工费外，按照实际发生变化的措施项目调整，但应考虑承包人报价浮动因素，即调整金额按照实际调整金额乘以按式（5-4）或式（5-5）得出的承包人报价浮动率 L 计算。

如果承包人未事先将拟实施的方案提交给发包人确认，则视为工程变更不引起措施项目费的调整或承包人放弃调整措施项目费的权利。

3）承包人报价偏差的调整。如果工程变更项目出现承包人在工程量清单中填报的综合单价与发包人招标控制价或施工图预算相应清单项目的综合单价偏差超过15%的，工程变更项目的综合单价可由发承包双方协商调整。具体的调整方法，由双方当事人在合同专用条款中约定。

4）删减工程或工作的补偿。如果发包人提出的工程变更，非因承包人原因删减了合同中的某项原定工作或工程，致使承包人发生的费用或（和）得到的收益不能被包括在其他已支付或应支付的项目中，也未被包含在任何替代的工作或工程中，则承包人有权提出并得到合理的费用及利润补偿。

2. 物价波动

施工合同履行期间，因人工、材料、工程设备和施工机具台班等价格波动影响合同价款时，发承包双方可以根据合同约定的调整方法，对合同价款进行调整。因物价波动引起合同价款调整的方法有两种：一种是采用价格指数调整价格差额；另一种是采用造价信息调整价格差额。承包人采购材料和工程设备的，应在合同中约定主要材料、工程设备价格变化的范围或幅度，如没有约定，材料、工程设备单价变化超过5%时，超过部分的价格按上述两种方法之一进行调整。

（1）采用价格指数调整价格差额

采用价格指数调整价格差额的方法，主要适用于施工中所用的材料品种较少，但每种材料使用量较大的土木工程，如公路、水坝等。

1）价格调整公式。因人工、材料、工程设备和施工机具台班等价格波动影响合同价款时，根据投标函附录中的价格指数和权重表约定的数据，按以下价格调整公式计算差额并调整合同价款：

$$\Delta P = P_0\left[A + \left(B_1 \times \frac{F_{t1}}{F_{01}} + B_2 \times \frac{F_{t2}}{F_{02}} + B_3 \times \frac{F_{t3}}{F_{03}} + \cdots + B_n \times \frac{F_{tn}}{F_{0n}}\right) - 1\right] \tag{5-6}$$

式中 ΔP——需要调整的价格差额；

P_0——根据进度付款、竣工付款和最终结清等付款证书中，承包人应得到的已完成工程量的金额；此项金额应不包括价格调整、不计质量保证金的扣留和支付、预付款的支付和扣回；变更及其他金额已按现行价格计价的，也不计在内；

A——定值权重（即不调部分的权重）；

B_1，B_2，B_3，…，B_n——各可调因子的变值权重（即可调部分的权重），为各可调因子在投标函投标总报价中所占的比例；

F_{t1}，F_{t2}，F_{t3}，…，F_{tn}——各可调因子的现行价格指数，指根据进度付款、竣工付款和最终结清等约定的付款证书相关周期最后一天的前42天的各可调因子的价格指数；

F_{01}，F_{02}，F_{03}，…，F_{0n}——各可调因子的基本价格指数，指基准日的各可调因子的价格指数。

以上价格调整公式中的可调因子、定值权重和变值权重，以及基本价格指数及其来源在投标函附录价格指数和权重表中约定。价格指数应首先采用工程造价管理部门提供的价格指数，缺乏上述价格指数时，可采用有关部门提供的价格代替。

在运用这一价格调整公式进行工程价格差额调整时，应注意以几点：

① 固定要素通常的取值范围为0.15～0.35。固定要素对调价的结果影响很大，它与调价余额成反比。固定要素相当微小的变化，隐含着在实际调价时很大的费用变动，所以，承包商在调值公式中采用的固定要素取值要尽可能偏小。

② 调值公式中有关的各项费用，按一般国际惯例，只选择用量大、价格高且具有代表性的一些典型人工费和材料费，通常是大宗的水泥、沙石料、钢材、木材、沥青等，并用它们的价格指数变化综合代表材料费的价格变化，以便尽量与实际情况接近。

③ 各部分成本的比重系数，在许多招标文件中要求承包方在投标中提出，并在价格分析中予以论证。但也有的是由发包方（业主）在招标文件中即规定一个允许范围，由投标人在此范围内选定。例如，鲁布革水电站工程的标书即对外币支付项目各费用比重系数范围做了如下规定：外籍人员工资0.10～0.20；水泥0.10～0.16；钢材0.05～0.13；设备0.35～0.48；海上运输0.04～0.08，固定系数0.17。并规定允许投标人根据其施工方法在上述范围内选用具体系数。

④ 调整有关各项费用要与合同条款规定相一致。例如，签订合同时，甲乙双方一般应商定调整的有关费用和因素，以及物价波动到何种程度才进行调整。在国际工程中，一般在5%以上才进行调整。如有的合同规定，在应调整金额不超过合同原始价5%时，由承包方自己承担；在5%～20%时，承包方负担10%，发包方（业主）负担50%；超过20%时，则必须另行签订附加条款。

⑤ 调整有关各项费用应注意地点与时点。地点一般指工程所在地或指定的某地市场价

格。时点指的是某月某日的市场价格。这里要确定两个时点价格，即签订合同时间某个时点的市场价格（基础价格）和每次支付前的一定时间的时点价格。这两个时点就是计算调值的依据。

⑥ 确定每个品种的系数和固定要素系数，品种的系数要根据该品种价格对总造价的影响程度而定。各品种系数之和加上固定要素系数应该等于 1。在计算调整差额时得不到现行价格指数的，可暂用上一次价格指数计算，并在以后的付款中再按实际价格指数进行调整。

2）权重的调整。按变更范围和内容所约定的变更，导致原定合同中的权重不合理时，由承包人和发包人协商后进行调整。

3）工期延误后的价格调整。由于发包人原因导致工期延误的，则对于计划进度日期（或竣工日期）后续施工的工程，在使用价格调整公式时，应采用计划进度日期（或竣工日期）与实际进度日期（或竣工日期）的两个价格指数中较高者作为现行价格指数。

由于承包人原因导致工期延误的，则对于计划进度日期（或竣工日期）后续施工的工程，在使用价格调整公式时，应采用计划进度日期（或竣工日期）与实际进度日期（或竣工日期）的两个价格指数中较低者作为现行价格指数。

【例 5-1】　某工程合同规定结算价款为 400 万元，合同原始报价日期为 2017 年 3 月，工程于 2018 年 2 月建成并交付使用。工程人工费、材料费构成比例及有关价格指数见表 5-1，试计算需要调整的价格差额。

表 5-1　某工程人工费、材料费构成比例及有关造价指数

项目	人工费	钢材	水泥	集料	红砖	砂	木材	定值部分
比例	45%	11%	11%	5%	6%	3%	4%	15%
2017 年 3 月指数	100	100.8	102.0	93.6	100.2	95.4	93.4	
2018 年 2 月指数	110.1	98.0	112.9	95.9	98.9	91.1	117.9	

【解】　需要调整的价格差额 $=400$ 万元 $\times\left[15\%+\left(45\%\times\dfrac{110.1}{100}+11\%\times\dfrac{98.0}{100.8}+11\%\times\dfrac{112.9}{102.0}+5\%\times\dfrac{95.9}{93.6}+6\%\times\dfrac{98.9}{100.2}+3\%\times\dfrac{91.1}{95.4}+4\%\times\dfrac{117.9}{93.4}\right)\right]=400$ 万元 $\times1.064=425.6$ 万元

通过调整，2018 年 2 月实际结算的工程价款，比原始合同价应多结算 25.6 万元。

（2）采用造价信息调整价格差额

这种方法适用于使用的材料品种较多，相对而言每种材料使用量较小的房屋建筑与装饰工程。施工合同履行期间，因人工、材料和施工机具台班价格波动影响合同价格时，人工费、施工机具使用费按照国家或省、自治区、直辖市建设行政管理部门、行业建设管理部门或其授权的工程造价管理机构发布的人工成本信息、施工机具台班单价或机具使用费系数进行调整；需要进行价格调整的材料，其单价和采购数应由发包人复核，发包人确认需调整的材料单价及数量，作为调整工程合同价款差额的依据。

1）人工单价的调整。人工单价发生变化时，发承包双方应按省级或行业建设主管部门或其授权的工程造价管理机构发布的人工成本文件调整合同价款。

2）材料价格的调整。材料价格变化超过省级或行业建设主管部门或其授权的工程造价管理机构规定的幅度时应当调整，承包人应在采购材料前就采购数量和新的材料单价报发包人核对，确认用于本合同工程时，发包人应确认采购材料的数量和单价。发包人在收到承包人报送的确认资料后3个工作日内不予答复的，视为已经认可，作为调整合同价款的依据。如果承包人未报经发包人核对即自行采用材料，再报发包人确认调整合同价款的，如发包人不同意，则不做调整。

3）施工机具台班单价的调整。施工机具台班单价或施工机具使用费发生变化超过省级或行业建设主管部门或其授权的工程造价管理机构规定的范围时，按照其规定调整合同价款。

3. 合同价款的调整程序

合同价款调整报告应由受益方在合同约定时间内向合同的另一方提出，经对方确认后调整合同价款。受益方未在合同约定时间内提出合同价款调整报告的，视为不涉及合同价款的调整。当未在合同内约定时，可按下列规定办理：

1）调整因素确定后14天内，由受益方向对方递交调整工程价款报告。受益方在14天内未递交调整合同价款报告的，视为不调整合同价款。

2）收到调整合同价款报告的一方应在收到之日起14天内予以确认或提出协商意见，如在14天内未确认也未提出协商意见时，视为调整合同价款报告已被确认。

经发承包双方确定调整的合同价款，作为追加（减）合同价款，与工程进度款同期支付。

4. 引起合同价款调整的其他事件

（1）项目特征描述不符

1）项目特征描述。项目特征描述是确定综合单价的重要依据之一，承包人在投标报价时应依据发包人提供的招标工程量清单中的项目特征描述，确定其清单项目的综合单价。发包人在招标工程量清单中对项目特征的描述，应被认为是准确的和全面的，并且与实际施工要求相符合。承包人应按照发包人提供的招标工程量清单，根据其项目特征描述的内容及有关要求实施合同工程，直到其被改变为止。

2）合同价款的调整方法。承包人应按照发包人提供的施工图实施合同工程，在合同履行期间，出现施工图（含设计变更）与招标工程量清单任一项目的特征描述不符，且该变化引起该项目的工程造价增减变化的，发承包双方应当按照实际施工的项目特征，重新确定相应工程量清单项目的综合单价，调整合同价款。

（2）招标工程量清单缺项、漏项

1）清单缺项、漏项的责任。招标工程量清单必须作为招标文件的组成部分，其准确性和完整性由招标人负责。因此，招标工程量清单是否准确和完整，其责任应当由提供工程量清单的发包人负责，作为投标人的承包人不应承担因工程量清单的缺项、漏项以及计算错误带来的风险与损失。

2）合同价款的调整方法。

① 分部分项工程费的调整。施工合同履行期间，由于招标工程量清单中分部分项工程

出现缺项、漏项，造成新增工程清单项目的，应按照工程变更事件中关于分部分项工程费的调整方法，调整合同价款。

② 措施项目费的调整。由于招标工程量清单中分部分项工程出现缺项、漏项，引起措施项目发生变化的，应当按照工程变更事件中关于措施项目费的调整方法，在承包人提交的实施方案被发包人批准后，调整合同价款；由于招标工程量清单中措施项目漏项的，承包人应将新增措施项目实施方案提交发包人批准，批准后按照工程变更事件中的有关规定调整合同价款。

（3）工程量偏差

1）工程量偏差的概念。工程量偏差是指承包人根据发包人提供的施工图（包括由承包人提供经发包人批准的施工图）进行施工，按照现行国家计算规范规定的工程量计算规则，计算得到的完成合同工程项目应予计量的工程量与相应的招标工程量清单项目列出的工程量之间出现的量差。

2）合同价款的调整方法。施工合同履行期间，若应予计算的实际工程量与招标工程量清单列出的工程量出现偏差，或者因工程变更等非承包人原因导致工程量偏差，该偏差对工程量清单项目的综合单价将产生影响，是否调整综合单价以及如何调整，发承包双方应当在施工合同中约定。如果合同中没有约定或约定不明的，可按以下原则办理：

① 综合单价的调整原则。当应予计算的实际工程量与招标工程量清单出现偏差（包括因工程变更等原因导致的工程量偏差）超过 15 %时，对综合单价的调整原则为：当工程量增加 15%以上时，其增加部分的工程量的综合单价应予调低；当工程量减少 15%以上时，剩余部分的工程量的综合单价应予调高。至于具体的调整方法，则应由双方当事人在合同专用条款中约定。

② 措施项目费的调整。当应予计算的实际工程量与招标工程量清单出现偏差（包括因工程变更等原因导致的工程量偏差）超过 15%，且该变化引起措施项目相应发生变化，如该措施项目是按系数或单一总价方式计价的，对措施项目费的调整原则为：工程量增加的，措施项目费调增；工程量减少的，措施项目费调减。至于具体的调整方法，则应由双方当事人在合同专用条款中约定。

（4）暂列金额

暂列金额是指发包人在招标工程量清单中暂定并包括在合同价款中的一笔款项。招标工程量清单中开列的已标价的暂列金额是用于工程合同签订时尚未确定或者不可预见的所需材料、工程设备、服务的采购，或用于施工中可能发生的工程变更等合同约定调整因素出现时的合同价款调整，以及经发包人确认的索赔、现场签证等费用的支出。

已签约合同价中的暂列金额由发包人掌握使用，发包人按照合同的规定支付后，如果有剩余，则暂列金额余额归发包人所有。

（5）暂估价

暂估价是指招标人在工程量清单中提供的用于支付必然发生但暂时不能确定价格的材料、工程设备的单价以及专业工程的金额。

1）给定暂估价的材料、工程设备。

① 不属于依法必须招标的项目。发包人在招标工程量清单中给定暂估价的材料和工程设备不属于依法必须招标的，由承包人按照合同约定采购，经发包人确认后以此为依据取代

暂估价，调整合同价款。

② 属于依法必须招标的项目。发包人在招标工程量清单中给定暂估价的材料和工程设备属于依法必须招标的，由发承包双方以招标的方式选择供应商。依法确定中标价格后，以此为依据取代暂估价，调整合同价款。

2）给定暂估价的专业工程。

① 不属于依法必须招标的项目。发包人在工程量清单中给定暂估价的专业工程不属于依法必须招标的，应按照前述工程变更事件的合同价款调整方法，确定专业工程价款，并以此为依据取代专业工程暂估价，调整合同价款。

② 属于依法必须招标的项目。发包人在招标工程量清单中给定暂估价的专业工程属于依法必须招标的，应当由发承包双方依法组织招标选择专业分包人，并接受建设工程招标投标管理机构的监督。

（6）计日工

1）计日工费用的产生。发包人通知承包人以计日工方式实施的零星工作，承包人应予执行。采用计日工计价的任何一项变更工作，承包人应在该项变更的实施过程中，按合同约定提交以下报表和有关凭证，送发包人复核：

① 工作名称、内容和数量。

② 投入该工作所有人员的姓名、工种、级别和耗用工时。

③ 投入该工作的材料名称、类别和数量。

④ 投入该工作的施工设备型号、台数和耗用台时。

⑤ 发包人要求提交的其他资料和凭证。

2）计日工费用的确认和支付。任一计日工项目持续进行时，承包人应在该项工作实施结束后的24小时内，向发包人提交有计日工记录汇总的现场签证报告一式三份。发包人在收到承包人提交现场签证报告后的2天内予以确认并将其中一份返还给承包人，作为计日工计价和支付的依据。发包人逾期未确认也未提出修改意见的，视为承包人提交的现场签证报告已被发包人认可。

任一计日工项目实施结束，承包人应按照确认的计日工现场签证报告核实该类项目的工程数量，并根据核实的工程数量和承包人已标价工程量清单中的计日工单价计算，提出应付价款；已标价工程量清单中没有该类计日工单价的，由发承包双方按工程变更的有关规定商定计日工单价计算。

每个支付期末，承包人应与进度款同期向发包人提交本期间所有计日工记录的签证汇总表，以说明本期间自己认为有权得到的计日工金额，调整合同价款，列入进度款支付。

（7）提前竣工（赶工补偿）与误期赔偿

1）提前竣工（赶工补偿）。

① 赶工费用。发包人应当依据相关工程的工期定额合理计算工期，压缩的工期天数不得超过定额工期的20%，超过的，应在招标文件中明示增加赶工费用。

② 提前竣工奖励。发承包双方可以在合同中约定提前竣工的奖励条款，明确每日历天应奖励额度。约定提前竣工奖励的，如果承包人的实际竣工日期早于计划竣工日期，承包人有权向发包人提出并得到提前竣工天数与合同约定的每日历天应奖励额度的乘积计算的提前竣工奖励。一般来说，双方还应当在合同中约定提前竣工奖励的最高限额（如合同价款的

5%)。提前竣工奖励列入竣工结算文件中，与结算款一并支付。

发包人要求合同工程提前竣工，应征得承包人同意后与承包人商定采取加快工程进度的措施，并修订合同工程进度计划。发包人应承担承包人由此增加的赶工费。发承包双方也可在合同中约定每日历天的赶工补偿额度，此项费用作为增加合同价款，列入竣工结算文件中，与结算款一并支付。

2）误期赔偿。发承包双方可以在合同中约定误期赔偿费，明确每日历天应赔偿额度。如果承包人的实际进度迟于计划进度，发包人有权向承包人索取并得到实际延误天数与合同约定的每日历天应赔偿额度的乘积计算的误期赔偿费。一般来说，双方还应当在合同中约定误期赔偿费的最高限额（如合同价款的5%）。误期赔偿费列入进度款支付文件或竣工结算文件中，在进度款或结算款中扣除。

合同工程发生误期的，承包人应当按照合同的约定向发包人支付误期赔偿费，如果约定的误期赔偿费低于发包人由此造成的损失的，承包人还应继续赔偿。即使承包人支付误期赔偿费，也不能免除承包人按照合同约定应承担的任何责任和义务。

如果在工程竣工之前，合同工程内的某单项（或单位）工程已通过了竣工验收，单项（或单位）工程接收证书中表明的竣工日期并未延误，而是合同工程的其他部分产生了工期延误，则误期赔偿费应按照已颁发工程接收证书的单项（或单位）工程造价占合同价款的比例幅度予以扣减。

(8）不可抗力

1）不可抗力的范围。不可抗力是指合同双方在合同履行中出现的不能预见、不能避免并不能克服的客观情况。不可抗力的范围一般包括因战争、敌对行动（无论是否宣战）、入侵、外敌行为、军事政变、恐怖主义、骚动、暴动、空中飞行物坠落或其他非合同双方当事人责任或原因造成的罢工、停工、爆炸、火灾等，以及当地气象、地震、卫生等部门规定的情形。发承包双方应当在施工合同中明确约定不可抗力的范围以及具体的判断标准。

2）不可抗力造成损失的承担。因不可抗力事件导致的人员伤亡、财产损失及其费用增加，发承包双方应按以下原则分别承担并调整合同价款和工期：

① 合同工程本身的损害、因工程损害导致第三方人员伤亡和财产损失以及运至施工场地用于施工的材料和待安装的设备的损害，由发包人承担。

② 发包人、承包人人员伤亡由其所在单位负责，并承担相应费用。

③ 承包人的施工机械设备损坏及停工损失，由承包人承担。

④ 停工期间，承包人应发包人要求留在施工场地的必要的管理人员及保卫人员的费用由发包人承担。

⑤ 工程所需的清理、修复费用，由发包人承担。

⑥ 工期的处理。因发生不可抗力事件导致工期延误的，工期相应顺延。发包人要求赶工的，承包人应采取赶工措施，赶工费用由发包人承担。

5.3.2 合同价款的结算

1. 概述

(1）合同价款结算的概念

合同价款结算是指建设工程的发承包双方之间依据合同约定，进行的工程预付款、工程进度款、工程竣工价款结算的活动。工程价款是反映工程进度和考核经济效益的主要指标。因此，合同价款结算是一项十分重要的造价控制工作。

合同价款结算应按合同约定办理，合同未做约定或约定不明确的，发承包双方应依据下列规定与文件协商处理：

1）国家有关法律、法规、规章制度和相关的司法解释。

2）国家和省级、行业建设主管部门发布的工程造价计价标准、计价办法、有关规定及相关解释。

3）施工发承包合同、专业分包合同及补充合同，有关材料、设备采购合同。

4）招标投标文件，包括招标答疑文件、投标承诺、中标书及其组成内容。

5）工程竣工图或施工图、图纸会审记录，经批准的施工组织设计，以及设计变更、工程洽商和相关会议纪要。

6）经批准的开工、竣工报告或停工、复工报告。

7）《计价规范》或工程计价定额、费用定额及价格信息，调价规定等。

8）其他可依据的材料。

（2）合同价款结算的分类

根据工程建设的不同时期以及结算对象的不同，合同价款结算分为预付款结算、中间结算和竣工结算。

1）预付款结算。工程预付款又称为工程备料款。建筑工程材料物资供应一般有三种方式：包工包全部材料工程、包工包部分材料工程、包工不包材料工程。承包人承包工程，一般都实行包工包料，需要有一定数量的备料周转金。根据工程承包合同条款规定，由发包人在开工前拨给承包人一定限额的工程预付款。此预付款构成承包人为该工程项目主要材料、构件所需的流动资金。工程预付款的结算是指在工程后期随工程所需材料储备逐渐减少，预付款以冲抵工程价款的方式陆续扣回。

2）中间结算。中间结算是指在工程建设过程中，承包人根据实际完成的工程数量计算工程价款与发包人办理的价款结算。中间结算分为按月结算和分段结算两种。

3）竣工结算。竣工结算是指在承包人按合同（协议）规定的内容全部完工、交工后，承包人与发包人按照合同（协议）约定的合同价款调整内容进行的最终工程价款结算。

（3）合同价款结算的方式

根据工程性质、规模、资金来源和施工工期以及承包内容不同，采用的结算方式也不同。我国《建设工程价款结算暂行办法》规定的工程价款结算方式主要有以下几种：

1）按月结算。即实行按月支付进度款，竣工后清算的办法。合同工期在两个年度以上的工程，在年终进行工程盘点，办理年度结算。我国现行建筑安装工程价款结算中，相当一部分实行按月结算。

2）分段结算。即当年开工、当年不能竣工的工程按照工程形象进度，划分不同阶段支付工程进度款。具体划分在合同中明确。

2. 合同价款结算的编制

（1）合同价款结算的编制要求

1）合同价款结算一般要经过发包人或有关单位验收合格且点交后方可进行。

2）合同价款结算应以发承包双方合同为基础，按合同约定的工程价款调整方式对原合同价款进行调整。

3）合同价款结算应核查设计变更、工程洽商等工程资料的合法性、有效性、真实性和完整性。对有疑义的工程实体项目，应视现场条件和实际需要核查隐蔽工程。

4）建设项目由多个单项工程或单位工程构成的，应按建设项目划分标准的规定，将各单项工程或单位工程竣工结算汇总，编制相应的工程结算书，并撰写编制说明。

5）实行分阶段结算的工程，应将各阶段工程结算汇总，编制工程结算书，并撰写编制说明。

6）实行专业分包结算的工程，应将各专业分包结算汇总在相应的单位工程或单项工程结算内，并撰写编制说明。

7）工程结算编制应采用书面形式，有电子文本要求的应一并报送与书面形式内容一致的电子版本。

8）工程结算应严格按工程结算编制程序进行编制，做到程序化、规范化，结算资料必须完整。

（2）合同价款结算的程序

合同价款结算应按准备、编制和定稿三个工作阶段进行，并实行编制人、校对人和审核人分别署名盖章确认的内部审核制度。

1）结算编制准备阶段。

① 收集与工程结算编制相关的原始资料。

② 熟悉工程结算资料内容，进行分类、归纳、整理。

③ 召集相关单位或部门的有关人员参加工程结算预备会议，对结算内容和结算资料进行核对与充实完善。

④ 收集建设期内影响合同价格的法律和政策性文件。

2）结算编制阶段。

① 根据竣工图、施工图以及施工组织设计进行现场踏勘，对需要调整的工程项目进行观察、对照、必要的现场实测和计算，做好书面或影像记录。

② 按既定的工程量计算规则计算需调整的分部分项、施工措施或其他项目工程量。

③ 按招标投标文件、发承包合同规定的计价原则和计价办法对分部分项、施工措施或其他项目进行计价。

④ 对于工程量清单或定额缺项以及采用新材料、新设备、新工艺的，应根据施工过程中的合理消耗和市场价格，编制综合单价或单位估价分析表。

⑤ 工程索赔应按合同约定的索赔处理原则、程序和计算方法，提出索赔费用，经发包人确认作为结算依据。

⑥ 汇总计算工程费用，包括编制分部分项工程费、措施项目费、其他项目费以及规费和税金等表格，初步确定工程结算价格。

⑦ 编写编制说明。

⑧ 计算主要技术经济指标。

⑨ 提交结算编制的初步成果文件待校对、审核。

3）结算编制定稿阶段。

① 由结算编制受托人单位的部门负责人对初步成果文件进行检查、校对。

② 由结算编制受托人单位的主管负责人审核批准。

③ 在合同约定的期限内，向委托人提交经编制人、校对人、审核人和受托人单位盖章确认的正式的结算编制文件。

（3）合同价款结算的内容

合同价款结算的内容与施工图预算的内容基本相同，由分部分项工程费、措施项目费、其他项目费、规费和税金五部分组成。竣工结算以竣工结算书形式表现，包括单位工程竣工结算书、单项工程竣工结算书及竣工结算说明等。

合同价款结算主要包括竣工结算、分阶段结算、专业分包结算和合同中止结算。

1）竣工结算。工程项目完工并经验收合格后，对所完成的工程项目进行的全面结算。竣工结算书中主要体现“量差”和“价差”的基本内容。

①“量差”是指原计价文件所列工程量与实际完成的工程量不符而产生的差别。

②“价差”是指签订合同时的计价或取费标准与实际情况不符而产生的差别。

2）分阶段结算。按施工合同约定，工程项目按工程特征划分为不同阶段实施和结算。每一阶段合同工作内容完成后，经发包人或监理人中间验收合格后，由施工承包人在原合同分阶段价格的基础上编制调整价格并提交监理人审核签认。分阶段结算是一种合同价款结算的中间结算。

3）专业分包结算。按分包合同约定，分包合同工作内容完成后，经总承包人、监理人对专业分包工作内容验收合格后，由分包人在原分包合同价格基础上编制调整价格并提交总承包人、监理人审核签认。专业分包结算也是一种合同价款结算的中间结算。

4）合同中止结算。工程实施过程中合同中止时，需要对已完成且经验收合格的合同工程内容进行结算。施工合同中止时已完成的合同工程内容，经监理人验收合格后，由施工承包人按原合同价格或合同约定的定价条款，参照有关计价规定编制合同中止价格，提交监理人审核签认。合同中止结算有时也是一种合同价款结算的中间结算，除非施工合同不再继续履行。

（4）合同价款结算的编制原则及方法

合同价款结算的编制应区分发承包合同类型，采用相应的编制方法。采用总价合同的，应在合同价基础上对设计变更、工程洽商及工程索赔等合同约定可以调整的内容进行调整；采用单价合同的，应计算或核定竣工图或施工图以内的各个分部分项工程量，依据合同约定的方式确定分部分项工程项目价格，并对设计变更、工程洽商、施工措施及工程索赔等内容进行调整；采用成本加酬金合同的，应依据合同约定的方法计算各个分部分项工程以及设计变更、工程洽商、施工措施等内容的工程成本，并计算酬金及有关税费。

1）合同价款结算的编制原则。合同价款结算中涉及工程单价调整时，应当遵循以下原则：

① 合同中已有适用于变更工程、新增工程单价的，按已有的单价结算。

② 合同中有类似变更工程、新增工程单价的，可以参照类似单价作为结算依据。

③ 合同中没适用或类似变更工程、新增工程单价的，结算编制受托人可商洽承包人或发包人提出适当的价格，经对方确认后作为结算的依据。

2）合同价款结算的编制方法。合同价款结算编制中涉及的工程单价应按合同要求分别采用综合单价或工料单价。工程量清单计价的工程项目应采用综合单价；定额计价的工程项目可采用工料单价。

① 综合单价。把分部分项工程单价综合成全费用单价，其内容包括分部分项工程费、措施项目费、其他项目费、规费和税金，经综合计算后生成。各分项工程量乘以综合单价的合价汇总后，生成工程结算价。

② 工料单价。将分部分项工程量乘以单价形成直接工程费，加上按规定标准计算的措施项目费、其他项目费汇总后另计算规费、税金，生成工程结算价。

3. 预付款与期中支付

（1）预付款

预付款是指建设工程施工合同订立后，由发包人按照合同约定，在正式开工前预先支付给承包人的工程款。它是施工准备和所需要材料、结构件等流动资金的主要来源，国内习惯上又称为预付备料款。

预付款的时间和限额，开工后逐次扣回的比例和时间等事项，双方应当在合同专用条款中约定。

1）预付款的额度。各地区、各部门对工程预付款额度的规定不完全相同，主要是保证施工所需材料和构件的正常储备。

建筑工程材料物质供应一般有三种方式：一是包工包全部材料，工程预付款额度确定后，发包人把预付款一次预付给承包人；二是包工包部分材料，需要确定工料范围和备料比例，拨付适量预付款，双方及时结算；三是包工不包料，不需要预付备料款。

① 由承包人自行采购建筑材料的，发包人可以在双方签订工程承包合同后按年度工作量的一定比例向承包人预付备料款，并应在一个月内付清。

A. 百分比法。发包人根据工程的特点、工期长短、市场行情、供求规律等因素，招标时在合同条件中约定工程预付款的百分比。根据《建设工程价款结算暂行办法》的规定，预付款的比例原则上不低于合同金额的 10%，不高于合同金额的 30%。可按下式计算：

$$\text{工程预付款} = \text{年度建筑安装工程量} \times \text{工程预付款额度} \tag{5-7}$$

【例 5-2】 某工程计划完成建筑安装工程量 1000 万元。按当地规定，工程预付款额度为 25%，试确定该工程的工程预付款。

【解】 工程预付款 = 1000 万元 ×25% = 250 万元

B. 公式计算法。公式计算法是根据主要材料（含结构件等）占年度承包工程总价的比例，材料储备定额天数和年度施工天数等因素，通过公式计算预付款额度的一种方法。可按下式计算：

$$\text{预付款限额} = \frac{\text{年度承包工程总价} \times \text{主要材料所占比例}}{\text{年度施工日历天数}} \times \text{材料储备定额天数} \tag{5-8}$$

式中，年度施工日历天数按 365 天计算；材料储备定额天数由当地材料供应的在途天数、加工天数、整理天数、供应间隔天数、保险天数等因素决定。

【例 5-3】 某综合楼工程计划完成年度建筑安装工程量500万元，计划工期为400天，材料比例为60%，材料储备期为120天，试确定工程备料款限额。

【解】 工程备料款限额 $=\dfrac{500\times60\%}{400}$万元 $\times120=90$ 万元

在实际工作中，预付款的数额，要根据各工程类型、合同工期、承包方式和供应体制等不同条件而定。对于重大工程项目，按年度工程计划逐年预付，安装工程一般不得超过当年安装工程量的10%，安装材料用量大的安装工程可以适当增加，工期短的工程比工期长的工程预付款要高，材料由承包人自购的要比由发包人提供材料的预付款要高。计价执行《计价规范》的工程，实体性消耗和非实体性消耗部分应在合同中分别约定预付款比例。对于只包定额工日（不包材料定额，一切材料由发包人供给）的工程项目，则可以不预付备料款。

② 发包人按合同约定向承包人供应材料的，其材料可按材料预算价格转给承包人。材料价款在结算工程款时陆续抵扣。这部分材料，承包人不应收取备料款。

凡是没有签订工程承包合同和不具备收取备料款的工程，发包人不得预付备料款，不准以备料款为名转移资金。承包人收取备料款后2个月仍不开工或发包人不按合同约定拨付备料款的，开户银行可根据双方工程承包合同的约定分别从有关单位账户中收回或付出备料款。

2）预付款的支付时间。根据《建设工程价款结算暂行办法》的规定，在具备施工条件的前提下，发包人应在双方签订合同后的一个月内或不迟于约定的开工日期前的7天内预付工程款。发包人不按约定预付，承包人在约定预付时间到期后10天内向发包人发出要求预付的通知，发包人收到通知后仍不按要求预付，承包人可在发出通知14天后停止施工，发包人应从约定应付之日起向承包人支付应付款的贷款利息（利率按同期银行贷款利率计），并承担违约责任。

① 承包人应在签订合同或向发包人提供与预付款等额的预付款保函（如有）后向发包人提交预付款支付申请。

② 发包人应在收到支付申请的7天内进行核实后向承包人发出预付款支付证书，并在签发支付证书后的7天内向承包人支付预付款。

工程预付款仅用于承包人支付施工开始时与本工程有关的动员费用，如承包人单位滥用此款，发包人有权立即收回。

3）预付款的扣回。发包人拨付给承包人的预付款属于预支性质，随着工程的逐步实施后，原已支付的预付款应以充抵工程价款的方式陆续扣回，抵扣方式应当由双方当事人在合同中明确约定。

扣款的方法有三种：一是按照公式确定起扣点和抵扣额；二是按照合同或当地规定办法抵扣预付款；三是工程竣工结算时一次抵扣预付款。

实际工程中，工期较短的工程就无须分期扣回；工期较长的工程，如跨年度工程，预付款的占用时间较长，根据实际情况就可以少扣或不扣，并于次年按应付预付款调整，多退少补。

① 按公式计算起扣点和抵扣额。从未施工工程尚需的主要材料及构件的价值相当于工

程预付款数额时起扣，此后每次结算工程价款时，按材料所占比例扣减工程价款，至竣工前全部扣清。

其基本表达式如下：

$$T = P - \frac{M}{N} \tag{5-9}$$

式中　T——起扣点，即工程预付款开始扣回时的累计完成工作量金额；

M——工程预付款总额；

N——主要材料及构件所占比例；

P——承包工程价款总额。

② 发承包双方也可在专用条款中约定不同的扣回方法。例如《建设工程价款结算暂行办法》中规定，在承包人完成金额累计达到合同总价的 10% 后，由承包人开始向发包人还款，发包人从每次应付给承包人的金额中扣回工程预付款，发包人至少在合同规定的完工期前 3 个月将工程预付款的总计金额按逐次分摊的办法扣回。

（2）期中支付

合同价款的期中支付，是指发包人在合同工程施工过程中，按照合同约定对付款周期内承包人完成的合同价款给予支付的款项，也就是工程进度款的结算支付。发承包双方应按照合同约定的时间、程序和方法，根据工程计量结果，办理期中价款结算，支付进度款。进度款支付周期应与合同约定的工程计量周期一致。

1）期中支付价款的计算。

① 已完工程的结算价款。已标价工程量清单中的单价项目，承包人应按工程计量确认的工程量与综合单价计算。如综合单价发生调整，以发承包双方确认调整的综合单价计算进度款。

已标价工程量清单中的总价项目，承包人应按合同中约定的进度款支付分解，分别列入进度款支付申请中的安全文明施工费和本周期应支付的总价项目的金额中。

② 结算价款的调整。承包人现场签证和得到发包人确认的索赔金额列入本周期应增加的金额中。由发包人提供的材料、工程设备金额，应按照发包人签约提供的单价和数量从进度款支付中扣出，列入本周期应扣减的金额中。

2）期中支付的程序。

① 承包人提交进度款支付申请。承包人应在每个计量周期到期后的 7 天内向发包人提交已完工程进度款支付申请一式四份，详细说明此周期认为有权得到的款额，包括分包人已完工程的价款，支付申请的内容包括：

A. 累计已完成的合同价款。

B. 累计已实际支付的合同价款。

C. 本周期合计完成的合同价款。

D. 本周期合计应扣减的金额，其中包括本周期应扣回的预付款。

E. 本周期实际应支付的合同价款。

② 发包人签发进度款支付证书。发包人在收到承包人的工程进度款支付申请后 14 天内核对完毕，否则，从第 15 天起承包人递交的工程进度款支付申请视为被批准。若发承包双方对有的清单项目的计量结果出现争议，发包人应对无争议部分的工程计量结果向承包人出

具进度款支付证书。

③ 发包人支付进度款。发包人应在签发进度款支付证书后的14天内，按照支付证书列明的金额向承包人支付进度款。若发包人逾期未签发进度款支付证书，则视为承包人提交的进度款支付申请已被发包人认可，承包人可向发包人发出催告付款的通知。发包人应在收到通知后的14天内，按照承包人支付申请的金额向承包人支付进度款。可按以下规定办理：

A. 发包人超过约定的支付时间不支付工程进度款，承包人应及时向发包人发出要求付款的通知，发包人收到承包人通知后仍不能按要求付款，可与承包人协商签订延期付款协议，经承包人同意后可延期支付，协议应明确延期支付的时间和从付款申请生效日按同期银行贷款利率计算应付工程进度款的利息。

B. 发包人在付款期满后的7天内仍未支付工程进度款，双方又未达成延期付款协议，导致施工无法进行，承包人可在付款期满后的第8天起暂停施工。发包人应承担由此增加的费用和（或）延误的工期，向承包人支付合理利润，并承担违约责任。

④ 进度款的支付比例。进度款的支付比例按照合同约定，按期中结算价款总额计，不低于60%，不高于90%。

⑤ 支付证书的修正。发现已签发的任何支付证书有错、漏或重复的数额，发包人有权予以修正，承包人也有权提出修正申请。经发承包双方复核同意修正的，应在本次到期的进度款中支付或扣除。

（3）竣工结算

竣工结算是指工程项目完工并经竣工验收合格后，发承包双方按照施工合同的约定对所完成的工程项目进行的工程价款的计算、调整和确认。竣工结算是以合同或施工图预算为基础，并根据条件的变化和设计变更而按合同规定对合同价进行调整后的结果进行编制的。竣工结算反映了工程项目的实际完成情况，确定了工程的最终造价，为施工单位成本核算及建设单位竣工决算提供了依据。工程竣工结算由承包人或受其委托工程造价咨询机构编制。

工程竣工结算分为单位工程竣工结算、单项工程竣工结算和建设项目竣工总结算，其中，单位工程竣工结算和单项工程竣工结算也可看作是分阶段结算。单位工程竣工结算由承包人编制，发包人审查；实行总承包的工程，由具体承包人编制，在总包人审查的基础上，发包人审查。单项工程竣工结算或建设项目竣工总结算由总（承）包人编制，发包人可直接进行审查，也可以委托工程造价咨询机构进行审查。政府投资项目，由同级财政部门审查单项工程竣工结算或建设项目竣工总结算，经发承包人签字盖章后有效。承包人应在合同约定期限内完成项目竣工结算编制工作，未在规定期限内完成的并且提不出正当理由延期的，责任自负。

1）竣工结算的程序。

① 承包人提交竣工结算文件。合同工程完工后，承包人应在经发承包双方确认的合同工程期中价款结算的基础上汇总编制完成竣工结算文件，并在提交竣工验收申请的同时向发包人提交竣工结算文件。

承包人未在合同约定的时间内提交竣工结算文件，经发包人催告后14天内仍未提交或没有明确答复，发包人有权根据已有资料编制竣工结算文件，作为办理竣工结算和支付结算款的依据，承包人应予以认可。

② 发包人核对竣工结算文件。

A. 发包人应在收到承包人提交的竣工结算文件后的 28 天内核对。发包人经核实，认为承包人还应进一步补充资料和修改结算文件，应在 28 天内向承包人提出核实意见，承包人在收到核实意见后的 28 天内按照发包人提出的合理要求补充资料，修改竣工结算文件，并再次提交给发包人复核后批准。

B. 发包人应在收到承包人再次提交的竣工结算文件后的 28 天内予以复核，并将复核结果通知承包人。如果发包人、承包人对复核结果无异议，应在 7 天内在竣工结算文件上签字确认，竣工结算办理完毕。如果发包人或承包人对复核结果认为有误，无异议部分办理不完全竣工结算；有异议部分由发承包双方协商解决，协商不成的，按照合同约定的争议解决方式处理。

C. 发包人在收到承包人竣工结算文件后的 28 天内，不核对竣工结算或未提出核对意见的，视为承包人提交的竣工结算文件已被发包人认可，竣工结算办理完毕。

D. 承包人在收到发包人提出的核实意见后的 28 天内，不确认也未提出异议的，视为发包人提出的核实意见已被承包人认可，竣工结算办理完毕。

③ 发包人委托工程造价咨询机构核对竣工结算文件。发包人委托工程造价咨询机构核对竣工结算的，工程造价咨询机构应在 28 天内核对完毕，核对结论与承包人竣工结算文件不一致的，应提交给承包人复核，承包人应在 14 天内将同意核对结论或不同意见的说明提交工程造价咨询机构。工程造价咨询机构收到承包人提出的异议后，应再次复核，复核无异议的，发承包双方应在 7 天内在竣工结算文件上签字确认，竣工结算办理完毕。复核后仍有异议的，对于无异议部分办理不完全竣工结算；有异议部分由发承包双方协商解决，协商不成的，按照合同约定的争议解决方式处理。

承包人逾期未提出书面异议的，视为工程造价咨询机构核对的竣工结算文件已经被承包人认可。

④ 质量争议工程的竣工结算。发包人对工程质量有异议，拒绝办理工程竣工结算的：

A. 已经竣工验收或已竣工未验收但实际投入使用的工程，其质量争议按该工程保修合同执行，竣工结算按合同约定办理。

B. 已竣工未验收且未实际投入使用的工程以及停工、停建工程的质量争议，双方应就有争议的部分委托有资质的检测鉴定机构进行检测，根据检测结果确定解决方案，或按工程质量监督机构的处理决定执行后办理竣工结算，无争议部分的竣工结算按合同约定办理。

2）工程竣工结算时工程价款的确定。在竣工结算时，若因某些条件变化，使合同价款发生变化，则需要按规定对合同价款进行调整。

在实际工作中，当年开工、当年竣工的工程，只需要办理一次性结算。跨年度工程，在年终办理一次年终结算，将未完工程结转到下一年度，此时竣工结算等于各年结算的总和。

办理竣工结算工程价款的一般公式如下：

$$\text{竣工结算工程价款} = \text{合同价款} + \text{施工过程中合同价款调整额} - \text{预付及已结算工程价款} - \text{质量保证金} \quad (5\text{-}10)$$

① 合同价款的确定。施工合同价款是按照有关规定和协议条款约定的各种标准计算，用以支付承包人按照合同要求完成工程内容的价款总额。

招标合同的合同价款由发包人、承包人依据中标通知书中的中标价格在协议书内约定。非招标工程的合同价款由发包人、承包人依据工程预算书在协议书内约定。合同价款在协议书内约定后，任何一方不得擅自改变。

确定合同价款有以下三种方式，合同双方可在专用条款内约定采用其中一种。

A. 固定价格合同。双方在专用条款内约定合同价款包括的风险范围和风险费用的计算方法，在约定的风险范围内合同价款不再调整。风险范围以外的合同价款调整方法，应当在专用合同条款内约定。

B. 可调价格合同。合同价款可根据双方的约定而调整，双方在专用合同条款内约定合同价款调整方法。

C. 成本加酬金合同。合同价款包括成本和酬金两部分，双方在专用条款内约定成本构成和酬金的计算方法。

② 可调价格合同中合同价款的调整因素包括：

A. 法律、行政法规和国家有关政策变化影响合同价款。

B. 工程造价管理部门公布的价格调整。

C. 一周内非承包人原因，停水、停电、停气造成停工累计超过8h。

D. 双方约定的其他因素。

【例5-4】 某工程合同价款总额为300万元，施工合同规定预付备料款为合同价款的25%，主要材料为工程价款的62.5%，在每月工程款中扣留5%保修金，每月实际完成工作量见表5-2。求预付备料款、每月结算工程款。

表5-2 每月实际完成工作量

月份	1	2	3	4	5	6
完成工作量（万元）	20	50	70	75	60	25

【解】 预付备料款 = 300万元 × 25% = 75万元

$$起扣点 = 300万元 - \frac{75万元}{62.5\%} = 180万元$$

1月份：累计完成20万元，结算工程款 = 20万元 - 20万元 × 5% = 19万元

2月份：累计完成70万元，结算工程款 = 50万元 - 50万元 × 5% = 47.5万元

3月份：累计完成140万元，结算工程款 = 70万元 × (1 - 5%) = 66.5万元

4月份：累计完成215万元，超过起扣点180万元，结算工程款 = 75万元 - (215 - 180)万元 × 62.5% - 75万元 × 5% = 49.375万元

5月份：累计完成275万元，结算工程款 = 60万元 - 60万元 × 62.5% - 60万元 × 5% = 19.5万元

6月份：累计完成300万元，结算工程款 = 25万元 - 25万元 × 62.5% - 25万元 × 5% = 8.125万元

【例 5-5】　某项工程业主与承包商签订了施工合同，合同中有两个子项工程，估算工程量 A 项为 $2300m^3$，B 项为 $3200m^3$，经协商综合单价 A 项为 180 元/m^3，B 项为 160 元/m^3。承包合同规定：

（1）开工前业主应向承包商支付合同价 20% 的预付款。

（2）业主自第一个月起，从承包商的工程款中，按 5% 的比例扣留保修金。

（3）当子项工程实际工程量超过估算工程量 10% 时，可进行调价，调整系数为 0.9。

（4）根据市场情况规定价格调整系数平均按 1.2 计算。

（5）工程师签发月度付款最低金额为 25 万元。

（6）预付款在最后两个月扣除，每月扣 50%。

承包商每月实际完成并经工程师签证确认的工程量见表 5-3。

表 5-3　每月实际完成并经工程师签证确认的工程量　（单位：m^3）

月份	1	2	3	4
A	500	800	800	600
B	700	900	800	600

求预付款、从第二个月起每月工程量价款、工程师应签证的工程款、实际签发的付款凭证金额各是多少？

【解】　预付款为：$(2300\times180+3200\times160)$元$\times20\%=18.52$万元

1）第 1 月，工程量价款 $=(500\times180)$元$+(700\times160)$元$=20.2$万元

应签证的工程款 $=20.2$万元$\times1.2\times(1-5\%)=23.028$万元

由于合同规定工程师签发的最低金额为 25 万元，故本月工程师不予签发付款凭证。

2）第 2 月，工程量价款 $=(800\times180)$元$+(900\times160)$元$=28.8$万元

应签证的工程款 $=28.8$万元$\times1.2\times0.95=32.832$万元

本月工程师实际签发的付款凭证金额 $=23.028$万元$+32.832$万元$=55.86$万元

3）第 3 月，工程量价款 $=(800\times180)$元$+(800\times160)$元$=27.2$万元

应签证的工程款 $=27.2$万元$\times1.2\times0.95=31.008$万元

应扣预付款 $=18.52$万元$\times50\%=9.26$万元

应付款 $=31.008$万元-9.26万元$=21.748$万元

因本月应付款金额小于 25 万元，故工程师不予签发付款凭证。

4）第 4 月，A 项工程累计完成工程量为 $2700m^3$，比原估算工程量 $2300m^3$ 超出 $400m^3$，已超过估算工程量的 10%，超出部分其单价应进行调整。则：

超过估算工程量 10% 的工程量 $=2700m^3-2300m^3\times(1+10\%)=170m^3$

这部分工程量单价 $=180$元/$m^3\times0.9=162$元/m^3

A 项工程工程量价款 $=(600-170)m^3\times180$元/$m^3+170m^3\times162$元/$m^3=10.494$万元

B项工程累计完成工程量为3000m^3，比原估价工程量3200m^{3}减少200m^3，未超过10%，其单价不予调整。

$$B项工程工程量价款 = 600m^3 \times 160元/m^3 = 9.6万元$$

$$本月完成A、B两项工程量价款合计 = 10.494万元 + 9.6万元 = 20.094万元$$

$$应签证的工程款 = 20.094万元 \times 1.2 \times 0.95 = 22.907万元$$

$$本月工程师实际签发的付款凭证金额 = 21.748万元 + 22.907万元 - 18.52万元 \times 50\% = 35.395万元$$

3）竣工结算文件的签认。

① 拒绝签认的处理。对发包人或发包人委托的工程造价咨询机构指派的专业人员与承包人指派的专业人员经核对后无异议并签名确认的竣工结算文件，除非发承包人能提出具体、详细的不同意见，发承包人都应在竣工结算文件上签名确认，如其中一方拒不签认的，按以下规定办理：

A. 若发包人拒不签认，承包人可不提供竣工验收备案资料，并有权拒绝与发包人或其上级部门委托的工程造价咨询机构重新核对竣工结算文件。

B. 若承包人拒不签认，发包人要求办理竣工验收备案的，承包人不得拒绝提供竣工验收资料；否则，由此造成的损失，承包人承担连带责任。

② 不得重复核对。合同工程竣工结算核对完成，发承包双方签字确认后，禁止发包人又要求承包人与另一个或多个工程造价咨询机构重复核对竣工结算。

4）竣工结算价款的支付。

① 承包人提交竣工结算价款支付申请。承包人应根据办理的竣工结算文件，向发包人提交竣工结算价款支付申请。该申请应包括下列内容：

A. 竣工结算合同价款总额。

B. 累计已实际支付的合同价款。

C. 应扣留的质量保证金。

D. 实际应支付的竣工结算价款金额。

② 发包人签发竣工结算支付证书。发包人应在收到承包人提交竣工结算价款支付申请后7天内予以核实，向承包人签发竣工结算支付证书。

③ 支付竣工结算价款。发包人签发竣工结算支付证书后的14天内，按照竣工结算支付证书列明的金额向承包人支付结算价款。

发包人在收到承包人提交的竣工结算价款支付申请后7天内不予核实，不向承包人签发竣工结算支付证书的，视为承包人的竣工结算价款支付申请已被发包人认可；发包人应在收到承包人提交的竣工结算价款支付申请7天后的14天内，按照承包人提交的竣工结算价款支付申请列明的金额向承包人支付结算款。

发包人未按照规定的程序支付竣工结算价款的，承包人可催告发包人支付，并有权获得延迟支付的利息。发包人在竣工结算支付证书签发后或者在收到承包人提交的竣工结算价款支付申请7天后的56天内仍未支付的，除法律另有规定外，承包人可与发包人协商将该工程折价，也可直接向人民法院申请将该工程依法拍卖。承包人就该工程折价或拍卖的价款优先受偿。

5）工程结算管理。工程结算管理应遵循以下原则：

① 工程竣工后，发承包双方应及时办理工程竣工结算，否则，工程不得交付使用，有关部门不予办理权属登记。

② 发包人与中标人不按照招标文件和中标的承包人的投标文件订立合同的，或者发包人、中标人背离合同实质性内容另行订立协议，造成工程价款结算纠纷的，按《中华人民共和国招标投标法》第五十九条规定，另行订立的协议无效，由建设行政主管部门责令改正，并可处以中标项目金额5‰～10‰罚款。

③ 接受委托承接有关工程结算咨询业务的工程造价咨询机构，其出具的办理拨付工程价款和工程结算的文件，应当由造价工程师签字，并应加盖执业专用章和单位公章。

④ 当事人对工程造价发生合同纠纷时，可通过下列办法解决：双方协商确定、按合同条款约定的办法提请调解和向有关仲裁机构申请仲裁或向人民法院起诉。

复　习　题

1. 招标工程量清单的编制内容有哪些？
2. 什么是招标控制价？
3. 投标文件编制的内容有哪些？
4. 什么是工程变更？工程变更的价款调整方法是什么？
5. 合同价款的调整程序是什么？
6. 合同价款结算的方式是什么？
7. 什么是工程预付款和期中支付？
8. 竣工结算的程序是什么？
9. 某项工程发包人与承包人签订了工程施工合同，合同中估算工程量为2300m^3，经协商合同价为180元/m^3。承包合同中规定：

（1）开工前发包人向承包人支付合同价20%的预付款。

（2）业主自第一个月起，从承包人的工程款中，按5%的比例扣留质量保证金。

（3）工程进度款逐月计算。

（4）预付款在最后两个月扣除，每月扣50%。

承包人各月实际完成的工程量（单位：m^3）：1月500；2月800；3月700；4月600。

问：预付款是多少？每月的工程价款是多少？

10. 某施工单位承包某项工程项目，甲乙双方签订的关于工程价款的合同内容有：

（1）建筑安装工程造价660万元，建筑材料及设备费占施工产值的比例为60%。

（2）工程预付款为建筑安装工程造价的20%。工程实施后，工程预付款从未施工工程尚需的主要材料及构件的产值相当于工程预付款数额时起扣，从每次结算工程价款中按材料和设备占施工产值的比例扣抵工程预付款，竣工前全部扣清。

（3）工程进度款逐月计算。

（4）工程保修金为建筑安装工程造价的3%，竣工结算月一次扣留。

（5）材料和设备价差调整按规定进行，上半年材料和设备价差上调10%，在6月份一次调增。

工程各月实际完成产值见表5-4。

表 5-4　工程各月实际完成产值　（单位：万元）

月份	2	3	4	5	6
完成产值	55	110	165	220	110

求：

（1）该工程的工程预付款、起扣点是多少？

（2）工程 2～5 月份每月拨付工程款为多少？累计工程款为多少？

（3）6 月份办理工程竣工结算，该工程竣工结算价为多少？甲方应付工程结算款为多少？

第6章

房屋建筑与装饰工程计量

6.1 概述

工程造价的有效确定与控制，应以构成工程实体的分部分项工程项目以及施工前和施工过程中所需采取的措施项目的数量标准为依据，由于工程造价的多次性计价特点，故工程计量也具有阶段性和多次性，不仅包括招标阶段工程量清单编制中的工程计量，也包括投资估算、设计概算、投标报价以及合同履约阶段的变更、索赔、支付和结算中的工程计量。

6.1.1 工程计量基本概念

1. 工程量的含义

工程量是指按一定的工程量计算规则计算并以物理计量单位或自然计量单位表示的建设工程各分部分项工程项目、措施项目或结构构件的数量。

物理计量单位是指需经量度的具有物理属性的单位，如长度（m）、面积（m^2）、体积（m^3）、质量（t）等；自然计量单位是指无须量度的具有自然属性的单位，如个、台、组、套、樘、根、系统等，如“现浇混凝土基础梁”以“体积（m^3）”为计量单位、“预制钢筋混凝土方桩”以“根”为计量单位等。

工程量计算是工程计价活动的重要的基础环节，是指建设工程项目以工程设计图、施工组织设计或施工方案及有关技术经济文件为依据，按照相关工程国家标准的计算规则、标准图集、规范等，进行工程数量的计算活动，在工程建设中简称工程计量。

工程计量工作在不同计价过程中有不同的具体内容，如在招标阶段主要依据施工图和工程量计算规则确定拟完分部分项工程项目和措施项目的工程数量；在施工阶段主要根据合同约定、施工图及工程量计算规则对已完成工程量进行计算和确认。

2. 工程量的作用

（1）工程量是合理确定工程造价的重要依据

在建设工程招标、投标过程中，招标人按照清单工程量编制招标控制价；投标人则依据清单工程量及企业定额计算投标报价，只有准确计算工程量，才能正确计算工程相关费用，合理确定工程造价。

（2）工程量是发包方管理工程建设的重要依据

工程量是编制建设计划、筹集资金、编制工程招标文件、编制工程量清单、编制建筑工程预算、安排工程价款的拨付和结算、进行投资控制的重要依据。

（3）工程量是承包方生产经营管理的重要依据

工程量是编制项目管理规划、安排工程施工进度、编制材料供应计划、进行工料分析、进行工程统计和经济核算的重要依据，也是编制工程形象进度统计报表，向工程建设发包方结算工程价款的重要依据。

（4）工程量是办理工程结算、调整工程价款、处理工程索赔的依据

在施工阶段，发包人根据承包人完成的工程量及合同单价支付工程进度款，办理工程结算；在发生工程变更和工程索赔时，发包人根据承包人实际完成的工程量并参照工程量清单中的分部分项工程或计价项目及合同单价来确定变更价款和索赔费用。

3. 工程计量与项目特征

项目特征是表征构成分部分项工程项目、措施项目自身价值的本质特征，是对分部分项工程量清单、措施项目清单价值的特有属性和本质特征的描述。从本质上讲，项目特征体现的是对清单项目的质量要求，是确定一个清单项目综合单价不可缺少的重要依据。因此，在工程计量时，必须同时对项目特征进行准确和全面的描述。项目特征描述的重要意义在于：项目特征是区分具体清单项目的依据；项目特征是确定综合单价的前提；项目特征是履行合同义务的基础。如实际项目实施中施工图中特征与分部分项工程项目特征不一致或发生变化，即可按合同约定调整该分部分项工程的综合单价。

项目特征应按工程量计算规范附录中规定的项目特征，结合拟建工程项目的实际予以描述，能够体现项目本质区别的特征和对报价有实质影响的内容都必须描述。如现浇混凝土墙，需要描述的项目特征包括混凝土种类和混凝土强度等级，其中，混凝土种类可以是清水混凝土、彩色混凝土等，或预拌（商品）混凝土、现场搅拌混凝土等。为达到规范、简捷、准确、全面描述项目特征的要求，在描述工程量清单项目特征时应按以下原则进行：

1）项目特征描述的内容应按工程量计算规范附录中的规定，结合拟建工程的实际，能满足确定综合单价的需要。

2）若采用标准图集或施工图能够全部或部分满足项目特征描述的要求，项目特征描述可直接采用详见××图集或××图号的方式。对不能满足项目特征描述要求的部分，仍需要采用文字加以描述。

6.1.2 工程量计算规则

工程量计算规则是工程计量的主要依据之一，是工程量数值的取定方法。不同的计价模式对应着不同的计算规则，在计算工程量时，应根据选定的计价模式采用对应的计算规则。

1. 工程量清单计价模式下的工程量计算规则

建设工程采用工程量清单计价的，其工程计量应执行清单计算规则。2012 年 12 月，住房和城乡建设部发布了《房屋建筑与装饰工程工程量计算规范》《仿古建筑工程工程量计算

规范》《通用安装工程工程量计算规范》《市政工程工程量计算规范》《园林绿化工程工程量计算规范》《矿山工程工程量计算规范》《构筑物工程工程量计算规范》《城市轨道交通工程工程量计算规范》和《爆破工程工程量计算规范》九个专业的工程量计算规范，并于2013 年 7 月 1 日起实施，用于规范工程计量行为，统一各专业工程量清单的编制、项目设置和工程量计算规则。2018 年 10 月，住房和城乡建设部发布《房屋建筑与装饰工程工程量计算规范（征求意见稿）》（以下简称《计算规范》），本章所讲述的工程量计算规则（简称“清单规则”）均按该征求意见稿执行，适用于工业与民用的房屋建筑与装饰工程发承包及实施阶段计价活动中的工程计量和工程量清单编制。

房屋建筑与装饰工程涉及电气、给水排水、消防等安装工程的项目，按照现行国家标准《通用安装工程工程量计算规范》的相应项目执行；涉及仿古建筑工程的项目，按现行国家标准《仿古建筑工程工程量计算规范》的相应项目执行；涉及室外地（路）面、室外给排水等工程的项目，按现行国家标准《市政工程工程量计算规范》的相应项目执行；采用爆破法施工的石方工程按照现行国家标准《爆破工程工程量计算规范》的相应项目执行。

2. 定额计价模式下的工程量计算规则

从 20 世纪 90 年代开始，我国工程造价管理进行了一系列的重大变革。建设部在 1995 年发布了《全国统一建筑工程基础定额（土建工程）》（GJD-101），同时还发布了《全国统一建筑工程预算工程量计算规则》（GJD_{GZ}-101），在全国范围内统一了定额的项目划分，统一了工程量的计算规则，使工程计价的基础性工作得到了统一。2015 年 3 月，住房和城乡建设部发布《房屋建筑与装饰工程消耗量定额》（TY01-31）、《通用安装工程消耗量定额》（TY02-31）、《市政工程消耗量定额》（ZYA1-31）（以下简称消耗量定额），在各消耗量定额中规定了分部分项工程和措施项目的工程量计算规则。除了由住房和城乡建设部统一发布的定额外，还有各个地方或行业发布的消耗量定额，其中也都规定了与之相对应的工程量计算规则。

6.1.3　工程计量依据

工程量的计算需要根据施工图及其相关说明、技术规范、标准、定额、有关的图集、计算手册等，按照一定的工程量计算规则逐项进行。主要依据如下：

1）经审定的施工设计图及其说明。施工图全面反映建筑物（或构筑物）的结构构造、各部位的尺寸及工程做法，是工程量计算的基础资料和基本依据。

2）经审定的施工组织设计（施工项目管理实施规划）或施工技术措施方案。施工图主要表现拟建工程的实体项目，分项工程的具体施工方法及措施则应按施工组织设计（施工项目管理实施规划）或施工技术措施方案确定。

3）国家发布的工程量计算规范和国家、地方或行业部门发布的消耗量定额及其工程量计算规则。

4）设计规范、平法图集、各类构件的标准图集等。例如，钢筋工程量计算时需用到的《混凝土结构设计规范》（GB 50010）、G101 平法图集等。

5）经审定的其他相关技术经济文件。如工程施工合同、招标文件的商务条款等。

6.1.4 工程计量方法及顺序

为了准确快速地计算工程量，避免发生多算、少算、重复计算的现象，计算中应按照一定的顺序及方法进行。

在安排各分部工程计算顺序时，可以按照工程量计算规则的顺序或按照施工顺序（自下而上，由外向内）依次进行计算。通常计算顺序为：建筑面积→土、石方工程→基础工程→门窗工程→混凝土及钢筋混凝土工程→墙体工程→楼地面工程→屋面工程→其他分部工程等。

而对于同一分部工程中的不同分项工程量的计算，一般可采用以下几种顺序：

1. 按顺时针顺序计算

从平面图左上角开始，按顺时针方向逐步计算，绕一周后回到左上角。此方法可用于计算外墙的挖沟槽、浇筑或砌筑基础、砌筑墙体和装饰等项目，以及以房间为单位的室内地面、天棚等工程项目。

2. 按横竖顺序计算

从平面图上的横竖方向，从左到右，先外后内，先横后竖，先上后下逐步计算。此方法可用于计算内墙的挖沟槽、基础、墙体和各种间壁墙等工程量。

3. 按编号顺序计算

按照图上注明的编号顺序计算，如钢筋混凝土构件、门窗、金属构件等，可按照图上的编号进行计算。

4. 按轴线顺序计算

对于复杂的分部工程，如墙体工程、装饰工程等，仅按上述顺序计算还可能发生重复或遗漏，这时可按图上的轴线顺序进行计算，并将其部位以轴线号表示出来。

6.1.5 统筹法计算工程量

统筹法计算工程量打破了按照工程量计算规则或按照施工程序的工程量计算顺序，而是根据施工图中大量图形线、面数据之间“集中”“共需”的关系，找出工程量的变化规律，利用其几何共同性，统筹安排数据的计算。统筹法计算工程量的基本特点是：统筹程序、合理安排；一次算出、多次使用；结合实际，灵活机动。统筹法计算工程量应根据工程量计算自身的规律，抓住共性因素，统筹安排计算顺序，使已算出的数据能为以后的分部分项工程的计算所利用，减少重复性计算，提高计算效率。

统筹法计算工程量的核心在于：根据统筹的程序首先计算出若干工程量计算的基数，而这些基数能在以后的工程量计算中反复使用。工程量计算基数并不确定，不同的工程可以归纳出不同的基数，但对于大多数工程而言，“三线一面”是其共有的基数。

1）外墙中心线（$L_{中}$）：建筑物外墙的中心线长度之和。

2）外墙外边线（$L_{外}$）：建筑物外墙的外边线长度之和。

3）内墙净长线（$L_{净}$）：建筑物所有内墙的净长度之和。

4）底层建筑面积（$S_{底}$）：建筑物底层的建筑面积。

外墙偏心时，如图 6-1 所示，外墙中心线、外墙外边线可按下列公式计算：

$$L_{外} = L_{外轴} + 8b;\quad L_{中} = L_{外轴} + 8e \tag{6-1}$$

其中，e 为偏心距，$e = (b - a)/2$。

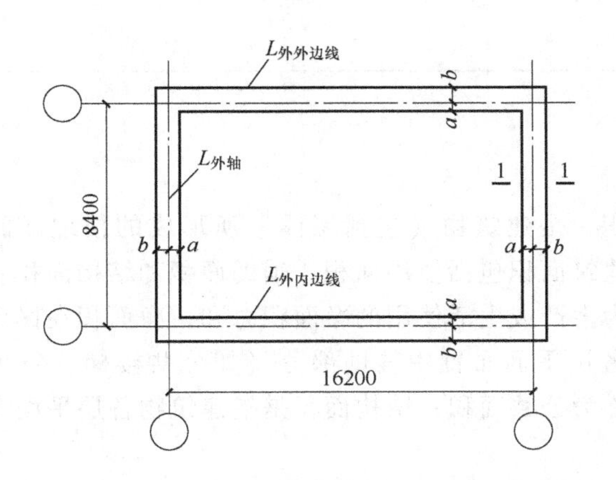

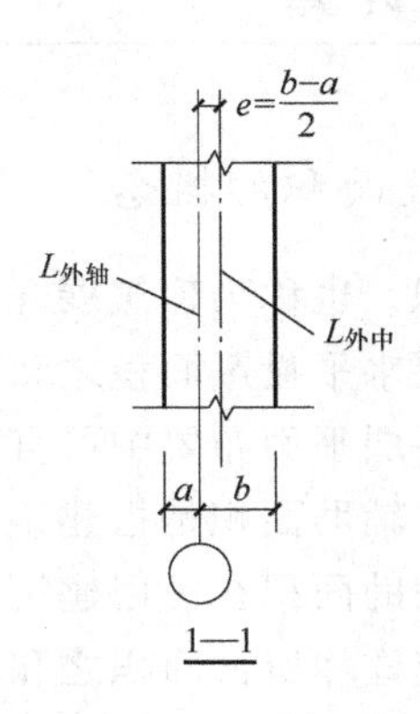

图 6-1　外墙偏心平面示意图

【例 6-1】　某建筑物，其平面图如图 6-2 所示，计算该建筑物的“三线一面”。

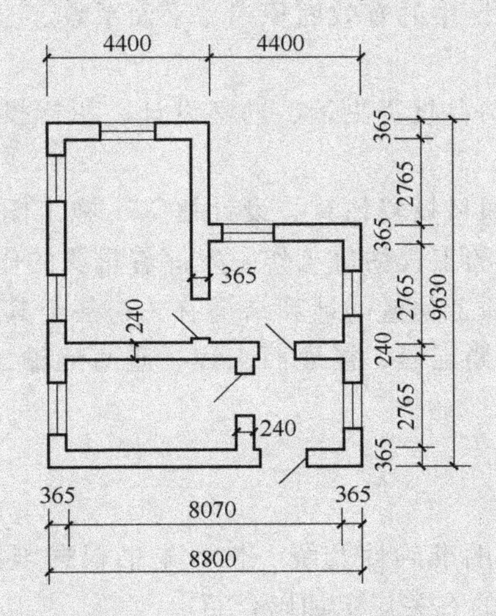

图 6-2　建筑平面图

【解】

（1）外墙中心线 $L_{中}=(8.800-0.365)\mathrm{m}+(0.365+2.765+0.240+2.765+0.365-0.365)\mathrm{m}+4.400\mathrm{m}+(2.765+0.365)\mathrm{m}+(4.400-0.365)\mathrm{m}+(9.630-0.365)\mathrm{m}=35.400\mathrm{m}$

或 $(8.800-0.365)\mathrm{m}\times2+(9.630-0.365)\mathrm{m}\times2=35.400\mathrm{m}$

（2）外墙外边线 $L_{外}=(8.800+9.630)\mathrm{m}\times2=36.860\mathrm{m}$

（3）内墙（365mm）净长线 $L_{净}=2.765\mathrm{m}$

内墙（240mm）净长线 $L_{净}=8.070\mathrm{m}+2.765\mathrm{m}=10.835\mathrm{m}$

（4）底层建筑面积 $S_{底}=8.800\mathrm{m}\times9.630\mathrm{m}-4.400\mathrm{m}\times(2.765+0.365)\mathrm{m}=70.972\mathrm{m}^2$

6.2 建筑面积计算

6.2.1 建筑面积的概念

建筑面积，也称为建筑展开面积，是建筑物（包括墙体）所形成的楼地面面积，即房屋建筑的各层水平投影面积之和。建筑面积包括使用面积、辅助面积和结构面积。使用面积是指建筑物各层平面布置中可直接为生产或生活使用的净面积总和，净面积在民用建筑中称为居住面积；辅助面积是指建筑物各层平面布置中辅助部分（如公共楼梯、公共走廊）的面积之和，辅助面积在民用建筑中称为公共面积；结构面积是指建筑物各层平面布置中结构部分的墙体或柱体所占面积之和。

6.2.2 建筑面积的作用

1）建筑面积是一项重要的技术经济指标。根据建筑面积可以计算出建设项目的单方造价、单方资源消耗量、建筑设计中的有效面积率、平面系数、土地利用系数等重要的技术经济指标。

2）建筑面积是进行建设项目投资决策、勘察设计、招标投标、工程施工、竣工验收等一系列工作的重要依据。

3）建筑面积在确定建设项目投资估算、设计概算、施工图预算、招标控制价、投标报价、合同价、结算价等一系列的工程估价工作中发挥着重要的作用。

4）建筑面积与其他的分项工程量的计算结果有关，甚至其本身就是某些分项工程的工程量。例如，平整场地、脚手架工程、楼地面工程、垂直运输工程、建筑物超高增加人工、机械等。

6.2.3 建筑面积计算规则

为保证建筑面积计算结果的准确性及统一性，本书根据国家标准《建筑工程建筑面积计算规范》（GB/T 50353）中的有关规定加以介绍。

工业与民用建筑工程建设全过程的建筑面积计算，总的原则应该本着凡在结构上、使用上形成具有一定使用功能的空间，并能单独计算出水平投影面积及其相应资源消耗部分的新建、扩建、改建工程可计算建筑面积，反之不应计算建筑面积。

1. 计算建筑面积的范围

1）建筑物的建筑面积应按自然层外墙结构外围水平面积之和计算。结构层高在 2.20m 及以上的，应计算全面积；结构层高在 2.20m 以下的，应计算 1/2 面积。

2）建筑物内设有局部楼层时，对于局部楼层的二层及以上楼层，有围护结构的应按其围护结构外围水平面积计算，无围护结构的应按其结构底板水平面积计算。结构层高在 2.20m 及以上的，应计算全面积，结构层高在 2.20m 以下的，应计算 1/2 面积。

3）对于形成建筑空间的坡屋顶，结构净高在 2.10m 及以上的部位应计算全面积；结构净高在 1.20m 及以上至 2.10m 以下的部位应计算 1/2 面积；结构净高在 1.20m 以下的部位不应计算建筑面积。

4）对于场馆看台下的建筑空间，结构净高在 2. 10m 及以上的部位应计算全面积；结构净高在 1. 20m 及以上至 2. 10m 以下的部位应计算 1/2 面积；结构净高在 1. 20m 以下的部位不应计算建筑面积。室内单独设置的有围护设施的悬挑看台，应按看台结构底板水平投影面积计算建筑面积。有顶盖无围护结构的场馆看台应按其顶盖水平投影面积的 1/2 计算面积。

5）地下室、半地下室应按其结构外围水平面积计算，如图 6-3 所示。结构层高在 2. 20m 及以上的，应计算全面积；结构层高在 2. 20m 以下的，应计算 1/2 面积。

6）出入口外墙外侧坡道有顶盖的部位，应按其外墙结构外围水平面积的 1/2 计算面积，如图 6-3 所示。

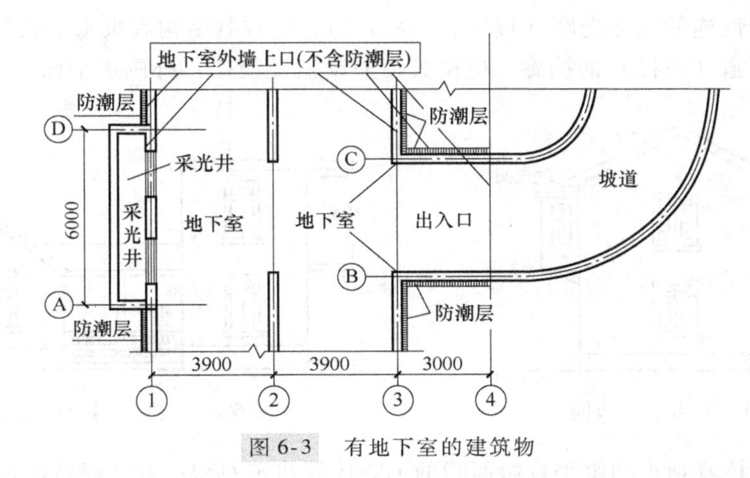

图 6-3　有地下室的建筑物

7）坡地建筑物吊脚架空层（图 6-4）及建筑物架空层，应按其顶板水平投影计算建筑面积。结构层高在 2. 20m 及以上的，应计算全面积；结构层高在 2. 20m 以下的，应计算 1/2 面积。

8）建筑物的门厅、大厅按一层计算建筑面积。门厅、大厅内设置的走廊应按走廊结构底板水平投影面积计算建筑面积。结构层高在 2. 20m 及以上的，应计算全面积；结构层高在 2. 20m 以下的，应计算 1/2 面积。

9）对于建筑物间的架空走廊，有顶盖和围护设施的，应按其围护结构外围水平面积计算全面积；无围护结构、有围护设施的，应按其结构底板水平投影面积计算 1/2 面积。

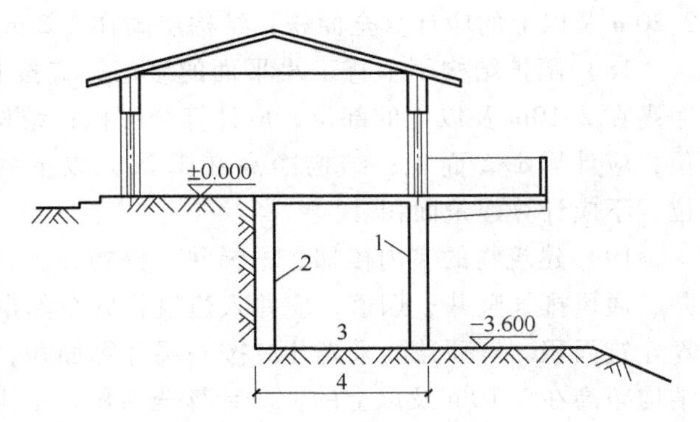

图 6-4　坡地建筑物吊脚架空层示意图

1、2—吊脚空间支撑结构　3—吊脚空间地坪层　4—支撑结构外围尺寸

10）对于立体书库、立体仓库、立体车库，有围护结构的，应按其围护结构外围水平面积计算建筑面积；无围护结构、有围护设施的，应按其结构底板水平投影面积计算建筑面积。无结构层的应按一层计算，有结构层的应按其结构层面积分别计算。结构层高在 2. 20m 及以上的，应计算全面积；结构层高在 2. 20m 以下的，应计算 1/2 面积。

11）有围护结构的舞台灯光控制室，应按其围护结构外围水平面积计算。结构层高在2.20m及以上的，应计算全面积；结构层高在2.20m以下的，应计算1/2面积。

12）附属在建筑物外墙的落地橱窗，应按其围护结构外围水平面积计算。结构层高在2.20m及以上的，应计算全面积；结构层高在2.20m以下的，应计算1/2面积。

13）窗台与室内楼地面高差在0.45m以下且结构净高在2.10m及以上的凸（飘）窗，应按其围护结构外围水平面积计算1/2面积。

14）门斗（图6-5）应按其围护结构外围水平面积计算建筑面积，且结构层高在2.20m及以上的，应计算全面积；结构层高在2.20m以下的，应计算1/2面积。

15）有围护设施的室外走廊（挑廊）（图6-6），应按其结构底板水平投影面积计算1/2面积；有围护设施（或柱）的檐廊，应按其围护设施（或柱）外围水平面积计算1/2面积。

图6-5　门斗、眺望间

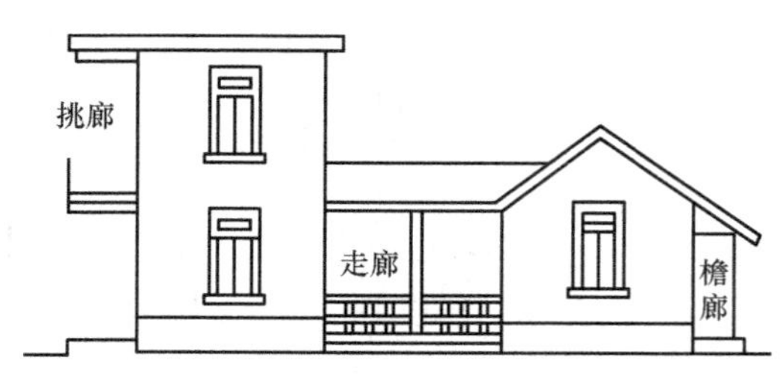

图6-6　挑廊、走廊、檐廊

16）门廊应按其顶板的水平投影面积的1/2计算建筑面积；有柱雨篷应按其结构板水平投影面积的1/2计算建筑面积；无柱雨篷的结构外边线至外墙结构外边线的宽度在2.10m及以上的，应按雨篷结构板的水平投影面积的1/2计算建筑面积。

17）设在建筑物顶部的、有围护结构的楼梯间、水箱间、电梯机房等，结构层高在2.20m及以上的应计算全面积；结构层高在2.20m以下的，应计算1/2面积。

18）围护结构不垂直于水平面的楼层，应按其底板面的外墙外围水平面积计算。结构净高在2.10m及以上的部位，应计算全面积；结构净高在1.20m及以上至2.10m以下的部位，应计算1/2面积；结构净高在1.20m以下的部位，不应计算建筑面积。

19）建筑物的室内楼梯、电梯井、提物井、管道井、通风排气竖井、烟道，应并入建筑物的自然层计算建筑面积。有顶盖的采光井应按一层计算面积，且结构净高在2.10m及以上的，应计算全面积；结构净高在2.10m以下的，应计算1/2面积。

20）室外楼梯应并入所依附建筑物自然层，并应按其水平投影面积的1/2计算建筑面积。

21）在主体结构内的阳台，应按其结构外围水平面积计算全面积；在主体结构外的阳台，应按其结构底板水平投影面积计算1/2面积，如图6-7所示。

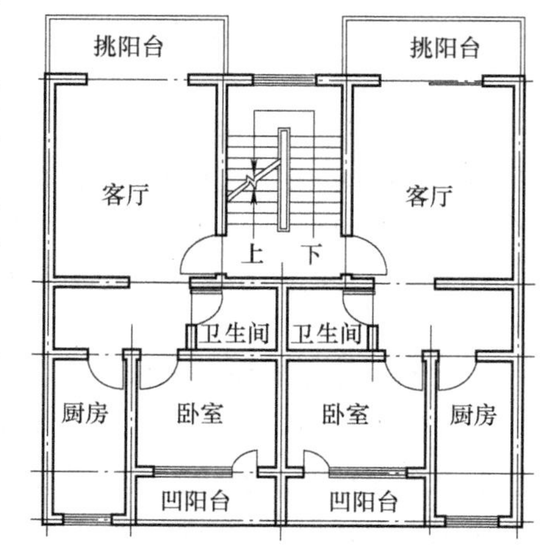

图6-7　凹阳台、挑阳台示意图

22）有顶盖无围护结构的车棚、货棚、站台、加油站、收费站等，应按其顶盖水平投影面积的1/2计算建筑面积。

23）以幕墙作为围护结构的建筑物，应按幕墙外边线计算建筑面积。

24）建筑物的外墙外保温层，应按其保温材料的水平截面积计算，并计入自然层建筑面积。

25）与室内相通的变形缝，应按其自然层合并在建筑物建筑面积内计算。对于高低联跨的建筑物，当高低跨内部连通时，其变形缝应计算在低跨面积内。

26）对于建筑物内的设备层、管道层、避难层等有结构层的楼层，结构层高在2.20m及以上的，应计算全面积；结构层高在2.20m以下的，应计算1/2面积。

2. 不计算建筑面积的范围

1）与建筑物内不相连通的建筑部件。

2）骑楼、过街楼底层的开放公共空间和建筑物通道。

3）舞台及后台悬挂幕布和布景的天桥、挑台等。

4）露台、露天游泳池、花架、屋顶的水箱及装饰性结构构件。

5）建筑物内的操作平台、上料平台、安装箱和罐体的平台。

6）勒脚、附墙柱、垛、台阶、墙面抹灰、装饰面、镶贴块料面层、装饰性幕墙，主体结构外的空调室外机搁板（箱）、构件、配件，挑出宽度在2.10m以下的无柱雨篷和顶盖高度达到或超过两个楼层的无柱雨篷。

7）窗台与室内地面高差在0.45m以下且结构净高在2.10m以下的凸（飘）窗，窗台与室内地面高差在0.45m及以上的凸（飘）窗。

8）室外爬梯、室外专用消防钢楼梯。

9）无围护结构的观光电梯。

10）建筑物以外的地下人防通道，独立的烟囱、烟道、地沟、油（水）罐、气柜、水塔、贮油（水）池、贮仓、栈桥等构筑物。

6.3 房屋建筑工程计量

6.3.1 土石方工程（0101）

土石方工程包括单独土石方、基础土方、基础凿石及出渣、平整场地及其他4个分部工程。

1. 单独土石方（010101）

（1）概述

单独土石方项目是指土地准备阶段为使施工现场达到设计室外标高所进行的三通一平时所进行的挖、填土石方工程。建筑、安装、市政、园林绿化、修缮等各专业工程中的单独土石方工程，均应按本项目的相应规定编码列项。

1）土壤、岩石分类，见表6-1和表6-2。

2）土石方的开挖、运输，均按开挖前的天然密实体积计算。土方回填，按回填后的竣工体积计算。不同状态的土石方体积，按表6-3换算。

3）单独土石方的开挖深度，按自然地面测量标高至设计室外地坪间的平均厚度计算。

4）场内运距是指施工现场范围内的运输距离，按挖土区重心至填方区（或堆放区）重心间的最短距离计算。

表 6-1 土壤分类

土壤分类	土壤名称	开挖方法
一、二类土	粉土、砂土（粉砂、细砂、中砂、粗砂、砾砂）、粉质黏土、弱中盐渍土、软土（淤泥质土、泥炭、泥炭质土）、软塑红黏土、冲填土	用锹，少许用镐、条锄开挖。机械能全部直接铲挖满载者
三类土	黏土、碎石土（圆砾、角砾）混合土、可塑红黏土、硬塑红黏土、强盐渍土、素填土、压实填土	主要用镐、条锄，少许用锹开挖。机械需部分刨松方能铲挖满载者，或可直接铲挖但不能满载者
四类土	碎石土（卵石、碎石、漂石、块石）、坚硬红黏土、超盐渍土、杂填土	全部用镐、条锄开挖，少许用撬棍挖掘。机械须普通刨松方能铲挖满载者

表 6-2 岩石分类

岩石分类		代表性岩石	开挖方法
极软岩		1. 全风化的各种岩石 2. 各种半成岩	部分用手凿工具、部分用爆破法开挖
软质岩	软岩	1. 强风化的坚硬岩或较硬岩 2. 中等风化～强风化的较软岩 3. 未风化～微风化的页岩、泥岩、泥质砂岩等	用风镐和爆破法开挖
	较软岩	1. 中等风化～强风化的坚硬岩或较硬岩 2. 未风化～微风化的凝灰岩、千枚岩、泥灰岩、砂质泥岩等	用爆破法开挖
硬质岩	较硬岩	1. 中风化的坚硬岩 2. 未风化～微风化的大理岩、板岩、石灰岩、白云岩、钙质砂岩等	用爆破法开挖
	坚硬岩	未风化～微风化的花岗岩、闪长岩、辉绿岩、玄武岩、安山岩、片麻岩、石英岩、石英砂岩、硅质砾岩、硅质石灰岩等	用爆破法开挖

表 6-3 土方体积折算系数

名称	虚方	松填	天然密实	夯填
土方	1.00	0.83	0.77	0.67
	1.20	1.00	0.92	0.80
	1.30	1.08	1.00	0.87
	1.50	1.25	1.15	1.00
石方	1.00	0.85	0.65	—
	1.18	1.00	0.76	—
	1.54	1.31	1.00	—
块石	1.75	1.43	1.00	（码方）1.67
砂夹石	1.07	0.94	1.00	—

注：虚方是指未经碾压、堆积时间不大于1年的土壤。

（2）工程计量

单独土石方项目包括挖单独土方（010101001）、单独土方回填（010101002）、挖单独石方（010101003）、障碍物清除（010101004）四个分项工程，其中挖单独土方、单独土方回填、挖单独石方按设计图示尺寸，以体积计算，单位：m^3；障碍物清除按障碍物的不同类别，以“项”计算。

2. 基础土方（010102）

（1）概述

基础土方项目包括挖一般土方、挖地坑土方、挖沟槽土方、挖桩孔土方、挖冻土、挖淤泥流砂、土方场内运输等分项工程。

1）土壤分类，见表 6-1。

2）土石方的开挖、运输，均按开挖前的天然密实体积计算。

3）基础土方的开挖深度，按设计室外地坪至基础（含垫层）底标高计算。交付施工场地标高与设计室外地坪不同时，按交付施工场地标高计算。

4）干土、湿土的划分，以地质勘测资料的地下常水位为准。地下常水位以上为干土，地下常水位以下为湿土。地表水排出后，土壤含水率≥25%时为湿土。

5）基础土石方项目（含平整场地及其他），是指设计室外地坪以下、为实施基础施工所进行的土石方工程。

6）沟槽、地坑、一般土石方的划分：底宽（设计图示垫层或基础的底宽，下同）≤3m 且底长 >3 倍底宽为沟槽；底长≤3 倍底宽且底面积≤$20m^2$ 为地坑；超出上述范围，又非平整场地的，为一般土石方。

（2）挖一般土方（010102001）

挖一般土方是指超出挖地坑土方、挖沟槽土方或平整场地范围的基础土方工程，应以设计图示尺寸按挖地坑、挖沟槽或平整场地计算相应的土方工程量，单位：m^3。但清单列项时应执行挖一般土方项目。

（3）挖地坑土方（010102002）

挖地坑土方，按设计图示基础（含垫层）尺寸，另加工作面宽度和土方放坡宽度，乘以开挖深度，以体积计算，单位：m^3。

1）地坑（沟槽）开挖断面形式。地坑（沟槽）土方开挖工程量计算，首先应根据施工组织设计（施工方案）确定其断面形式，地坑（沟槽）土方开挖断面有以下三种基本形式：

① 无支护结构的垂直边坡如图 6-8a 所示。

② 有支护结构的垂直边坡（挡土板），如图 6-8b 所示。

③ 放坡开挖，如图 6-8c 所示。

2）基础施工的工作面宽度。基础施工的工作面宽度（c）按施工组织设计（经过批准，下同）计算；施工组织设计无规定时，按下列规定计算：

① 组成基础的材料不同或施工方式不同时，基础施工的工作面宽度按表 6-4 计算。

② 基础施工需要搭设脚手架时，基础施工的工作面宽度，条形基础按 1.50m 计算（只计算一面）；独立基础按 0.45m 计算（四面均计算）。

③ 基坑土方大开挖需做边坡支护时，基坑内施工各种桩时，基础施工的工作面宽度均按 2.00m 计算。

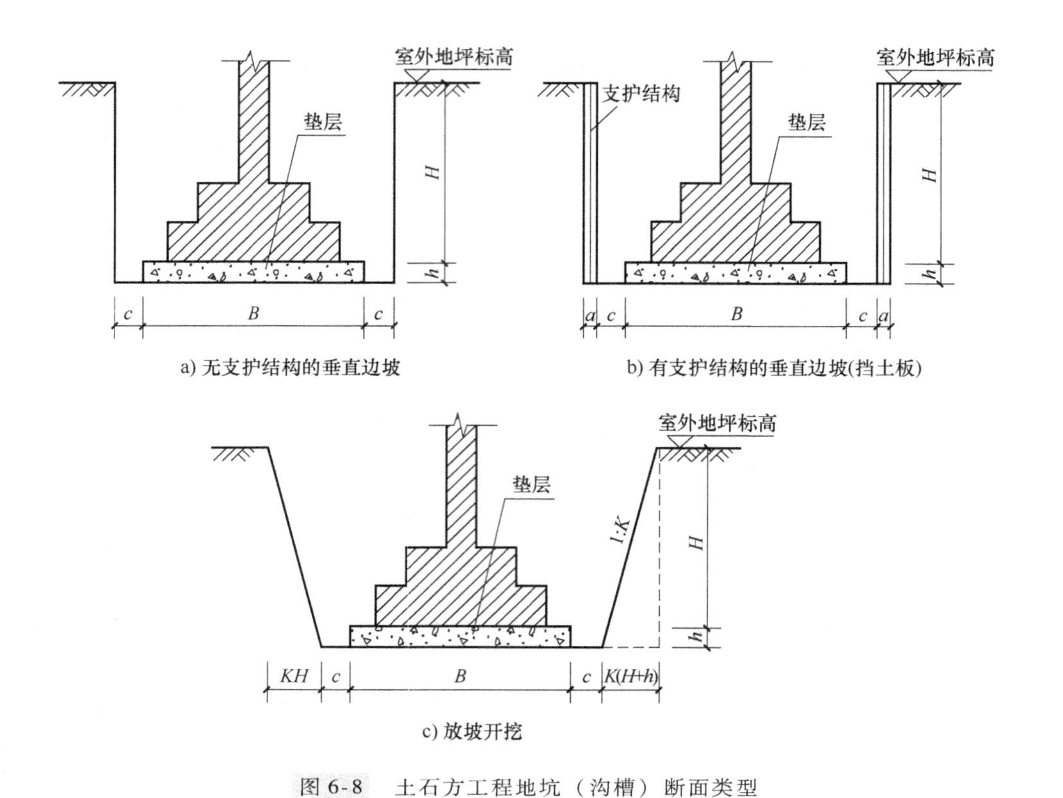

图 6-8　土石方工程地坑（沟槽）断面类型

表 6-4　基础施工单面工作面宽度（c）

基础材料	每面各增加工作面宽度/mm
砖基础	200
毛石、方整石基础	250
混凝土基础（支模板）	400
混凝土基础垫层（支模板）	150
基础垂直面做砂浆防潮层	400（自防潮层面）
基础垂直面做防水层或防腐层	1000（自防水层或防腐层面）
支挡土板	100（另加）

④ 管道施工的工作面宽度按表 6-5 计算。

表 6-5　管道施工单面工作面宽度

管道材质	管道基础外沿宽度（无基础时管道外径）/mm			
	≤500	≤1000	≤2500	>2500
混凝土管、水泥管	400	500	600	700
其他管道	300	400	500	600

3）土方放坡起点深度和放坡坡度。基础土方施工时，土方放坡起点深度和放坡坡度按施工组织设计计算；施工组织设计无规定时，按表 6-6 计算。

表 6-6　土方放坡起点深度和放坡坡度

土壤类别	起点深度/m，>	放坡坡度			
		人工挖土	机械挖土		
			基坑内作业	基坑上作业	槽上作业
一、二类土	1.20	1:0.50	1:0.33	1:0.75	1:0.50
三类土	1.50	1:0.33	1:0.25	1:0.67	1:0.33
四类土	2.00	1:0.25	1:0.10	1:0.33	1:0.25

注：1. 混合土质的基础土方，其放坡的起点深度和放坡坡度，按不同类别土的厚度加权平均计算。
2. 基础土方放坡，自基础（含垫层）底标高算起。
3. 计算基础土方放坡时，不扣除放坡交叉处的重复工程量。
4. 基础土方支挡土板时，土方放坡不另计算。

4）挖地坑土方工程量计算。地坑土方工程量计算应按地坑开挖时的实际几何形体计算工程量，现以柱下独立基础（图 6-9）为例，对挖地坑工程量计算加以说明。

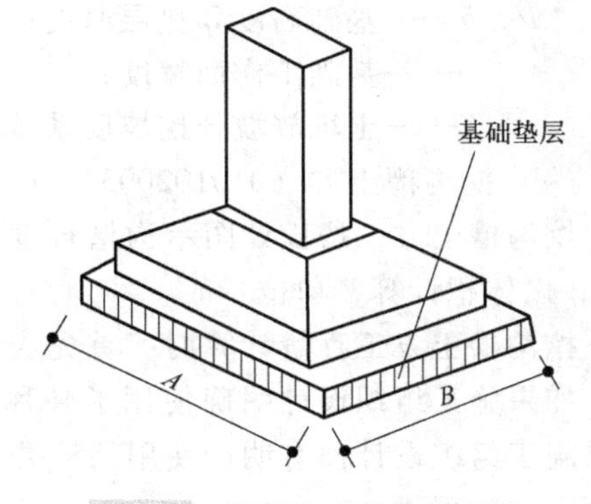

图 6-9　柱下独立基础示意图

柱下独立基础土坑开挖，其三种断面形式如图 6-10 所示。

① 无支护结构的垂直边坡（图 6-10a）：

$$V=(A+2c)(B+2c)(H+h) \tag{6-2}$$

② 有支护结构的垂直边坡（支挡土板）（图 6-10b）：

$$V=(A+2c+2a)(B+2c+2a)(H+h) \tag{6-3}$$

③ 放坡开挖（图 6-10c）：土坑放坡开挖工程量计算时，其土方工程量应为四棱台体积，如图 6-11 所示。

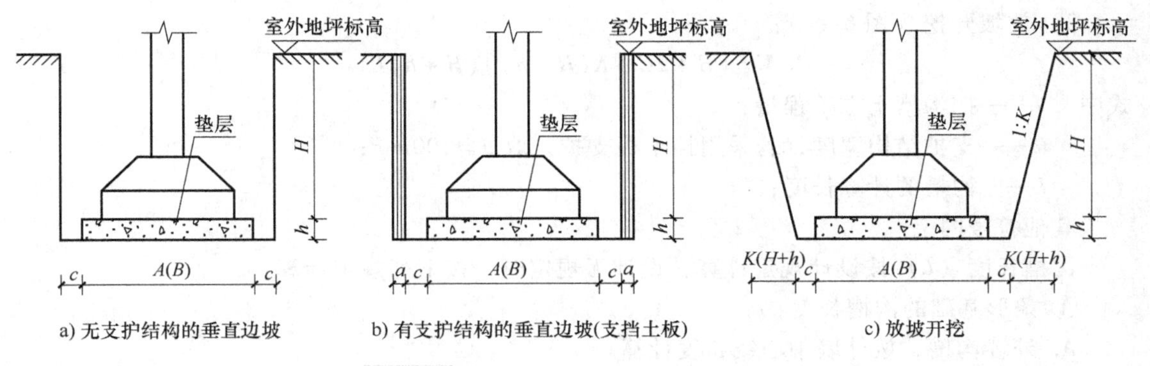

图 6-10　人工挖土坑工程量计算断面图

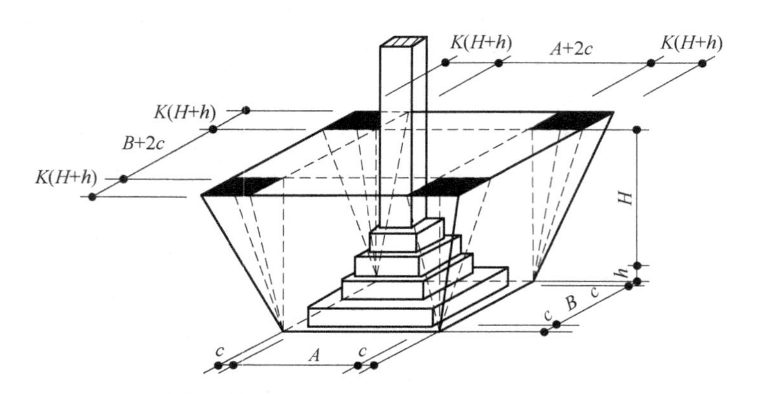

图 6-11　土坑放坡开挖工程量计算示意图

$$V=[A+2c+K(H+h)][B+2c+K(H+h)](H+h)+\frac{1}{3}K^2(H+h)^3 \quad (6\text{-}4)$$

式中　A、B——基底的长和宽（有垫层时按垫层尺寸）；

H、h——基础高度和垫层厚度；

c——基础工作面宽度；

K——土坑放坡开挖坡度系数。

（4）挖沟槽土方（010102003）

挖沟槽土方，按设计图示沟槽长度乘以沟槽断面面积（包括工作面宽度和土方放坡宽度），以体积计算，单位：m^3。

挖沟槽土方工程量计算时，首先应根据施工组织设计确定沟槽开挖时是否使用支护结构，如果施工组织设计明确使用了某种类型的支护结构，则应按图 6-8b 计算土方工程量；如果施工组织设计没有明确使用某种类型的支护结构，则应根据沟槽挖土深度按图 6-8a 或 c 计算土方工程量。

1）无支护结构的垂直边坡（图 6-8a）：

$$V=(B+2c)(H+h)L \quad (6\text{-}5)$$

2）有支护结构的垂直边坡（支挡土板）（图 6-8b）：

$$V=(B+2c+2a)(H+h)L \quad (6\text{-}6)$$

3）放坡开挖（图 6-8c）：

$$V=[B+2C+K(H+h)](H+h)L \quad (6\text{-}7)$$

式中　V——挖沟槽土方工程量；

a——支护结构宽度，若采用挡土板支护，取 $a=100\text{mm}$；

L——沟槽的计算长度；

其他符号同上。

沟槽长度（L）按设计规定计算；设计无规定时，按下列规定计算：

① 条形基础的沟槽长度：

A. 外墙沟槽，按外墙中心线长度计算。

B. 内墙（框架间墙）沟槽，按内墙（框架间墙）条形基础的垫层（基础底坪）净长度计算。

C. 凸出墙面的墙垛的沟槽，按墙垛凸出墙面的中心线长度，并入相应工程量内计算。

② 管道的沟槽长度，以设计图示管道垫层（无垫层时按管道）中心线长度（不扣除下口直径或边长≤1.5m 的井池）计算。下口直径或边长 >1.5m 的井池的土石方，另按地坑的相应规定计算。

（5）挖桩孔土方（010102004）

挖桩孔土方，按桩护壁外围设计断面面积乘以桩孔中心线深度，以体积计算，单位：m^3。

典型的、有扩大头的挖孔桩体积通常由四部分组成，如图 6-12 所示。

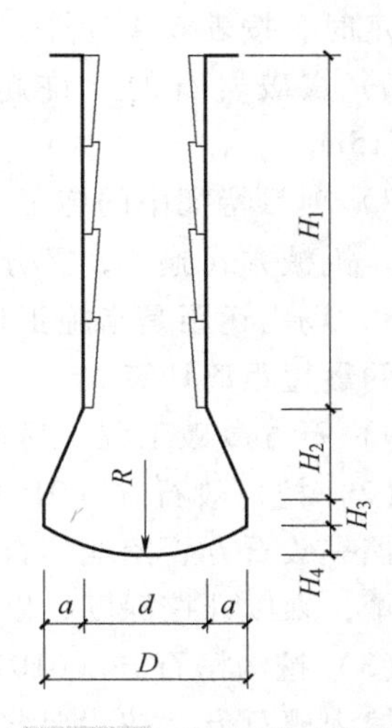

图 6-12 挖孔桩（有扩大头）断面示意图

1）桩身部分（圆柱）： $$V_1 = \frac{1}{4}\pi d^2 H_1 \tag{6-8}$$

2）圆台部分： $$V_2 = \frac{1}{12}\pi(d^2 + D^2 + dD)H_2 \tag{6-9}$$

3）圆柱部分： $$V_3 = \frac{1}{4}\pi D^2 H_3 \tag{6-10}$$

4）球冠部分： $$V_4 = \pi H_4^2\left(R - \frac{H_4}{3}\right) \tag{6-11}$$

其中，R 为球冠的圆心半径。

（6）挖冻土（010102005）、挖淤泥流砂（010102006）

挖冻土，按设计图示开挖面积乘以厚度，以体积计算，单位：m^3。

挖淤泥流砂，按设计图示位置、界限，以体积计算，单位：m^3。

（7）土方场内运输（010102007）

土方场内运输应区分装车方式、运输方式和场内运距，按挖方体积（减去回填方体积），以天然密实体积计算，单位：m^3。

场内运距是指施工现场范围内的运输距离，按挖土区重心至填方区（或堆放区）重心间的最短距离计算。

3. 基础凿石及出渣（010103）

（1）概述

1）岩石分类见表 6-2。

2）土石方的开挖、运输，均按开挖前的天然密实体积计算。土方回填，按回填后的竣工体积计算。不同状态的土石方体积，按表 6-3 换算。

3）沟槽、地坑、一般土石方的划分：底宽（设计图示垫层或基础的底宽，下同）≤3m 且底长 >3 倍底宽为沟槽；底长≤3 倍底宽且底面积≤20m^2 为地坑；超出上述范围，又非平整场地的，为一般土石方。

4）基础石方开挖深度，按设计室外地坪至基础（含垫层）底标高计算。交付施工场地标高与设计室外地坪不同时，按交付施工场地标高计算。

5）基础施工的工作面宽度，按施工组织设计（经过批准，下同）计算；施工组织设计无规定时，按表 6-4 计算。

6）爆破岩石的允许超挖量分别为：极软岩、软岩 0.20m，较软岩、较硬岩、坚硬岩 0.15m。

7）项目特征中的施工方式（开挖方式、装车方式、运输方式等），指人工方式或机械方式。机械方式施工，又分为不同的机械种类。

8）场内运距是指施工现场范围内的运输距离，按挖土区重心至填方区（或堆放区）重心间的最短距离计算。

9）石方爆破工程，另按《爆破工程工程量计算规范》的相应项目编码列项。

（2）挖一般石方（010103001）、挖地坑石方（010103002）

挖一般石方、挖地坑石方，按设计图示基础（含垫层）尺寸，另加工作面宽度和允许超挖量，乘以开挖深度，以体积计算，单位：m^3。

（3）挖沟槽石方（010103003）

挖沟槽石方，按设计图示沟槽长度乘以沟槽断面面积（包括工作面宽度和允许超挖量），以体积计算单位：m^3。

沟槽长度按设计规定计算；设计无规定时，按下列规定计算：

1）条形基础的沟槽长度：

① 外墙沟槽，按外墙中心线长度计算。

② 内墙（框架间墙）沟槽，按内墙（框架间墙）条形基础的垫层（基础底坪）净长度计算。

③ 凸出墙面的墙垛的沟槽，按墙垛凸出墙面的中心线长度，并入相应工程量内计算。

2）管道的沟槽长度，以设计图示管道垫层（无垫层时按管道）中心线长度（不扣除下口直径或边长≤1.5m 的井池）计算。下口直径或边长 >1.5m 的井池的土石方，另按地坑的相应规定计算。

（4）挖桩孔石方（010103004）

挖桩孔石方，按桩护壁外围设计断面面积乘以桩孔中心线深度，以体积计算，单位：m^3。

（5）石方场内运输（010103005）

石方场内运输，按挖方体积，以天然密实体积计算，单位：m^3。

4. 平整场地及其他（010104）

（1）平整场地（010104001）

平整场地是指建筑物（构筑物）所在现场厚度在 ±30cm 以内的就地挖、填及平整。平整场地工程量按设计图示尺寸，按建筑物（构筑物）首层建筑面积（结构外围内包面积）计算，单位：m^2。建筑物地下室结构外边线凸出首层结构外边线时，其凸出部分的建筑面积合并计算。

（2）竣工清理（010104002）

竣工清理是指建筑物（构筑物）内、外围四周 2m 范围内建筑垃圾的清理、场内运输和场内指定地点的集中堆放，建筑物（构筑物）竣工验收前的清理、清洁等工作内容。

竣工清理，按设计图示结构外围内包空间体积计算，单位：m^3。

（3）回填方（010104003）

回填方包括基坑回填、管道沟槽回填、房心回填和场地回填，如图 6-13 所示。均按设计图示尺寸，以体积计算，单位：m^3。

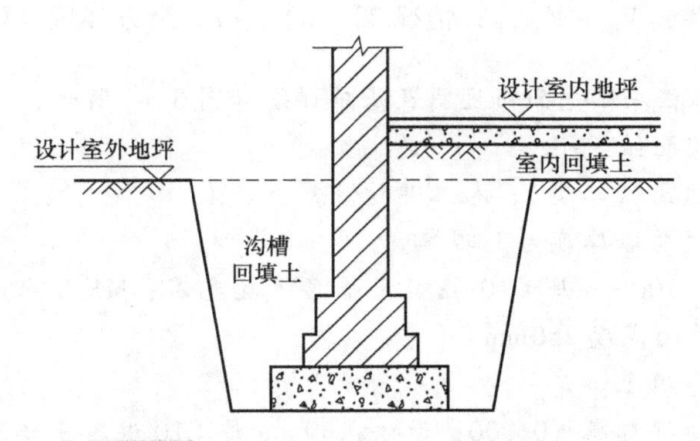

图 6-13 沟槽（土坑）及房心回填示意图

1）基坑回填。即沟槽（土坑）回填，按沟槽（土坑）的挖方体积减去设计室外地坪以下建筑物（构筑物）、基础（含垫层）等埋设物体积计算。

2）管道沟槽回填。按挖方体积减去管道基础和管道折合体积计算。每米管道折合体积按表 6-7 执行。

表 6-7 管道折合回填体积 （单位：m^3/m）

管道	公称直径（以内）/mm					
	≤500	600	800	1000	1200	1500
混凝土、钢筋混凝土管道	0	0.33	0.60	0.92	1.15	1.45
其他管道	0	0.22	0.46	0.74	—	—

3）房心回填。通常情况下，房心回填是指基础以内各个房间的土方回填，即室外地坪以上至设计室内地坪层之间的回填，也称为室内回填。

房心回填，按主墙间净面积（扣除单个底面积 $2m^2$ 以上的基础等）乘以回填厚度计算。

$$室内回填土体积 = 底层主墙间净面积 \times 回填土厚度$$

式中：

$$底层主墙间净面积 = S_{底} - (L_{中} \times 外墙厚 + L_{净} \times 内墙厚)$$

主墙是指墙厚大于 15cm 的墙。

$$回填土厚度 = 室内外高差 - 地坪层厚度$$

4）场地回填。按回填面积乘以回填平均厚度计算。

（4）余方弃置（010104004）

余方是指在基础土方挖、填过程中剩余的土方，其数量应结合具体情况加以确定，通常应考虑以下几种可能：

1）挖方用于回填后的剩余部分。

2）挖方土质工程性质不良，不能用于回填，必须全部运出现场。

3）施工现场场地狭小，施工现场不具备临时土方堆放条件。

4）工程项目所在地有相应的法规要求，施工现场不允许堆放临时土方。

余方弃置，按实际堆积状态，以（自然方）体积计算，单位：m^3。

情况 1)，余方弃置 $= V_{挖} - V_{回填土}$；情况 2)、3)、4)，余方弃置 $= V_{挖}$。

【例 6-2】 某工程基础平面布置图及基础详图如图 6-14 所示，有关工程设计、施工图说明及现场情况摘录如下：

(1) 土质为普通土（二类），人工开挖。

(2) 内、外普通砖墙厚度为 1 砖厚。

(3) 基础做法：100mm 厚 C10 混凝土垫层、乱毛石、M5.0 水泥砂浆砌筑砖基础，施工时每边增加工作面宽度 250mm。

(4) 回填采用夯填土。

(5) 设计室内地坪标高 ±0.000，做法：60mm 厚 C10 混凝土垫层，20mm 厚 1∶2 水泥砂浆找平层，20mm 厚水泥砂浆面层。

(6) 室内外地坪高差 0.30m。

试计算该工程的“三线一面”，并完成以下工程量的计算：平整场地；挖沟槽土方；基础工程量（设计室外地坪以下）；C10 混凝土垫层工程量；余方弃置。

注：计算长度，外墙下、内墙下分别按 $L_{中}$、$L_{内}$ 计算。

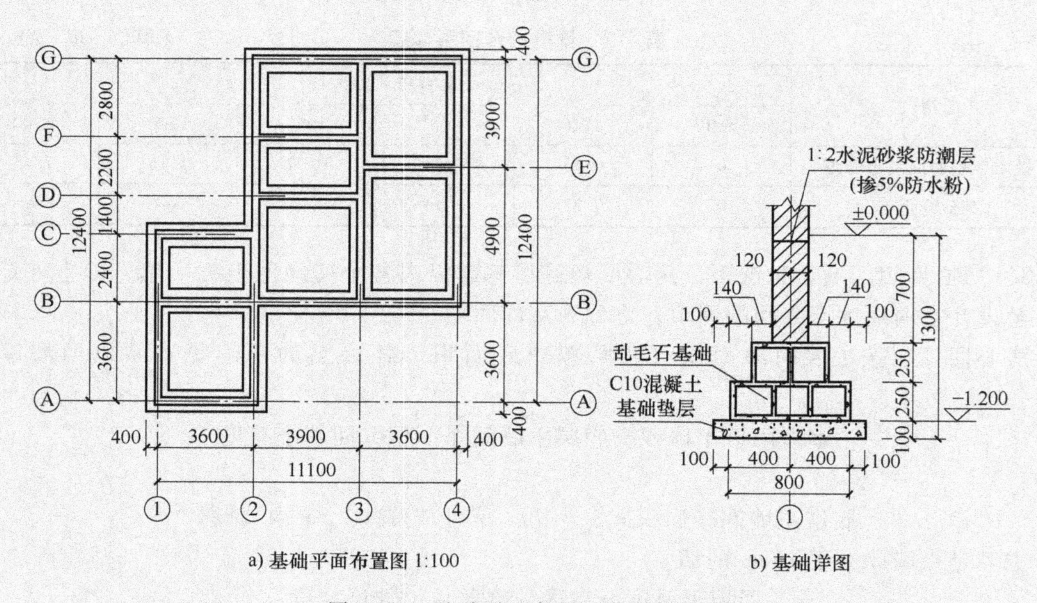

图 6-14 基础平面布置图及基础详图

解： (1) 三线一面

外墙中心线：

$$L_{中} = 3.6m + 3.6m + 3.9m + 3.6m + 4.9m + 3.9m + 3.6m + 3.9m + 2.8m + 2.2m + 1.4m + 3.6m + 2.4m + 3.6m = 47m$$

外墙外边线：

$$L_{外} = 47m + 8 \times 0.12m = 47.96m$$

内墙净长线：

$L_{内}=(3.6-0.12\times2)m+(3.9-0.12\times2)m\times2+(3.6-0.12\times2)m+(3.9+4.9-0.12\times2)m+(2.4-0.12\times2)m=24.76m$

底层建筑面积：

$S_{底}=(11.1+0.12\times2)m\times(12.4+0.12\times2)m-(3.9+3.6)m\times3.6m-3.6m\times(1.4+2.2+2.8)m=93.30m^2$

（2）平整场地

$$S_{平整场地}=S_{底}=93.30m^2$$

（3）挖沟槽土方

挖土深度为 1.3m－0.3m＝1.0m，小于二类土放坡起点深度，故采用无支护结构的垂直边坡。

$V_{挖沟槽土方}=(B+2c)(H+h)L=(1.0+2\times0.25)m\times1.0m\times(47+24.76)m=107.64m^3$

（4）基础工程量（设计室外地坪以下）

$V_{砖基础}=0.12\times2m\times(0.7-0.3)m\times(47+24.76)m=6.89m^3$

$V_{毛石基础}=[(0.12\times2+0.14\times2)\times0.25+0.8\times0.25]m^2\times(47+24.76)m=23.68m^3$

（5）C10 混凝土垫层工程量

$$V_{垫层}=1.0m\times0.1m\times(47+24.76)m=7.18m^3$$

（6）余方弃置

设计室外地坪以下埋设物体积：$6.89m+23.68m+7.18m=37.75m^3$，所以

$$V_{余方弃置}=37.75m^3$$

6.3.2 地基处理与边坡支护工程（0102）

地基处理与边坡支护工程包括地基处理和边坡支护 2 个分部工程，共 23 个分项工程。

1. 地基处理（010201）

（1）换填垫层（010201001）

当建筑物基础下的持力层比较软弱、不能满足上部结构荷载对地基的要求时，常采用换填垫层来处理软弱地基，即挖去浅层软弱土层和不均匀土层，回填坚硬、较粗粒径的材料，并夯压密实形成的垫层。换填垫层的厚度应根据置换软弱土的深度以及下卧土层的承载力确定，厚度不宜小于 0.5m，也不宜大于 3m。根据所用材料的不同，换填垫层可分为土（灰土）垫层、石（砂石）垫层、土工合成材料加筋垫层等，应分别编码列项。

换填垫层，按设计图示尺寸以体积计算，单位：m^3。

（2）垫层加筋（010201002）

垫层加筋是指在地基处理施工时，在垫层中铺设单层或多层水平向土工织物、土工膜（抗渗）、土工格栅等土工合成材料（图 6-15），以满足地基抗渗、加筋增强、反渗、隔离等需要。

a) 土工格栅

b) 土工膜

图 6-15 地基垫层加筋处理

垫层加筋，按设计图示尺寸以面积计算，单位：m^2。

（3）预压地基（010201003）、强夯地基（010201004）、振冲密实地基（不填料）（010201005）

1）预压地基是指采取堆载预压、真空预压、堆载与真空联合预压方式对淤泥质土、淤泥、冲击填土等地基土预压加载，使土中水排出，以实现土的预先固结而形成饱和黏性土地基，以减少建筑物地基后期沉降和提高地基承载力，如图 6-16 所示。

2）强夯地基是利用重锤自由下落时的冲击能来夯实浅层填土地基，使表面形成一层较为均匀的坚硬土层，提高地基承载力。

3）振冲密实地基（不填料）是指利用横向挤压设备成孔或采用振冲器水平振动和高压水的共同作用，将松散土层密实的处理地基方法。根据挤密方式不同，考虑沉管、冲击、夯扩、振冲、振动沉管不同，分别编码列项。

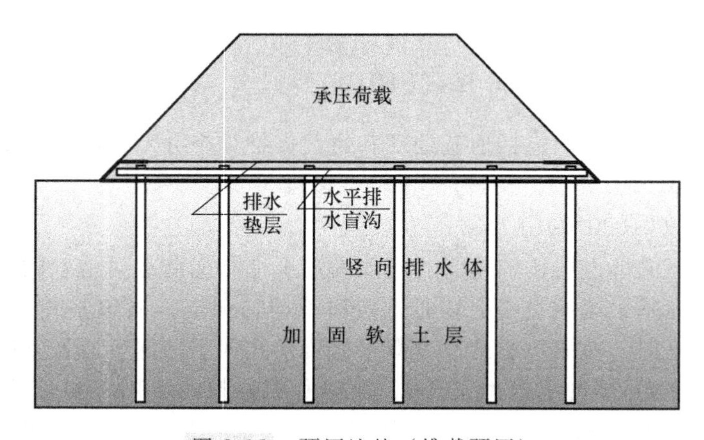

图 6-16 预压地基（堆载预压）

预压地基、强夯地基、振冲密实地基（不填料），均按设计图示处理范围以面积计算，单位：m^2。

（4）复合地基

复合地基是指部分土体被增强或被置换，形成的由地基土和增强体共同承担荷载的人工地基；根据增强体成桩方式不同可分为填料桩复合地基、搅拌桩复合地基、高压喷射桩复合地基、柱锤冲扩桩复合地基。其中，直径不大于 30cm 的填料桩称为微型桩复合地基，根据桩型、施工工艺的不同分为树根桩法、静压桩法、注浆钢管桩法，在桩基工程（0103）中分别编码列项。

1）填料桩复合地基（010201006）。填料桩复合地基根据填料的不同分为灰土桩、砂石桩、水泥粉煤灰碎石桩等，应分别列项。

灰土桩是由桩间挤密土和桩体组成的人工“复合地基”，利用打入钢套管（或振动沉管）在地基中成孔，通过挤压作用使地基土得到加密，然后在孔内分层填入灰土后夯实而成土桩或灰土桩。灰土桩主要适用于提高人工填土地基的承载力。

砂石桩是指用振动、冲击或振动水冲等方式在软弱地基中成孔，再将碎石或砂挤压入孔内，形成大直径的由碎石或砂所构成的密实桩体，如图 6-17a 所示。砂石桩具有挤密、置换、排水、垫层和加筋等加固作用。

水泥粉煤灰碎石桩（CFG 桩，Cement Fly-ash Gravel Pile），是由碎石、石屑、砂、粉煤灰掺水泥加水拌和，用各种成桩机械制成的可变强度桩，如图 6-17b 所示。水泥粉煤灰碎石桩和桩间土一起，通过褥垫层形成水泥粉煤灰碎石桩复合地基共同工作，桩的承载能力来自桩全长产生的摩阻力及桩端承载力，桩越长承载力越高，桩土形成的复合地基承载力提高幅度可达 4 倍以上且变形量小，适用于多层和高层建筑地基，是近年发展起来的一种地基处理技术。

a) 砂石桩

b) 水泥粉煤灰碎石桩(CFG桩)

图 6-17 填料桩复合地基

填料桩复合地基，按设计桩截面面积乘以桩长（包括桩尖）以体积计算，单位：m^3。

2）搅拌桩复合地基（010201007）。搅拌桩复合地基是利用水泥、石灰等材料作为固化剂的主剂，通过深层搅拌机械，在地基深处就地将软土和固化剂（浆液或粉体）强制搅拌，使软土硬结形成增强体的复合地基，可按单轴、双轴和三轴不同施工做法，区分浆液搅拌法（俗称湿法）和粉体搅拌法（俗称干法）设列项目。

搅拌桩复合地基，按设计桩截面面积乘以设计桩长加 50cm 以体积计算，单位：m^3。

3）高压喷射桩复合地基（010201008）。高压喷射桩是以高压旋转的喷嘴将水泥浆喷入土层与土体混合，形成连续搭接的水泥加固体。高压喷射桩适用于处理淤泥、淤泥质土、流塑、软塑或可塑黏性土、粉土、砂土、黄土、素填土和碎石土等地基。高压喷射注浆法分为旋喷、定喷和摆喷三种类别。根据工程需要和土质要求，施工时可分别采用单管法、二重管法、三重管法和多重管法。

高压喷射桩复合地基，按设计图示尺寸以桩长（包括桩尖）计算，单位：m。

4）柱锤冲扩桩复合地基（010201009）。柱锤冲扩桩复合地基是指反复将柱状重锤提到高处使其自由下落冲击成孔，然后分层填料夯实形成扩大桩体，与桩间土组成复合地基。柱锤冲扩桩复合地基适用于处理杂填土、粉土、黏性土、素填土、黄土等地基，对地下水位以下饱和松软土层应通过现场试验确定其适用性。

柱锤冲扩桩复合地基，按设计图示尺寸以桩长（包括桩尖）计算，单位：m。

（5）注浆加固地基（010201010）

注浆加固法是工程地基加固最常用的方法之一，该方法是将胶结材料配制成浆液利用气压或液压方式，通过注浆管把浆液均匀地注入岩层或土层，挤出裂隙或泥土颗粒间的水分和气体，并以其自身填充，待硬化后即可将岩土固结成整体，用以改善持力层受力状态和荷载传递性能，从而使地基得到加固，防止或减少渗透或不均匀沉降。

注浆加固地基，按设计加固尺寸以体积计算，单位：m^3。

（6）垫层（010201011）

垫层包括基础及楼地面垫层，应区分铺设部位和材质不同分别编码列项。

在地基处理中，褥垫层是经常采用的垫层形式，褥垫层通常铺设在搅拌桩复合地基的基础和桩之间（图6-18），其厚度一般取200～300mm，材料可选用中砂、粗砂、级配砂石等。其作用包括保证桩、土基共同承担荷载；调整桩垂直荷载、水平荷载的分布；减少基础底面的应力集中等。

a) 基础平面图

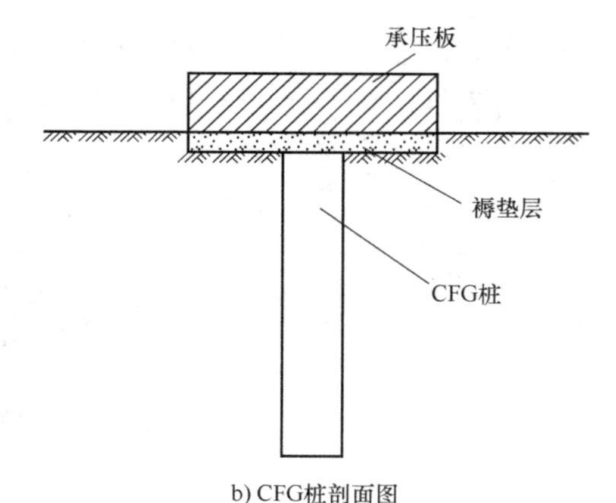

b) CFG桩剖面图

图6-18　褥垫层示意图

垫层，按设计图示尺寸以体积计算，单位：m^3。

2. 基坑与边坡支护（010202）

（1）地下连续墙（010202001）

地下连续墙，按设计图示墙中心线长乘以厚度再乘以槽深以体积计算，单位：m^3。

（2）排桩

排桩是指沿基坑侧壁排列设置的支护桩及冠梁所组成的支挡式结构或悬臂式支挡结构。

支护的桩型与成桩工艺是根据桩所穿过土层的性质、地下水条件及基坑周边环境要求等选择混凝土灌注桩、型钢桩、钢管桩、钢板桩、型钢水泥土搅拌桩等桩型，如图 6-19 所示。按施工方法不同，通常有分离式、咬合式、单排式、双排式等布置形式，应按不同桩型选用清单项目，并区分设计要求的不同布置形式分别编码列项。

a) 混凝土灌注桩

b) 钢板桩

图 6-19 排桩类型

1）混凝土灌注桩排桩（010202002）、木制排桩（010202003）、预制钢筋混凝土排桩（010202004），按设计图示尺寸以桩长（包括桩尖）计算，单位：m。

2）钢制排桩（010202005），按设计图示尺寸以质量计算，单位：t。

（3）锚杆（锚索）（010202006）、土钉（010202007）

锚杆（锚索）、土钉，按设计图示尺寸以钻孔深度计算，单位：m。

锚杆（锚索）是将锚杆（金属锚杆、水泥锚杆、树脂锚杆、木锚杆）设置于钻孔内，端部伸入稳定土层中的受拉杆体，通常对其施加预应力，以承受由土压力或外荷载产生的拉力，用以维护边坡的稳定；土钉（支护）是用来加固或同时锚固现场原位土体的细长杆件，通常采取土中钻孔、置入变形钢筋（钢管、角钢等）并沿孔全长注浆的方法做成。土钉依靠与土体之间的界面黏结力或摩擦力，在土体发生变形条件下被动受力，并主要承受拉力作用，如图 6-20 所示。

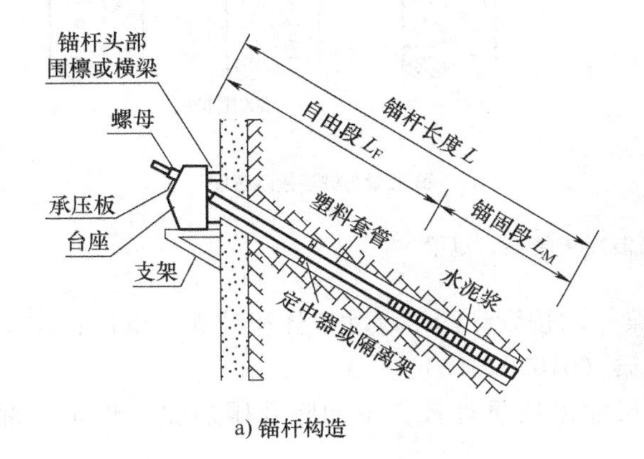

a) 锚杆构造

b) 土钉(支护)

图 6-20 锚杆（锚索）与土钉

锚杆与土钉（支护）在构造形式上虽然有相似之处，但两者在工作机理上是有本质区别的：

1）锚杆是一种锚固技术，通过拉力杆将表层不稳定岩土体的荷载传递至岩土体深部稳定位置，从而实现被加固岩土体的稳定；土钉则是一种土体加筋技术，以密集排列的加筋体作为土体补强手段，提高被加固土体的强度与自稳能力。

2）锚杆是主动支护；土钉（支护）是被动支护。

3）锚杆施加预应力；土钉一般不施加预应力。

4）土钉应力沿全长都变化；锚杆应力在自由段上是相同的。

（4）喷射混凝土、水泥砂浆（010202008）

喷射混凝土（水泥砂浆）是使用混凝土喷射机，按一定混合程序，将掺有速凝剂的混凝土拌合物与高压水混合，经过喷嘴喷射到岩壁表面上，并迅速凝固形成一层支护结构，从而对围岩起到支护作用，如图 6-21 所示。喷射混凝土按不同的制作方法，主要分为干式喷射混凝土和湿式喷射混凝土。

图 6-21　喷射混凝土（水泥砂浆）

喷射混凝土、水泥砂浆，按设计图示尺寸以面积计算，单位：m^2。

（5）钢筋混凝土支撑（010202009）、钢筋混凝土腰梁、冠梁（010202010）

冠梁是指设置在挡土构件顶部的钢筋混凝土连梁，腰梁是设置在挡土构件侧面的连接锚杆或内支撑的钢筋混凝土或型钢梁式构件，如图 6-22 所示。

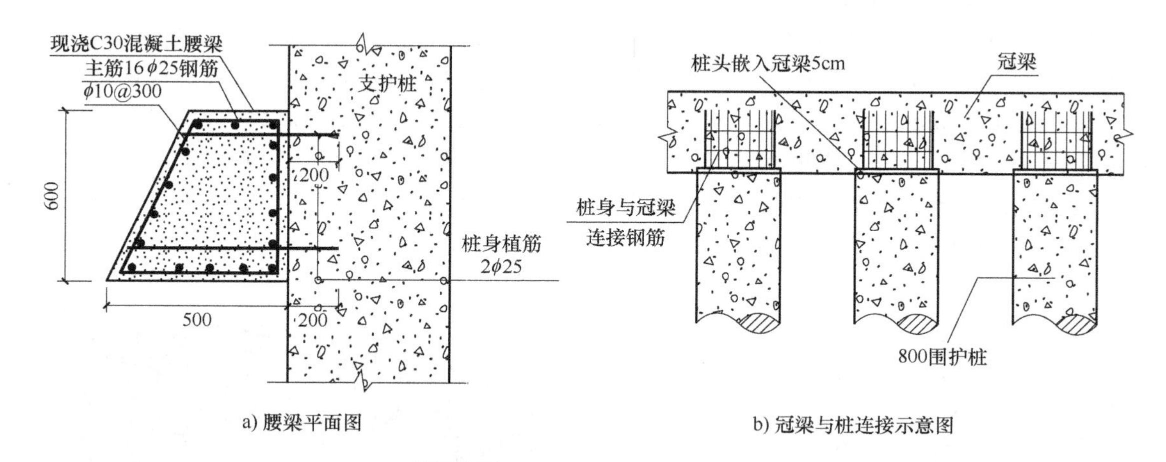

a) 腰梁平面图　　b) 冠梁与桩连接示意图

图 6-22　钢筋混凝土腰梁、冠梁

钢筋混凝土支撑、钢筋混凝土腰梁、冠梁，均按设计图示尺寸以体积计算，单位：m^3。

（6）钢支撑（010202011）、钢腰梁、冠梁（010202012）

钢支撑、钢腰梁、冠梁，均按设计图示尺寸以质量计算，不扣除孔眼质量，焊条、铆钉、螺栓等不另增加质量，单位：t。

【例 6-3】　某单体别墅工程基底为可塑黏土，不能满足设计承载力要求，采用水泥粉煤灰碎石桩进行地基处理，桩径为 400mm，桩体强度等级为 C20，设计桩长为 10m，桩端进入硬塑黏土层不少于 1.5m，桩顶在地面以下 1.5～2m，水泥粉煤灰碎石桩采用振动沉管灌注桩施工，桩顶采用 200mm 厚人工级配砂石（砂∶碎石 = 3∶7，最大粒径 30mm）作为褥垫层，如图 6-23 和图 6-24 所示。

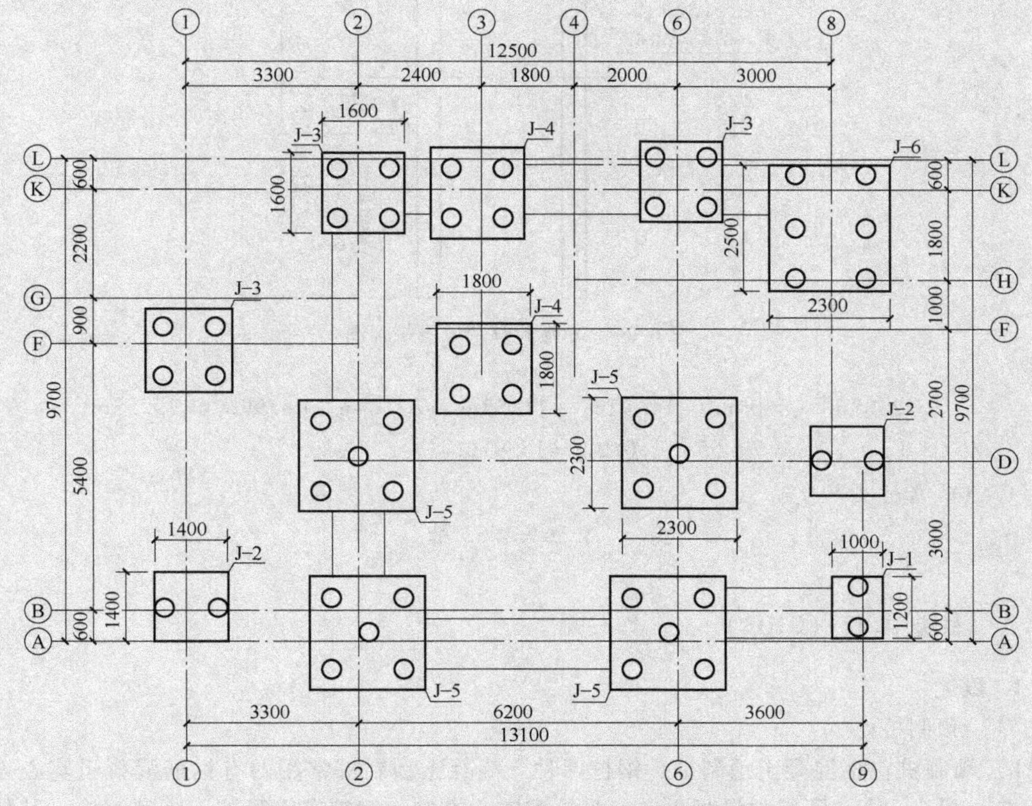

图 6-23　水泥粉煤灰碎石桩平面图

根据以上背景资料及现行国家标准《房屋建筑与装饰工程工程量计算规范》，列出该工程地基处理分部分项工程量清单。

解：（1）填料桩复合地基（水泥粉煤灰碎石桩）

$$水泥粉煤灰碎石桩长度 = 52 \times 10\text{m} = 520\text{m}$$

（2）垫层（褥垫层）

1）J-1：$(1.2+2\times0.3)\text{m}\times(1.0+2\times0.3)\text{m}\times1 = 2.88\text{m}^2$

2）J-2：$(1.4+2\times0.3)\text{m}\times(1.4+2\times0.3)\text{m}\times2 = 8.00\text{m}^2$

3）J-3：$(1.6+2\times0.3)\text{m}\times(1.6+2\times0.3)\text{m}\times3 = 14.52\text{m}^2$

4）J-4：$(1.8+2\times0.3)\text{m}\times(1.8+2\times0.3)\text{m}\times2 = 11.52\text{m}^2$

5）J-5：$(2.3+2\times0.3)\text{m}\times(2.3+2\times0.3)\text{m}\times4 = 33.64\text{m}^2$

6）J-6：$(2.5+2\times0.3)\text{m}\times(2.5+2\times0.3)\text{m}\times1 = 8.99\text{m}^2$

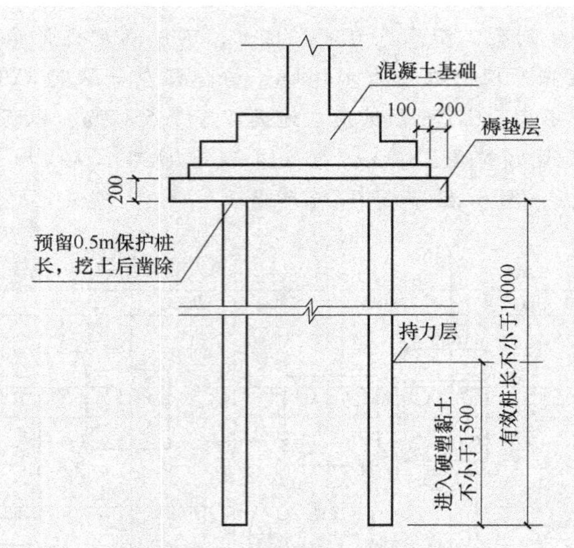

图 6-24　水泥粉煤灰碎石桩详图

$$S=2.88\text{m}^2+8.00\text{m}^2+14.52\text{m}^2+11.52\text{m}^2+33.64\text{m}^2+8.99\text{m}^2=79.55\text{m}^2$$

所以，$V_{垫层(褥垫层)}=79.55\text{m}^2\times0.2\text{m}=15.91\text{m}^3$

(3) 凿桩头

凿桩头 = 52 根

6.3.3 桩基工程（0103）

1. 概述

(1) 预制桩

1) 预制桩包括混凝土预制桩、钢桩两种。混凝土预制桩常用的有钢筋混凝土实心方桩和板桩（图 6-25）、预应力混凝土空心管桩和空心方桩；钢桩有钢管桩、H 型钢桩、其他异形钢桩等。

a) 钢筋混凝土实心方桩

b) 钢筋混凝土实心板桩

图 6-25　钢筋混凝土预制桩

2) 预制钢筋混凝土实心桩和空心桩应依据截面形式不同分别编码列项，其项目特征中的桩截面、混凝土强度等级、桩类型等，也可直接用标准图代号或设计桩型进行描述。沉桩方法可区分打入桩（锤击沉桩）、水冲沉桩、振动沉桩和静力压桩等。

3）混凝土预制桩项目以成品桩编制，应包括成品桩购置费，如果用现场预制，应包括现场预制桩的所有费用。

4）打试验桩和打斜桩应按相应项目单独列项，并应在项目特征中注明试验桩或斜桩（斜率）。

5）截（凿）桩头项目适用于地基处理与边坡支护工程（0102）和桩基工程（0103）所列桩的桩头截（凿）。

6）预制钢筋混凝土管桩桩顶与承台的连接构造按混凝土及钢筋混凝土工程（0105）相关项目列项。

（2）灌注桩

1）灌注桩根据成孔方法的不同分为挖孔、钻孔、冲孔灌注桩，套管成孔灌注桩（沉管灌注桩）及爆扩成孔灌注桩等，如图 6-26 所示；项目特征描述时应按照工程岩土工程勘察报告和实际情况自行选择。

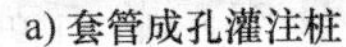

a) 套管成孔灌注桩　　b) 钻孔灌注桩(干作业)

图 6-26　混凝土灌注桩施工

2）泥浆护壁成孔灌注桩是指在泥浆护壁条件下成孔，采用水下灌注混凝土的桩，包括正、反循环钻孔灌注桩，冲击成孔灌注桩，旋挖成孔灌注桩等。其成孔方法包括冲击钻成孔、冲抓锥成孔、回旋钻成孔、潜水钻成孔、泥浆护壁的旋挖成孔等，可依据成孔方式不同分别设列项目。

3）沉管灌注桩包括锤击沉管灌注桩、振动、振动冲击沉管灌注桩和内夯沉管灌注桩，沉管方法包括锤击沉管法、振动沉管法、振动冲击沉管法、内夯沉管法等，可区分沉管方式和复打要求等分别设列项目。

4）干作业成孔灌注桩是指在不用泥浆护壁和套管护壁的情况下，用钻机成孔后，下钢筋笼，灌注混凝土的桩，适用于地下水位以上的土层使用。干作业成孔灌注桩包括钻孔（扩底）灌注桩和人工挖孔灌注桩，其成孔方法包括螺旋钻成孔、螺旋钻成孔扩底、人工挖孔等。

5）项目特征中的桩长应包括桩尖，空桩长度 = 孔深 − 桩长，孔深为自然地面至设计桩底的深度。

6）项目特征中的桩截面（桩径）、混凝土强度等级、桩类型等可直接用标准图代号或设计桩型进行描述。

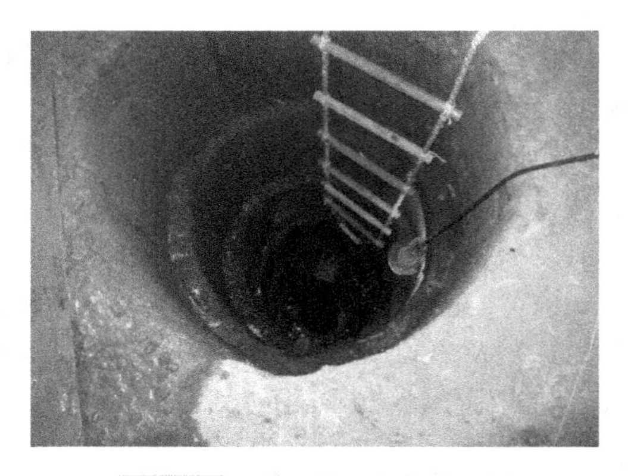

图 6-27　人工挖土成孔灌注桩

7）人工挖土成孔灌注桩（图 6-27）、钻孔（扩底）灌注桩等设计要求扩底时，其扩大部分工程量按设计尺寸以体积计算并入其相应项目工程量内。

8）混凝土种类：指清水混凝土、彩色混凝土、水下混凝土等，如在同一地区既使用预拌（商品）混凝土，又允许现场搅拌混凝土时，也应注明（下同）。

9）混凝土灌注桩的钢筋笼制作、安装，按混凝土及钢筋混凝土工程（0105）相关项目编码列项。

10）声测管是利用超声波透射法的检测原理，来检查桩基是否牢固以及是否存在较大的施工质量缺陷。声测管宜采用钢质管，塑料（PVC）管材虽然价格便宜，但由于易发生变形，故一般不建议采用。声测管除了用作检测通道外，也替代一部分钢筋露在截面外，桩顶处声测管应高出桩顶面 30 ~ 50cm。此外，声测管还可作为桩基底部注浆的管道使用。实践证明，经过底部注浆处理的灌注桩，桩基的承载力可大幅提高。

（3）地层情况

地层情况，按《计算规范》表 0101-1 和表 0102-1 的规定，并根据岩土工程勘察报告按单位工程各地层所占比例（包括范围值）进行描述。对无法准确描述的地层情况，可注明由清单编制人和投标人根据岩土工程勘察报告自行决定计价。

2. 预制桩（010301）

（1）预制钢筋混凝土实心桩（010301001）、预制钢筋混凝土空心桩（010301002）

预制钢筋混凝土实心桩、预制钢筋混凝土空心桩，按设计图示截面面积乘以桩长（包括桩尖）以实体积计算，单位：m^3。

（2）钢管桩（010301003）、型钢桩（010301004）

钢管桩、型钢桩，按设计图示尺寸以质量计算，单位：t。

（3）截（凿）桩头（010301005）

截（凿）桩头，按设计桩截面面积乘以桩头长度以体积计算，单位：m^3。

【例 6-4】 某基础工程设计使用预制钢筋混凝土方桩共计 300 根，该预制桩构造尺寸及截面图如图 6-28 所示，已知每根桩打桩完成后需截桩头 0.5m，计算该基础工程预制钢筋混凝土方桩与截桩头工程量。

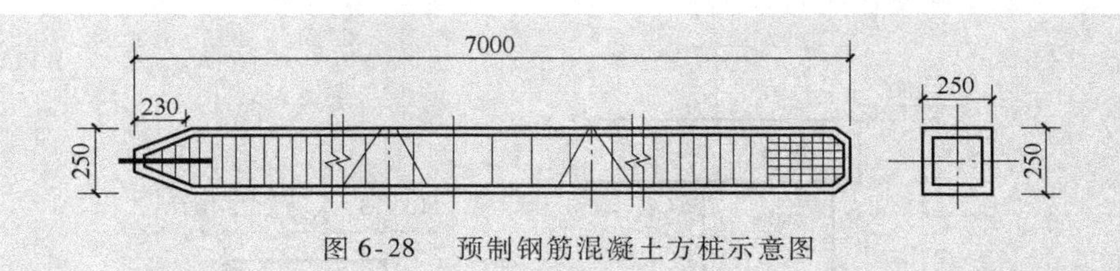

图 6-28 预制钢筋混凝土方桩示意图

【解】

桩截面面积 $=0.25\text{m}\times0.25\text{m}=0.0625\text{m}^2$

故，预制钢筋混凝土方桩工程量 $=0.0625\text{m}^2\times7\text{m}\times300=131.25\text{m}^3$

截桩头工程量 $=0.0625\text{m}^2\times0.5\text{m}\times300=9.375\text{m}^3$

3. 灌注桩（010302）

（1）泥浆护壁成孔灌注桩（010302001）、沉管灌注桩（010302002）、干作业机械成孔灌注桩（010302003）

泥浆护壁成孔灌注桩、沉管灌注桩、干作业机械成孔灌注桩，按设计不同截面面积乘以其设计桩长以体积计算，单位：m^3。

（2）爆扩成孔灌注桩（010302004）

爆扩成孔灌注桩，按设计要求不同截面在桩上范围内以体积计算，单位：m^3。

（3）挖孔桩土（石）方（010302005）

挖孔桩土（石）方，按设计图示尺寸（含护壁）截面面积乘以挖孔深度以体积计算，单位：m^3。

（4）人工挖孔灌注桩（010302006）

人工挖孔灌注桩，按设计要求护壁外围截面面积乘以挖孔深度以体积计算，单位：m^3。

（5）钻孔压灌桩（010302007）

钻孔压灌桩，按设计图示尺寸以桩长计算，单位：m。

（6）灌注桩后压浆（010302008）

灌注桩后压浆，按设计图示以注浆孔数量计算，单位：孔。

（7）声测管（010302009）

声测管，按打桩前自然地坪标高至设计桩底标高另加 0.5m 计算，单位：m。

【例 6-5】 某工程采用人工挖孔桩基础，设计情况如图 6-29 所示，桩端进入中风化泥岩不少于 1.5m，护壁混凝土采用现场搅拌，强度等级为 C15，桩芯采用商品混凝土，强度等级为 C25。

地层情况自上而下为：卵石层（四类土）厚 5～7m，强风化泥岩（极软岩）厚 3～5m，以下为中风化泥岩（软岩）。

问题：根据以上背景资料及《计算规范》，计算该人工挖孔桩土方及混凝土工程量。

【解】（1）人工挖孔桩土方工程量

1）桩身部分（圆柱）：$V_1=\dfrac{1}{4}\pi\times(1.15)^2\text{m}^2\times10.9\text{m}=11.32\text{m}^3$

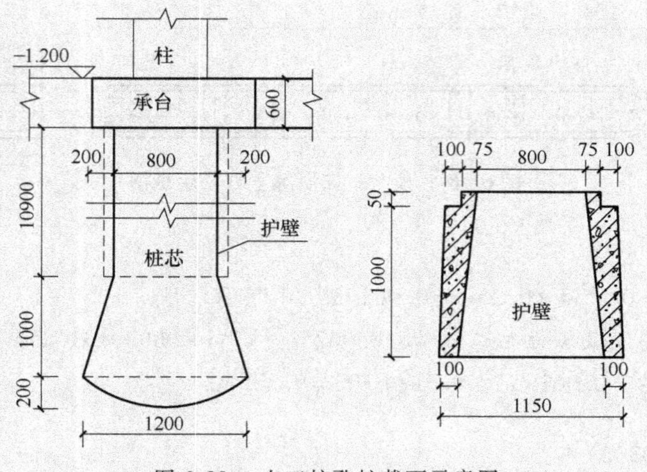

图 6-29　人工挖孔桩截面示意图

2）圆台部分：$V_2 = \frac{1}{12}\pi \times [(1.15-0.2)^2 + 1.2^2 + (1.15-0.2) \times 1.2)] m^2 \times 1m$

$= 0.91m^3$

3）球冠部分：$V_3 = \pi H_3^2 (R - H_3/3)$，$R = 1.0m$；

$V_3 = 3.14 \times 0.2^2 m^2 \times (1.0 - 0.2/3) m = 0.12m^3$

故，人工挖孔桩土方工程量 $= 11.32m^3 + 0.91m^3 + 0.12m^3 = 12.35m^3$

（2）人工挖孔桩混凝土工程量

1）桩芯 C25 混凝土工程量：

$$V_4 = \frac{1}{12}\pi \times (0.8^2 + 0.95^2 + 0.8 \times 0.95) m \times 1m \times 10.9m = 6.57m^3$$

2）桩芯护壁 C15 混凝土工程量：

$$11.32m^3 - 6.57m^3 = 4.75m^3$$

所以，人工挖孔桩混凝土工程量 $= 12.35m^3 - 4.75m^3 = 7.60m^3$

6.3.4　砌筑工程

1. 概述

砌筑工程包括砖砌体、砌块砌体、石砌体、轻质墙板 4 个分部工程，共 26 个分项工程。

1）基础与墙身的划分。基础与墙（柱）身使用同一种材料时，以设计室内地面为界（有地下室者，以地下室室内设计地面为界），以下为基础，以上为墙（柱）身；基础与墙身使用不同材料时，位于设计室内地面高度 $\leqslant \pm 300$mm 时，以不同材料为分界线，高度 $> \pm 300$mm 时，以设计室内地面为分界线，如图 6-30 所示。

2）砖围墙基础与墙身的划分。砖围墙以设计室外地坪为界，以下为基础，以上为墙身。

3）石基础、石勒脚、石墙的划分。基础与勒脚应以设计室外地坪为界。勒脚与墙身应以设计室内地面为界。石围墙内外地坪标高不同时，应以较低地坪标高为界，以下为基础；

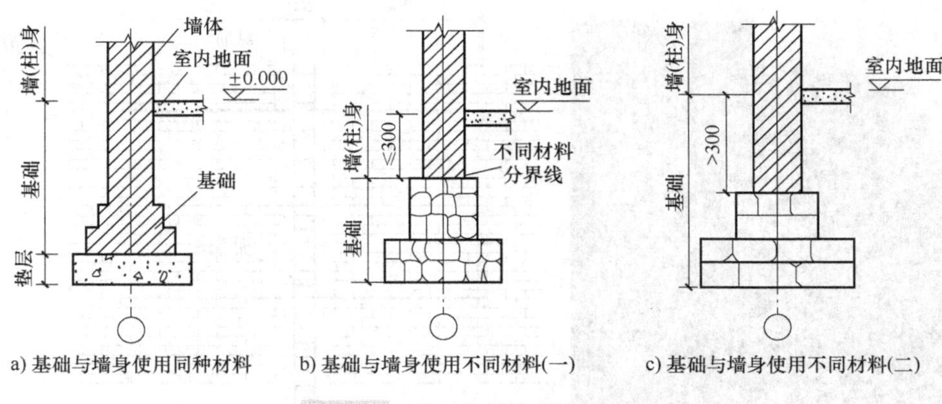

a) 基础与墙身使用同种材料　b) 基础与墙身使用不同材料(一)　c) 基础与墙身使用不同材料(二)

图 6-30　基础与墙身划分示意图

内外标高之差为挡土墙时，挡土墙以上为墙身。

4）砌筑工程所用的砌体材料。砌筑工程所用的砌体材料主要包括标准砖（实心）、空心砖、多孔砖及砌块等（图 6-31），其中标准砖尺寸为 240mm × 115mm × 53mm。若墙体采用标准砖砌筑，墙厚度应按表 6-8 计算，若采用其他材料砌筑，墙厚按设计尺寸计算。

表 6-8　标准墙计算厚度

砖数（厚度）	1/4	1/2	3/4	$1\frac{1}{2}$	2	$2\frac{1}{2}$	3
计算厚度/mm	53	115	180	365	490	615	740

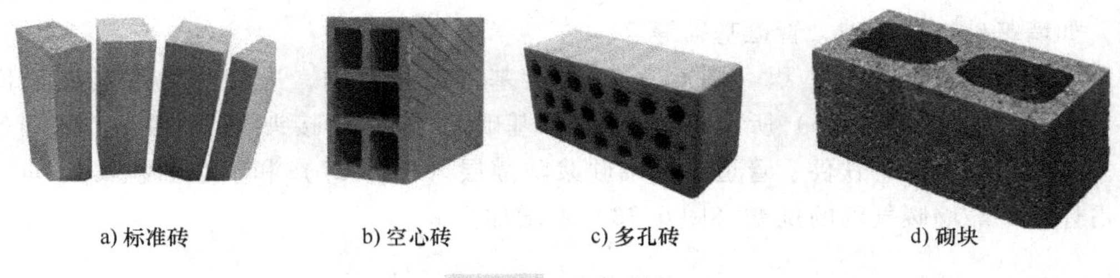

a) 标准砖　b) 空心砖　c) 多孔砖　d) 砌块

图 6-31　砌体材料

5）砖墙、砌体墙等加筋、墙体拉结筋（图 6-32）的制作、安装，应按钢筋工程相关项目编码列项；检查井内的爬梯按钢筋工程或金属结构工程相关项目编码列项。

6）砌体垂直灰缝宽 >30mm 时，应采用 C20 细石混凝土灌实。灌注的混凝土应按混凝土工程相关项目编码列项。

7）本部分中的刮缝或勾缝均考虑为混水墙原浆勾缝，若加浆勾缝则按墙、柱面装饰与隔断、幕墙工程中相关项目编码列项。

8）附墙烟囱、通风道、垃圾道应按设计图示尺寸以体积（扣除孔洞所占体积）计算，并入所依附的墙体体积内。当设计规定孔洞内需抹灰时，应按墙、柱面装饰与隔断、幕墙工程中零星抹灰项目编码列项。

9）砖（石）地沟、明沟，若设计施工有防水要求时，应按屋面及防水工程中相关项目编码列项。

a) 柱与墙体的拉结筋

b) 构造柱与墙体的拉结筋

图 6-32　墙体中的拉结筋

10）本部分所有项目均不包含土方的挖、运、填，若实际发生，按土石方工程中相关项目编码列项。

11）如施工图设计标注做法见标准图集时，应在项目特征描述中注明标注图集的编码、页号及节点大样。

2. 砌体（010401）

（1）砖基础（010401001）

砖基础，按设计图示尺寸以体积计算，单位：m^3。"砖基础"项目适用于各种类型的砖基础，如墙基础、柱基础、管道基础等。

附墙垛基础宽出部分体积（图 6-33）并入基础工程量内，应扣除地梁（基础圈梁，图 6-34）、构造柱（图 6-35）所占体积，不扣除基础大放脚 T 形接头处的重叠部分（图 6-36）及嵌入基础内的钢筋、铁件、管道、基础砂浆防潮层（图 6-37）和单个面积≤0.3m^2 的孔洞所占体积，靠墙暖气沟的挑檐（图 6-38）不增加。

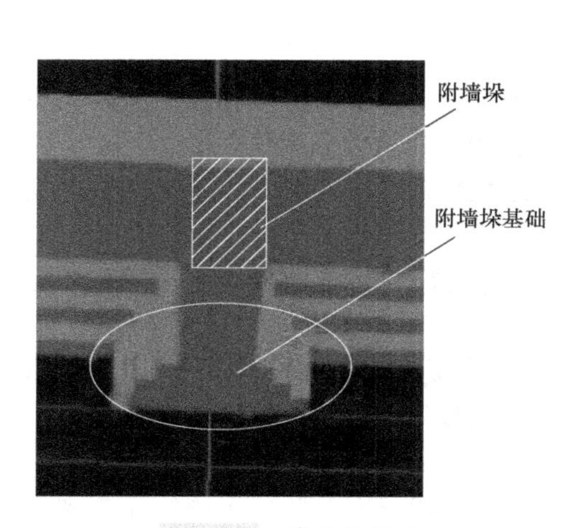

图 6-33　附墙垛基础

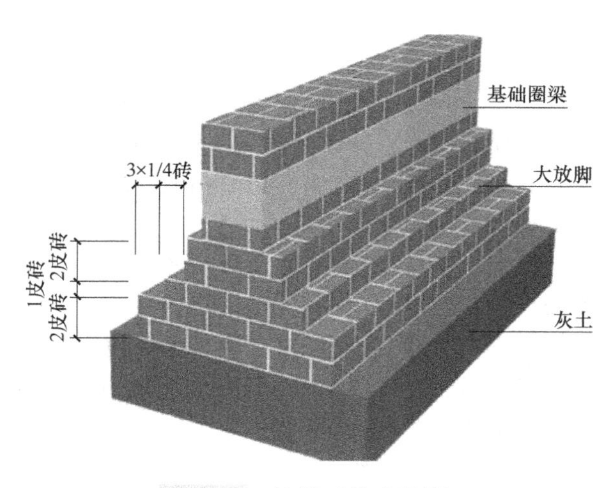

图 6-34　地梁（基础圈梁）

图 6-35　构造柱

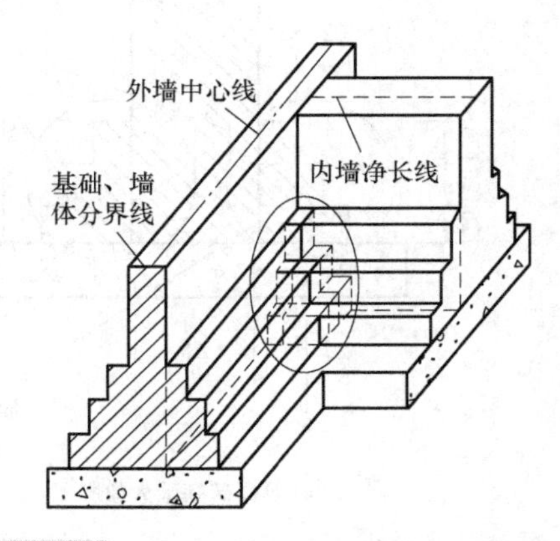

图 6-36　基础大放脚 T 形接头处重叠部分

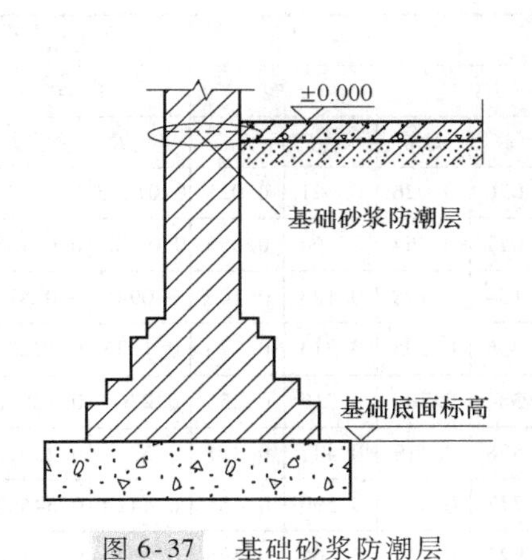

图 6-37　基础砂浆防潮层

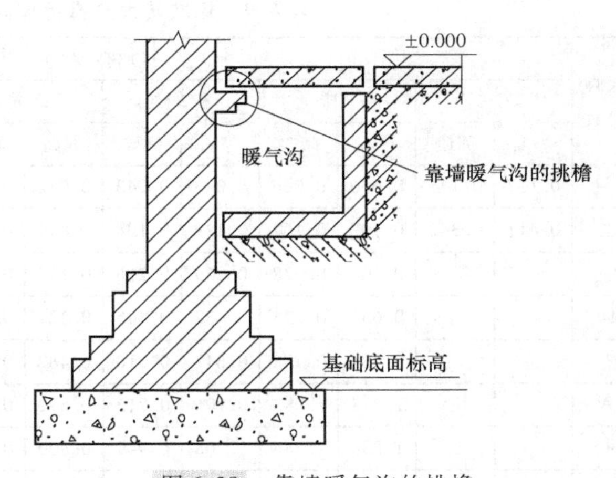

图 6-38　靠墙暖气沟的挑檐

砖基础工程量按下式计算：

$$砖基础体积 = \sum(基础截面面积 \times 基础长度) \pm 相关体积 \tag{6-12}$$

1）基础长度：外墙按外墙中心线，内墙按内墙净长线计算。

2）基础截面面积可按以下方法计算：

$$基础截面面积 = \delta h + \Delta S = \delta(h + \Delta h) \tag{6-13}$$

其中：

$$\Delta h = \frac{\Delta S}{\delta} \tag{6-14}$$

式中　δ——基础墙体计算厚度，按表 6-8；

h——基础高度；

ΔS——大放脚增加面积；

Δh——大放脚折加高度。

标准砖大放脚（图 6-39）折加高度和增加断面面积按表 6-9 查算或按实计算。

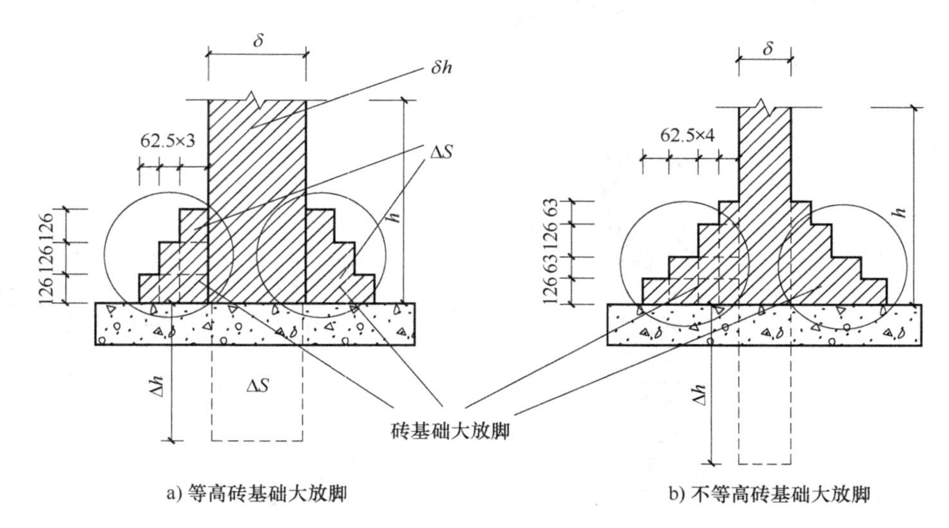

a) 等高砖基础大放脚　　b) 不等高砖基础大放脚

图 6-39　砖基础大放脚示意图

表 6-9　标准砖大放脚折加高度和增加断面面积

放脚层数	折加高度/m												增加断面面积/m²	
	1/2 砖		1 砖		3/2 砖		2 砖		5/2 砖		3 砖			
	等高	间隔	等高	间隔	等高	间隔	等高	间隔	等高	间隔	等高	间隔	等高	间隔
一	0.137	0.137	0.066	0.066	0.043	0.043	0.032	0.032	0.026	0.026	0.021	0.021	0.01575	0.01575
二	0.411	0.342	0.197	0.164	0.129	0.108	0.096	0.080	0.077	0.064	0.064	0.053	0.04725	0.03938
三			0.394	0.328	0.259	0.216	0.193	0.161	0.154	0.128	0.128	0.106	0.0945	0.07875
四			0.656	0.525	0.432	0.345	0.321	0.253	0.256	0.205	0.213	0.170	0.1575	0.12600
五			0.984	0.788	0.647	0.518	0.482	0.380	0.384	0.307	0.319	0.255	0.2363	0.18900
六			1.378	1.083	0.906	0.712	0.672	0.580	0.538	0.419	0.447	0.351	0.3308	0.25990
七			1.838	1.444	1.208	0.949	0.900	0.707	0.717	0.563	0.596	0.468	0.4410	0.34650
八			2.363	1.838	1.553	1.208	1.157	0.900	0.922	0.717	0.766	0.596	0.5670	0.44110
九			2.953	2.297	1.942	1.510	1.447	1.125	1.153	0.896	0.956	0.745	0.7088	0.55130
十			3.61	2.789	2.372	1.834	1.768	1.366	1.409	1.088	1.171	0.905	0.8663	0.66940

【例 6-6】 某建筑物基础平面布置图及剖面图如图 6-40 所示，计算该建筑物砖基础工程量。

【解】 1）根据剖面图得知，内外墙基础设计相同。

$L_{中}=(3.9+6.6+7.5)\text{m}\times2+(4.5+2.4+5.7)\text{m}\times2=61.2\text{m}$

$L_{净}=(3.9+6.6)\text{m}+7.5\text{m}+(5.7-0.24)\text{m}\times2+(4.5+2.4-0.24)\text{m}+(2.4-0.24)\text{m}=37.74\text{m}$

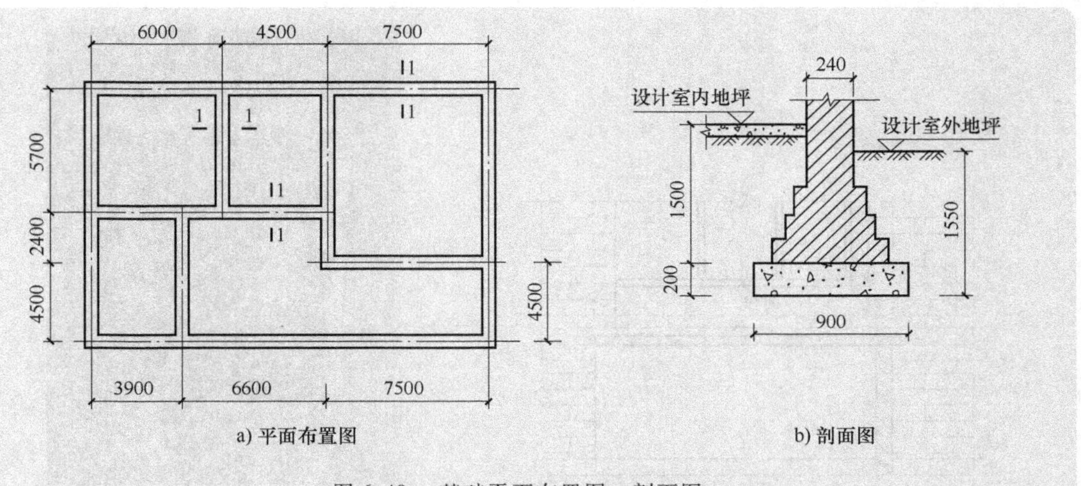

图 6-40　基础平面布置图、剖面图

2）基础大放脚为三阶等高，基础墙厚度 240mm，查表 6-9 得知基础大放脚折加高度为 0.394m。

基础截面面积 $=\delta(h+\Delta h)=0.24\text{m}\times(1.5+0.394)\text{m}=0.455\text{m}^2$

$V=V_{外}+V_{内}=0.455\text{m}^2\times(L_{中}+L_{净})=0.455\text{m}^2\times(61.2+37.74)\text{m}=45.02\text{m}^3$

（2）实心砖墙（010401002）、多孔砖墙（010401003）、空心砖墙（010401004）

实心砖墙、多孔砖墙、空心砖墙，按设计图示尺寸以体积计算，单位：m^3。

应扣除门窗洞口、嵌入墙内的钢筋混凝土柱、梁、圈梁（图 6-41）、挑梁、过梁及凹进墙内的壁龛（图 6-42）、管槽、暖气槽（图 6-43）、消火栓箱（图 6-44）所占体积，不扣除梁头（图 6-45）、板头（图 6-46）、檩头、垫木、木楞头、沿椽木（图 6-47）、木砖、门窗走头（图 6-48）、砖墙内加固钢筋、木筋、铁件、钢管及单个面积≤0.3m^2 的孔洞所占的体积。凸出墙面的腰线、挑檐、压顶（图 6-49）、窗台线、虎头砖（图 6-50）、门窗套（图 6-51）的体积也不增加。凸出墙面的砖垛并入墙体体积内计算。

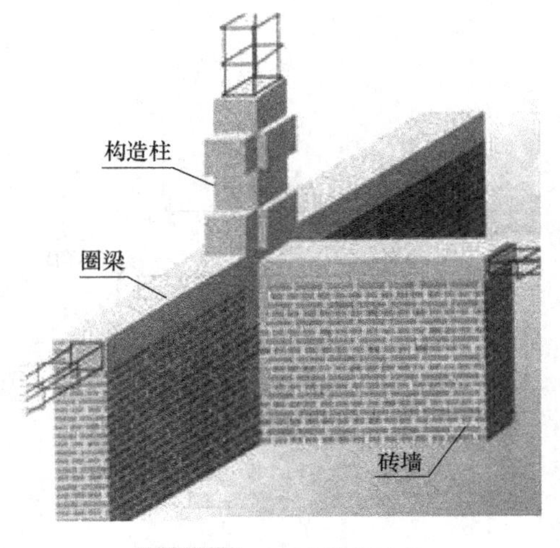

图 6-41　圈梁与构造柱

图 6-42　壁龛

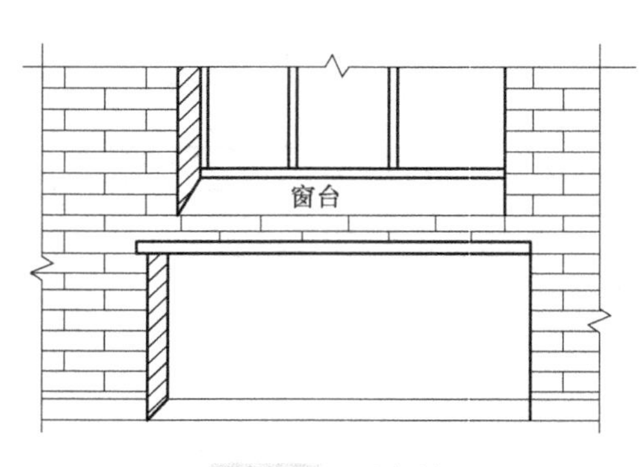

图 6-43　暖气槽

图 6-44　消火栓箱

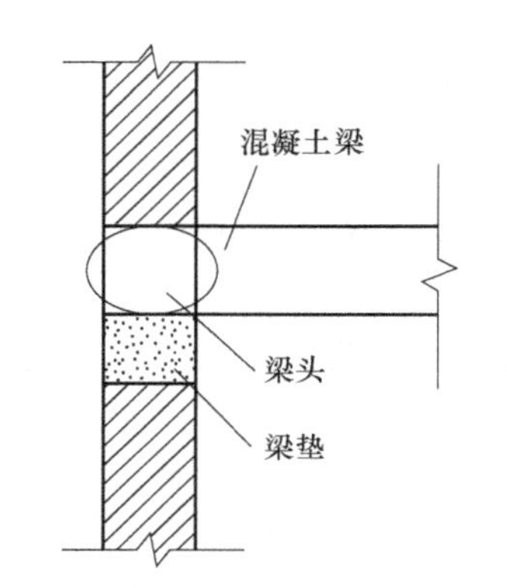

图 6-45　混凝土梁、梁头、梁垫

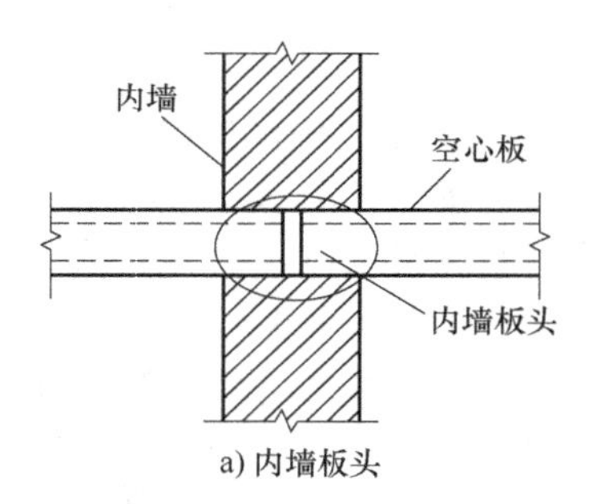

图 6-46　内（外）墙板头

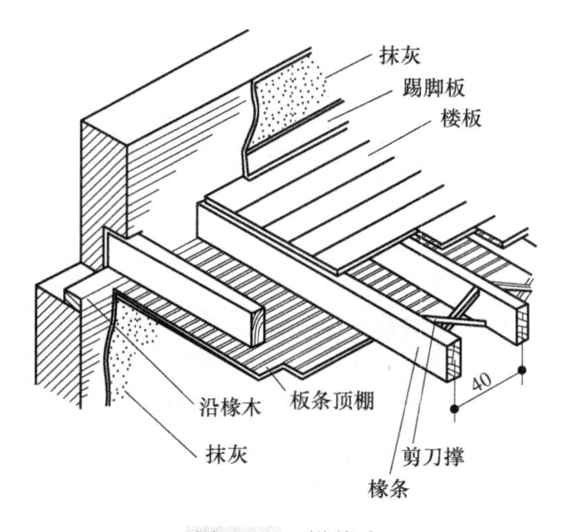

图 6-47　沿椽木

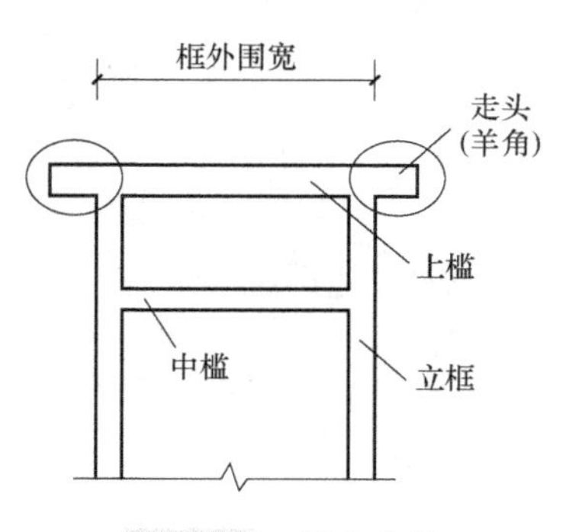

图 6-48　门窗走头

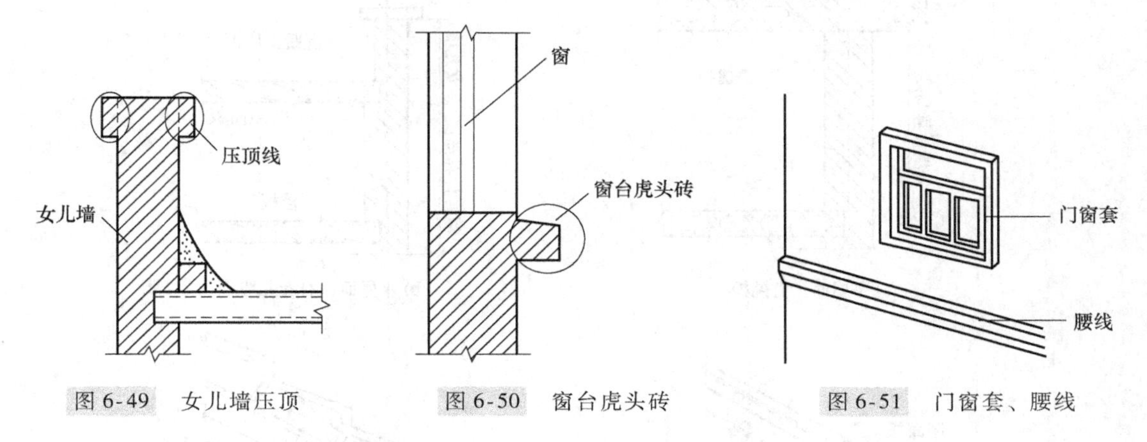

图 6-49 女儿墙压顶　　图 6-50 窗台虎头砖　　图 6-51 门窗套、腰线

墙体工程量可按下式计算：

$$墙体工程量 = \sum(墙长 \times 墙高 - 门窗洞孔面积) \times 墙厚 \pm 有关体积 \quad (6\text{-}15)$$

1）墙的计算长度，外墙按外墙中心线，内墙按内墙净长线。

2）墙体计算高度见表 6-10。

3）女儿墙，按外墙顶面至图示女儿墙顶面的高度计算，区别不同墙厚执行外墙项目，如图 6-52 所示。

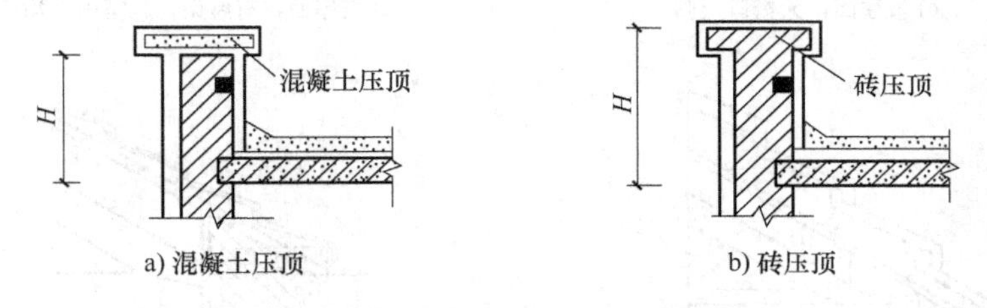

图 6-52 女儿墙计算高度示意图

表 6-10 墙体计算高度

墙体类型	屋面类型		墙体计算高度	图示
外墙	平屋面	有挑檐	钢筋混凝土板底	图 6-53a
		有女儿墙		图 6-53b
	坡屋面	无檐口天棚	外墙中心线为准，算至屋面板底	图 6-53c
		有屋架，且室内外均有天棚	算至屋架下弦底面另加 200mm	图 6-53d
		有屋架，无天棚	算至屋架下弦底面加 300mm	图 6-53e
		出檐宽度超过 600mm	按实砌墙体高度	图 6-53f
内墙	位于屋架下弦		算至屋架下弦底	图 6-53g
	无屋架		算至天棚底另加 100mm	图 6-53h
	有钢筋混凝土楼板隔层		算至楼板底	图 6-53i
	有框架梁		算至梁底	图 6-53j
山墙	内外山墙		按平均高度计算	图 6-53k
框架间墙	不分内外墙按墙体净尺寸以体积计算			
围墙	高度算至压顶上表面（如有混凝土压顶时算至压顶下表面），围墙柱并入围墙体积内			

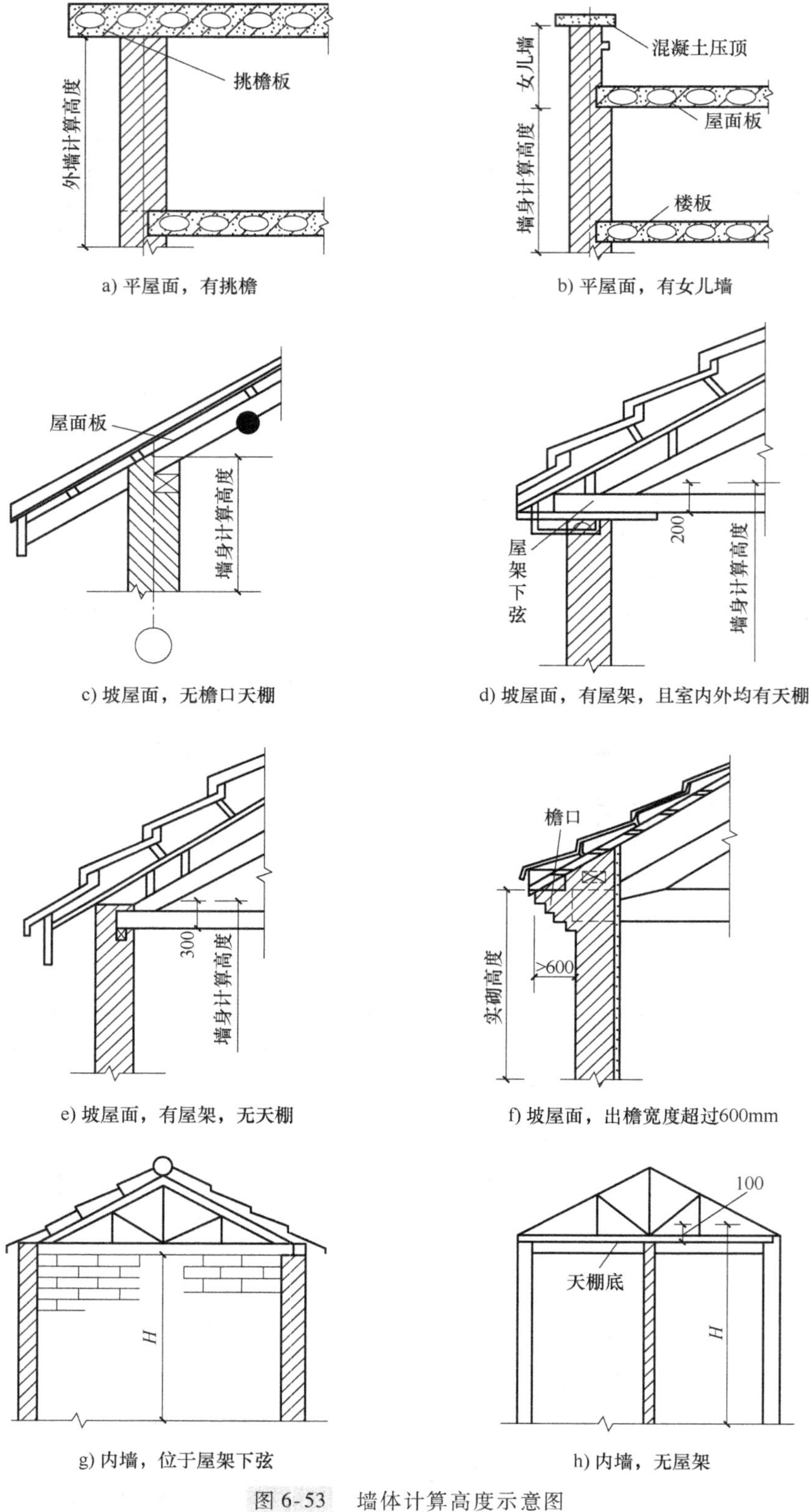

a) 平屋面，有挑檐　b) 平屋面，有女儿墙

c) 坡屋面，无檐口天棚　d) 坡屋面，有屋架，且室内外均有天棚

e) 坡屋面，有屋架，无天棚　f) 坡屋面，出檐宽度超过600mm

g) 内墙，位于屋架下弦　h) 内墙，无屋架

图 6-53　墙体计算高度示意图

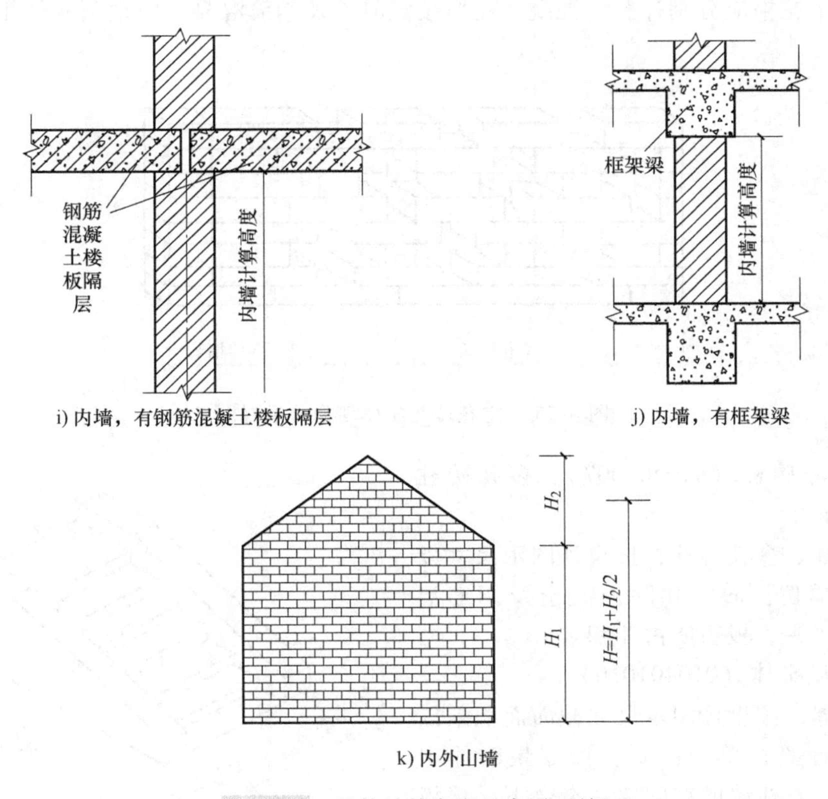

图 6-53 墙体计算高度示意图（续）

（3）空斗墙（010401005）、空花墙（010401006）

空斗墙（图 6-54），按设计图示尺寸以空斗墙外形体积计算，单位：m^3。墙角、内外墙交接处、门窗洞口立边、窗台砖、屋檐处的实砌部分体积并入空斗墙体积内；空斗墙的窗间墙、窗台下、楼板下、梁头下等的实砌部分，则按零星砌砖项目编码列项。

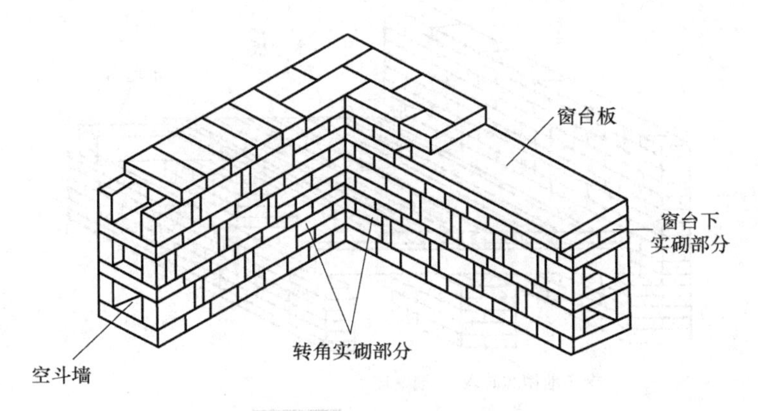

图 6-54 空斗墙示意图

空花墙（图 6-55），按设计图示尺寸以空花部分外形体积计算，不扣除空洞部分体积，单位：m^3。“空花墙”项目适用于各种类型的空花墙，使用混凝土花格砌筑的空花墙，实砌墙体与混凝土花格应分别计算，混凝土花格按混凝土及钢筋混凝土中预制构件相关项目编码列项。

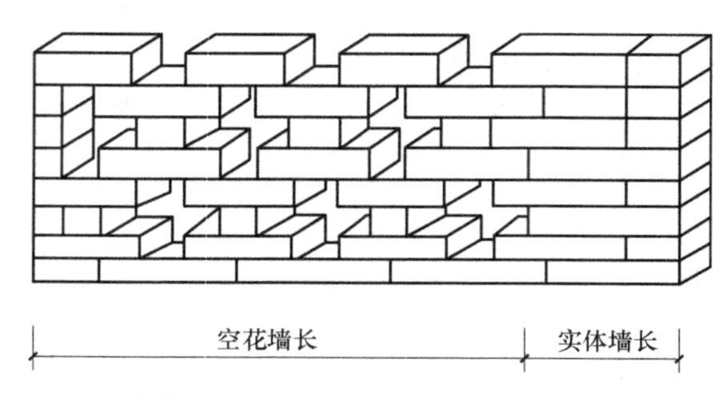

图 6-55　空花墙与实体墙划分示意图

(4) 实心砖柱 (010401007)、多孔砖柱 (010401008)

实心砖柱、多孔砖柱，按设计图示尺寸以体积计算，单位：m^3。扣除混凝土及钢筋混凝土梁垫、梁头、板头所占体积。

(5) 零星砌体 (010401010)

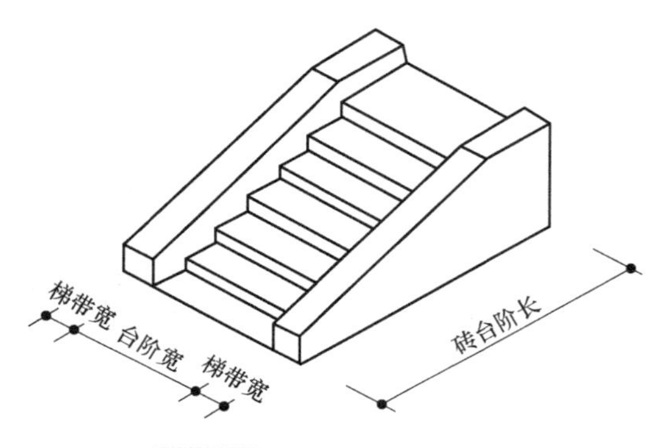

图 6-56　砖砌台阶（梯带）

零星砌体，按设计图示尺寸截面面积乘以长度以体积计算，单位：m^3。按零星砌体项目列项的有：空斗墙的窗间墙、窗台下、楼板下、梁头下等的实砌部分，台阶（图 6-56）、台阶挡墙、梯带、锅台、炉灶、蹲台、池槽、池槽腿、砖胎模、花台、花池、楼梯栏板、阳台栏板、地垄墙（图 6-57）、砖砌锅台与炉灶、小便槽、地垄墙、≤0.3m^2的孔洞填塞等。

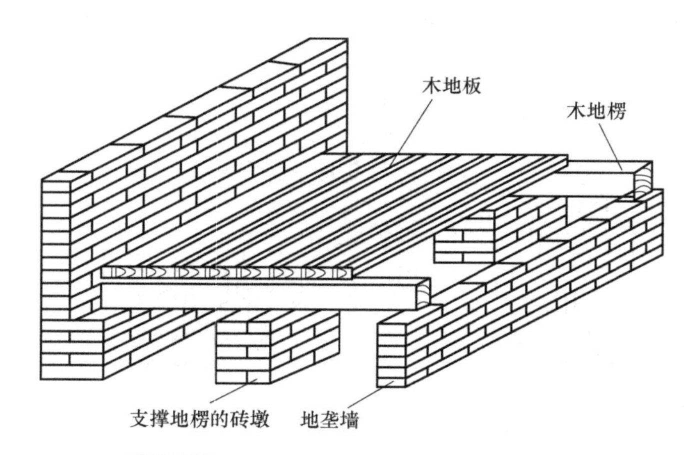

图 6-57　地垄墙及支撑地楞的砖墩示意图

(6) 砖检查井、砖散水（地坪）、砖地沟（明沟）、贴砌砖墙

1）砖检查井（010401009），按设计图示数量计算，单位：座。检查井内的爬梯按钢筋

工程相关项目编码列项；井、池内的混凝土构件按混凝土及钢筋混凝土预制构件编码列项。

2）砖散水、地坪（010401011），按设计图示尺寸以面积计算，单位：m^2。

3）砖地沟、明沟（010401012），按设计图示中心线长度计算，单位：m。

4）贴砌砖墙（010401013），按设计图示尺寸以体积计算，单位：m^3。贴砌砖墙项目是指依附构件或者依附墙体砌筑的贴砌砖（如地下室外墙防水层的保护砖墙等）。

3. 砌块砌体（010402）

砌块排列应上、下错缝搭砌，如果搭错缝长度满足不了规定的压搭要求，应采取压砌钢筋网片的措施，具体构造要求按设计规定。若设计无规定时，应注明由投标人根据工程实际情况自行考虑；钢筋网片按钢筋混凝土工程中相应项目编码列项。

（1）砌块墙（010402001）

砌块墙，按设计图示尺寸以体积计算，单位：m^3。扣除门窗洞口、嵌入墙内的钢筋混凝土柱、梁、圈梁、挑梁、过梁及凹进墙内的壁龛、管槽、暖气槽、消火栓箱所占体积。不扣除梁头、板头、檩头、垫木、木楞头、沿椽木、木砖、门窗走头、砖墙内加固钢筋、木筋、铁件、钢管及单个面积≤$0.3m^2$ 的孔洞所占体积。凸出墙面的腰线、挑檐、压顶、窗台线、虎头砖、门窗套的体积不增加。凸出墙面的砖垛并入墙体体积内。

1）墙长度。外墙按中心线，内墙按净长计算。

2）墙高度，同实心砖墙墙高。

3）围墙。高度算至压顶上表面（如有混凝土压顶时算至压顶下表面），围墙柱并入围墙体积内。

4）框架间墙。不分内外墙按净尺寸以体积计算。

（2）砌块柱（010402002）

砌块柱，按设计图示尺寸以体积计算，单位，m^3。扣除混凝土及钢筋混凝土梁垫、梁头、板头所占体积。

4. 石砌体（010403）

（1）石基础（010403001）

“石基础”项目适用于各种规格（粗料石、细料石等）、各种材质（砂石、青石等）和各种类型（柱基、墙基、直形、弧形等）基础。

石基础，按设计图示尺寸以体积计算，单位，m^3。

附墙垛基础宽出部分体积应并入基础工程量内，不扣除基础砂浆防潮层及单个面积≤$0.3m^2$ 的孔洞所占体积，靠墙暖气沟的挑檐体积忽略不计。

基础长度：外墙按中心线，内墙按净长计算。

（2）石勒脚（010403002）

“石勒脚”项目适用于各种规格（粗料石、细料石等）、各种材质（砂石、青石、大理石、花岗石等）和各种类型（直形、弧形等）的勒脚。

石勒脚，按设计图示尺寸以体积计算，单位：m^3。扣除单个面积 $>0.3m^2$ 的孔洞所占体积。

（3）石墙（010403003）

“石墙”项目适用于各种规格（粗料石、细料石等）、各种材质（砂石、青石、大理石、花岗石等）和各种类型（直形、弧形等）的墙体。

石墙，按设计图示尺寸以体积计算，单位：m^3。其计算规则与“实心砖墙（010401002）”相同。

（4）石挡土墙（010403004）、石柱（010403005）

“石挡土墙”项目适用于各种规格（粗料石、细料石、块石、毛石、卵石等）、各种材质（砂石、青石、石灰石等）和各种类型（直形、弧形、台阶形等）挡土墙；“石柱”项目适用于各种规格、各种石质、各种类型的石柱。

石挡土墙、石柱，按设计图示尺寸以体积计算，单位：m^3。

（5）石栏杆（010403006）

“石栏杆”项目适用于无雕饰的一般石栏杆。

石栏杆，按设计图示以长度计算，单位：m。

（6）石护坡（010403007）、石台阶（010403008）

“石护坡”项目适用于各种石质和各种石料（粗料石、细料石、片石、块石、毛石、卵石等）；“石台阶”项目包括石梯带（垂带），不包括石梯膀（图 6-58），石梯膀应按石挡土墙项目编码列项。

石护坡、石台阶，按设计图示尺寸以体积计算，单位：m^3。

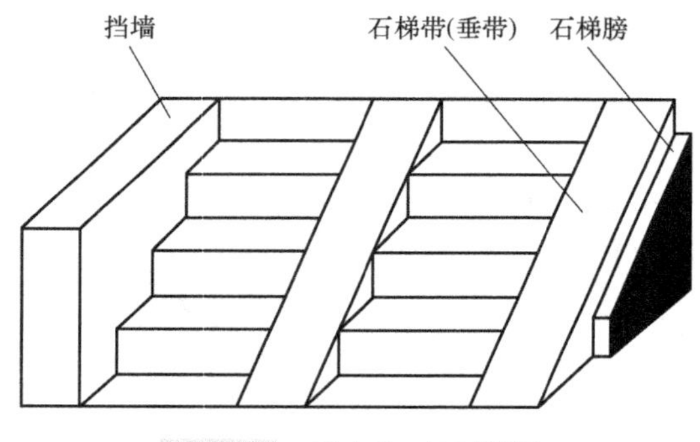

图 6-58　石台阶（石梯膀）

（7）石坡道（010403009）

石坡道，按设计图示尺寸以水平投影面积计算，单位：m^2。

（8）石地沟、明沟（010403009）

石地沟、明沟，按设计图示以中心线长度计算，单位：m。

5. 轻质墙板（010404）

“轻质墙板”项目适用于框架、框剪结构中的内外墙或隔墙。

轻质墙板，按设计图示尺寸以平方米计算，单位：m^2。

6.3.5　混凝土及钢筋混凝土工程

混凝土及钢筋混凝土工程包括现浇混凝土构件、一般预制混凝土构件、装配式预制混凝土构件、后浇混凝土、钢筋及螺栓、铁件 5 个分部工程，共 97 个分项工程。

1. 现浇混凝土构件（010501）

各类建筑中的现浇混凝土构件及现浇混凝土附属项目均按现浇混凝土构件（010501）中的相关项目编码列项。

现浇钢筋混凝土构件，不扣除构件内钢筋、螺栓、预埋铁件、张拉孔道所占体积，但应扣除劲性骨架的型钢所占体积。

(1) 现浇混凝土基础

现浇混凝土基础根据其构造形式及用途分为独立基础（010501001）、条形基础（010501002）、筏形基础（010501003）和设备基础（010501004）。

独立基础、条形基础、筏形基础，按设计图示尺寸以体积计算，单位：m^3。不扣除伸入承台基础的桩头所占体积。与筏形基础一起浇筑的，凸出筏形基础下表面的其他混凝土构件的体积，并入相应筏形基础体积内。

设备基础，按设计图示尺寸以体积计算，单位：m^3。

1) 独立基础。独立基础按其构造形式有阶梯形独立基础、截锥式独立基础和杯形独立基础，如图 6-59 所示。

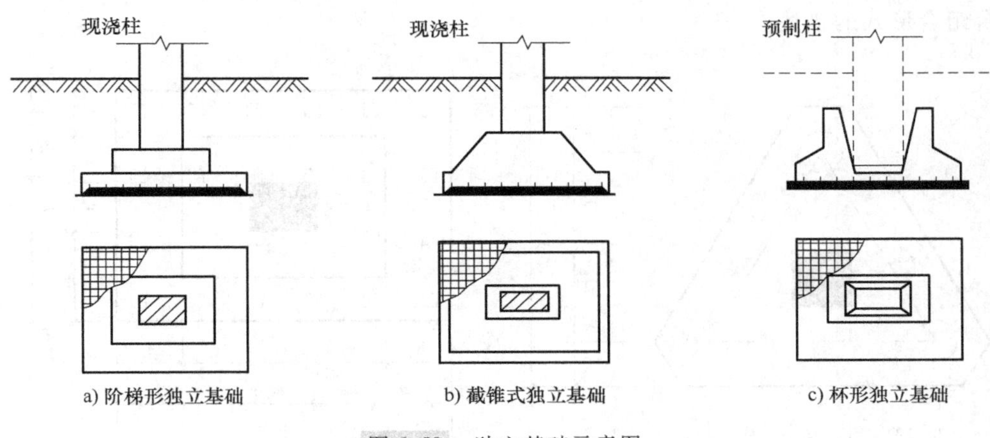

图 6-59　独立基础示意图

截锥式独立基础体积包括棱柱和棱台两部分，如图 6-60 所示。

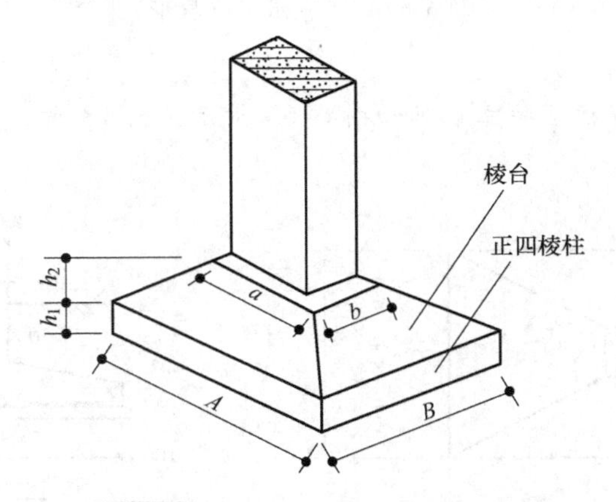

图 6-60　截锥式独立柱基础示意图

其中，棱台体积可按下式计算：

$$V=\frac{1}{6}h_2(S_{下底面面积}+S_{上底面面积}+4S_{中截面面积})=\frac{1}{6}h_2[AB+ab+(A+a)(B+b)] \quad (6\text{-}16)$$

杯形基础混凝土工程量等于独立基础体积扣除杯槽的体积，如图 6-61 所示。

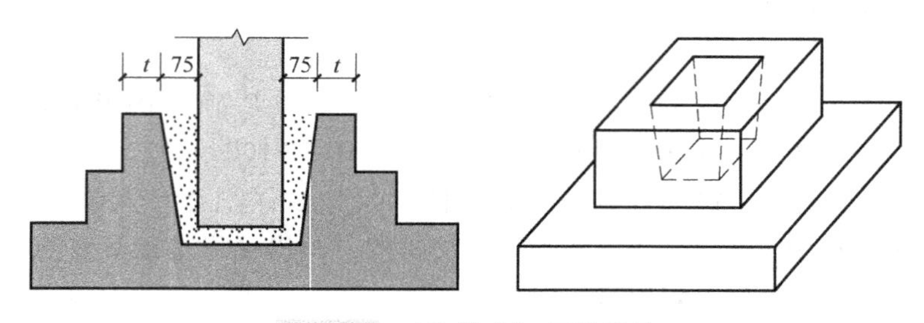

图 6-61　（阶梯式）杯形基础

独立桩承台按独立基础项目编码列项，承台梁按条形基础项目编码列项，整片浇筑的桩承台（板）按筏形基础编码列项。独立承台如为三角形、多边形等异形（图 6-62），需增加桩承台组合形式的描述。

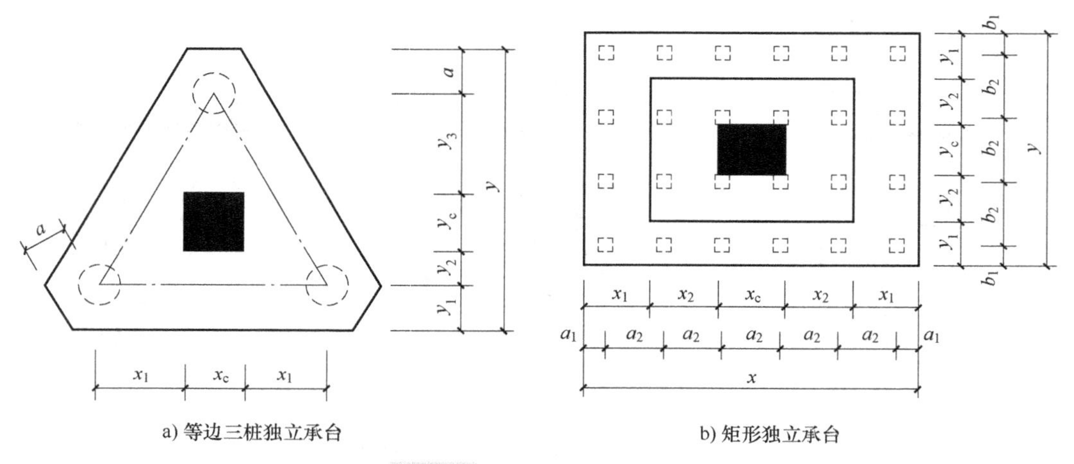

图 6-62　独立承台（异形）

【例 6-7】　某工程柱下独立基础如图 6-63 所示，共 18 个，计算该工程柱下独立基础混凝土工程量。

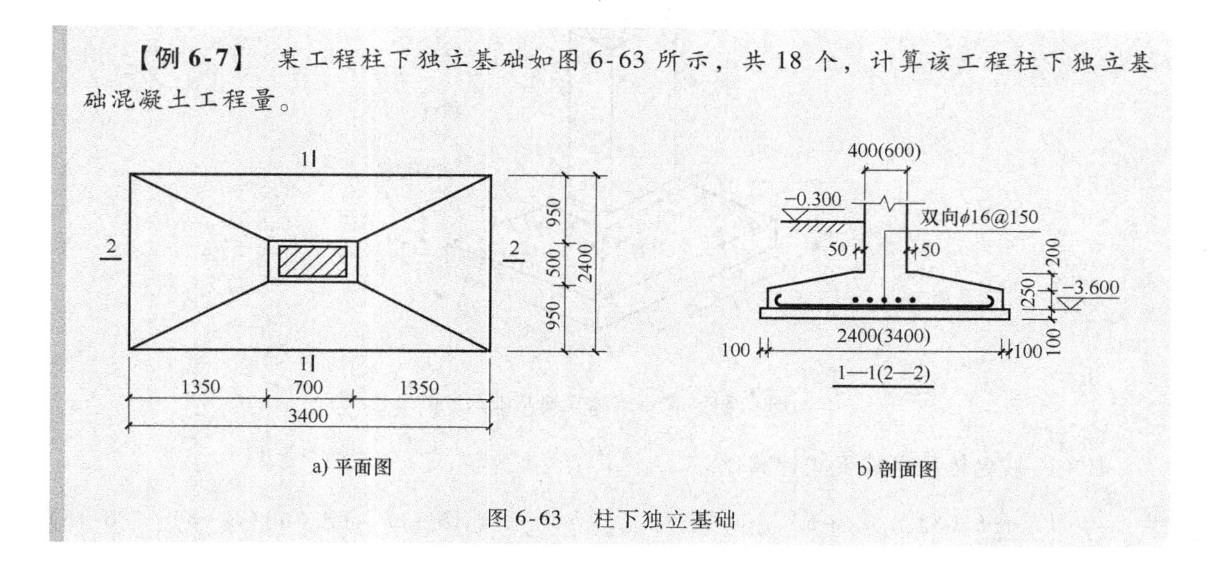

图 6-63　柱下独立基础

【解】 $V_{独立基础}=V_{正四棱柱}+V_{四棱台}=3.4\text{m}\times2.4\text{m}\times0.25\text{m}\times18+\frac{0.2}{6}\times[3.4\times2.4+0.7\times0.5+(3.4+0.7)\times(2.4+0.5)]\text{m}^3\times18=48.96\text{m}^3$

【例 6-8】 计算如图 6-64 所示的杯形基础混凝土工程量。

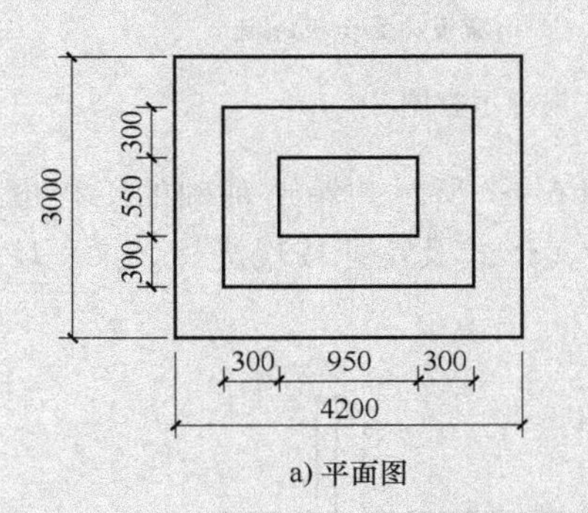

a) 平面图

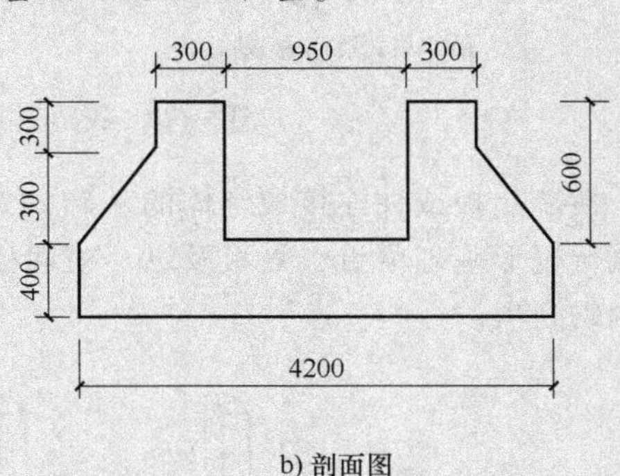

b) 剖面图

图 6-64 杯形基础示意图

【解】 下部六面体体积 $=4.2\text{m}\times3.0\text{m}\times0.4\text{m}=5.04\text{m}^3$

上部六面体体积 $=1.55\text{m}\times1.15\text{m}\times0.3\text{m}=0.535\text{m}^3$

四棱台体积 $=\frac{0.3\text{m}}{6}\times[4.2\text{m}\times3.0\text{m}+1.55\text{m}\times1.15\text{m}+(4.2\text{m}+1.55\text{m})\times(3.0\text{m}+1.15\text{m})]=1.91\text{m}^3$

杯槽体积 $=0.95\text{m}\times0.55\text{m}\times0.6\text{m}=0.314\text{m}^3$

杯形基础的混凝土工程量 $=5.04\text{m}^3+0.535\text{m}^3+1.91\text{m}^3-0.314\text{m}^3=7.171\text{m}^3$

2）条形基础。条形（带形）基础分为板式和梁板式，如图 6-65 所示。

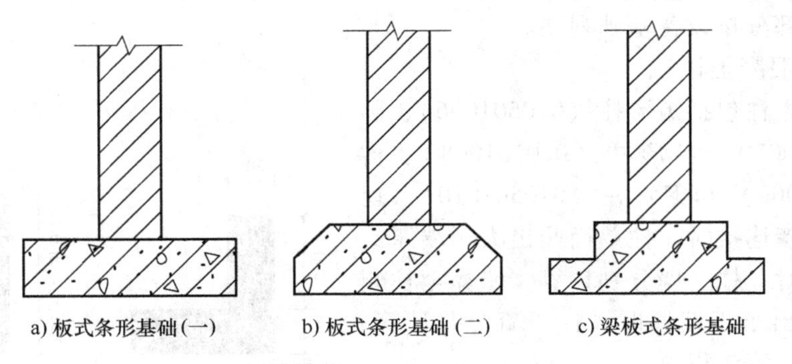

图 6-65 条形基础示意图

3）筏形基础。筏形（板）基础是满堂基础的常用形式，其类型分为平板式和梁板式两种，如图 6-66 所示。基础截面形式分为坡形、阶形（单阶、双阶、多阶）和其他。

箱形满堂基础简称箱形基础，是满堂基础另一种常用类型，是指上有顶盖，下有底板，

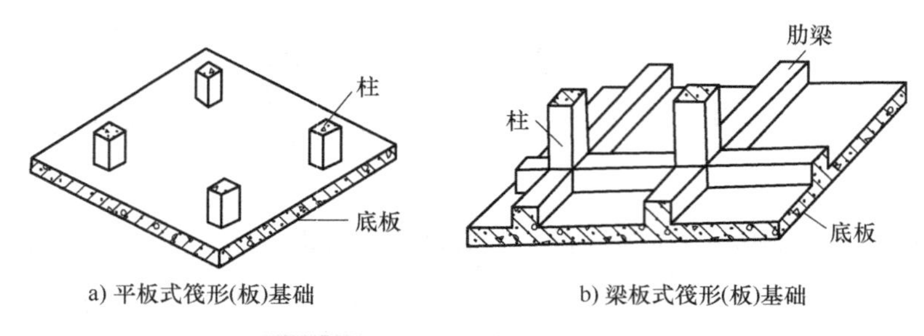

图 6-66　筏形（板）基础示意图

中间有纵、横墙、板或柱连接成整体的基础，如图 6-67 所示。箱形基础的工程量应分解计算，底板执行筏形基础项目，盖板及纵、横墙板依其形式及特征按现浇柱、梁、墙、板相应项目分别编码列项。

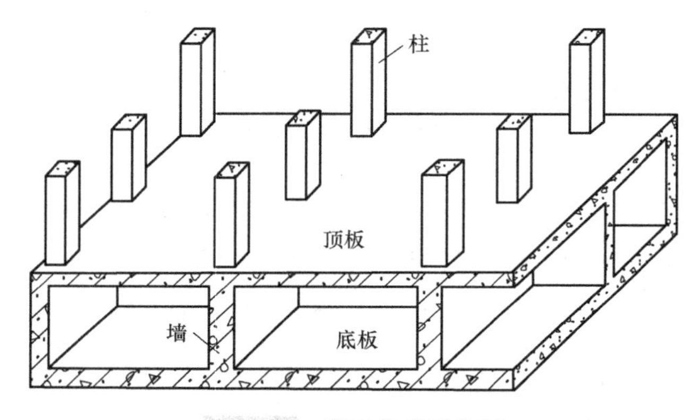

图 6-67　箱形基础示意图

框架式设备基础不按设备基础项目列项，应按现浇基础、柱、梁、墙、板相关项目分别编码列项。

4）设备基础。框架式设备基础中柱、梁、墙、板按现浇混凝土柱、梁、墙、板分别编码列项，基础部分按设备基础列项。

（2）现浇混凝土柱

现浇混凝土柱包括矩形柱（010501006）、圆形柱（010501007）、异形柱（010501008）、构造柱（010501009）和钢管柱（010501010）。现浇混凝土柱与墙连接时，柱单面凸出大于墙厚或双面凸出墙面时，柱、墙分别计算，墙算至柱侧面；柱单面凸出小于墙厚时，柱、墙合并计算，柱凸出部分并入墙体积内。

异形柱截面形式包括 T、L、Z、十字、梯形等形式，异形柱各方向上截面高度与厚度之比的最小值大于 4 时，不再按异形柱列项，需按短肢剪力墙项目编码列项，如图 6-68 所示。

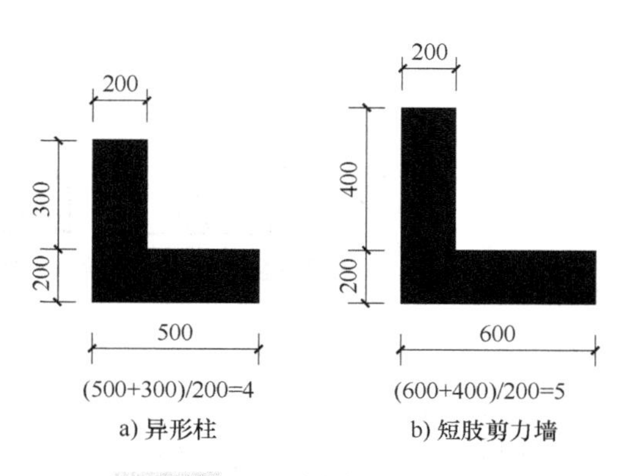

图 6-68　异形柱与短肢剪力墙

1）矩形柱、圆形柱、异形柱。按设计断面面积乘以柱高以体积计算，单位：m^3。附着在柱上的牛腿（图 6-69a）并入柱体积内，型钢混凝土柱（图 6-69b）需扣除构件内型钢体积。

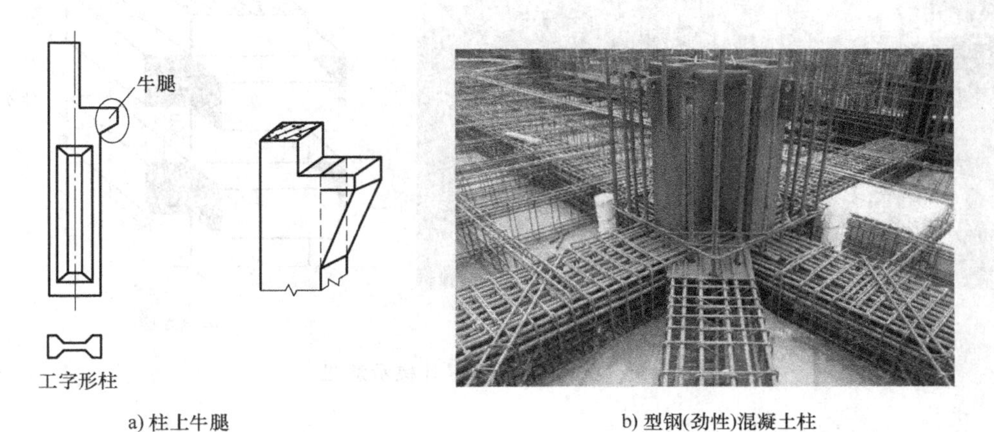

a) 柱上牛腿　　b) 型钢(劲性)混凝土柱

图 6-69　柱上牛腿、型钢混凝土柱示意图

柱高按以下规定计算：无梁板（图 6-70）的柱高，应自柱基上表面（或楼板上表面）至柱帽下表面之间的高度计算；其他类型楼板的柱高，应自柱基上表面（或楼板上表面）至上一层楼板上表面（或柱顶）之间的高度计算。

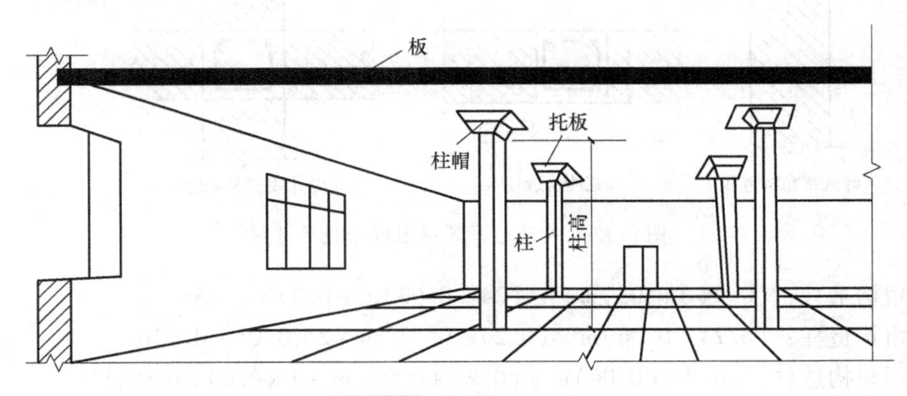

图 6-70　无梁板示意图

2）构造柱。按设计图示尺寸以体积计算，单位：m^3。与砌体嵌接部分（马牙槎）的体积并入柱身体积内，如图 6-71 所示。

构造柱高度：自其生根构件（基础、基础圈梁、地梁等）的上表面算至其锚固构件（上部梁、上部板等）的下表面。

计算构造柱时，要根据构造柱所处的位置确定马牙槎的出槎个数，如图 6-72 所示。一般来说，砖墙与构造柱的咬接部分一般为五进五出，即马牙槎的出槎宽度为 1/4 砖长，即 60mm，所以进出的平均宽度为 30mm，也就是说，在计算构造柱时，构造柱与墙连接时，每个马牙槎按照构造柱的宽度增加 0.03m 即可。即，构造柱见墙就加 0.03m。

以 240mm × 240mm 构造柱为例，构造柱柱身截面面积：

a) 构造柱

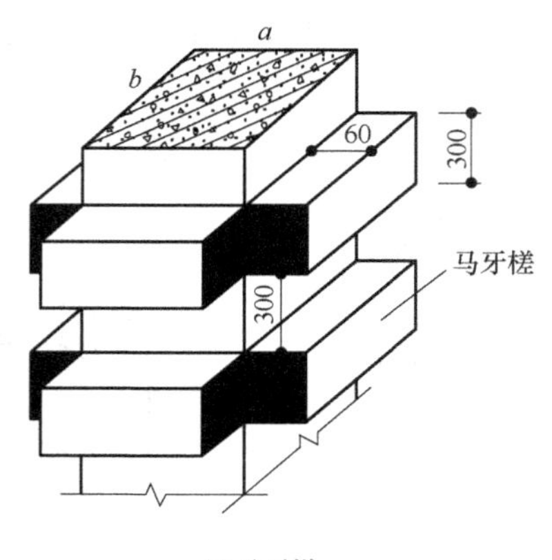

b) 马牙槎

图 6-71　构造柱及马牙槎示意图

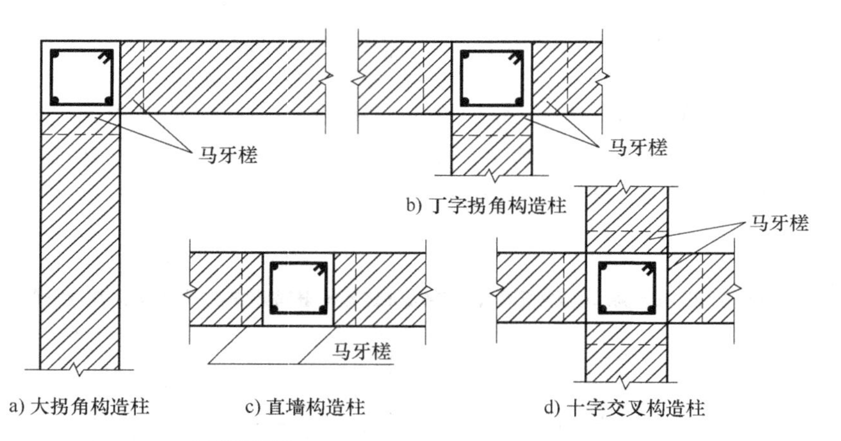

a) 大拐角构造柱　　c) 直墙构造柱　　d) 十字交叉构造柱

图 6-72　构造柱马牙槎出槎个数示意图

大拐角构造柱：(0.24 +0.03)m ×(0.24 +0.03)m −0.03 ×0.03m

丁字角构造柱：(0.24 +0.06)m ×(0.24 +0.03)m −2 ×0.03 ×0.03m

十字拐角构造柱：(0.24 +0.06)m ×(0.24 +0.06)m −4 ×0.03 ×0.03m

直墙构造柱：(0.24 +0.06)m ×0.24m

【例 6-9】　某工程构造柱平面图如图 6-73 所示，已知构造柱高为 6m，试计算构造柱工程量。

【解】

大拐角：[(0.24 +0.03) ×(0.24 +0.03) −0.03 ×0.03]m^2 ×6m ×4 =1.73m^3

丁字角：[(0.24 +0.06) ×(0.24 +0.03) −2 ×0.03 ×0.03]m^2 ×6m ×4 =1.9m^3

十字角：[(0.24 +0.06) ×(0.24 +0.06) −4 ×0.03 ×0.03]m^2 ×6m ×1 =0.52m^3

直墙：[(0.24 +0.06) ×0.24]m^2 ×6m ×2 =0.86m^3

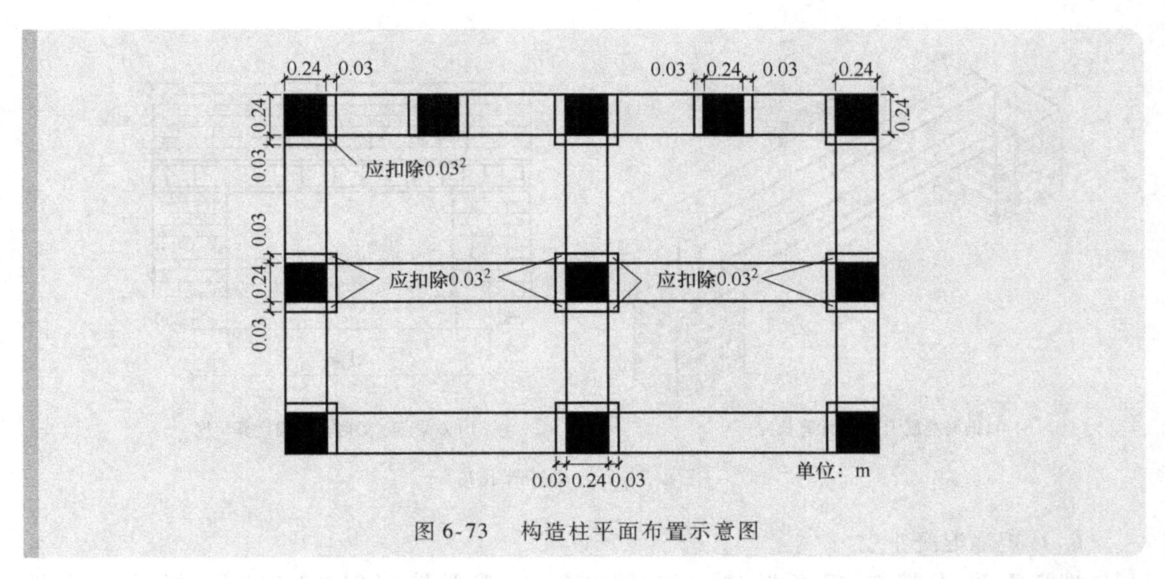

图 6-73　构造柱平面布置示意图

3）钢管柱。钢管柱是指把混凝土灌入钢管中并捣实后形成的钢管混凝土一体的具有较高刚度及强度的柱。钢管柱外侧的钢管与型钢混凝土内部的型钢按金属结构工程相关项目编码列项。

钢管柱，按需浇筑混凝土的钢管内径乘以钢管高度以体积计算，单位：m^3。

（3）现浇混凝土梁

现浇混凝土梁包括基础联系梁（010501005）、矩形梁（010501011）、异形梁（010501012）、斜梁（010501013）、弧（拱）形梁（010501014）、圈梁（010501015）、过梁（010501016）和悬臂（悬挑）梁（010501017）。

除悬臂（悬挑）梁外，其余现浇混凝土梁，按设计图示截面面积乘以梁长以体积计算，单位：m^3。

悬臂（悬挑）梁，按伸出外墙或柱侧的设计图示以体积计算，单位：m^3。

1）基础联系梁。基础联系梁是指位于地基或垫层上，连接独立基础、条形基础或桩承台的梁。梁长为所联系基础之间的净长度。基础层的架空梁按现浇矩形梁项目编码列项。

2）矩形梁、异形梁、斜梁、弧（拱）形梁。伸入墙内的梁头、梁垫体积并入梁工程量内。型钢混凝土梁需扣除构件内型钢体积。异形梁是指截面形状为非矩形的梁，如花篮形、T 形等。加腋梁等矩形变截面梁，不属于异形梁，仍为矩形梁。斜梁是指斜度大于 10°的梁和板，其坡度范围可分为 10°~30°、30°~45°、45°~60°及 60°以上等。

现浇混凝土弧（拱）形梁圆心半径≤12m 的，按弧形梁项目编码列项；圆心半径＞12m 的，按矩形梁项目编码列项。

梁长：梁与柱连接时，梁长算至柱侧面；主梁与次梁连接时，次梁长算至主梁侧面。

梁高：梁上部有与梁一起浇筑的现浇板时，梁高算至现浇板底。

3）圈梁。圈梁与构造柱连接时，梁长算至构造柱（不含马牙槎）的侧面。基础圈梁按圈梁项目编码列项。

4）过梁。梁长按设计规定计算，设计无规定时，按梁下洞口宽度，两端各加 250mm 计算，如图 6-74a 所示。当圈梁兼过梁时，两者的划分如图 6-74b 所示。

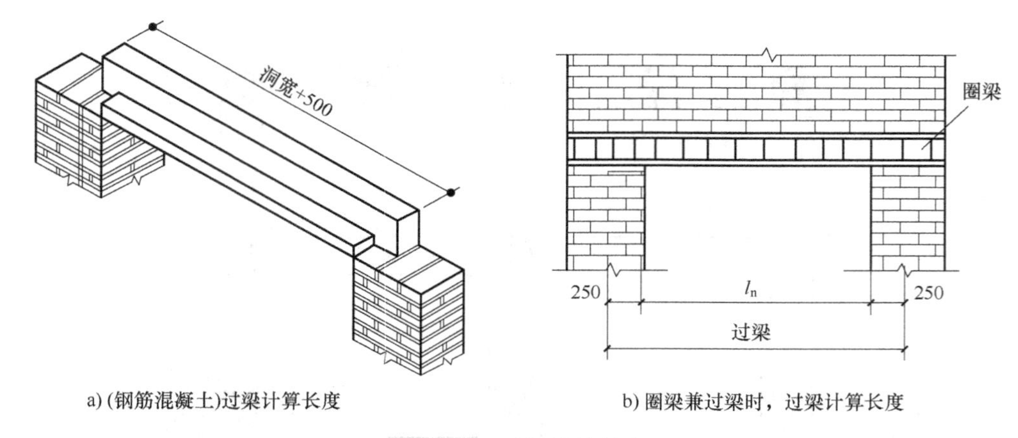

图 6-74　过梁计算长度

(4) 现浇混凝土墙

现浇混凝土墙包括直形墙（010501018）、弧形墙（010501019）、短肢剪力墙（010501020）、挡土墙（010501021）、大模内置保温板墙（010501022）和叠合板现浇混凝土复合墙（010501023）。

1）直形墙、弧形墙。直形墙、弧形墙，按设计图示尺寸以体积计算，单位：m^3。扣除门窗洞口及单个面积 >0.3m^2的孔洞所占体积，墙垛及凸出墙面部分并入墙体体积计算内。

墙与现浇混凝土板相交时，外墙高度算至板顶，内墙高度算至板底。

现浇混凝土弧形墙圆心半径≤12m 的，按弧形墙项目编码列项；圆心半径 >12m 的，按直形墙项目编码列项。

2）短肢剪力墙。短肢剪力墙，按设计图示尺寸以墙柱、墙身、墙梁的体积合并计算，单位：m^3。扣除门窗洞口及单个面积 >0.3m^2的孔洞所占体积。

短肢剪力墙（轻型框剪墙）是指短肢剪力墙结构的简称，由墙柱、墙身、墙梁三种构件构成。墙柱，即短肢剪力墙，也称为边缘构件（又分为约束边缘构件和构造边缘构件），呈十、T、Y、L、一字等形状，柱式配筋。墙身，为一般剪力墙。墙柱与墙身相连，还可能形成工、[、Z 字等形状。墙梁，处于填充墙大洞口或其他洞口上方，梁式配筋。通常情况下，墙柱、墙身、墙梁厚度（≤300mm）相同，构造上没有明显的区分界限。

3）挡土墙。挡土墙，按设计图示尺寸以体积计算，单位：m^3。扣除单个面积 >0.3m^2的孔洞所占体积，墙垛及凸出墙面部分并入墙体体积计算内。

4）大模内置保温板墙、叠合板现浇混凝土复合墙。大模内置保温板墙、叠合板现浇混凝土复合墙，按设计图示尺寸包含保温板、叠合板厚度以体积计算，单位：m^3。扣除门窗洞口及单个面积 >0.3m^2的孔洞所占体积，墙垛及凸出墙面部分并入墙体体积计算内。

大模内置保温板墙是指在安装模板时，把挤塑聚苯板、膨胀聚苯板等保温板直接安装在模板内，使其与混凝土一起浇筑形成的整体墙板。

叠合板现浇混凝土复合墙是指由 LJS 叠合板与混凝土整体现浇的板。LJS 叠合板是工厂化生产，单面钢丝网架挤塑板与其外侧轻质混凝土叠合而成的保温板。施工时，该板兼作外模板的内衬面板，与外侧的条状面板和主次楞木共同组成外墙组合外模板，浇筑混凝土后，与混凝土构成一体。

（5）现浇混凝土板

现浇混凝土板包括有梁板（010501024）、无梁板（010501025）、平板（010501026）、拱板（010501027）、斜板（坡屋面板；010501028）、薄壳板（010501029）、栏板（010501030）、天沟（挑檐）板（010501031）、悬挑板（010501032）和其他板（010501034）。

1）有梁板、无梁板、平板、拱板、斜板（坡屋面板）、薄壳板。有梁板、无梁板、平板、拱板、斜板（坡屋面板）、薄壳板，按设计图示尺寸以体积计算，单位：m^3。不扣除单个面积≤$0.3m^2$的柱、垛以及孔洞所占体积，板伸入砌体墙内的板头以及板下柱帽并入板体积内。

有梁板（包括主、次梁与板）按梁、板体积之和计算。

楼板分为梁式楼板、井字形密肋楼板和无梁板。

梁板式楼板（图 6-75a）由板和梁组成，通常在纵横两个方向都设置梁，有主梁和次梁之分。梁板式楼板的梁和板分别计算，其板按平板项目编码列项。

井字形密肋楼板（图 6-75b）是指梁的截面尺寸相同，不分主次梁，梁与板混凝土整体浇筑构成一体的板，其梁与板的混凝土工程量合并计算，按有梁板项目编码列项。

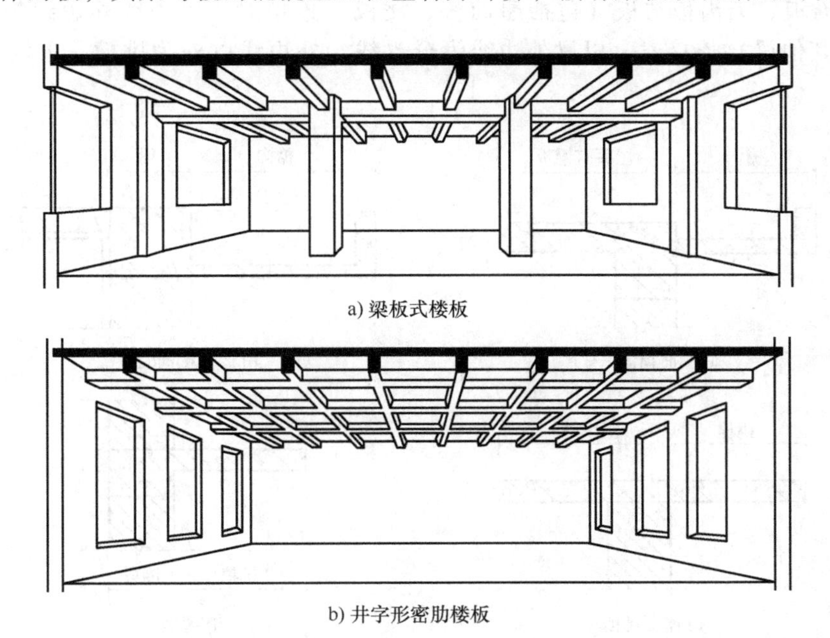

a) 梁板式楼板

b) 井字形密肋楼板

图 6-75　梁板式楼板、井字形密肋楼板示意图

坡屋面板屋脊八字相交处的加厚混凝土并入坡屋面板体积内计算。薄壳板的肋、基梁并入薄壳板体积内计算。

压型钢板混凝土楼板按现浇平板项目编码列项，计算体积时应扣除压型钢板以及因其板面凹凸嵌入板内的凹槽所占的体积，如图 6-76 所示。

斜板是指斜度大于10°的板，其坡度范围可分为10°～30°、30°～45°、45°～60°及60°以上等。

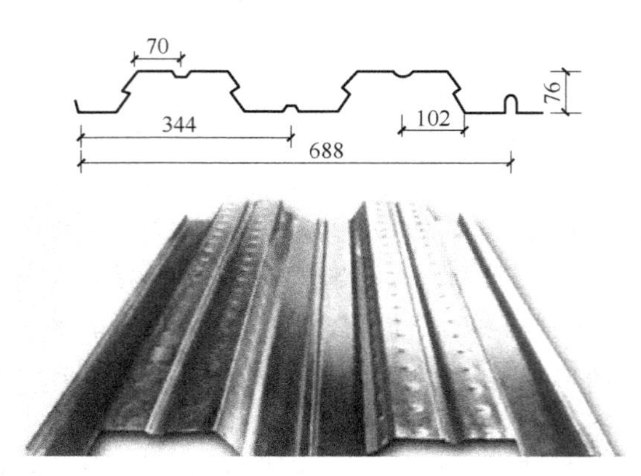

图 6-76 压型钢板混凝土楼板

2）栏板、天沟（挑檐）板、悬挑板、其他板。栏板、天沟（挑檐）板、其他板，按设计图示尺寸以体积计算，单位：m^3。

悬挑板，按设计图示尺寸以挑出墙外部分体积计算，单位：m^3。

现浇挑檐板、天沟板与板（包括屋面板、楼板）连接时，以外墙外边线为分界线；与圈梁（包括其他梁）连接时，以梁外边线为分界线，外边线以外为挑檐、天沟，如图 6-77 所示。

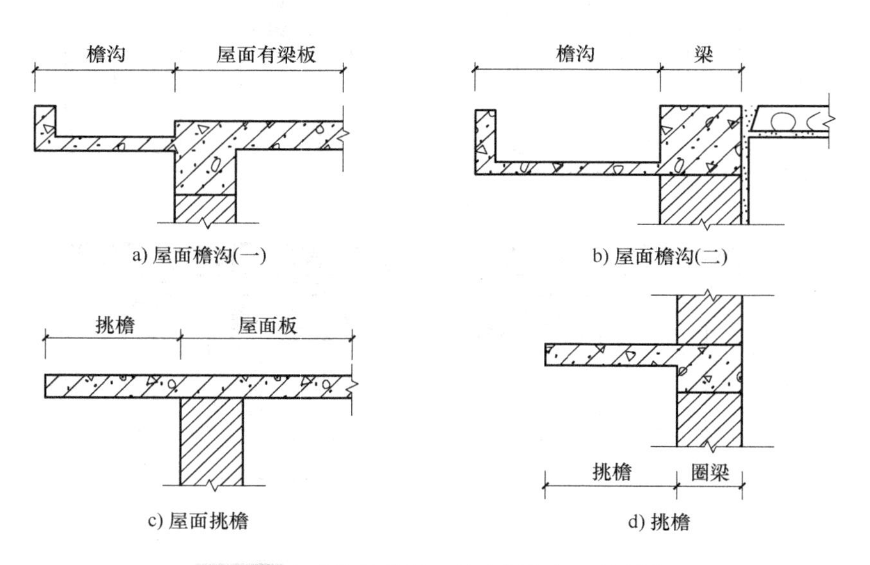

图 6-77 现浇挑檐板、天沟板与板、梁划分

【例 6-10】 某框架结构标准层平面布置如图 6-78 所示。柱截面尺寸为 600mm × 600mm，XB－1 厚 100mm，XB－2 和 XB－3 厚度均为 80mm，XB－4 厚 120mm。计算该标准层混凝土梁、板工程量（计算板体积时不考虑柱体积的扣减）。

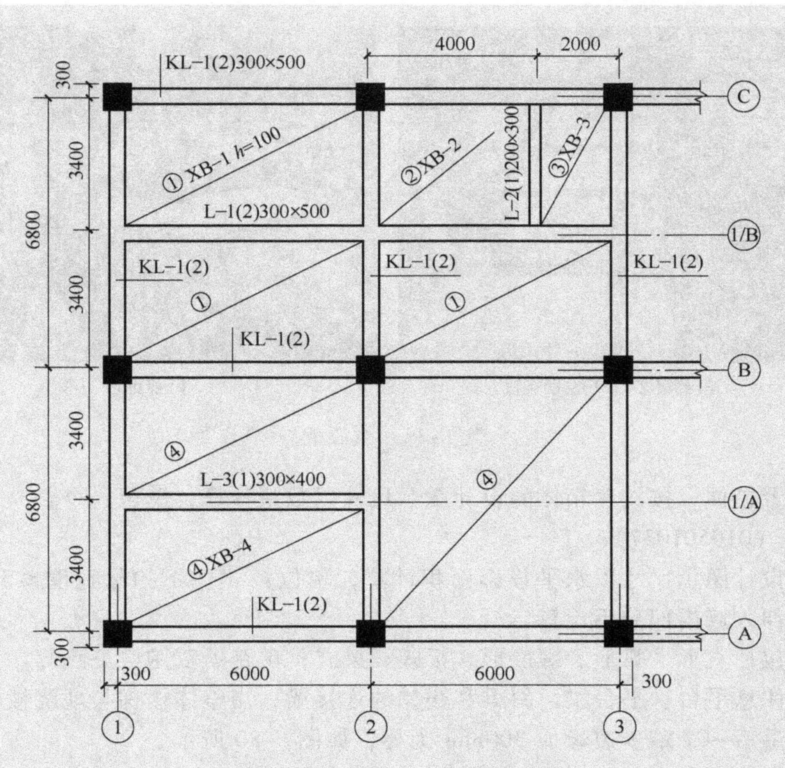

图 6-78　标准层平面布置图

【解】

L－1 体积：$2\times0.3m\times0.5m\times(6.0-0.3)m=1.71m^3$

L－2 体积：$0.2m\times0.3m\times(3.4-0.3)m=0.186m^3$

L－3 体积：$0.3m\times0.4m\times(6.0-0.3)m=0.684m^3$

KL－1 体积：$6\times0.3m\times0.5m\times[(6.0-0.6)+(6.8-0.6)]m=10.44m^3$

XB－1 体积：$3\times0.1m\times(6.0-0.3)m\times(3.4-0.3)m=5.301m^3$

XB－2 体积：$0.08m\times(3.4-0.3)m\times(4-0.15-0.1)m=0.93m^3$

XB－3 体积：$0.08m\times(3.4-0.3)m\times(2-0.15-0.1)m=0.434m^3$

XB－4 体积：$0.12m\times(6-0.3)m\times[(6.8-0.3)+(6.8-0.3-0.3)]m=8.69m^3$

（6）空心板（010501033）、空心板内置筒芯（010501035）、空心板内置箱体（010501036）

空心板内置筒芯、空心板内置箱体是指为形成现浇空心楼盖，在混凝土浇筑前安装放置的玻纤增强复合筒芯、叠合箱、蜂巢芯等，以形成混凝土内部空腔的做法，如图 6-79 所示。

空心板，按设计图示尺寸以体积计算，单位：m^3。应扣除内置筒芯、箱体部分的体积，板下柱帽并入板体积内。

空心板内置筒芯，按放置筒芯的设计图示尺寸以长度计算，单位：m。

a) 蜂巢芯(GBF)密肋楼板

b) 蜂巢芯

图 6-79　空心板

空心板内置箱体，按放置箱体的设计图示尺寸以数量计算，单位：个。

（7）楼梯（010501037）

楼梯，按设计图示尺寸以水平投影面积计算，单位：m^2。不扣除宽度≤500mm 楼梯井的投影面积，伸入墙内部分不计算。

楼梯形式包括直形、弧形、螺旋形；板式、梁式；单跑、双跑、三跑等。整体楼梯水平投影面积包括休息平台、平台梁、斜梁和楼梯的连接梁，当整体楼梯与现浇楼板无梯梁连接时，以楼梯的最后一个踏步边缘加 300mm 为界，如图 6-80 所示。

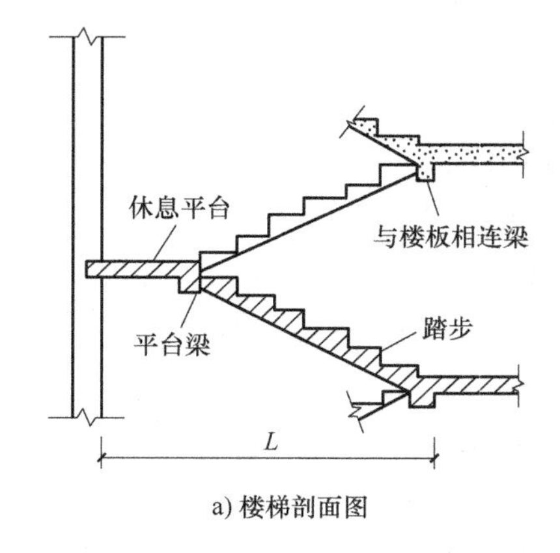

a) 楼梯剖面图

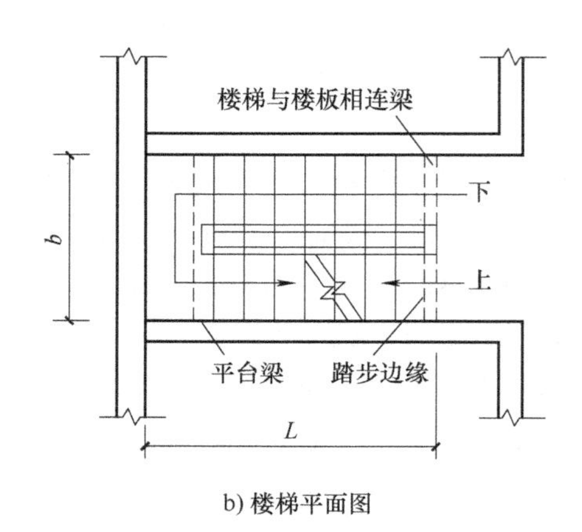

b) 楼梯平面图

图 6-80　钢筋混凝土楼梯示意图

（8）现浇混凝土其他构件

现浇混凝土其他构件包括挑阳台（010501038）、雨篷（010501039）、场馆看台（010501040）、散水、坡道（010501041）、地坪（010501042）、电缆沟、地沟（010501043）、台阶（010501044）、扶手、压顶（010501045）、井（池）底、壁（010501046）、定型化粪池、检查井（010501047）和其他构件（010501048）。

1）挑阳台、雨篷、场馆看台、台阶。挑阳台、雨篷、场馆看台、台阶，按设计图示尺寸以水平投影面积计算，单位：m^2。

挑阳台是指主体结构外的阳台，以外墙外边线为分界线。主体结构内的阳台按梁、板等相应项目编码列项。

架空式混凝土台阶（图 6-81），按现浇楼梯项目编码列项。

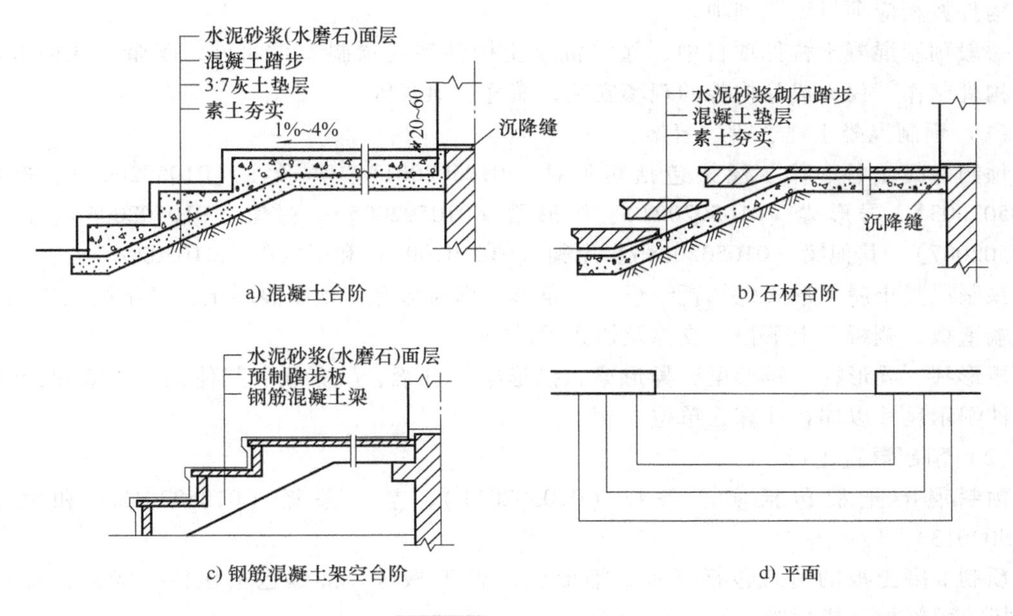

图 6-81 台阶示意图

2）散水、坡道、地坪。散水、坡道、地坪（图 6-82），按设计图示尺寸以水平投影面积计算，单位：m^2。不扣除单个面积≤0.3m^2 的孔洞所占面积。

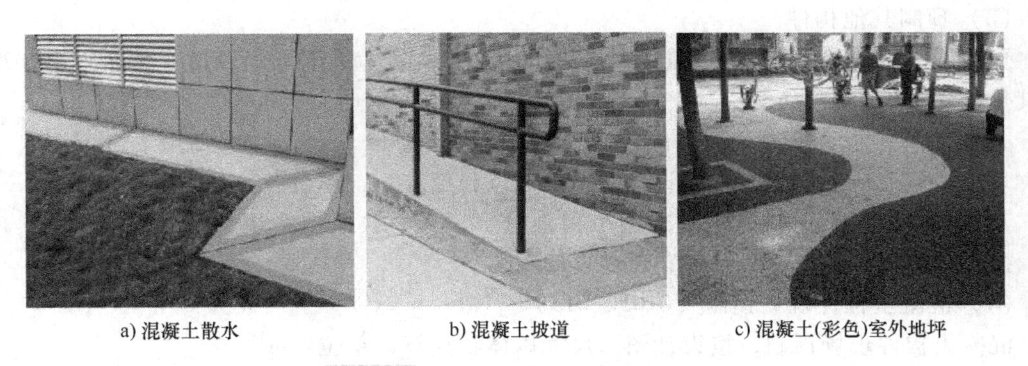

图 6-82 混凝土散水、坡道、地坪

3）电缆沟、地沟。电缆沟、地沟，按设计图示尺寸以中心线长度计算，单位：m。

4）扶手、压顶、井（池）底、壁。扶手、压顶、井（池）底、壁，按设计图示尺寸以体积计算，单位：m^3。

5）定型化粪池、检查井。定型化粪池、检查井是指按标准图集设计的混凝土化粪池、检查井，按设计图示数量计算，单位：个。

6）其他构件。其他构件，按设计图示尺寸以体积计算，单位：m^3。

现浇混凝土其他构件主要包括小型池槽、垫块、门框等。

2. 一般预制混凝土构件（010502）

非装配式规范标准设计的厂库房中的预制混凝土构件、现浇混凝土结构中的局部预制混凝土构件按相应项目编码列项。

一般预制混凝土构件项目中，除“混凝土构件现场预制”项目外，其余工作内容均不包括构件制作，仅为成品构件的现场安装、灌缝、灌浆等。

（1）预制混凝土柱、梁、屋架

预制混凝土柱、梁、屋架包括矩形柱（010502001）、异形柱（010502002）、矩形梁（010502003）、异形梁（010502004）、拱形梁（010502005）、过梁（010502006）、吊车梁（010502007）、其他梁（010502008）、屋架（010502009）和天窗架（010502010）。

预制混凝土屋架形式包括折线形、三角形、锯齿形等，预制混凝土天窗架组成包括天窗架、端壁板、侧板、上下档、支撑及檩条等。

矩形柱、异形柱、矩形梁、异形梁、拱形梁、过梁、吊车梁、其他梁、屋架和天窗架，按设计图示尺寸以体积计算，单位：m^3。

（2）预制混凝土板

预制混凝土板包括实心条板（010502011）、空心条板（010502012）和大型板（010502013）。

预制混凝土板的形式包括平板、槽形板、双T板等，部位包括楼板、墙板、屋面板、挑檐板、雨篷板、栏板等。

实心条板、空心条板、大型板，按设计图示尺寸以体积计算，单位：m^3。不扣除单个面积$\leqslant 0.3m^2$的孔洞所占的体积及$\leqslant 40mm$的板缝部分的体积，空心板空洞体积也不扣除，伸入墙内的板头并入板体积内计算。

（3）预制其他构件

预制其他构件包括井（沟）盖板、井圈（010502014）、垃圾道、通风道、烟道（010502015）和其他构件（010502016）。

井（沟）盖板，按设计图示以数量计算，单位：套。

垃圾道、通风道、烟道，按设计图示尺寸以长度计算，单位：m。

其他构件，包括预制钢筋混凝土小型池槽、压顶、扶手、垫块、墩块、隔热板、花格等，按设计图示尺寸以体积计算，单位：m^3。

（4）混凝土构件现场预制（010502017）

混凝土构件现场预制，按设计图示尺寸以体积计算，单位：m^3。

3. 装配式预制混凝土构件（010503）

装配式混凝土与装配整体式混凝土结构中的预制混凝土构件按相应项目编码列项。

装配式构件安装包括构件固定所需临时支撑的搭设及拆除，支撑（含支撑用预埋铁件）种类及搭设方式，如采用特殊工艺需注明，可在项目特征中额外说明。

装配式预制板的类型包括桁架板、网架板、PK板（预应力混凝土叠合板）等。

装配式预制剪力墙墙板的部位包括内墙、外墙。

（1）装配式预制混凝土柱、梁、板

装配式预制混凝土柱、梁、板包括实心柱（010503001）、单梁（010503002）、叠合梁（010503003）、整体板（010503004）和叠合板（010503005）。

实心柱、单梁、叠合梁（图 6-83）、整体板和叠合板，按成品构件设计图示尺寸以体积计算，单位：m^3。不扣除构件内钢筋、预埋铁件、配管、套管、线盒及单个面积≤0.3m^2的孔洞、线箱等所占体积，构件外露钢筋体积也不再增加。

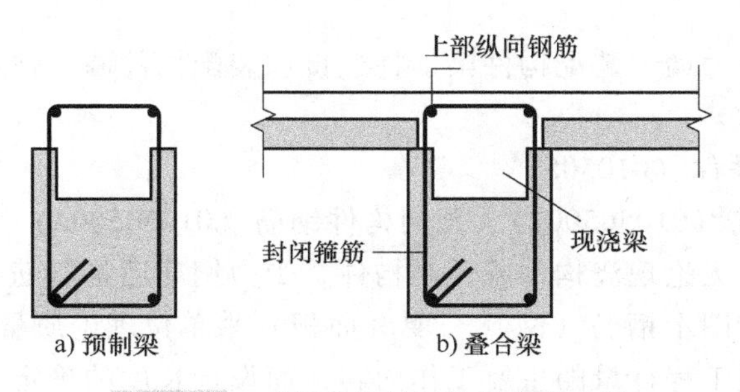

图 6-83 采用整体封闭箍筋的叠合梁

（2）装配式墙板

装配式墙板包括实心剪力墙板（010503006）、夹心保温剪力墙板（010503007）、叠合剪力墙板（010503008）、外挂墙板（010503009）和女儿墙（010503010）。

实心剪力墙板、夹心保温剪力墙板、叠合剪力墙板、外挂墙板和女儿墙，按成品构件设计图示尺寸以体积计算，单位：m^3。不扣除构件内钢筋、预埋铁件、配管、套管、线盒及单个面积≤0.3m^2 的孔洞、线箱等所占体积，构件外露钢筋体积也不再增加。

（3）其他装配式预制混凝土构件

其他装配式预制混凝土构件包括楼梯（010503011）、阳台（010503012）、凸（飘）窗（010503013）、空调板（010503014）、压顶（010503015）和其他构件（010503016）。

单独预制的凸（飘）窗按凸（飘）窗项目编码列项，依附于外墙板制作的凸（飘）窗，按相应墙板项目编码列项。

楼梯、阳台、凸（飘）窗、空调板、压顶和其他构件，按成品构件设计图示尺寸以体积计算，单位：m^3。不扣除构件内钢筋、预埋铁件、配管、套管、线盒及单个面积≤0.3m^2的孔洞、线箱等所占体积，构件外露钢筋体积也不再增加。

4. 后浇混凝土（010504）

（1）后浇带（010504001）

现浇混凝土结构中的后浇带、装配整体式混凝土结构中的现场后浇混凝土按后浇带项目编码列项。

后浇带（图 6-84），按设计图示尺寸以体积计算，单位：m^3。

图 6-84 现浇结构后浇带

（2）其他预制构件的后浇混凝土

其他预制构件的后浇混凝土包括：叠合梁板（010504002）、叠合剪力墙（010504003）、装配构件梁、柱连接（010504004）和装配构件墙、柱连接（010504005）。

叠合楼板或整体楼板之间设计采用现浇混凝土板带拼缝的，板带混凝土浇捣工程量并入

“叠合梁、板”工程量内。

墙板或柱等预制垂直构件之间设计采用现浇混凝土墙连接的，当连接墙的长度在2m以内时，按连接墙、柱项目编码列项，长度超过2m的，按现浇混凝土构件中的短肢剪力墙项目编码列项。

叠合梁板、叠合剪力墙、装配构件梁、柱连接和装配构件墙、柱连接，按设计图示尺寸以体积计算，单位：m^3。

5. 钢筋及螺栓、铁件（010505）

（1）现浇构件钢筋（010505001）、预制构件钢筋（010505002）

钢筋工程量计算，无论现浇构件或预制构件、受力钢筋还是箍筋、构造筋、砌体拉结筋等，其工程量均按设计图示钢筋（网）长度（面积）乘单位理论质量计算，单位：t。

钢筋工程量计算是工程计量的主要工作内容，而设计长度的确定是钢筋工程量计算的关键所在，在计算时不仅要求看懂施工图，还要求能够很好地结合计算规则、结构设计规范、平法图集等进行钢筋工程的识图与算量，其相关内容见本章第6节。

（2）钢筋网片（010505003）、钢筋笼（010505004）

钢筋网片、钢筋笼，按设计图示钢筋（网）长度（面积）乘单位理论质量计算，单位：t。

（3）预应力钢筋（010505005）

预应力钢筋，按设计图示钢筋（丝束、绞线）长度乘单位理论质量计算，单位：t。

预应力钢筋计算长度：

1）低合金钢筋两端采用螺杆锚具（图6-85）时，钢筋长度按孔道长度减0.35m计算，螺杆另计算。

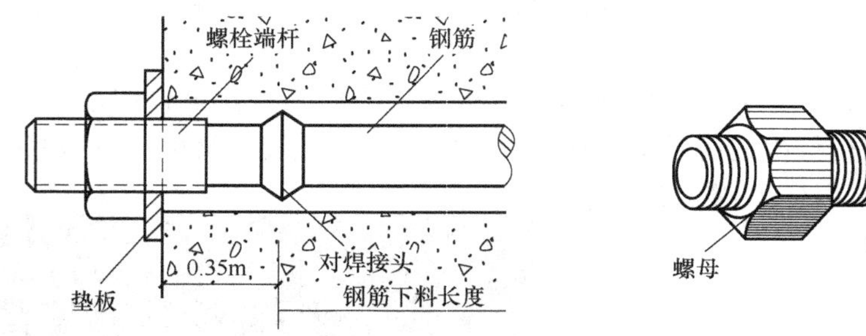

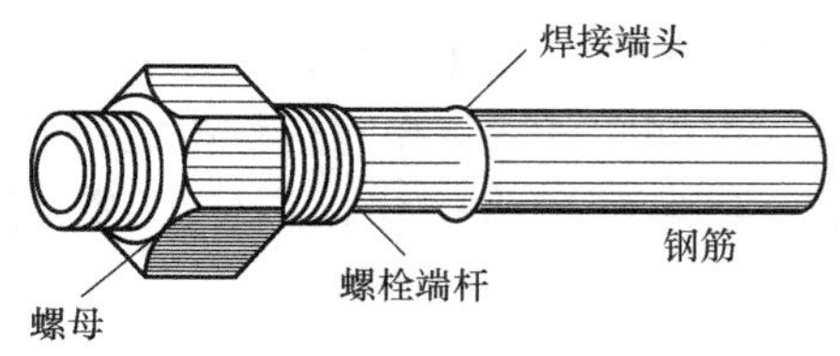

图6-85　预应力钢筋计算长度（螺杆锚具）

2）低合金钢筋一端镦头插片，另一端螺杆锚具时，钢筋长度按孔道长度计算，螺杆另计算。

3）低合金钢筋一端镦头插片，另一端帮条锚具时，钢筋长度按孔道长度增加0.15m计算；两端均采用帮条锚具时，钢筋长度按孔道长度增加0.3m计算。

4）低合金钢筋用后张法自锚时，钢筋长度按孔道长度增加0.35m计算。

5）低合金钢筋或钢绞线采用JM、XM、QM型锚具，孔道长在20m以内时，钢筋长度按孔道长度增加1.0m计算；孔道长在20m以上时，钢筋长度按孔道长度增加1.8m计算。

6）碳素钢丝用锥形锚具，孔道长度小于或等于20m时，钢丝束长度按孔道长度增加

1.0m 计算；孔道长度大于 20m 时，钢丝束长度按孔道长度增加 1.8m 计算。

7）碳素钢丝采用镦粗锚具时，钢丝束长度按孔道长度增加 0.35m 计算。

（4）其他项目

其他项目包括钢筋机械连接（010505006）、钢筋压力焊连接（010505007）、植筋（010505008）、钢丝网（010505009）、螺栓（010505010）和预埋铁件（010505011）。

1）钢筋机械连接、钢筋压力焊连接、植筋，按数量计算，单位：个。

2）钢丝网，按设计及规范要求，以面积计算，单位：m^2。

适用于墙面、楼地面和屋面做法中的钢丝网片按钢丝网项目编码列项。

3）螺栓、预埋铁件，按设计图示尺寸及规范要求以质量计算，单位：t。

现浇混凝土中的预埋螺栓、锚入混凝土结构的化学螺栓、因特殊需要留置在混凝土内不周转使用的对拉螺栓按螺栓项目编码列项；钢结构及装配式木结构使用的螺栓应按相应项目（例如：高强螺栓、剪力栓钉等）编码列项。

6.3.6 金属结构工程（0106）

金属结构工程包括钢网架，钢屋架、钢托架、钢桁架、钢桥架，钢柱，钢梁，钢板楼板、墙板，其他钢构件及金属制品 7 个分部工程，共 33 个分项工程。

金属构件的切边，不规则及多边形钢板发生的损耗在综合单价中考虑，如图 6-86 所示。

金属构件刷防火涂料应按油漆、涂料、裱糊工程中相关项目编码列项。

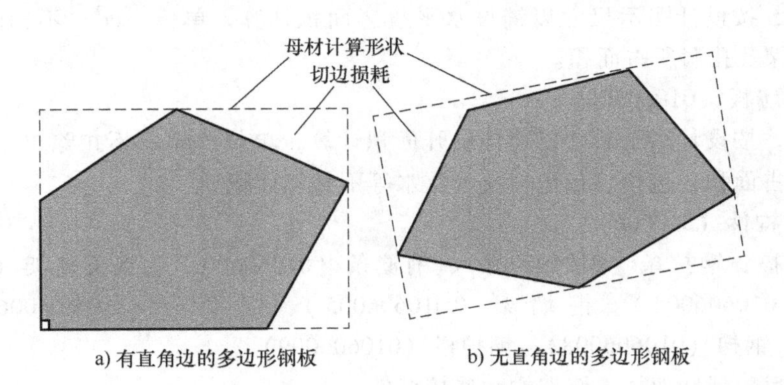

图 6-86 金属构件切边（损耗）

1. 钢网架（010601）

钢网架（010601001），按设计图示尺寸以质量计算，单位：t。不扣除孔眼的质量，焊条、铆钉等不另增加质量。螺栓质量另外计算。

2. 钢屋架、钢托架、钢桁架、钢桥架（010602）

钢屋架（010602001）、钢托架（010602002）、钢桁架（010602003）、钢桥架（010602004），按设计图示尺寸以质量计算，单位：t。不扣除孔眼的质量，焊条、铆钉、螺栓等不另增加质量。

3. 钢柱（010603）

（1）实腹钢柱（010603001）、空腹钢柱（010603002）

实腹钢柱、空腹钢柱，按设计图示尺寸以质量计算，单位：t。不扣除孔眼的质量，焊条、铆钉、螺栓等不另增加质量，依附在钢柱上的牛腿及悬臂梁等并入钢柱工程量内。

（2）钢管柱（010603003）

钢管柱，按设计图示尺寸以质量计算，单位：t。不扣除孔眼的质量，焊条、铆钉、螺栓等不另增加质量，钢管柱上的节点板、加强环、内衬管、牛腿等并入钢管柱工程量内。

钢柱（实腹钢柱、空腹钢柱、钢管柱）如图 6-87 所示。

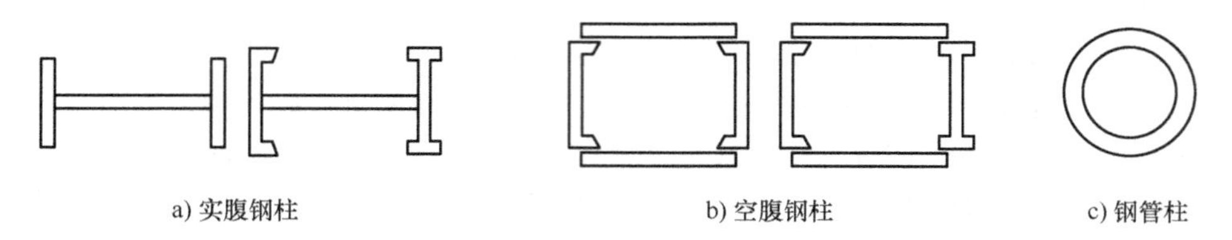

图 6-87　钢柱示意图

4. 钢梁（010604）

钢梁（010604001）、钢吊车梁（010604001），按设计图示尺寸以质量计算，单位：t。不扣除孔眼的质量，焊条、铆钉、螺栓等不另增加质量，制动梁、制动板、制动桁架、车挡并入钢吊车梁工程量内。

5. 钢板楼板、墙板（010605）

（1）钢板楼板（010605001）

钢板楼板，按设计图示尺寸以铺设水平投影面积计算，单位：m^2。不扣除单个面积≤$0.3m^2$ 的柱、垛及孔洞所占面积。

（2）钢板墙板（010605002）

钢板墙板，按设计图示尺寸以铺挂展开面积计算，单位：m^2。不扣除单个面积≤$0.3m^2$ 的梁、孔洞所占面积，包角、包边、窗台泛水等不另加面积。

6. 其他钢构件（010606）

（1）钢支撑、钢拉条（010606001）、钢檩条（010606002）、钢天窗架（010606003）、钢挡风架（010606004）、钢墙架（010606005）、钢平台（010606006）、钢走道（010606007）、钢梯（010606008）、钢护栏（010606009）

钢墙架项目包括墙架柱、墙架梁和连接杆件。

以上构件均按设计图示尺寸以质量计算，单位：t。不扣除孔眼的质量，焊条、铆钉、螺栓等不另增加质量。

（2）钢漏斗（010606010）、钢板天沟（010606011）

钢漏斗、钢板天沟，按设计图示尺寸以质量计算，单位：t。不扣除孔眼的质量，焊条、铆钉、螺栓等不另增加质量，依附漏斗或天沟的型钢并入漏斗或天沟工程量内。

（3）钢支架（010606012）、零星钢构件（010606013）

钢支架、零星钢构件，按设计图示尺寸以质量计算，单位：t。不扣除孔眼的质量，焊条、铆钉、螺栓等不另增加质量。

零星钢构件是指加工铁件等小型构件。

（4）高强螺栓（010606014）、支座链接（010606015）、剪力栓钉（010606016）

高强螺栓、支座链接、剪力栓钉，按设计图示尺寸以数量计算，单位：套。

（5）钢构件制作（010606017）

钢构件制作，按设计图示尺寸以质量计算，单位：t。不扣除孔眼的质量，焊条、铆钉、螺栓等不另增加质量。

钢构件制作适用于金属构件的现场制作。

7. 金属制品（010607）

成品空调金属百叶护栏（010607001）、成品栅栏（010607002）、金属网栏（010607003）、成品地面格栅（010607004），按设计图示尺寸以框外围展开面积计算，单位：m^2。

抹灰钢丝网加固应按混凝土及钢筋混凝土工程中相关项目编码列项。

8. 金属结构（钢结构）**工程介绍**

金属结构（钢结构）是土木建筑工程的主要结构形式之一，是指由钢板、热轧型钢或冷加工成型的薄壁型钢等钢材为主建造的工程结构。

（1）钢结构常用型材

1）热轧钢板。热轧钢板表示方法：—宽×厚度×长度。

热轧钢板根据规格不同分为厚钢板、薄钢板和扁钢。

2）热轧型钢。

① 工字钢。工字钢分为普通工字钢和轻型工字钢两种。

普通工字钢和轻型工字钢的型号用腹板高度厘米数的阿拉伯数字来表示，规格用腹板高（h）×翼缘宽度（b）×腹板厚度（d）表示（图 6-88a），例如普工 100×63×4.5，表示腹板高 100mm，翼缘宽度 63mm，腹板厚度 4.5mm 的 10#普通工字钢。

② 角钢。角钢分为等边角钢和不等边角钢两种，如图 6-88b、c 所示。

等边角钢和不等边角钢的表示方法分别为：∟边长×厚度、∟长边宽×短边宽×厚度。例如，∟40×3、∟40×25×3，分别表示边长 40mm、厚度 3mm 的等边角钢和长边宽 40mm、短边宽 25mm、厚度 3mm 的不等边角钢。

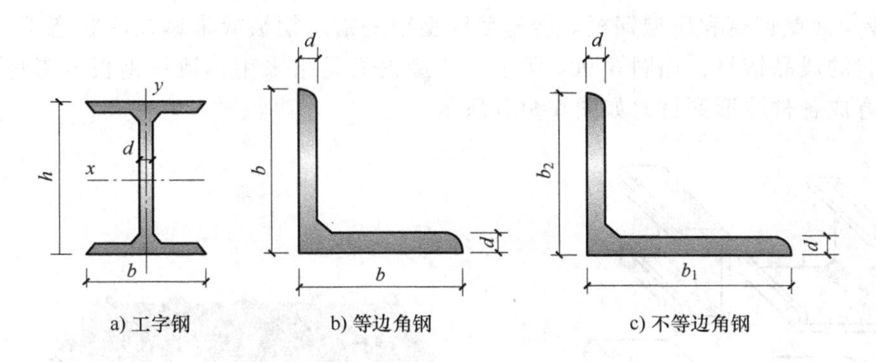

图 6-88 工字钢和角钢

③ 槽钢。槽钢分为普通槽钢和轻型槽钢两种，代表符号［，表示方法与工字钢基本相同，如图 6-89a 所示。例如，［120×53×5.5，表示腹板高 120mm，翼缘板宽 53mm，钢板厚 5mm 的槽钢，即 20a 槽钢。

④ H 型钢。H 型钢分为宽翼缘（HW）、中翼缘（HM）和窄翼缘（HN），如图 6-89b 所示。宽翼缘是指翼缘宽度 b 等于或接近于截面高度 h；中翼缘是指 $b=(1/2\sim2/3)h$；窄

翼缘是指 $b=(1/3\sim1/2)h$。例如，HW400×400×13×21 表示高 400mm，翼缘宽 400mm，腹板厚度 13mm，翼缘厚度 21mm 的宽翼缘 H 型钢。

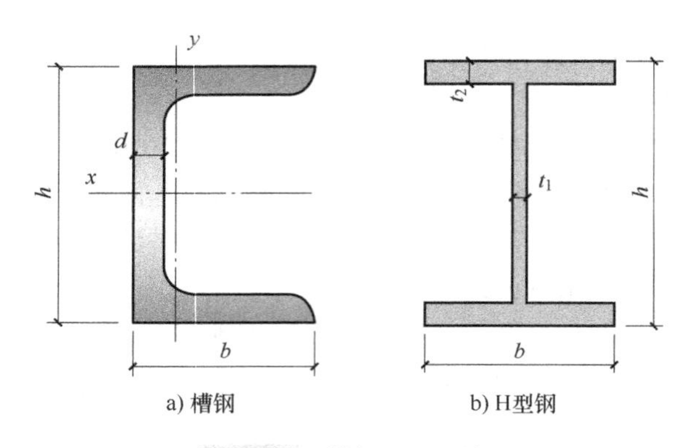

图 6-89　槽钢和 H 型钢

⑤ 钢管。钢管分为无缝钢管和焊接钢管两种，通常采用的表示方法是：ϕ 外径（D）×壁厚（t）。

管材的直径分为外径、内径和公称直径（DN）。钢筋混凝土管、铸铁管、镀锌钢管等在设计图中一般采用公称直径（DN）表示，公称直径是为了方便设计制造和连接而人为规定的一种标准，也称为公称通径，是管径大体相同的同一类管子（或管件）的统称。管子的公称直径和其内径、外径都不相等，例如：公称直径为 100mm 的无缝钢管包括 ϕ102×3.5、ϕ108×5 等很多种，102mm 为管子的外径，3.5mm 表示管子的壁厚，因此，该钢管的内径为（102－3.5－3.5）mm＝95mm，但是公称直径 100mm 又不完全等于钢管外径减两倍壁厚之差，可以说公称直径是接近于内径，但是又不等于内径的一种管子直径的规格划分。

3）冷弯薄壁型钢和压型钢板。冷弯薄壁型钢是指用钢板或带钢在冷状态下弯曲成的各种断面形状的成品钢材，如图 6-90a 所示；压型钢板是指采用热镀锌钢板或彩色镀锌钢板，经辊压冷弯成各种波形型材，如图 6-90b 所示。

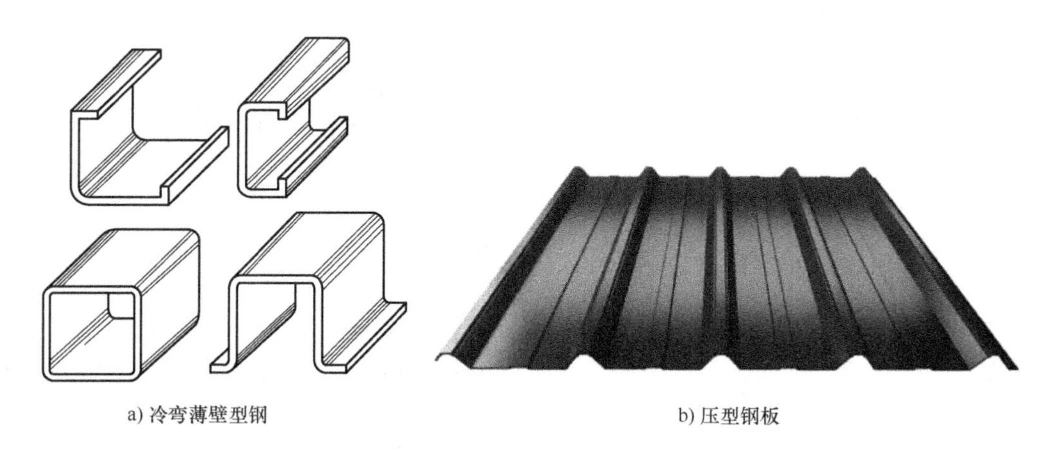

图 6-90　冷弯薄壁型钢和压型钢板

(2) 钢结构的连接方法

钢结构的连接方法可分为焊接连接、螺栓连接和铆钉连接三种，如图 6-91 所示。

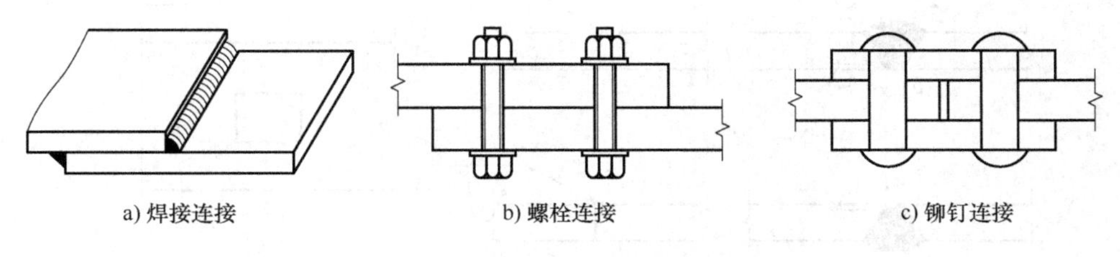

图 6-91　钢结构的连接方法

1) 焊接连接。

① 焊缝表示方法。焊缝的引出线是由箭头和两条基准线组成的，其中一条为实线，另一条为虚线。线型均为细线，如图 6-92a 所示。当为双面对称焊缝时，基准线可不加虚线，如图 6-92b 所示。

若焊缝处在接头的箭头侧，则基本符号标注在基准线的实线侧；若焊缝处在接头的非箭头侧，则基本符号标注在基准线的虚线侧，如图 6-92c、d 所示。

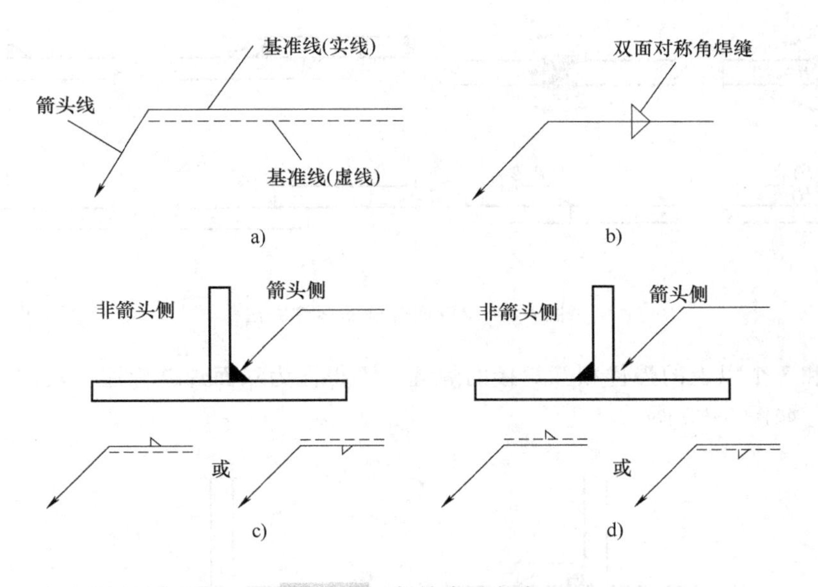

图 6-92　焊缝表示方法

② 单面焊缝的标注方法。单面焊缝的标注方法应符合下列规定：

当箭头指向焊缝所在一面时，应将图形符号和尺寸标注在横线的上方，如图 6-93a 所示；当箭头指向焊缝所在的另一面（相对应的那面）时，应将图形符号和尺寸标注在横线的下方，如图 6-93b 所示。

构件周围施焊，其围焊焊缝的符号为圆圈，绘在引出线的转折处，并标注焊角尺寸 K，如图 6-93c 所示。

③ 双面焊缝的标注方法。双面焊缝的标注方法应符合下列规定：

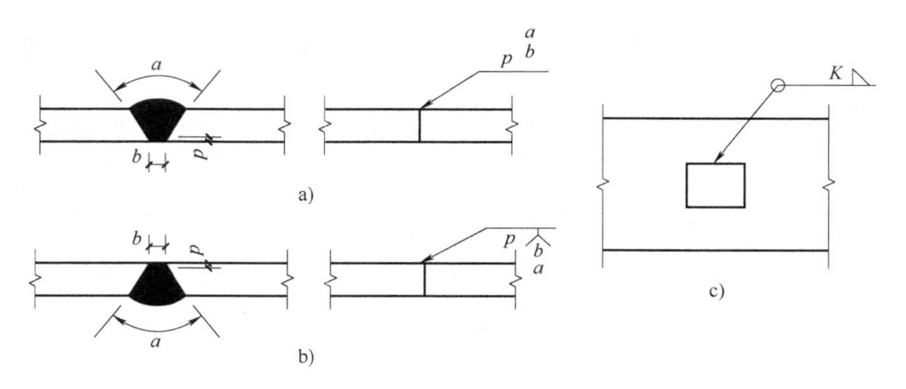

图 6-93　单面焊缝的标注方法

双面焊缝标注时，应在横线的上、下都标注符号和尺寸。上方表示箭头一面的符号和尺寸，下方表示另一面的符号和尺寸，如图 6-94a 所示；当两面的焊缝尺寸相同时，只需在横线上方标注焊缝的符号和尺寸，如图 6-94b、c、d 所示。

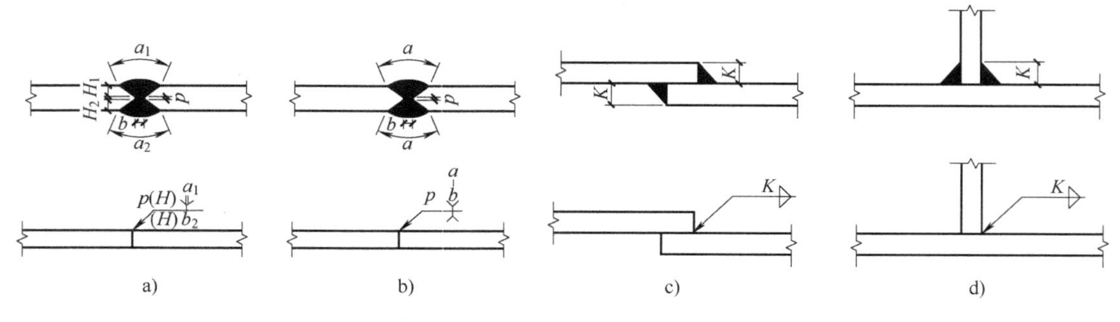

图 6-94　双面焊缝的标注方法

④ 3 个和 3 个以上的焊件相互焊接的焊缝，不得作为双面焊缝标注。其焊缝符号和尺寸应分别标注，如图 6-95 所示。

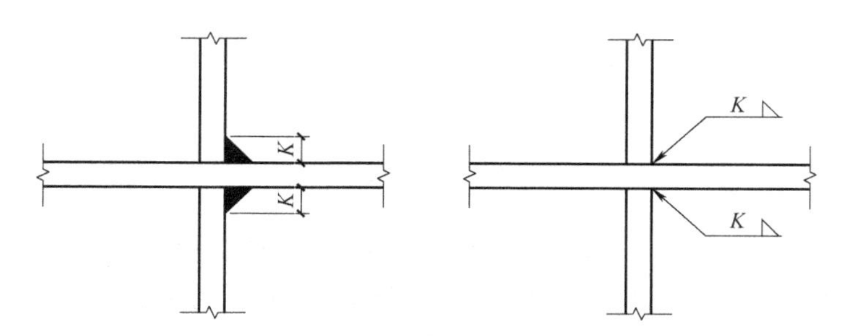

图 6-95　多个焊件相互焊接的标注方法

⑤ 相互焊接的两个焊件中，当只有一个焊件带坡口时（如单面 V 形），引出线箭头必须指向带坡口的焊件，如图 6-96 所示。

焊件焊接时，坡口下带有垫板时，标注方法如图 6-97 所示。

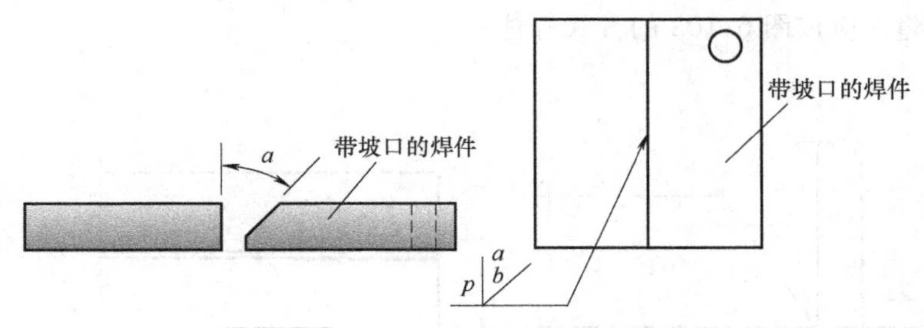

图 6-96　带坡口焊件焊缝的标注方法

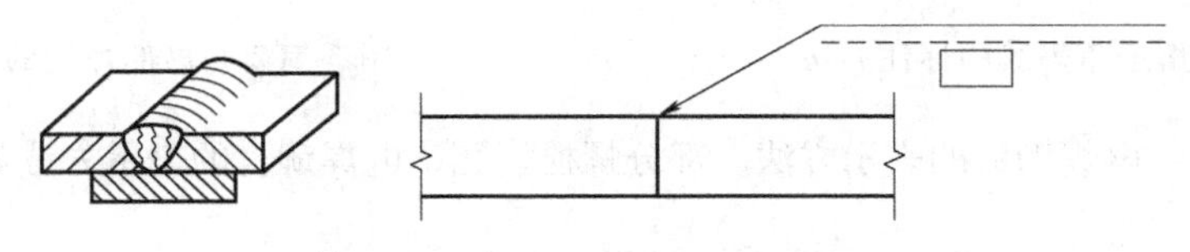

图 6-97　带垫板焊接的标注方法

⑥ 当焊缝分布不规则时，在标注焊缝符号的同时，宜在焊缝处加中实线（表示可见焊缝），或加细线（表示不可见焊缝），如图 6-98 所示。

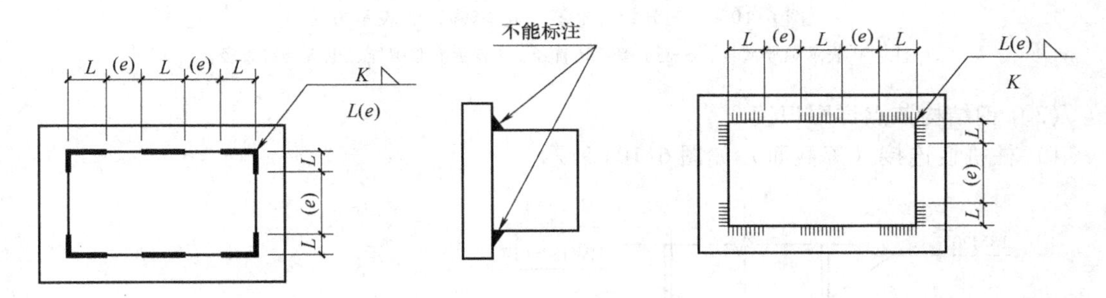

图 6-98　不规则焊缝的标注方法

⑦ 相同焊缝符号。相同焊缝符号应按下列方法表示：

在同一图形上，当焊缝形式、断面尺寸和辅助要求均相同时，可只选择一处标注焊缝的符号和尺寸，并加注“相同焊缝符号”，相同焊缝符号为 3/4 圆弧，绘在引出线的转折角处，如图 6-99 所示。

⑧ 需要在施工现场进行焊接的焊件焊缝，应标注“现场焊缝”符号。现场焊缝符号为涂黑的三角形旗号，绘在引出线的转折处，如图 6-100 所示。

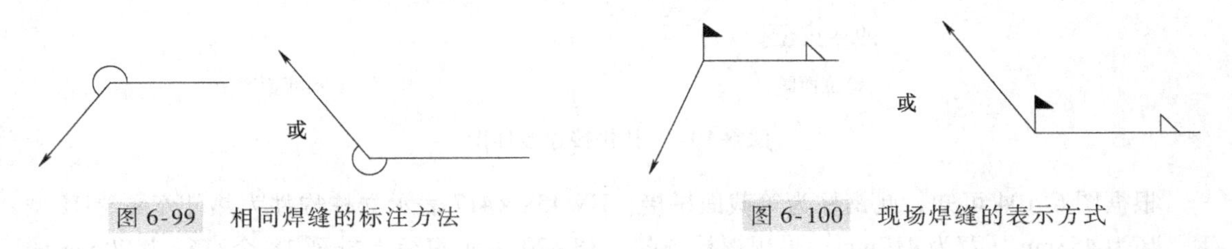

图 6-99　相同焊缝的标注方法　　图 6-100　现场焊缝的表示方式

⑨ 熔透角焊缝的符号。熔透角焊缝的符号为涂黑的圆圈，绘在引出线的转折处，如图 6-101 所示。

⑩ 局部焊缝，应按图 6-102 的方式标注。

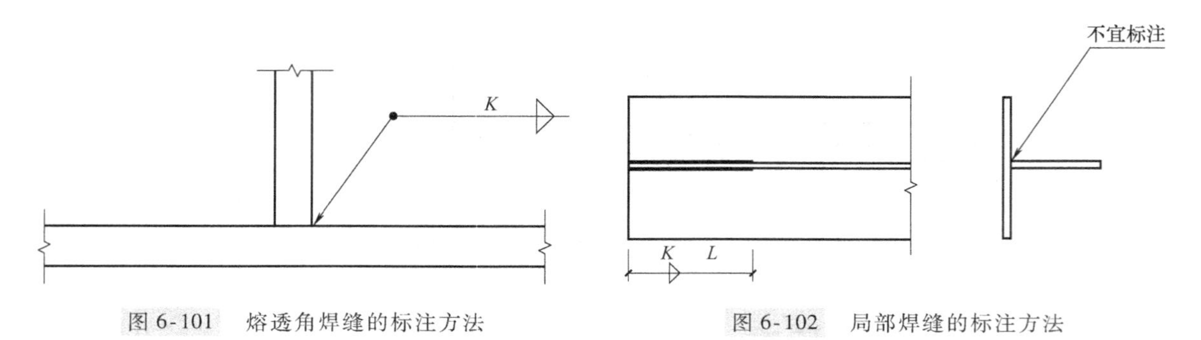

图 6-101　熔透角焊缝的标注方法　　图 6-102　局部焊缝的标注方法

2）螺栓、孔、电焊铆钉的表示方法。部分螺栓、孔、电焊铆钉的表示方法如图 6-103 所示。

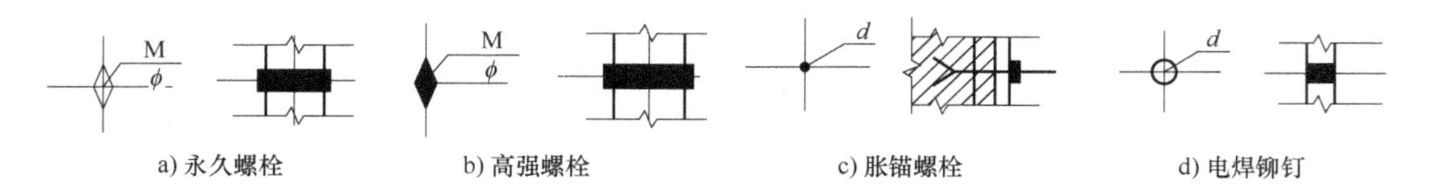

图 6-103　部分螺栓、孔、电焊铆钉的表示方法

注：M 表示螺栓型号；φ 表示螺栓孔直径；d 表示膨胀螺栓、电焊铆钉直径。

（3）钢结构节点详图识读

1）柱拼接连接（等截面）如图 6-104 所示。

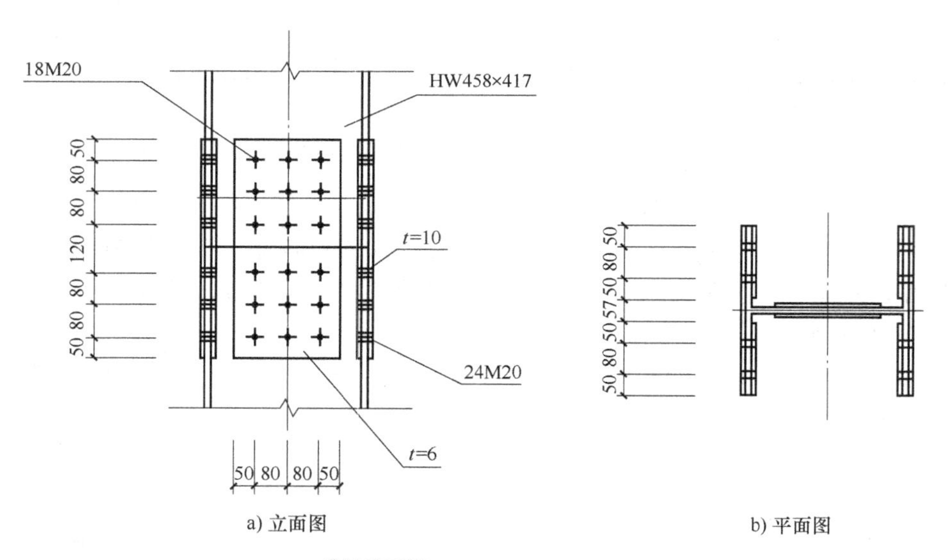

图 6-104　柱拼接连接详图

根据图 6-104 可知，此钢柱为等截面拼接，HW458 ×417 表示立柱构件为热轧宽翼缘 H 型钢，高为 458mm，宽为 417mm；采用螺栓连接，18M20 表示腹板上排列 18 个直径为 20mm 的螺栓，24M20 表示每块翼缘板上排列 24 个直径为 20mm 的螺栓，由螺栓的图例可知为高强螺栓。从立面图可知腹板上螺栓的排列，从立面图和平面图可知翼缘上螺栓的排列，栓距为 80mm，边

距为 50mm；拼接板均采用双盖板连接，腹板上盖板长为 540mm，宽为 260mm，板厚 6mm；翼缘上盖板长为 540mm，宽与柱翼宽相同，为 417mm，板厚 10mm，内盖板宽为 180mm。

2）梁拼接连接如图 6-105 所示。

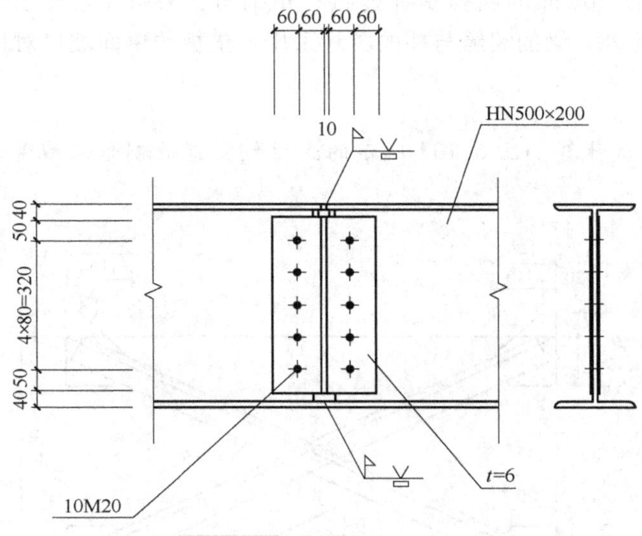

图 6-105　梁拼接连接详图

根据图 6-105 可知，此钢梁为等截面拼接，HN500 × 200 表示梁为热轧窄翼缘 H 型钢，截面高为 500mm，宽为 200mm，采用螺栓和焊缝混合连接，其中梁翼缘为对接焊缝连接，小三角旗表示焊缝为现场施焊，从焊缝标注可知为带坡口有垫块的对接焊缝，焊缝标注无数字时，表示焊缝按构造要求开口，从螺栓图例可知为高强度螺栓，个数有 10 个，直径为 20mm，栓距为 80mm，边距为 50mm；腹板上拼接板为双盖板，长为 420mm，宽为 250mm，厚为 6mm，此连接可使梁在节点处能传递弯矩，为刚性连接。

3）梁柱连接如图 6-106 所示。

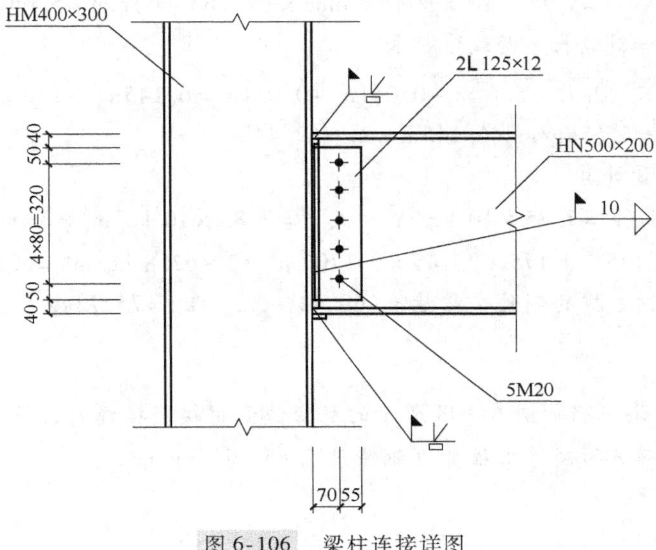

图 6-106　梁柱连接详图

根据图 6-106 可知，该图为梁柱连接详图，HM400×300 表示柱采用热轧中翼缘 H 型钢，截面高、宽分别为 400mm、300mm；HN500×200 表示梁采用热轧窄翼缘 H 型钢，截面高、宽为 500mm、200mm；2∟125×12 表示梁、柱通过 2 块角钢进行连接，其中，角钢与梁通过 5 个直径 20mm 的高强螺栓连接；角钢与柱采用焊角尺寸为 10mm 的双面角焊缝进行现场焊接。此外，梁的翼缘与柱的翼缘采用带垫板的单面坡口对接焊缝进行现场焊接连接。

【例 6-11】 试计算如图 6-107 所示的上柱钢支撑的制作工程量。（钢密度 $7.85\times10^3\text{kg/m}^3$）

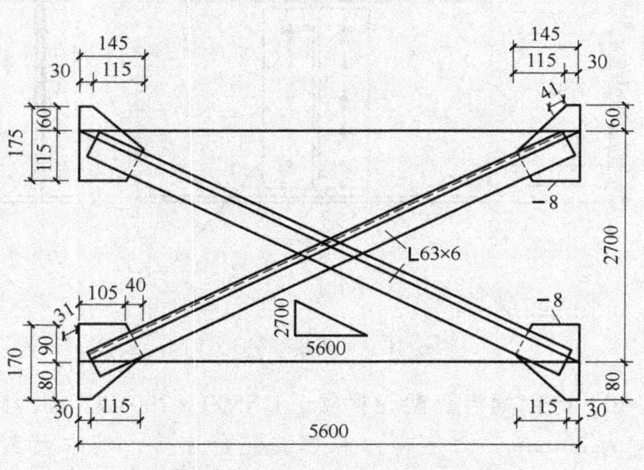

图 6-107　上柱钢支撑

【解】 上柱钢支撑由等边角钢和钢板两部分构成。

(1) 等边角钢重量计算

每米等边角钢重 $=7.85\times10^3\text{kg/m}^3\times$边厚$\times(2\times$边宽$-$边厚$)$

$=7.85\times10^3\text{kg/m}^3\times6\text{mm}\times(2\times63-6)\text{mm}=5.65\text{kg/m}$

等边角钢长 = 斜边长 − 两端空位长

$=\sqrt{2.7^2+5.6^2}\text{m}-0.041\text{m}-0.031\text{m}=6.145\text{m}$

两根角钢重 $=5.65\text{kg/m}\times6.145\text{m}\times2=69.44\text{kg}$

(2) 钢板重量计算

每平方米钢板重 $=7.85\times10^3\text{kg/m}^3\times$板厚 $=7.85\times10^3\text{kg/m}^3\times8\text{mm}=62.8\text{kg/m}^2$

钢板重 $=(0.145\times0.175+0.145\times0.170)\text{m}^2\times2\times62.8\ \text{kg/m}^2=6.28\text{kg}$

所以，上柱钢支撑的制作工程量 $=(69.44+6.28)\text{kg}=75.72\text{kg}$

【例 6-12】 请根据如图 6-108 所示的柱变截面拼接连接详图，计算上柱与下柱之间连接过渡段连接钢板的制作工程量（钢密度 $7.85\times10^3\text{kg/m}^3$）。

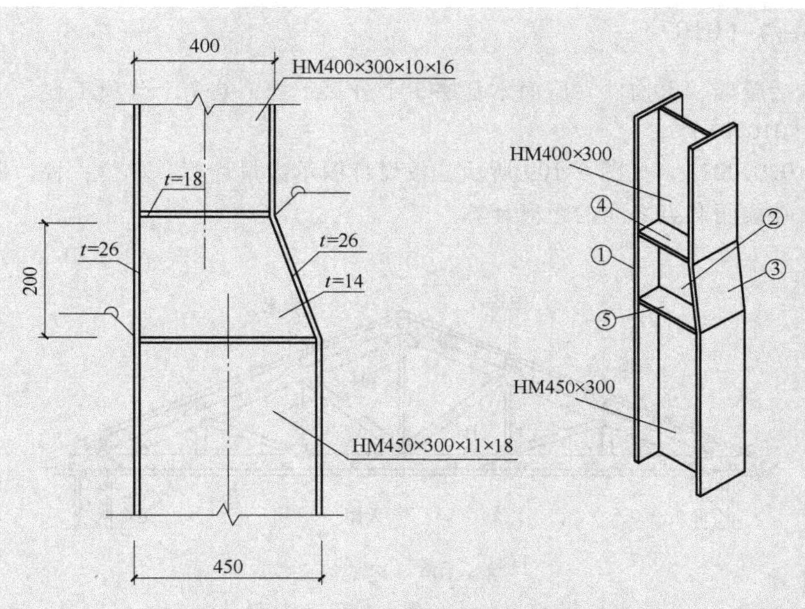

图 6-108 柱拼接连接（变截面）详图

【解】 根据图 6-108 可知，此钢柱为变截面偏心拼接，在此详图中，柱上段为中翼缘 H 型钢，截面高、宽、腹板厚度、翼缘厚度分别为 400mm、300mm、10mm 和 16mm；柱下段同样采用中翼缘 H 型钢。上下柱左翼缘对齐，右翼缘错开，过渡段高 200mm，使腹板高度达 1:4 的斜度变化，过渡段翼缘厚度 26mm，腹板厚度 14mm，过渡段连接板与上下柱采用相同的焊缝焊接。另外，在过渡段与上下柱焊缝处，均设有厚度 18mm 的加强肋板。

1 号板：长 200mm，宽 300mm，板厚 26mm，所以

$$V_1 = 0.2\text{m} \times 0.3\text{m} \times 0.026\text{m} = 1.56 \times 10^{-3}\text{m}^3$$

2 号板：上部长 $= (400 - 16 \times 2)\text{mm} = 368\text{mm}$，下部长 $= (450 - 18 \times 2)\text{mm} = 414\text{mm}$，高 200mm，板厚 14mm，板面积 $= (0.368 + 0.414)\text{m} \times 0.2\text{m}/2 = 0.078\text{m}^2$，所以

$$V_2 = 0.078\text{m}^2 \times 0.014\text{m} = 1.09 \times 10^{-3}\text{m}^3$$

3 号板：长 $= \sqrt{50^2 + 200^2}\text{mm} = 206.16\text{mm}$，宽 300mm，板厚 14mm，所以

$$V_3 = 0.206\text{m} \times 0.3\text{m} \times 0.014\text{m} = 0.87 \times 10^{-3}\text{m}^3$$

4 号板：长 368mm，宽 $= (300 - 10)\text{mm}/2 = 145\text{mm}$，板厚 18mm，所以

$$V_4 = 2 \times 0.368\text{m} \times 0.145\text{m} \times 0.018\text{m} = 1.92 \times 10^{-3}\text{m}^3$$

5 号板：长 414mm，宽 145mm，板厚 18mm，所以

$$V_5 = 2 \times 0.414\text{m} \times 0.145\text{m} \times 0.018\text{m} = 2.16 \times 10^{-3}\text{m}^3$$

连接过渡段连接钢板的制作工程量 $= (1.56 + 1.09 + 0.87 + 1.92 + 2.16) \times 10^{-3}\text{m}^3 \times 7.85 \times 10^3\text{kg/m}^3 = 59.66\text{kg}$

6.3.7 木结构（0107）

木结构包括屋架、木构件、屋面木基层3个分部工程，共7个分项工程。

1. 屋架（010701）

屋架（010701001），如图6-109所示，按设计图示数量计算，单位：榀。屋架的跨度应按上、下弦中心线两交点之间的距离计算。

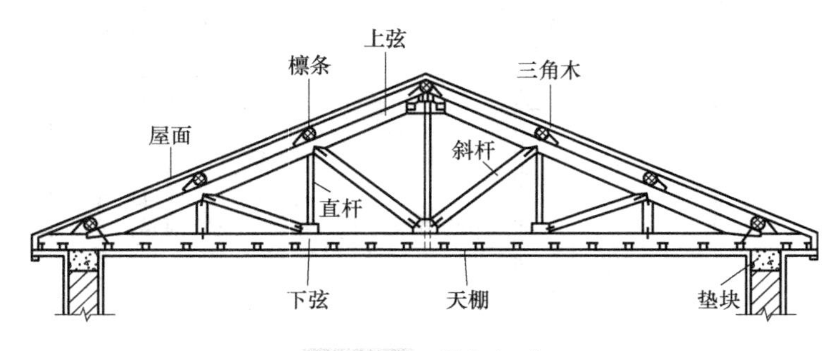

图6-109　屋架组成

屋架种类分为木、钢木。按标准图集设计应注明标准图代号，按非标准图设计的项目特征必须按规范要求予以描述。

带气楼的屋架和马尾、折角以及正交部分的半屋架（图6-110），按相关屋架项目编码列项。

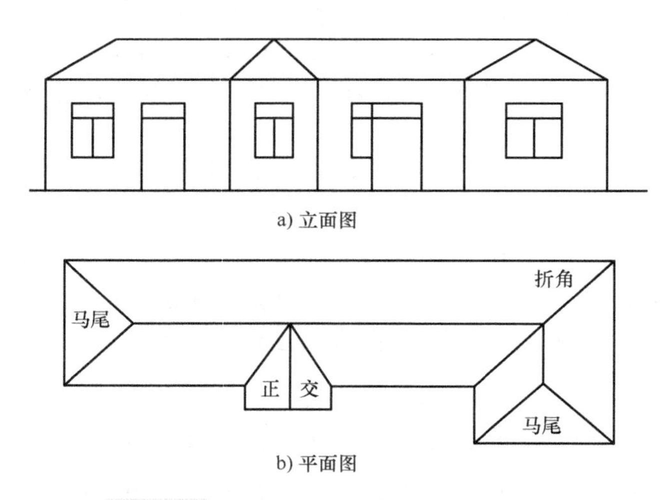

图6-110　屋架和马尾、折角、正交示意图

2. 木构件（010702）

（1）木柱（010702001）、木梁（010702002）、木檩（010702003）

木柱、木梁、木檩，按设计图示尺寸以体积计算，单位：m^3。

（2）木楼梯（010702004）

木楼梯，按设计图示尺寸以水平投影面积计算，单位：m^2。不扣除宽度≤300mm楼梯井的投影面积，伸入墙内部分不计算。

木楼梯的栏杆（栏板）、扶手，应按其他装饰工程中的相关项目编码列项。

（3）其他木构件（010702005）

其他木构件，按设计图示尺寸以体积计算，单位：m^3。

其他木构件适用于斜撑、传统民居的垂花、花芽子、封檐板、搏风板等构件，如图 6-111 所示；木屋架木结构装配式构件参照本项目编码列项。

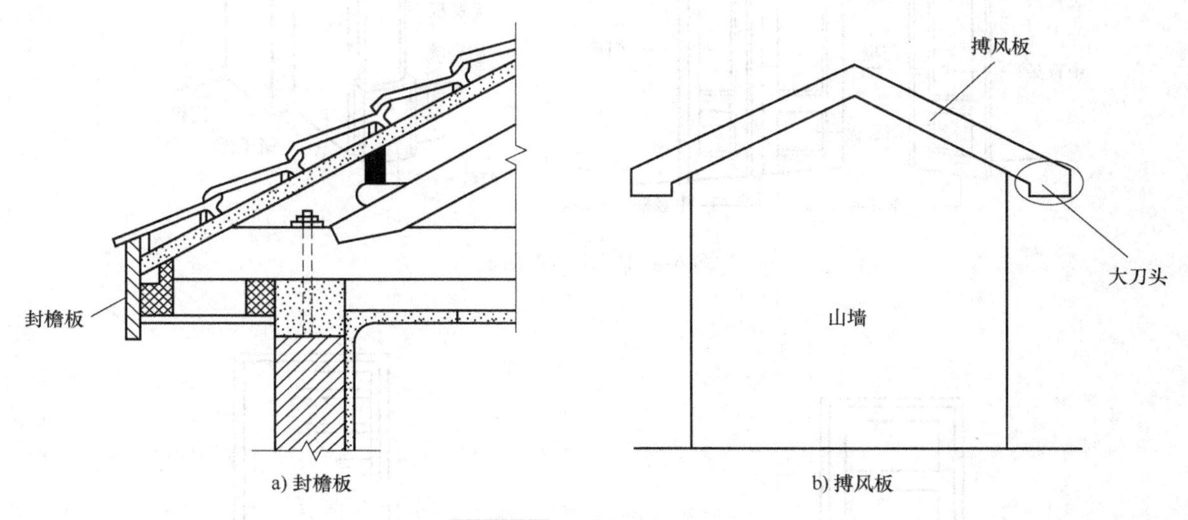

图 6-111　封檐板、搏风板

3. 屋面木基层（010703）

屋面木基层（010703001），按设计图示尺寸以斜面积计算，单位：m^2。不扣除房上烟囱、风帽底座、风道、小气窗、斜沟等所占面积。小气窗的出檐部分不增加面积。

6.3.8　门窗工程（0108）

门窗工程包括木门、金属门、金属卷帘（闸）门、厂库房大门及特种门、其他门、木窗、金属窗、门窗套、窗台板、窗帘、窗帘盒、轨 10 个分部工程，共 48 个分项工程。

1. 木门（010801）

（1）木质门、木质门带套、木质连窗门、木质防火门

木质门（010801001）、木质门带套（010801002）、木质连窗门（010801003）、木质防火门（010801004），按设计图示洞口尺寸以面积计算，单位：m^2。

木质门（图 6-112）应区分镶板木门（图 6-113a）、企口木板门（图 6-113b）、实木装饰门、胶合板门（图 6-113c）、夹板装饰门、木纱门、全玻门（带木质扇框）、木质半玻门（带木质扇框）等项目，分别编码列项。

木门五金应包括：折页、插销、门碰珠、弓背拉手、搭机、木螺丝、弹簧折页（自动门）、管子拉手（自由门、地弹门）、地弹簧（地弹门）、角铁、门轧头（地弹门、自由门）等。门锁安装工艺要求描述智能等建筑特殊工艺要求。

木质门带套计量按洞口尺寸以面积计算，不包括门套的面积，但门套应计算在综合单价中。

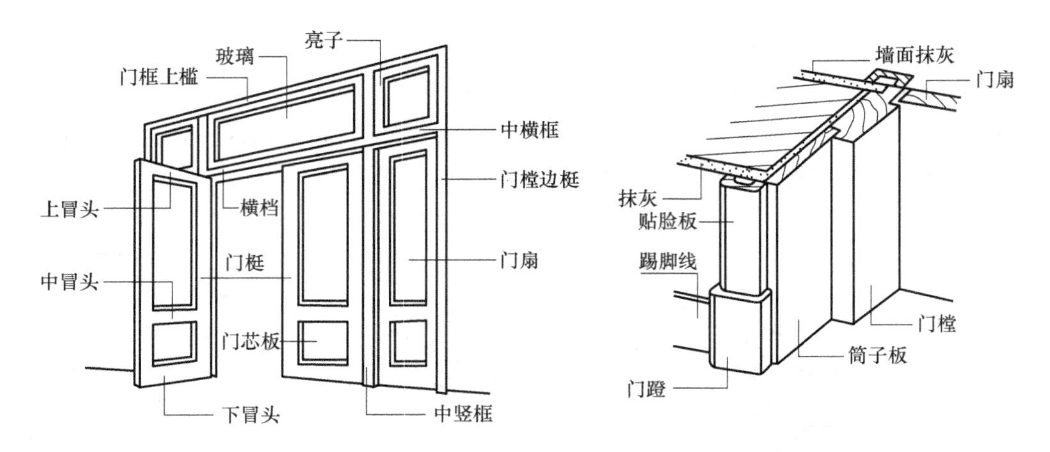

图 6-112　木质门组成

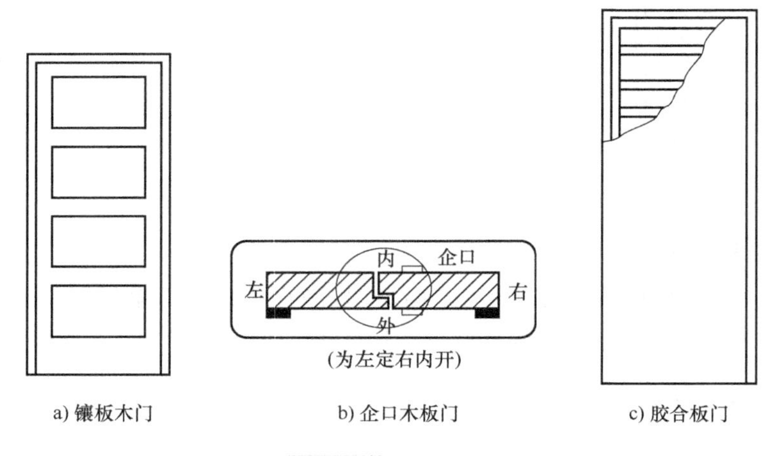

图 6-113　木门种类

(2) 木门框 (010801005)

木门框，按设计图示框的中心线以延长米计算，单位：m。

本项目适用于木门框单独制作安装。

(3) 门锁安装 (010801006)

门锁安装，按设计图示数量计算，单位：套。

2. 金属门 (010802)

金属门项目包括金属 (塑钢) 门 (010802001)、彩板门 (010802002)、钢质防火门 (010802003)、防盗门 (010802004)，按设计图示洞口尺寸以面积计算，单位：m^2。

金属门应区分金属平开门、金属推拉门、金属地弹门、全玻门 (带金属扇框)、金属半玻门 (带扇框) 等项目，分别编码列项。金属门五金包括 L 型执手插锁 (双舌)、执手锁 (单舌)、门轨头、地锁、防盗门机、门眼 (猫眼)、门碰珠、电子锁 (磁卡锁)、闭门器、装饰拉手等。无设计图示洞口尺寸，按门框、扇外围以面积计算。

3. 金属卷帘（闸）门（010803）

金属卷帘（闸）门项目包括金属卷帘（闸）门（010803001）和防火卷帘（闸）门（010803002），按设计图示洞口尺寸以面积计算，单位：m^2。

4. 厂库房大门、特种门（010804）

厂库房大门、特种门项目包括木板大门（010804001）、钢木大门（010804002）、全钢板大门（010804003）、防护铁丝门（010804004）、金属格栅门（010804005）、钢质花饰大门（010804006）和特种门（010804007）。

（1）木板大门、钢木大门、全钢板大门、金属格栅门、特种门

木板大门、钢木大门、全钢板大门、金属格栅门、特种门，按设计图示洞口尺寸以面积计算，单位：m^2。

特种门应区分冷藏门、冷冻间门、保温门、变电室门、隔声门、防射线门、人防门、金库门等项目，分别编码列项。以平方米计量，无设计图示洞口尺寸，按门框、扇外围以面积计算。

（2）防护铁丝门、钢质花饰大门

防护铁丝门、钢质花饰大门，按设计图示门框或扇以面积计算，单位：m^2。

5. 其他门（010805）

其他门项目包括平开电子感应门（010805001）、旋转门（010805002）、电子对讲门（010805003）、电动伸缩门（010805004）、全玻自由门（010805005）、镜面不锈钢饰面门（010805006）和复合材料门（010805007）。

（1）电子感应门、电子对讲门、全玻自由门、镜面不锈钢饰面门、复合材料门

电子感应门、电子对讲门、全玻自由门、镜面不锈钢饰面门、复合材料门，按设计图示洞口尺寸以面积计算，单位：m^2。

（2）旋转门

旋转门，按设计图示数量计算，单位：樘。

（3）电动伸缩门

电动伸缩门，按设计图示长度计算，单位：m。

其他门以“樘”计量，项目特征必须描述洞口尺寸，没有洞口尺寸必须描述门框或扇外围尺寸；以平方米计量，项目特征可不描述洞口尺寸及框、扇的外围尺寸。

6. 木窗（010806）

（1）木质窗（010806001）

木质窗，按设计图示洞口尺寸以面积计算，单位：m^2。

木质窗（图 6-114）应区分木百叶窗、木组合窗、木天窗、木固定窗、木装饰空花窗等项目，分别编码列项。以平方米计量，无设计图示洞口尺寸，按窗框外围以面积计算。

木窗五金包括：折页、插销、风钩、木螺丝、滑轮滑轨（推拉窗）等。

（2）木飘（凸）窗（010806002）、木橱窗（010806003）

木飘（凸）窗、木橱窗，按设计图示尺寸以框外围展开面积计算，单位：m^2。

（3）木纱窗（010806004）

木纱窗，按框的外围尺寸以面积计算，单位：m^2。

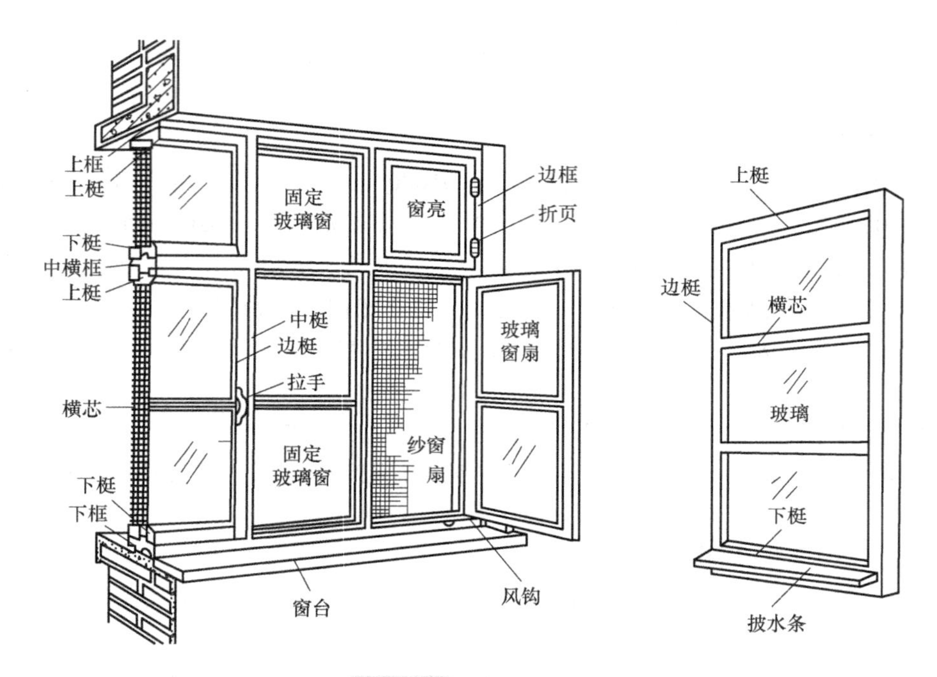

图 6-114　木质窗组成

7. 金属窗（010807）

（1）金属（塑钢、断桥）窗（010807001）、金属防火窗（010807002）、金属百叶窗（010807003）、金属格栅窗（010807005）

金属（塑钢、断桥）窗（图 6-115）、金属防火窗、金属百叶窗、金属格栅窗，按设计图示洞口尺寸以面积计算，单位：m^2。

图 6-115　金属（塑钢、断桥）窗

金属窗应区分金属组合窗、防盗窗等项目，分别编码列项。以平方米计量，无设计图示洞口尺寸，按窗框外围以面积计算。

金属窗五金包括：折页、螺丝、执手、卡锁、铰拉、风撑、滑轮、滑轨、拉把、拉手、角码、牛角制等。

（2）金属纱窗（010807004）

金属纱窗，按框的外围尺寸以面积计算，单位：m^2。

（3）金属（塑钢、断桥）橱窗（010807006）、金属（塑钢、断桥）飘（凸）窗（010807007）

金属（塑钢、断桥）橱窗、金属（塑钢、断桥）飘（凸）窗，按设计图示尺寸以框外围展开面积计算，单位：m^2。

（4）彩板窗（010807008）、复合材料窗（010807009）

彩板窗，复合材料窗，按设计图示洞口尺寸或框外围以面积计算，单位：m^2。

8. 门窗套（010808）

门窗套项目包括木门窗套（010808001）、金属门窗套（010808002）、石材门窗套（010808003）和成品木门窗套（010808004），按设计图示尺寸以展开面积计算，单位：m^2。

9. 窗台板（010809）

窗台板（010809001），按设计图示尺寸以展开面积计算，单位：m^2。

10. 窗帘、窗帘盒、轨（010810）

（1）布窗帘（010810001）

布窗帘，按设计图示尺寸以成活后展开面积计算，单位：m^2。

（2）百叶窗帘（010810002）

百叶窗帘，按设计图示尺寸以成活后长度计算，单位：m。

（3）窗帘盒（010810003）、窗帘轨（010810004）

窗帘盒、窗帘轨，按设计图示尺寸以长度计算，单位：m。

6.3.9　屋面及防水工程

屋面及防水工程包括屋面、屋面防水及其他、墙面防水及防潮、楼（地）面防水及防潮、基础防水 5 个分部工程，共 27 个分项工程。

1. 屋面（010901）

屋面找平层按楼地面装饰工程中“平面砂浆找平层”项目编码列项；屋面保温找坡层按保温、隔热、防腐工程中“保温隔热屋面”项目编码列项；屋面防水保温一体化工程按保温、隔热、防腐工程中“保温隔热屋面”项目编码列项。

（1）瓦屋面（010901001）、型材屋面（010901002）

瓦屋面、型材屋面，按设计图示尺寸以斜面积计算，单位：m^2。不扣除房上烟囱、风帽底座、风道、小气窗、斜沟等所占面积。小气窗的出檐部分不增加面积。

屋面坡度（倾斜度）的表示方法有多种：一是用屋顶的高度与半跨之间的比表示（B/A）；二是用屋顶的高度与跨度之间的比表示（$B/2A$）；三是以屋面的斜面与水平面的夹角表示（α），如图 6-116 所示。为计算方便，引入了延尺系数（C）和隅延尺系数（D）的概念。

坡屋面延尺系数 $C=\frac{\text{EM}}{A}=\frac{1}{\cos\alpha}=\sec\alpha$；隅延尺系数 $D=\frac{\text{EN}}{A}$，见表 6-11。

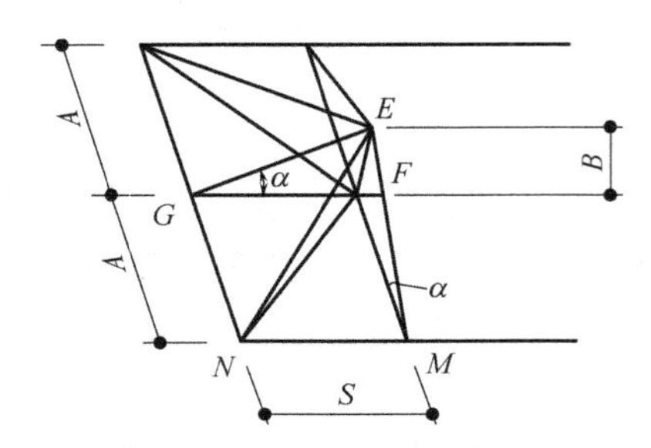

图 6-116 屋面坡度示意图

注：1. 两坡水排水屋面（当 α 角相等时，可以是任意坡水）面积为屋面水平投影面积乘以延尺系数。

2. 四坡水排水屋面斜脊长度 = AD（当 S = A 时）。

3. 沿山墙泛水长度 = AC。

表 6-11 屋面坡度系数表

坡度			延尺系数 C (A = 1)	隅延尺系数 D (A = 1)
以高度 B 表示（当 A = 1 时）	以高跨比表示（B/2A）	以角度表示（α）		
1	1/2	45°	1.4142	1.7321
0.75		36°52′	1.2500	1.6008
0.70		35°	1.2207	1.5779
0.666	1/3	33°40′	1.2015	1.5620
0.65		33°01′	1.1926	1.5564
0.60		30°58′	1.1662	1.5362
0.577		30°	1.1547	1.5270
0.55		28°49′	1.1413	1.5170
0.50	1/4	26°34′	1.1180	1.5000
0.45		24°14′	1.0966	1.4839
0.40	1/5	21°48′	1.0770	1.4697
0.35		19°17′	1.0594	1.4569
0.30		16°42′	1.0440	1.4457
0.25		14°02′	1.0308	1.4362
0.20	1/10	11°19′	1.0198	1.4283
0.15		8°32′	1.0112	1.4221
0.125		7°8′	1.0078	1.4191
0.100	1/20	5°42′	1.0050	1.4177
0.083		4°45′	1.0035	1.4166
0.066	1/30	3°49′	1.0022	1.4157

（2）阳光板屋面（010901003）、玻璃钢屋面（010901004）

阳光板屋面（图 6-117a）、玻璃钢屋面，按设计图示尺寸以斜面积计算，单位：m^2。不扣除屋面面积≤0.3m^2 的孔洞所占面积。

型材屋面、阳光板屋面、玻璃钢屋面的柱、梁、屋架，按金属结构工程、木结构工程中相关项目编码列项。

（3）膜结构屋面（010901005）

膜结构屋面（图 6-117b），按设计图示尺寸以需要覆盖的水平投影面积计算，单位：m^2。

a) 阳光板屋面

b) 膜结构屋面

图 6-117 阳光板屋面、膜结构屋面

2. 屋面防水及其他（010902）

所有防水、隔汽层搭接、拼缝、压边、留槎及附加层用量不另行计算，在综合单价中考虑。

（1）屋面卷材防水（010902001）、屋面涂膜防水（010902002）、屋面隔离层（010902009）

屋面卷材防水、屋面涂膜防水、屋面隔离层，按设计图示尺寸以面积计算，单位：m^2，并符合以下规定：

1）斜屋顶（不包括平屋顶找坡）按斜面积计算，平屋顶按水平投影面积计算。

2）不扣除房上烟囱、风帽底座、风道、屋面小气窗和斜沟所占面积。

3）屋面的女儿墙（图 6-118）、伸缩缝和天窗等处的弯起部分，并入屋面工程量内。

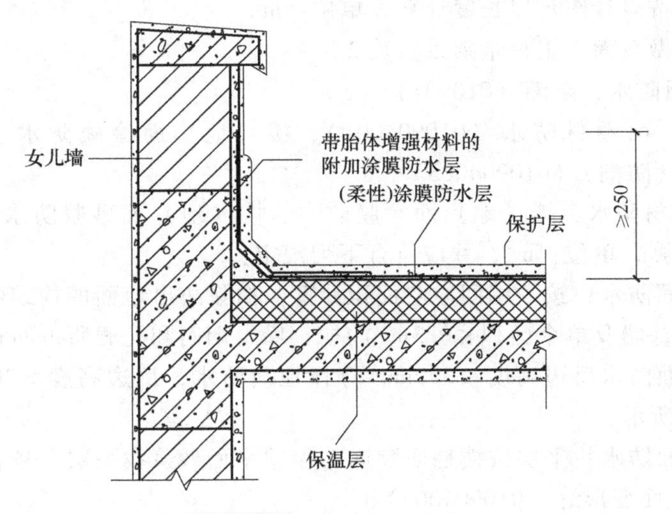

图 6-118 女儿墙泛水构造

4）种植屋面过滤层按“屋面隔离层”项目编码列项。

（2）屋面刚性层（010902003）

屋面刚性层，按设计图示尺寸以面积计算，单位：m^2。不扣除房上烟囱、风帽底座、风道等所占面积。

屋面刚性层中涉及的钢筋按钢筋混凝土工程中“现浇构件钢筋”项目编码列项。

（3）屋面管道

1）屋面排水管（010902004），按设计图示尺寸以长度计算，单位：m。如设计未标注尺寸，以檐口至设计室外散水上表面垂直距离计算。

2）屋面排（透）气管（010902005），按设计图示尺寸以长度计算，单位：m。

3）屋面（廊、阳台）泄（吐）水管（010902006），按设计图示数量计算，单位：个。

（4）屋面天沟、檐沟（010902007）、屋面天沟、檐沟防水（010902011）

屋面天沟、檐沟及其防水，按设计图示尺寸以展开面积计算，单位：m^2。

屋面天沟、檐沟防水是指外挑天沟、檐沟部位的防水，与屋面相连的内檐沟防水并入屋面防水计算。

（5）屋面变形缝（010902008）

屋面变形缝，按设计图示尺寸以长度计算，单位：m。

（6）屋面排水板（010902010）

屋面排水板，按设计图示尺寸以水平投影面积计算，单位：m^2

3. 墙面防水、防潮（编码：010903）

（1）墙面卷材防水（010903001）、墙面涂膜防水（010903002）、墙面砂浆防水（010903003）

墙面卷材防水、墙面涂膜防水、墙面砂浆防水，按设计图示尺寸以面积计算，单位 m^2。

墙的立面防水、防潮层，不论内墙、外墙，均按设计图示尺寸以面积计算。墙面找平层按墙、柱面装饰与隔断、幕墙工程中“立面砂浆找平层”项目编码列项。

（2）墙面变形缝（010903004）

墙面变形缝，按设计图示以长度计算，单位：m。

墙面变形缝若做双面，工程量乘以系数2。

4. 楼（地）面防水、防潮（010904）

（1）楼（地）面卷材防水（010904001）、楼（地）面涂膜防水（010904002）、楼（地）面砂浆防水（防潮）（010904003）

楼（地）面卷材防水、楼（地）面涂膜防水、楼（地）面砂浆防水（防潮），按设计图示尺寸以面积计算，单位：m^2，并应符合下列规定：

1）楼（地）面防水：按主墙间净空面积计算，扣除凸出地面的构筑物、设备基础等所占面积，不扣除间壁墙及单个面积≤0.3m^2的柱、垛、烟囱和孔洞所占面积。

2）楼（地）面防水反边高度≤300mm算作地面防水，反边高度>300mm按墙面防水计算，如图6-119所示。

3）楼（地）面防水找平层按楼地面装饰工程“平面砂浆找平层”项目编码列项。

（2）楼（地）面变形缝（010904004）

楼（地）面变形缝，按设计图示以长度计算，单位：m。

5. 基础防水（010905）

（1）基础卷材防水（010905001）、基础涂膜防水（010905002）

基础卷材防水、基础涂膜防水，按设计图示尺寸以展开面积计算，单位：m^2。

与筏板、防水底板相连的电梯井坑、集水坑及其他基础的防水按展开面积并入计算；不扣除桩头所占面积及单个面积≤$0.3m^2$ 的孔洞所占面积；后浇带附加层面积并入计算。

图 6-119 楼（地）面防水反边

基础防水找平层按楼地面装饰工程中"平面砂浆找平层"项目编码列项。基础防水细石混凝土保护层按楼地面装饰工程中"细石混凝土楼地面"项目编码列项。

挡土墙外侧筏板、防水底板、条形基础侧面及上表面并入基础防水计算，筏板以上挡土墙防水按照墙面防水计算。

（2）止水带（010905003）

止水带，按照设计尺寸按延长米计算，单位：m。

【例 6-13】 某工程屋面防水采用 SBS 改性沥青防水卷材，屋面平面图、剖面图如图 6-120 所示，屋面自结构层由下向上的做法为：1∶12 水泥珍珠岩保温，坡度 2%，最薄处 60mm；1∶3 水泥砂浆找平层，反边高 300mm，在找平层上刷冷底子油一道；SBS 改性沥青防水卷材 3mm 厚一道（反边高 300mm），喷灯加热烤铺；1∶2.5 水泥砂浆找平层（反边高 300 mm）。

根据以上背景资料及现行国家标准《房屋建筑与装饰工程工程量计算规范》，计算该屋面找平层、保温及卷材防水工程量。

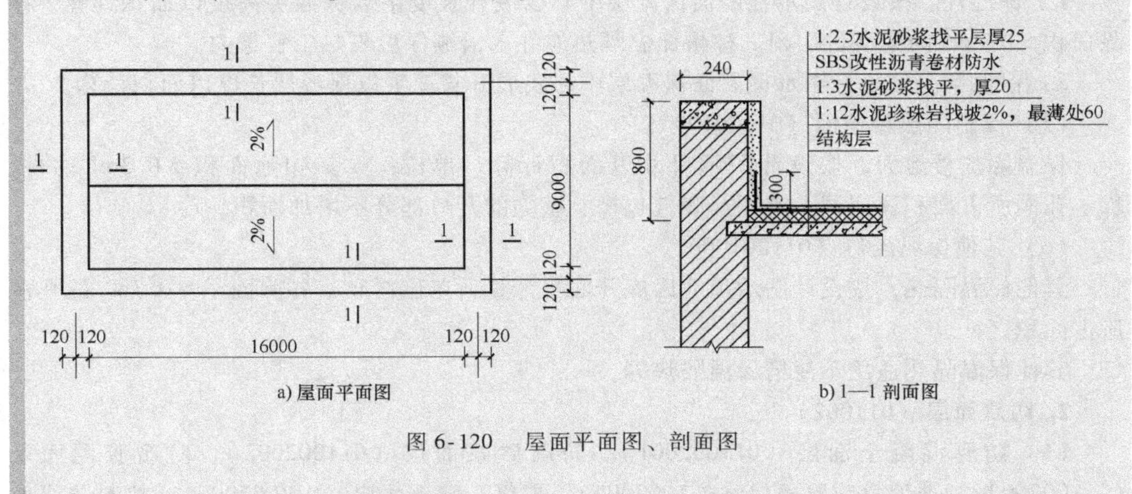

图 6-120 屋面平面图、剖面图

【解】 $S_{保温} = (16 - 0.24)\text{m} \times (9 - 0.24)\text{m} = 138.06\text{m}^2$

$S_{找平层}=138.06\text{m}^2+[(16-0.24)+(9-0.24)]\text{m}\times2\times0.3\text{m}=152.77\text{m}^2$

$S_{卷材防水}=138.06\text{m}^2+[(16-0.24)+(9-0.24)]\text{m}\times2\times0.3\text{m}=152.77\text{m}^2$

6.3.10 保温、隔热、防腐工程

保温、隔热、防腐工程包括保温、隔热，防腐面层、其他防腐3个分部工程，共16个分项工程。

1. 保温、隔热（011001）

保温隔热装饰面层，按装饰工程中相关项目编码列项；仅做找平层的，根据不同位置按楼地面装饰工程中“平面砂浆找平层”或墙、柱面装饰与隔断、幕墙工程中“立面砂浆找平层”项目编码列项。

（1）保温隔热屋面（011001001）

保温隔热屋面，按设计图示尺寸以面积计算，单位：m^2。扣除面积 $>0.3\text{m}^2$ 的孔洞及所占面积。

（2）保温隔热天棚（011001002）

保温隔热天棚，按设计图示尺寸以面积计算，单位：m^2。扣除面积 $>0.3\text{m}^2$ 的柱、垛、孔洞所占面积，与天棚相连的梁按展开面积，计算并入天棚工程量内。

（3）保温隔热墙面（011001003）

保温隔热墙面，按设计图示尺寸以面积计算，单位：m^2。扣除门窗洞口以及面积 $>0.3\text{m}^2$ 的梁、孔洞所占面积；门窗洞口侧壁以及与墙相连的柱，并入保温墙体工程量内。

（4）保温柱、梁（011001004）

保温柱、梁，按设计图示尺寸以面积计算，单位：m^2。

保温柱、梁适用于不与墙、天棚相连的独立柱、梁。

1）保温柱。按设计图示柱断面保温层中心线展开长度乘以保温层高度以面积计算，扣除面积 $>0.3\text{m}^2$ 的梁所占面积。柱帽保温隔热应并入天棚保温隔热工程量内。

2）保温梁。按设计图示梁断面保温层中心线展开长度乘以保温层长度以面积计算。

（5）保温隔热楼地面（011001005）

保温隔热楼地面，按设计图示尺寸以面积计算，单位：m^2。扣除面积 $>0.3\text{m}^2$ 的柱、垛、孔洞所占面积。门洞、空圈、暖气包槽、壁龛的开口部分不增加面积。

（6）其他保温隔热（011001006）

其他保温隔热，按设计图示尺寸以展开面积计算，单位：m^2。扣除面积 $>0.3\text{m}^2$ 的孔洞所占面积。

其他保温隔热适用于池槽保温隔热等。

2. 防腐面层（011002）

（1）防腐混凝土面层（011002001）、防腐砂浆面层（011002002）、防腐胶泥面层（011002003）、玻璃钢防腐面层（011002004）、聚氯乙烯板面层（011002005）、块料防腐面层（011002006）

各面层均按设计图示尺寸以面积计算，单位：m^2，并应符合下列规定：

1）平面防腐：扣除凸出地面的构筑物、设备基础等以及面积>0.3m^2的孔洞、柱、垛所占面积，门洞、空圈、暖气包槽、壁龛的开口部分不增加面积。

2）立面防腐：扣除门、窗、洞口以及面积>0.3m^2的孔洞、梁所占面积，门、窗、洞口侧壁、垛凸出部分按展开面积并入墙面积内。

3）防腐踢脚线，应按楼地面装饰工程中“踢脚线”项目编码列项。

（2）池、槽块料防腐面层（011002007）

池、槽块料防腐面层，按设开图示尺寸以展开面积计算，单位：m^2。

3. 其他防腐（011003）

（1）隔离层（011003001）

隔离层，按设计图示尺寸以面积计算，单位：m^2，并应符合下列规定：

1）平面防腐：扣除凸出地面的构筑物、设备基础等以及面积>0.3m^2的孔洞、柱、垛所占面积，门洞、空圈、暖气包槽、壁龛的开口部分不增加面积。

2）立面防腐：扣除门、窗、洞口以及面积>0.3m^2的孔洞、梁所占面积，门、窗、洞口侧壁、垛凸出部分按展开面积并入墙面积内。

（2）砌筑沥青浸渍砖（011003002）

砌筑沥青浸渍砖，按设计图示尺寸以体积计算，单位：m^3。

（3）防腐涂料（011003003）

防腐涂料，按设计图示尺寸以面积计算，单位：m^2，并应符合下列规定：

1）平面防腐。扣除凸出地面的构筑物、设备基础等以及面积>0.3 m^2的孔洞、柱、垛所占面积，门洞、空圈、暖气包槽、壁龛的开口部分不增加面积。

2）立面防腐。扣除门、窗、洞口以及面积>0.3 m^2的孔洞、梁所占面积，门、窗、洞口侧壁、垛凸出部分按展开面积并入墙面积内。

【例6-14】 某工程建筑平面图与立面图如图6-121所示，该建筑物所有墙体厚度均为240mm。该工程外墙保温做法：基层表面清理；刷界面砂浆5mm；刷30mm厚胶粉聚苯颗粒；门窗洞口侧壁保温宽度为120mm。

根据以上背景资料及现行国家标准《房屋建筑与装饰工程工程量计算规范》，计算该工程外墙外保温工程量。

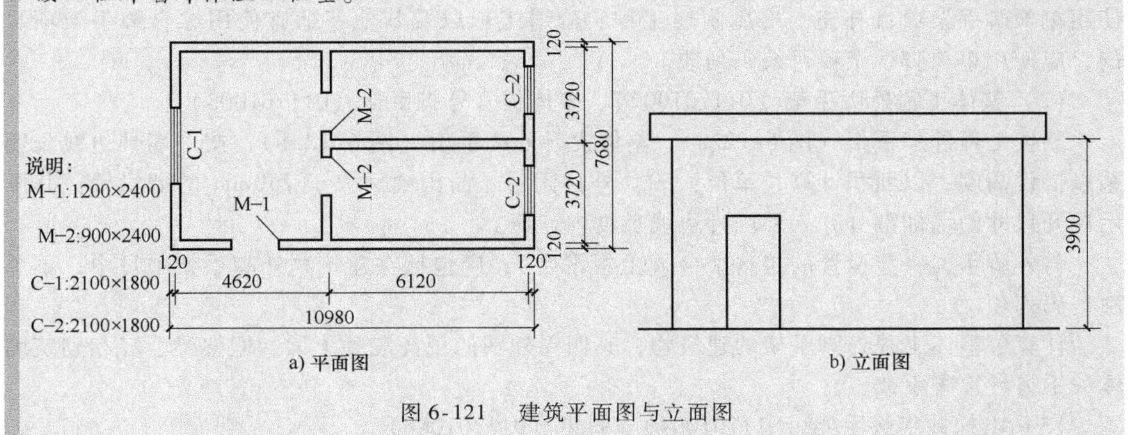

图6-121 建筑平面图与立面图

【解】 墙面保温面积 $S_{墙面} = (10.98 + 7.68)\text{m} \times 2 \times 3.9\text{m} - (1.2 \times 2.4 + 2.1 \times 1.8 + 1.2 \times 1.8 \times 2)\text{m}^2 = 134.57\text{m}^2$

门窗洞口侧壁保温面积 $S_{门窗洞口} = [(2.1 + 1.8) \times 2 + (1.2 + 1.8) \times 4 + (2.4 \times 2 + 1.2)]\text{m} \times 0.12\text{m} = 3.10\text{m}^2$

故，墙面保温工程量 $S_{墙面保温} = S_{墙面} + S_{门窗洞口} = 137.67\text{m}^2$

6.3.11 措施项目

措施项目包括脚手架工程、施工运输工程、施工降排水及其他工程、总价措施项目 4 个分部工程，共 31 个分项工程。

措施项目分为单价措施项目和总价措施项目。单价措施项目是指规定了工程量计算规则、能够计算工程量、应以综合单价计价的措施项目；总价措施项目是指建设行政部门根据建筑市场状况和多数企业经营管理情况、技术水平等测算发布了费率、应以总价计价的措施项目。

1. 脚手架工程（011701）

单项脚手架的起始高度：石砌体高度 >1m 时，计算砌体砌筑脚手架；各种基础高度 >1m 时，计算基础施工的相应脚手架；室内结构净高 >3.6m 时，计算天棚装饰脚手架；其他脚手架，脚手架搭设高度 >1.2m 时，计算相应脚手架。

计算各种单项脚手架时，均不扣除门窗洞口、空圈等所占面积。

搭设脚手架，应包括落地脚手架下的平土、挖坑或安底座，外挑式脚手架下型钢平台的制作和安装，附着于外脚手架的上料平台、挡脚板、护身栏杆的敷设，脚手架作业层铺设木（竹）脚手板等工作内容。

脚手架基础，实际需要时，应综合于相应脚手架项目中，不单独编码列项。

（1）综合脚手架（011701001）

综合脚手架，按设计图示尺寸，以建筑面积计算，单位：m^2。

综合脚手架项目适用于按建筑面积加权综合了各种单项脚手架且能够按《建筑工程建筑面积计算规范》计算建筑面积的房屋新建工程。综合脚手架项目未综合的内容，可另行使用单项脚手架项目补充。房屋附属工程、修缮工程以及其他不适宜使用综合脚手架项目的，应使用单项脚手架项目编码列项。

（2）整体工程外脚手架（011701002）、整体提升外脚手架（011701003）

整体工程外脚手架（图 6-122a）、整体提升外脚手架（图 6-122b），按外墙外边线长度乘以搭设高度，以面积计算，单位：m^2。外挑阳台、凸出墙面大于 240mm 的墙垛等，其图示展开尺寸的增加部分并入外墙外边线长度内计算。

与外脚手架一起设置的接料平台（上料平台），应包括在建筑物外脚手架项目中，不单独编码列项。

计算了整体工程外脚手架的建筑物，其四周外围的现浇混凝土梁、框架梁、墙和砌筑墙体，不另计算脚手架。

（3）电梯井字脚手架（011701004）、斜道（011701005）

电梯井字脚手架、斜道，按不同搭设高度，以座数计算，单位：座。

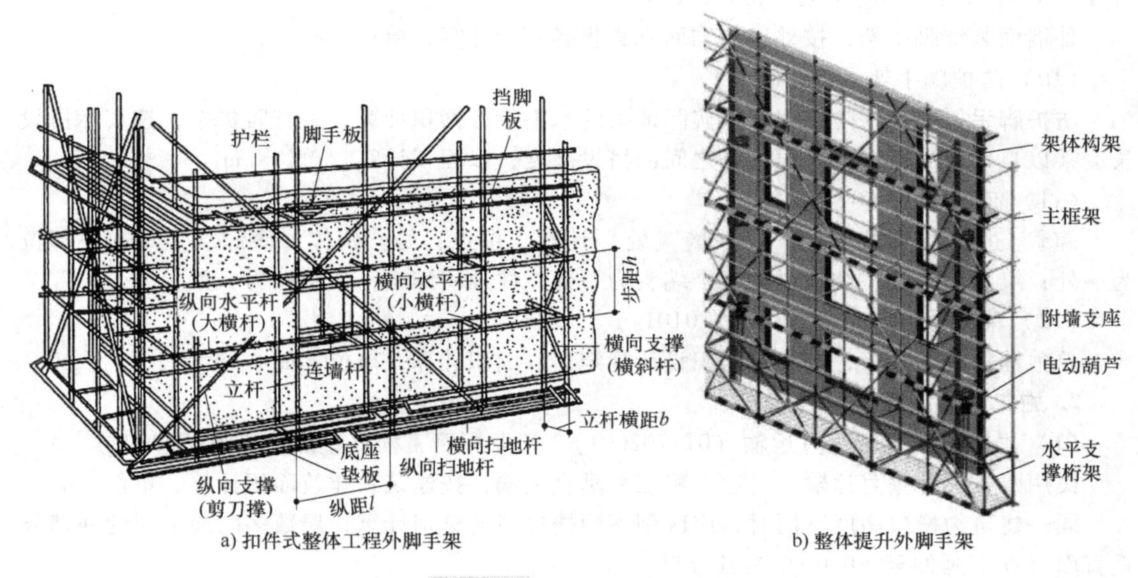

a) 扣件式整体工程外脚手架　　b) 整体提升外脚手架

图 6-122　建筑物外脚手架

斜道（上下脚手架人行通道），应单独编码列项，不包括在安全施工项目（总价措施项目）中。

（4）安全网（011701006）

密目立网（网目密度：≥2000 目/100cm^2）按封闭墙面的垂直投影面积计算，单位：m^2。其他安全网按架网部分的实际长度乘以实际高度（宽度），以面积计算。

安全网的型式，指在外脚手架上发生的平挂网、立挂网、挑出网和密目立网，应单独编码列项；“四口”“五临边”防护用的安全网，已包括在安全施工项目（总价措施项目）中，不单独编码列项。

（5）混凝土浇筑脚手架（011701007）

混凝土浇筑脚手架，柱按设计图示结构外围周长另加 3.6m，乘以搭设高度，以面积计算；墙、梁按墙、梁净长乘以搭设高度，以面积计算，单位：m^2。

轻型框剪墙不扣除其间砌筑洞口所占面积，洞口上方的连梁不另计算。

现浇混凝土板（含各种悬挑板）以及有梁板的板下梁、各种悬挑板中的梁和挑梁，不单独计算脚手架。

（6）砌体砌筑脚手架（011701008）

砌体砌筑脚手架，按墙体净长度乘以搭设高度，以面积计算，单位：m^2。不扣除位于其中的混凝土圈梁、过梁、构造柱的尺寸。混凝土圈梁、过梁、构造柱，不另计算脚手架。

（7）天棚装饰脚手架（011701009）

天棚装饰脚手架，按室内水平投影净面积（不扣除柱、垛）计算，单位：m^2。

（8）内墙面装饰脚手架（011701010）

内墙面装饰脚手架，按内墙装饰面（外墙内面、内墙两面）投影面积计算，单位：m^2。但计算了天棚装饰脚手架的室内空间，不另计算。

(9) 外墙面装饰脚手架 (011701011)

外墙面装饰脚手架，按外墙装饰面垂直投影面积计算，单位：m^2。

(10) 防护脚手架 (011701012)

防护脚手架中水平防护架，按实际铺板的水平投影面积计算；垂直防护架，按实际搭设长度乘以自然地坪至最上一层横杆之间的搭设高度，以面积计算，单位：m^2。

(11) 卸载支撑 (011701013)

卸载支撑，按卸载部位，以数量（处）计算，单位：处。砌体加固卸载，每卸载部位为一处；梁加固卸载，卸载梁的一个端头为一处；柱加固卸载，一根柱为一处。

(12) 单独铺板、落翻板 (011701014)

单独铺板、落翻板，按施工组织设计规定，以面积计算，单位：m^2。

2. 施工运输工程 (011702)

(1) 民用建筑工程垂直运输 (011702001)、工业厂房工程垂直运输 (011702002)

民用建筑工程垂直运输、工业厂房工程垂直运输，按建筑物建筑面积计算，单位：m^2。

同一建筑物檐口高度不同时，应区别不同檐口高度分别计算，层数多的地上层的外墙外垂直面（向下延伸至 ±0.00）为其分界。

檐口高度 3.6m 以内的建筑物，不计算垂直运输。

工业建筑中，为物质生产配套和服务的食堂、宿舍、医疗、卫生及管理用房等独立建筑物，按民用建筑垂直运输项目编码列项。

(2) 零星工程垂直运输 (011702003)

零星工程垂直运输，按零星工程的体积（或面积、质量）计算。

零星工程垂直运输项目是指能够计算建筑面积（含 1/2 面积）之空间的外装饰层（含屋面顶坪）范围以外的零星工程所需要的垂直运输。

(3) 大型机械基础 (011702004)

大型机械基础，按施工组织设计规定的尺寸，以体积（或长度、座数）计算。大型机械基础是指大型机械安装就位所需要的基础及固定装置的制作、铺设、安装及拆除等工作内容。

(4) 垂直运输机械进出场 (011702005)、其他机械进出场 (011702006)

垂直运输机械进出场、其他机械进出场，按施工组织设计规定，以数量计算，单位：台次。

大型机械进出场是指大型机械整体或分体自停放地点运至施工现场或由一施工地点运至另一施工地点的运输、装卸，以及大型机械在施工现场进行的安装、试运转和拆卸等工作内容。

(5) 修缮、加固工程垂直运输 (011702007)

修缮、加固工程垂直运输，按相应分部分项工程及措施项目的定额人工消耗量（乘系数），以工日计算，单位：工日。

3. 施工降排水及其他工程 (011703)

(1) 集水井成井 (011703001)

集水井成井，按施工组织设计规定，以深度计算，单位：m。

(2) 井点管安装拆除 (011703002)

井点管安装拆除，按施工组织设计规定的井点管数量计算，单位：根。井点管布置应根据地质条件和施工降水要求，按施工组织设计规定确定。施工组织设计未规定时，可按：轻型井点管距 0.8～1.6m（或平均 1.2m）；喷射井点管 2～3m（或平均 1.3m）确定。

（3）排水降水（011703003）

施工排水降水是指为降低地下水位所发生的形成集水井、排除地下水等工作内容。

排水降水，按施工组织设计规定的设备数量和工作天数计算，单位：台日。集水井降水，以每台抽水机工作 24 小时为一台日。井点管降水，以每台设备工作 24 小时为一台日。井点设备“台（套）”的组成如下：轻型井点，50 根/套；喷射井点，30 根/套；大口径井点，45 根/套；水平井点，10 根/套；电渗井点，30 根/套；不足一套，按一套计算。

（4）混凝土泵送（011703004）

混凝土泵送是指预拌（商品）混凝土在施工现场通过输送泵和输送管道使混凝土就位等工作内容。

混凝土泵送，按混凝土构件的混凝土消耗量之和，以体积计算，单位：m^3。

（5）预制构件吊装机械（011703005）

预制构件吊装机械是指预制混凝土构件、预制金属构件自施工现场地面至构件就位位置，使用轮胎式起重机（汽车式起重机）吊装的机械消耗。

预制构件吊装机械，按预制构件的吊装机械台班消耗量之和，以台班计算，单位：台班。

4. 混凝土模板及支撑（架）

本规范现浇混凝土工程项目“工作内容”中包括模板工程的内容，同时又在措施项目中单列了现浇混凝土模板工程项目。对此，招标人应根据工程实际情况选用。若招标人在措施项目清单中未编列现浇混凝土模板项目清单，即表示现浇混凝土模板项目不单列，现浇混凝土工程项目的综合单价中应包括模板工程费用。

混凝土模板及支撑（架）项目，只适用于以“平方米”计量，按模板与混凝土构件的接触面积计算，采用清水模板时应在项目特征中说明。以“立方米”计量的模板及支撑（架），按混凝土及钢筋混凝土实体项目执行，其综合单价应包含模板及支撑（架）。

（1）混凝土基础、柱、梁、墙板

按模板与现浇混凝土构件的接触面积计算，单位：m^2。原槽浇灌的混凝土基础不计算模板工程量。若现浇混凝土梁、板支撑高度超过 3.6m 时，项目特征应描述支撑高度。

1）现浇钢筋混凝土墙、板单孔面积≤0.3m^2 的孔洞不予扣除，洞侧壁模板也不增加；单孔面积 >0.3m^2 时应予扣除，洞侧壁模板面积并入墙、板工程量内计算。

2）现浇框架结构分别按梁、板、柱有关规定计算，附墙柱、暗梁、暗柱并入墙工程量内计算。

3）柱、梁、墙、板相互连接的重叠部分，均不计算模板面积。

4）构造柱按图示外露部分计算模板面积，如图 6-123 所示。

（2）天沟、檐沟、电缆沟、地沟、散水、扶手、后浇带、化粪池、检查井这些均按模板与现浇混凝土构件的接触面积计算。

（3）雨篷、悬挑板、阳台板

雨篷、悬挑板、阳台板按图示外挑部分尺寸的水平投影面积计算，挑出墙外的悬臂梁及板边不另计算。

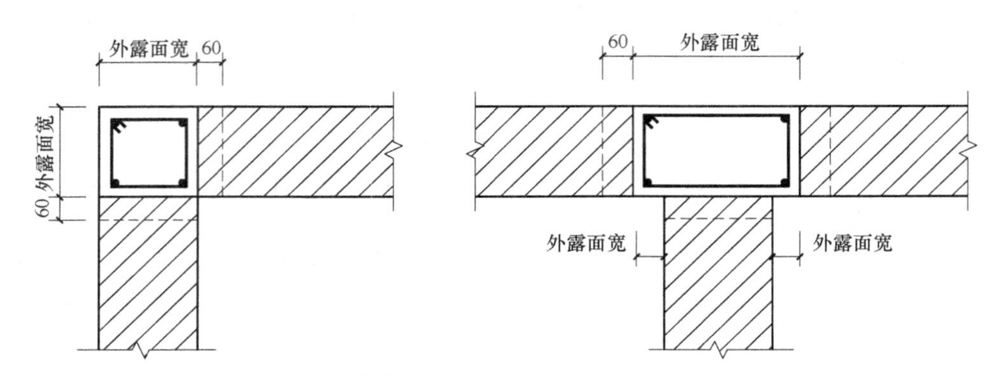

图 6-123　构造柱外露面示意图

（4）现浇整体楼梯

现浇整体楼梯按楼梯（包括休息平台、平台梁、斜梁和楼层板的连接梁）的水平投影面积计算，不扣除宽度≤500mm 的楼梯井所占面积，楼梯踏步、踏步板、平台梁等侧面模板不另计算，伸入墙内部分也不增加。

5. 总价措施项目（011704）

总价措施项目费用按批准的施工组织或签证计算，或按当地主管部门发布的相关法规、计价定额、取费标准等计价依据执行。总价措施项目包括安全文明施工（011704001）、夜间施工增加（011704002）、冬雨季施工增加（011704003）、二次搬运（011704004）和已完工程及设备保护（011704005）共计 5 项。

（1）安全文明施工

安全文明施工（含环境保护、文明施工、安全施工、临时设施）包含的具体范围如下：

1）环境保护。

① 材料堆放：材料、构件、料具等堆放时，悬挂有名称、品种、规格等标牌；水泥和其他易飞扬细颗粒建筑材料应密闭存放或采取覆盖等措施；易燃、易爆和有毒 有害物品分类存放。

② 垃圾清运：施工现场应设置密闭式垃圾站，施工垃圾、生活垃圾应分类存放；施工垃圾必须采用相应容器或管道运输。

③ 污染源控制：有毒有害气味控制，除“四害”措施费用，开挖、预埋污水排放管线。

④ 粉尘噪声控制：视频监控及扬尘噪声监测仪，噪声控制，密目网，雾炮，喷淋设施，洒水车及人工，洗车平台及基础，洗车泵，渣土车辆 100% 密闭运输。

⑤ 扬尘治理补充：扬尘治理用水，扬尘治理用电，人工清理路面，司机、汽柴油费用。

2）文明施工。

① 施工现场围挡：现场及生活区采用封闭围挡，高度不小于 1.8m。围挡材料可采用彩色、定型钢板，砖、混凝土砌块等墙体。

② 五板一图：在进门处悬挂工程概况、管理人员名单及监督电话、安全生产、文明施工、消防保卫五板；施工现场总平面一图（八牌二图，项目岗位职责牌）。

③ 企业标志：现场出入的大门应设有本企业标识，企业标志及企业宣传图，企业各类

图表，会议室形象墙，效果图及架子。

④ 场容场貌：道路畅通，排水沟、排水设施通畅；现场及生活区地面硬化处理；绿化，彩旗，现场画面喷涂，现场标语条幅，围墙墙面美化，宣传栏等。

⑤ 其他补充：工人防暑降温、防蚊虫叮咬，食堂洗涤、消毒设施，施工现场各门禁保安服务费用，职业病预防及保健费用，现场医药、器材急救措施，室外 LED 显示屏，不锈钢伸缩门，铺设钢板路面，施工现场铺设砖，砖砌围墙，智能化工地设备，大门及喷绘，槽边、路边防护栏杆等设施（含底部砖墙），路灯。

3）临时设施。

① 现场办公生活设施：工地办公室、临时宿舍、文化福利及公用事业房屋食堂、卫生间、淋浴室、娱乐室、急救室、构筑物、仓库、加工厂以及规定范围内道路等临时设施；施工现场办公、生活区与作业区分开设置，保持安全距离；工地办公室、现场宿舍、食堂、厕所、饮水、休息场所符合卫生和安全要求，办公室、宿舍热水器、空调等设施；现场监控线路及摄像头，生活区衣架等设施，阅读栏，生活区喷绘宣传，宿舍区外墙大牌。

② 施工现场临时用电：配电线路电缆，按照 TN-S 系统要求配备五芯电缆、四芯电缆和三芯电缆；按要求架设临时用电线路的电杆、横担、瓷夹、瓷瓶等，或电缆埋地的地沟；对靠近施工现场的外电线路，设置木质、塑料等绝缘体的防护设施；按三级配电要求，配备总配电箱、分配电箱、开关箱三类标准电箱及维护架；开关箱应符合一机、一箱、一闸、一漏；三类电箱中的各类电器应是合格品；按两级保护的要求，选取符合容量要求和质量合格的总配电箱和开关箱中的漏电保护器；接地装置保护，施工现场保护零线的重复接地应不少于三处。

③ 施工现场临时设施用水：施工现场饮用水，生活用水，施工用水，临时给排水设施。

④ 其他补充：木工棚、钢筋棚，太阳能，空气能，办公区及生活用电，工人宿舍场外租赁，临时用电，化粪池、仓库、楼层临时厕所，变频柜。

4）安全施工。

① 一般防护（“三宝”）：安全网（水平网、密目立网）安全帽、安全带。

② 通道棚：包括杆架、扣件、脚手板。

③ 防护围栏：建筑物作业周边设防护栏杆，配电箱和固位使用的施工机械周边设围栏、防护棚。

④ 消防安全防护：灭火器、砂箱、消防水桶、消防铁锹（钩）、高层建筑物安装消防水管（钢管、软管）、加压泵等。

⑤“四口”防护：楼梯口防护：设 1.2m 高的定型化、工具化、标准化的防护栏杆，18cm 高的踢脚线。电梯井口防护：设置定型化、工具化、标准化的防护门；在电梯井内每隔两层（不大于 10m）设置一道安全平网。通道口防护：设防护棚，防护棚应为不小于 5cm 厚的木板或两道相距 50cm 的竹笆；两侧应沿栏杆架用密目式安全网封闭。预留洞口防护：用木板全封闭；短边超过 1.5m 长洞口，除封闭外四周还应设有防护栏杆。

⑥“五临边”防护：阳台、楼板、屋面等周边防护，用密目式安全立网全封闭，作业层另加两边防护栏杆和 18cm 高的踢脚线；基坑周边防护栏杆以及上下人斜道防护栏杆；施工电梯、物料提升机、吊篮升降处及接料平台两边设防护栏杆。

⑦ 垂直方向交叉作业防护：设置防护隔离棚或其他设施。

⑧ 高空作业防护：有悬挂安全带的悬索或其他设施，有操作平台，有上下的梯子或其他形式的通道。

⑨ 安全警示标志牌：危险部位悬挂安全警示牌、各类建筑材料及废弃物堆放标志牌。

⑩ 其他：各种应急救援预案的编制、培训和有关器材的配置及检修等费用；工人工作证，作业人员其他必备安全防护用品胶鞋、雨衣等，安全培训，安全员培训；特殊工种培训，塔式起重机智能化防碰撞系统、空间限制器，电阻仪、力矩扳手、漏保测试仪等检测器具。

（2）夜间施工增加

因夜间施工所发生的夜班补助费、夜间施工降效、夜间施工照明设备摊销及照明用电等工作内容。

（3）冬雨季施工增加

在冬季或雨季施工需增加的临时设施、防滑、排除雨雪，人工及施工机械效率降低等工作内容。

冬雨季施工增加不包括混凝土、砂浆的骨料搅拌、提高强度等级以及掺加于其中的早强、抗冻等外加剂等工作内容。

（4）二次搬运

由于施工场地条件限制而发生的材料、成品、半成品等一次运输不能到达堆放地点，必须进行二次或多次搬运等工作内容。

（5）已完工程及设备保护

竣工验收前，对已完工程及设备采取的覆盖、包裹、封闭、隔离等必要保护措施等工作内容。

6.4 平法与钢筋工程量计算

6.4.1 平法概述

建筑结构施工图平面整体设计方法（简称平法），对我国传统的混凝土结构施工图设计表示方法做出的重大改革。其表达方式，概况来讲是把结构构件的尺寸和配筋等，按照平面整体表示方法的制图规则，采用数字和符号整体直接地表达在各类构件的结构平面布置图上，再与标准结构详图相配合，构成一套完整的结构设计的方法。平法施工图彻底改变了将构件从结构平面布置中索引出来，再逐个绘制配筋详图的烦琐方法。传统的结构设计表示方法与平法的区别，如图 6-124 所示。

1. 平法的特点

平法的特点是施工图数量少，内容集中，非常有利于施工。经过多年的推广和应用，平法已成为钢筋混凝土结构工程的主要设计方法。平法的特点主要表现在：

（1）施工图数量少，设计质量高

建筑图分为建筑施工图和结构施工图两大部分。实行平法设计，把结构设计中的重复性内容做成标准化的节点构造，把结构设计中创造性内容使用标准化的方法来表示，这样按平法设计的结构施工图就可以简化为两部分：一是各类结构构件的平法施工图；另一部分就是图集中的标准构造详图。实践证明，与传统设计方法比较，平法设计施工图减少 70% 左右，

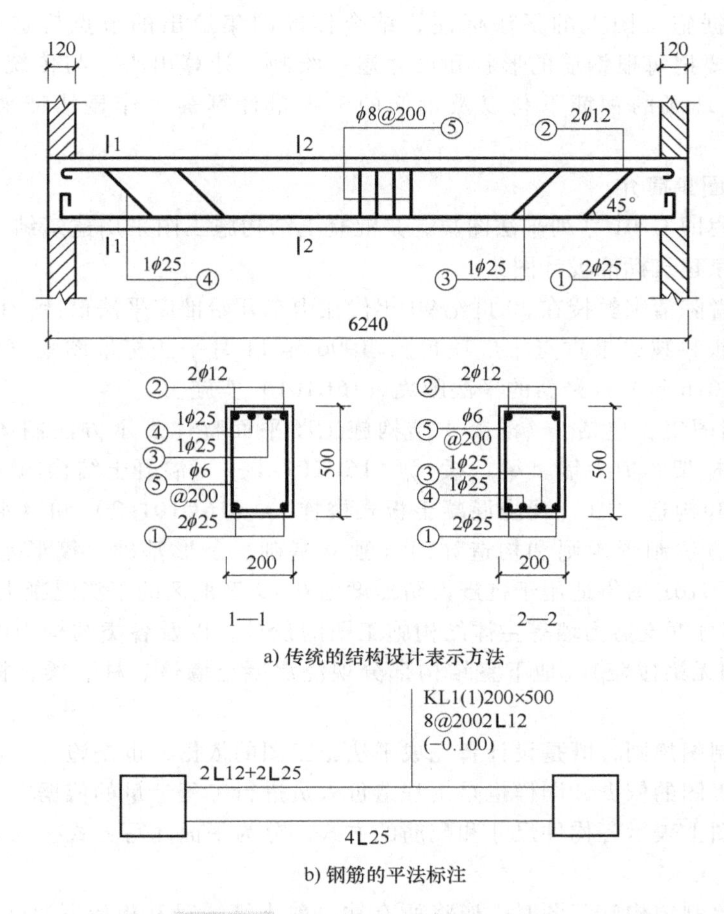

a) 传统的结构设计表示方法

b) 钢筋的平法标注

图 6-124 结构设计的两种表示方法

这使得结构设计减少了大量重复性的绘图工作，极大地提高了结构设计师的工作效率。而且，由于使用了平法这一标准的设计方法来规范设计师的行为，在一定程度上提高了结构设计的质量。

（2）单张施工图信息量大，构件分类明确，有利于保证施工质量

平法设计将构件的设计要求通过数字、符号并结合标准图集集中表达，单张施工图信息量大，同时各类构件分类明确、层次清晰，使设计者容易进行平衡调整，设计变更对其他构件影响较小。平法分结构层设计的施工图与水平逐层施工的顺序完全一致，对标准层可实现单张施工图施工，施工技术人员对结构比较容易形成整体概念，有利于施工质量管理。

（3）实现平面表示，整体标注

平法设计把大量的结构尺寸和钢筋数据标注在结构平面图上，并且在一个结构平面图上，同时进行梁、柱、墙、板等各种构件尺寸和钢筋数据的标注。整体标注很好地体现了整个建筑结构是一个整体，各类构件都存在不可分割的有机联系。

（4）对现场施工及造价工作中的识图能力要求提高

传统的施工图有构件的大样图和钢筋表，照表下料、按图绑扎就可以完成施工任务，钢筋表还给出了钢筋重量的汇总数值，这对现场施工及造价工作来说是极为方便的。平

法设计则需要根据施工图上的平法标注，结合标准图集给出的节点构造理解设计意图，钢筋工程更是需要把每根钢筋的形状和尺寸逐一绘制、计算出来。与传统设计方法比较，平法设计对施工现场的钢筋下料以及钢筋的工程量计算等工作显然带来了更高的识图要求。

2. 平法标准图集简介

平法标准图集即 G101 系列平法图集，是混凝土结构施工图采用建筑结构施工图平面整体设计方法的国家建筑标准设计图集。

平法的创立者陈清来教授在20 世纪90 年代在山东开始推广平法设计，1996 年9 月平法被批准为《国家级科技成果重点推广项目》，1996 年 11 月平法标准图集（96G101）实施。此后历经修订，2016 年 9 月最新的平法图集（16G101）实施。

16G101 系列图集，包括：《混凝土结构施工图平面整体表示方法制图规则和构造详图（现浇混凝土框架、剪力墙、梁、板）》(16G101-1)、《混凝土结构施工图平面整体表示方法制图规则和构造详图（现浇混凝土板式楼梯）》(16G101-2) 和《混凝土结构施工图平面整体表示方法制图规则和构造详图（独立基础、条形基础、筏形基础、桩基础）》(16G101-3)。16G101 图集适用于抗震设防烈度为 6 ~9 度地区的现浇混凝土框架、剪力墙、框架-剪力墙和部分框支剪力墙等主体结构施工图的设计，以及各类结构中的现浇混凝土板（包括有梁楼盖和无梁楼盖）、地下室结构部分现浇混凝土墙体、柱、梁、板结构施工图的设计。

平法图集的制图规则，既是设计者完成平法施工图的依据，也是施工、监理人员准确理解和实施平法施工图的依据，同样也是工程造价人员进行工程计量的依据。

在平面布置图上表示各构件尺寸和配筋的方式，分为平面注写方式、列表注写方式和截面注写方式三种。

按平法设计绘制结构施工图时，应将所有柱、剪力墙、梁和板等混凝土构件进行编号，编号中含有类型代号和序号等。其中，类型代号的主要作用是指明所选用的标准构造详图；在标准构造详图上，已经按其所属构件类型注明代号，以明确该详图与平法施工图中该类型构件的互补关系，使两者结合构成完整的结构设计图。

按平法设计绘制结构施工图时，应当用表格或其他方式注明包括地下和地上各层的结构层楼（地）面标高、结构层高及相应的结构层号。

结构层楼面标高和结构层高在单项工程中必须统一，以保证基础、柱与墙、梁、板、楼梯等用同一标准竖向定位。为施工方便，应将统一的结构层楼面标高和结构层高分别放在柱、墙、梁等各类构件的平法施工图中。

结构层楼面标高是指将建筑图中的各层地面和楼面标高值扣除建筑面层及垫层做法厚度后的标高，结构层号应与建筑楼层号对应一致。

限于篇幅，本书仅按照《混凝土结构施工图平面整体表示方法制图规则和构造详图（现浇混凝土框架、剪力墙、梁、板）》介绍钢筋混凝土框架梁平法施工图的相关内容。

6.4.2 钢筋工程量计算基础知识

钢筋工程量计算，除了能够正确识读工程图之外，还必须掌握建筑结构设计规范的相关内容及要求，并能够进一步熟悉结构设计意图，熟悉施工过程中钢筋工程的工序要求，掌握钢筋的分类、结构所处的环境类别、混凝土结构抗震等级、混凝土保护层厚度、钢筋锚固长度、钢筋的连接方式等相关内容。

1. 钢筋的分类

（1）按直径分类

按直径大小，钢筋混凝土结构配筋分为钢筋和钢丝两类。直径在 6mm 以上的称为钢筋；直径在 6mm 以内的称为钢丝。

（2）按生产工艺分类

按生产工艺，钢筋分为热轧钢筋、余热处理钢筋、冷拉钢筋、冷拔钢筋、冷轧钢筋等多种。其中，热轧钢筋是建筑生产中使用数量最多、最重要的钢材品种。根据《混凝土结构设计规范》，普通热轧钢筋牌号及强度标准值，见表 6-12。

表 6-12　普通热轧钢筋牌号及强度标准值

牌号	符号	公称直径/mm	屈服强度标准值 f_{yk}/(N/mm^2)	极限强度标准值 f_{stk}/(N/mm^2)
HPB300	Φ	6 ~ 14	300	420
HRB335	Φ	6 ~ 14	335	455
HRB400 HRBF400 RRB400	Φ $Φ^F$ $Φ^R$	6 ~ 50	400	540
HRB500 HRBF500	Φ $Φ^F$	6 ~ 50	500	630

注：H（Hot-rolled）—热轧；P（Plain）—光圆钢筋；R（Ribbed）—变形（带肋）钢筋；B（Bar）—钢筋（线材）；F（Fine）—优质、细化晶粒（热处理）。

（3）按钢筋在混凝土构件中作用不同分类

按钢筋在混凝土构件中作用的不同，钢筋分为角筋、受力钢筋、负筋、箍筋、架立钢筋、腰筋、吊筋及附加箍筋、分布钢筋等，如图 6-125 所示。

1）角筋。角筋是指在钢筋工程中，位于梁、柱子构件的四角通长设置的纵向钢筋，其作用除了承受正、负弯矩外，还作为箍筋的定位与绑扎点，与箍筋及其他纵向钢筋一起形成完整的钢筋骨架。

2）受力钢筋。受力钢筋是承受拉、压应力的钢筋，在梁内通常指纵向钢筋，一般情况跨中下部受拉，承受正弯矩，支座处上部受拉，承受负弯矩。从承受拉力的角度来看，角筋同样属于受力钢筋。

3）负筋。负筋就是负弯矩钢筋（俗称担担筋），弯矩的定义是下部受拉为正，而梁板位置的上层钢筋在支座位置一般为上部受拉，也就是承受负弯矩，所以称为负弯矩钢筋。支座有负筋，是相对而言的，一般是指梁的支座部位用以抵消负弯矩的钢筋，有些上部配置的构造钢筋习惯上也称为负筋。当梁、板的上部钢筋通长时，也习惯地称为上部钢筋。

4）箍筋。箍筋在受力上用来满足斜截面抗剪强度，并连接受拉主钢筋和受压区混凝土使其共同工作，是梁和柱为抵抗剪力而配置的钢筋种类。此外，通过箍筋的固定作用，保证构件内主钢筋的位置准确，而使其能够正确地承受各种外加荷载。

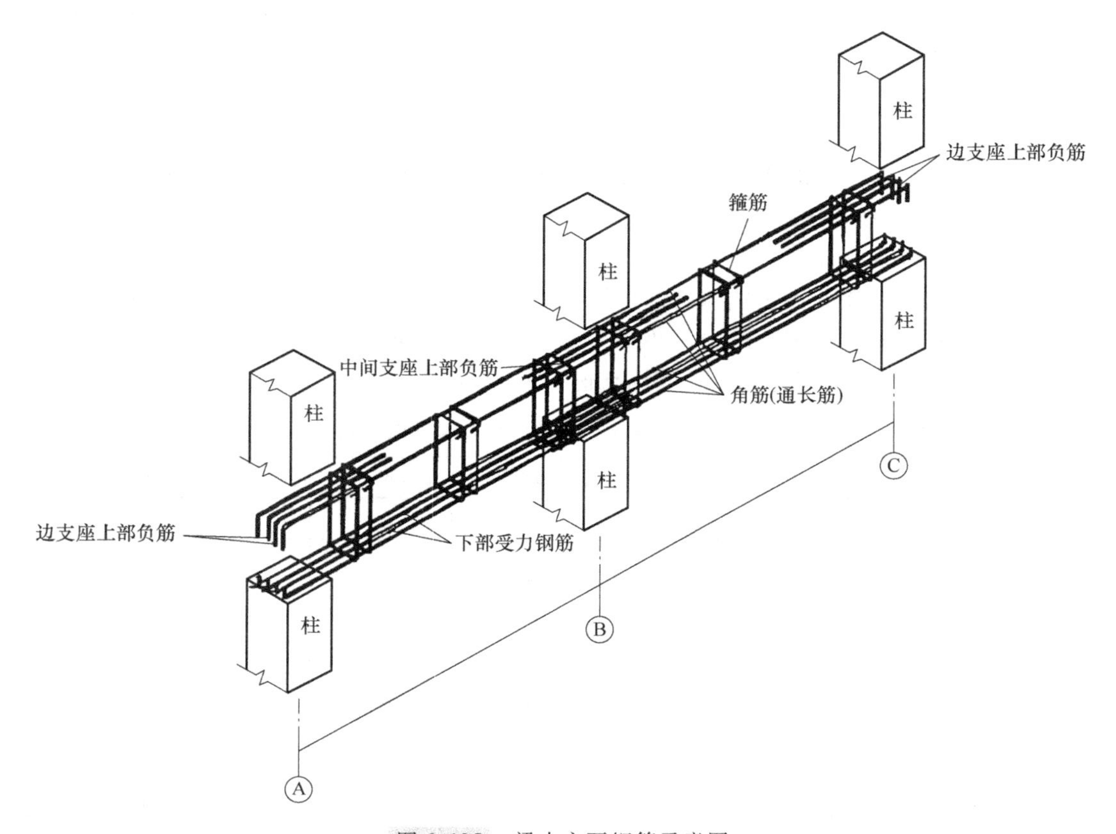

图 6-125　梁中主要钢筋示意图

截面高度大于 800mm 的梁，箍筋直径不宜小于 8mm；截面高度不大于 800mm 的梁，箍筋直径不宜小于 6mm。

5）架立钢筋。顾名思义就是不受力，仅仅起到架立作用，用以固定梁内箍筋，使得梁内钢筋形成完整的空间骨架。以图 6-126 为例，若 A 处采用四肢箍，由于该处除了角筋通长以外，其余的受力钢筋均截断，导致箍筋中间两肢在梁的上部没有绑扎点，此时就需要增加两根架立钢筋将截断的受力钢筋连接起来，为箍筋在此处施工时提供绑扎点。此外，由于梁上部的架立钢筋为非受力钢筋只起到架立的作用，故可以采用较小直径的钢筋，以此节省钢材降低成本。在实际工程中，考虑施工方便，不设置架立钢筋，而是将两侧的负筋做通长筋处理也较为常见。

图 6-126　架立钢筋示意图

6）腰筋。腰筋的名字得于它的位置在梁腹（图 6-127），包括抗扭腰筋（N）和构造腰筋（G），抗扭腰筋起到抗扭的作用，而更多的是构造腰筋，是为了避免大范围内没有钢筋，需要维持一个最小配筋率的作用。腰筋在梁的两侧对称配置，且配置受扭纵向钢筋不再重复配置纵向构造钢筋。

当梁的腹板高度 $h_w \geq 450$mm 时，在梁的两个侧面应沿高度方向配置纵向构造钢筋，每侧纵向构造钢筋（不包括梁上、下部受力钢筋及架立钢筋）的截面面积不应小于腹板截面面积的 0.1%，且其间距不宜大于 200mm。

在梁两侧的纵向构造钢筋（腰筋）之间还要配置拉结钢筋。一般拉结钢筋用Φ8。

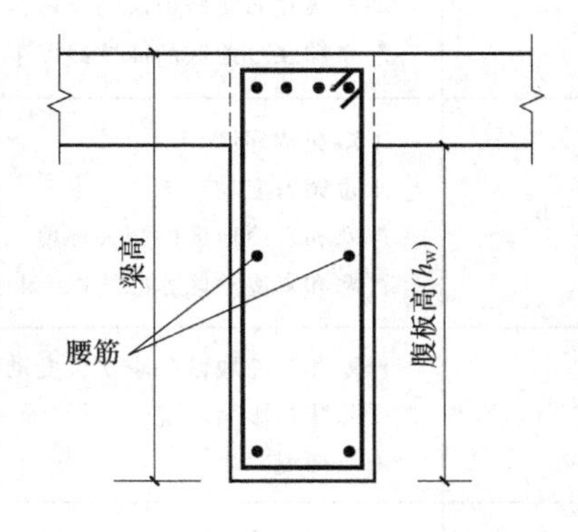

图 6-127　腰筋示意图

7）吊筋及附加箍筋。吊筋（俗称元宝筋）及附加箍筋是在梁的局部受到较大的集中荷载作用（主要是主次梁相交处），为了使梁体不产生严重的局部破坏，同时使梁体的材料发挥各自的作用，防止该部位产生过大的裂缝而设置的。吊筋及附加箍筋设置，如图 6-128 所示。

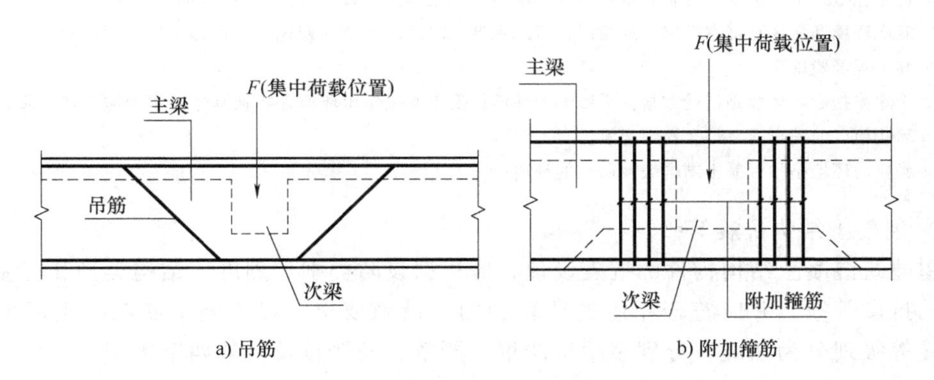

图 6-128　吊筋及附加箍筋示意图

8）分布钢筋。分布钢筋通常用于板类构件，在板底布置在受力钢筋的上部，在板顶布置在受力钢筋的下部，与板的受力钢筋垂直布置，将承受的重力均匀地传给受力钢筋，并对受力钢筋起到固定作用，以及抵抗热胀冷缩所引起的温度变形，属于构造钢筋。

2. 混凝土结构的环境类别及抗震等级

（1）混凝土结构的环境类别

《混凝土结构设计规范》中有关结构物所处环境分类见表 6-13。

表 6-13　混凝土结构的环境类别

环境类别	条　件
一	室内干燥环境 无侵蚀性静水浸没环境
二 a	室内潮湿环境 非严寒和非寒冷地区的露天环境 非严寒和非寒冷地区与无侵蚀性的水或土壤直接接触的环境 严寒和寒冷地区的冰冻线以下与无侵蚀性的水或土壤直接接触的环境
二 b	干湿交替环境 水位频繁变动环境 严寒和寒冷地区的露天环境 严寒和寒冷地区冰冻线以上与无侵蚀性的水或土壤直接接触的环境
三 a	严寒和寒冷地区冬季水位变动区环境 受除冰盐影响环境 海风环境
三 b	盐渍土环境 受除冰盐作用环境 海岸环境
四	海水环境
五	受人为或自然的侵蚀性物质影响的环境

注：1. 室内潮湿环境是指构件表面经常处于结露或湿润状态的环境。
2. 严寒和寒冷地区的划分应符合现行国家标准《民用建筑热工设计规范》（GB 50176）的有关规定。
3. 海岸环境和海风环境宜根据当地情况，考虑主导风向及结构所处迎风、背风部位等因素的影响，由调查研究和工程经验确定。
4. 受除冰盐影响环境是指受冰盐盐雾影响的环境；受除冰盐作用环境是指被除冰盐溶液溅射的环境以及使用除冰盐地区的洗车房、停车楼等建筑。
5. 暴露的环境是指混凝土结构表面所处的环境。

（2）混凝土结构抗震等级

房屋建筑混凝土结构构件的抗震设计，应根据设防类别、烈度、结构类型和房屋高度采用不同的抗震等级，并应符合相应的计算和构造措施要求。以现浇钢筋混凝土框架结构为例，抗震等级划分为四级，分别表示很严重、严重、较严重及一般四个级别。

3. 混凝土保护层厚度及锚固长度

（1）混凝土保护层厚度

混凝土保护层厚度是指在钢筋混凝土构件中，结构中最外层钢筋（梁中通常为箍筋）边缘到混凝土外表面的距离。混凝土保护层的作用是构件在设计基准期内，保护钢筋不受外部自然环境的影响而受侵蚀，保证钢筋与混凝土良好的工作性能。混凝土保护层厚度根据构件的构造、用途及周围环境等因素确定。混凝土保护层的最小厚度取决于构件的耐久性和受力钢筋黏结锚固性能的要求。设计使用年限为 50 年的混凝土结构，其保护层厚度应符合表 6-14 的规定。

表 6-14 受力钢筋混凝土保护层最小厚度 （单位：mm）

环境类别	板、墙	梁、柱
一	15	20
二 a	20	25
二 b	25	35
三 a	30	40
三 b	40	50

注：1. 表中混凝土保护层厚度指最外层钢筋外边缘至混凝土表面的距离，适用于设计使用年限50的混凝土结构。
2. 构件中受力钢筋的保护层厚度不应小于钢筋的公称直径。
3. 一类环境中，设计使用年限为100年的结构最外层钢筋的保护层厚度不应小于表中数值的1.4倍；二、三类环境中，设计使用年限为100年的结构应采取专门的有效措施。
4. 混凝土强度等级不大于C25时，表中保护层厚度数值应增加5mm。
5. 基础底面钢筋的保护层厚度，有混凝土垫层时应从垫层顶面算起，且不应小于40mm。

（2）受拉钢筋锚固长度

受拉钢筋锚固长度是指受力钢筋端部依靠其表面与混凝土的黏结作用或端部弯钩、锚头对混凝土的挤压作用而达到设计所需应力的长度。

钢筋混凝土结构中，钢筋与混凝土两种性能截然不同的材料之所以能够共同工作是由于它们之间存在着黏结锚固作用，这种作用使接触界面两边的钢筋与混凝土之间能够实现应力传递，从而在钢筋与混凝土中建立起结构承载所必需的工作应力。因此，为了保证两种材料之间的黏结锚固作用，钢筋由构件伸入支座内必须达到锚固长度的要求，如图6-129所示。目的是防止钢筋被拔出，以增加结构的整体性。

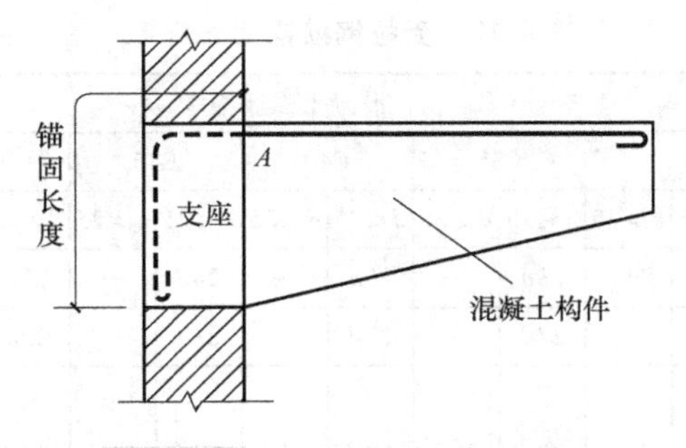

图 6-129 钢筋锚固长度示意图

受拉钢筋基本锚固长度 L_{ab}、抗震设计时受拉钢筋基本锚固长度 L_{abE}、受拉钢筋锚固长度 L_a、受拉钢筋抗震锚固长度 L_{aE} 分别见表6-15～表6-18。

表 6-15 受拉钢筋基本锚固长度 L_{ab}

钢筋种类	混凝土强度等级								
	C20	C25	C30	C35	C40	C45	C50	C55	≥C60
HPB300	39*d*	34*d*	30*d*	28*d*	25*d*	24*d*	23*d*	22*d*	21*d*
HRB335	38*d*	33*d*	29*d*	27*d*	5*d*	23*d*	22*d*	21*d*	21*d*

（续）

钢筋种类	混凝土强度等级								
	C20	C25	C30	C35	C40	C45	C50	C55	≥C60
HRB400、HRBF400、RRB400	—	40*d*	35*d*	32*d*	29*d*	28*d*	27*d*	26*d*	25*d*
HRB500、HRBF500	—	48*d*	43*d*	39*d*	36*d*	34*d*	32*d*	31*d*	30*d*

表 6-16　抗震设计时受拉钢筋基本锚固长度 L_{abE}

钢筋种类	抗震等级	混凝土强度等级								
		C20	C25	C30	C35	C40	C45	C50	C55	≥C60
HPB300	一、二级	45*d*	39*d*	35*d*	32*d*	29*d*	28*d*	26*d*	25*d*	24*d*
	三级	41*d*	36*d*	32*d*	29*d*	26*d*	25*d*	24*d*	23*d*	22*d*
HRB335	一、二级	44*d*	38*d*	33*d*	31*d*	29*d*	26*d*	25*d*	24*d*	24*d*
	三级	40*d*	35*d*	31*d*	28*d*	26*d*	24*d*	23*d*	22*d*	22*d*
RRB400、HRBF400	一、二级	—	46*d*	40*d*	37*d*	33*d*	32*d*	31*d*	30*d*	29*d*
	三级	—	42*d*	37*d*	34*d*	30*d*	29*d*	28*d*	27*d*	26*d*
HRB500、HRBF500	一、二级	—	55*d*	49*d*	45*d*	41*d*	39*d*	37*d*	36*d*	35*d*
	三级	—	50*d*	45*d*	41*d*	38*d*	36*d*	34*d*	33*d*	32*d*

注：1. 四级抗震时，$L_{abE}=L_{ab}$。

2. 当锚固钢筋的保护层厚度不大于5*d*时，锚固钢筋长度范围内应设置横向构造钢筋，其直径不应小于*d*/4（*d*为锚固钢筋的最大直径）；对梁、柱等构件间距不应大于5*d*，对板、墙等构件间距不应大于10*d*，且均不应大于100mm（*d*为锚固钢筋的最小直径）。

表 6-17　受拉钢筋锚固长度 L_a

钢筋种类	混凝土强度等级															
	C20	C25		C30		C35		C40		C45		C50		C55		≥C60	
	d≤25	*d*≤25	*d*>25	*d*≤25	*d*>25	*d*≤25	*d*>25	*d*≤25	*d*>25	*d*≤25	*d*>25	*d*≤25	*d*>25	*d*≤25	*d*>25	*d*≤25	*d*>25
HPB300	39*d*	34*d*	—	30*d*	—	28*d*	—	25*d*	—	24*d*	—	23*d*	—	22*d*	—	21*d*	—
HRB335	38*d*	33*d*	—	29*d*	—	27*d*	—	25*d*	—	23*d*	—	22*d*	—	21*d*	—	21*d*	—
HRB400、HRBF400、RRB400	—	40*d*	44*d*	35*d*	39*d*	32*d*	35*d*	29*d*	32*d*	28*d*	31*d*	27*d*	30*d*	26*d*	29*d*	25*d*	28*d*
HRB500、HRBF500	—	48*d*	53*d*	43*d*	47*d*	39*d*	43*d*	36*d*	40*d*	34*d*	37*d*	32*d*	35*d*	31*d*	34*d*	30*d*	30*d*

4. 钢筋工程量计算基本公式

钢筋工程量按下式计算：

$$G=\sum(l_0\gamma) \tag{6-17}$$

式中　G——钢筋质量（习惯称为重量）（t）；

γ——钢筋公称质量（kg/m），见表 6-19；

表 6-18 受拉钢筋抗震锚固长度 L_{aE}

钢筋种类		混凝土强度等级																
		C20	C25		C30		C35		C40		C45		C50		C55		≥C60	
		$d≤25$	$d≤25$	$d>25$	$d≤25$	$d>25$	$d≤25$	$d>25$	$d≤25$	$d>25$	$d≤25$	$d>25$	$d≤25$	$d>25$	$d≤25$	$d>25$	$d≤25$	$d>25$
HPB300	一、二级	45d	39d	—	35d	—	32d	—	29d	—	28d	—	26d	—	25d	—	24d	—
	三级	41d	36d	—	32d	—	29d	—	26d	—	25d	—	24d	—	23d	—	22d	—
HRB335	一、二级	44d	38d	—	33d	—	31d	—	29d	—	26d	—	25d	—	24d	—	24d	—
	三级	40d	35d	—	30d	—	28d	—	26d	—	24d	—	23d	—	22d	—	22d	—
HRB400、HRBF400	一、二级	—	46d	51d	40d	45d	37d	40d	33d	37d	32d	36d	31d	35d	30d	33d	29d	32d
	三级	—	42d	46d	37d	41d	34d	37d	30d	34d	29d	33d	28d	32d	27d	30d	26d	29d
HRB500、HRBF500	一、二级	—	55d	61d	49d	54d	45d	49d	41d	46d	39d	43d	37d	40d	36d	39d	35d	38d
	三级	—	50d	56d	45d	49d	41d	45d	38d	42d	36d	39d	34d	37d	33d	36d	32d	35d

注：1. 当为环氧树脂涂层带肋钢筋时，表中数据尚应乘以 1.25。

2. 当纵向受拉钢筋在施工过程中易受扰动时，表中数据尚应乘以 1.1。

3. 当锚固长度范围内纵向受力钢筋周边保护层厚度为 3d、5d（d 为锚固钢筋的直径）时，表中数据可分别乘以 0.8、0.7；中间值按内插法计算。

4. 当纵向受拉普通钢筋锚固长度修正系数（注 1～注 3）多于一项时，可按连乘计算。

5. 受拉钢筋的锚固长度 L_a、L_{aE} 计算值不应小于 200mm。

6. 四级抗震时，$L_{aE}=L_a$。

7. 当锚固钢筋的保护层厚度不大于 5d 时，锚固钢筋长度范围内应设置横向构造钢筋，其直径不应小于 $d/4$（d 为锚固钢筋的最大直径）；对梁、柱等构件间距不应大于 5d，对板、墙等构件间距不应大于 10d，且均不应大于 100mm（d 为锚固钢筋的最小直径）。

8. HPB300 级钢筋末端应做 180°弯钩，做法详见 16G101-1 第 57 页。

l_0——钢筋计算长度（m）；设计标明（包括规范规定）的搭接和锚固长度应计算在内，其他施工搭接不计算工程量，在综合单价中综合考虑。

钢筋计算长度 = 净长 + 锚固长度 +（设计标明或规范规定的）搭接长度 + 弯钩长度（一级钢筋），在确定锚固长度和搭接长度时，需要综合考虑混凝土强度等级、结构类型、抗震等级、混凝土构件使用的环境类别、钢筋的类别等因素。

钢筋工程量 = 钢筋计算长度 ×（单位长度）理论质量

表 6-19　钢筋的计算截面面积及公称质量

直径 d/mm	不同根数钢筋的计算截面面积/mm^2									单根钢筋公称质量/(kg/m)
	1	2	3	4	5	6	7	8	9	
3	7.1	14.1	21.2	28.3	36.3	42.4	49.5	56.5	63.6	0.055
4	12.6	25.1	37.7	50.2	62.8	75.4	87.9	100	113	0.099
5	19.6	39	59	79	98	118	138	157	177	0.154
6	28.3	57	85	113	142	170	198	226	255	0.222
6.5	33.2	66	100	133	166	199	232	265	299	0.260
8	50.3	101	151	201	252	302	352	402	453	0.395
8.2	52.8	106	158	211	264	317	370	423	475	0.432
10	78.5	157	236	314	393	471	550	628	707	0.617
12	113.1	226	339	452	565	678	791	904	1017	0.888
14	153.9	308	461	615	769	923	1077	1231	1385	1.21
16	201.1	402	603	804	1005	1206	1407	1608	1809	1.59
18	254.5	509	763	1017	1272	1527	1781	2036	2290	2.00
20	314.2	628	942	1256	1570	1884	2199	2513	2827	2.47

6.4.3　梁平法施工图与钢筋工程量计算

钢筋混凝土框架结构梁平法施工图有两种注写方式，分别为平面注写方式和截面注写方式。

平面注写方式是在梁平面布置图上，分别在不同编号中各选一根梁，在其上以注写截面尺寸和配筋具体数值的方式来表达梁平面施工图。

截面注写方式是在分标准层绘制的梁平面布置图上，分别在不同编号的梁中各选择一根梁用剖面号引出配筋图，并在其上注写截面尺寸和配筋具体数值的方式来表达平法。

梁的平法施工图通常采用平面注写方式，本书主要介绍梁平法施工图平面注写方式。

平面注写包括集中标注与原位标注，集中标注表达梁的通用数值，原位标注表达梁的特殊数值。当集中标注中的某项数值不适用于梁的某部位时，则将该项数值原位标注，施工时原位标注取值优先。梁平法施工图平面注写方式示例如图 6-130 所示。

1. 梁集中标注

梁集中标注可以从梁的任意一跨引出，其内容包括五项必注值及一项选注值。

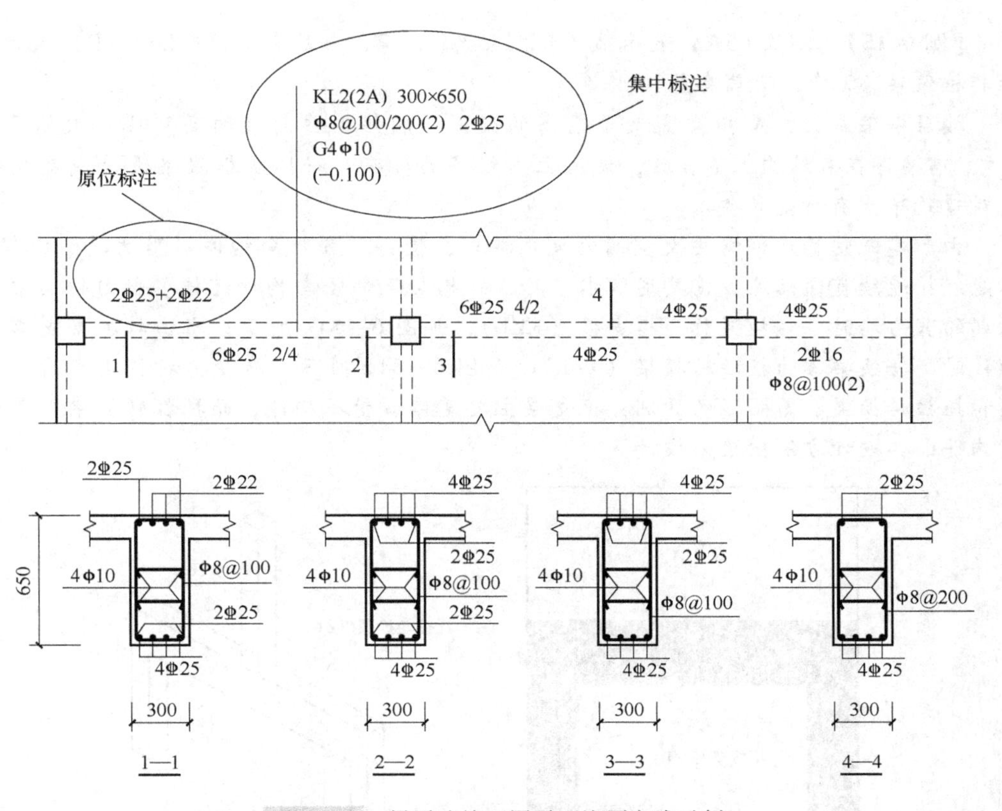

图 6-130 梁平法施工图平面注写方式示例

注：图中四个梁截面采用传统表示方法绘制，用于对比按平面注写方式表达的同样内容。实际采用平面注写表达时，不需要绘制梁截面配筋图及相应截面号。

(1) 梁编号

该项为必注值，梁编号具体内容见表 6-20。

表 6-20 梁编号

梁类型	代号	序号	跨数及是否带有悬挑
楼层框架梁	KL	××	(××)、(××A) 或 (××B)
楼层框架扁梁	KBL	××	(××)、(××A) 或 (××B)
屋面框架梁	WKL	××	(××)、(××A) 或 (××B)
框支梁	KZL	××	(××)、(××A) 或 (××B)
托柱转换梁	TZL	××	(××)、(××A) 或 (××B)
非框架梁	L	××	(××)、(××A) 或 (××B)
悬挑梁	XL	××	(××)、(××A) 或 (××B)
井字梁	JZL	××	(××)、(××A) 或 (××B)

注：(××A) 为一端有悬挑，(××B) 为两端有悬挑，悬挑不计入跨数。

【例 6-15】 KL7（5A）表示第7号框架梁，5跨，一端有悬挑；L9（7B）表示第9号非框架梁，7跨，两端有悬挑。

楼层框架扁梁，是指梁宽大于梁高的梁，一般矩形截面梁的高宽比一般取2.0~3.5，扁梁存在着结构上不合理，使用上不经济的弊病，将楼层框架梁设计成扁梁通常是对建筑净空有特定的要求。

由于建筑结构底部需要大空间的使用要求，使得部分竖向构件（剪力墙、框架柱）不能直接连续贯通落地，需要通过水平转换结构与下部竖向构件连接。当由转换梁支撑上部的剪力墙时，转换梁称为框支梁（KZL），如图6-131a所示；当由转换梁支撑上部的柱时，转换梁称为托柱转换梁（TZL），如图6-131b所示。从受力特征上来看，框支梁和托柱转换梁有着明显的区别：框支梁主要是偏心受拉构件，而托柱转换梁则属于受弯构件，其设计方法按梁来设计。

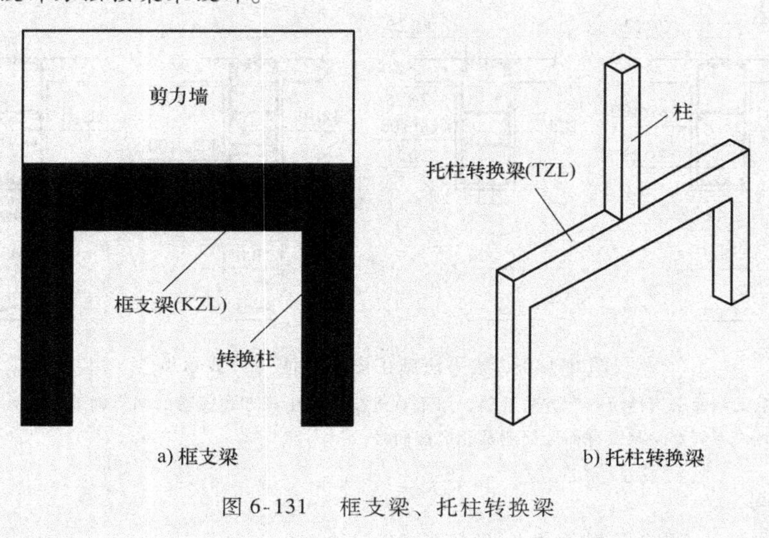

图6-131　框支梁、托柱转换梁

（2）梁截面尺寸

该项为必注值，梁为等截面时，用 $b \times h$ 表示。

当为竖向加腋梁时，用 $b \times h\ \ Yc_1 \times c_2$ 表示，其中，c_1 为腋长，c_2 为腋高，如图6-132a所示。

当为水平加腋梁时，一侧加腋时用 $b \times h\ \ PYc_1 \times c_2$ 表示表示，其中，c_1 为腋长，c_2 为腋宽，加腋部位应在平面图中绘制，如图6-132b所示。

当有悬挑梁且根部和端部的高度不同时，用斜线分隔根部与端部的高度值，即为 $b \times h_1/h_2$，如图6-133所示。

（3）梁箍筋

梁箍筋注写内容包括钢筋级别、直径、加密区与非加密区间距及肢数，该项为必注值。

箍筋加密区与非加密区的不同间距及肢数需用斜线“/”分隔；当梁箍筋为同一种间距及肢数时，则不需用斜线；当加密区与非加密区的箍筋肢数相同时，则将肢数注写一次；箍筋肢数应写在括号内。加密区范围见相应抗震等级的标准构造详图。

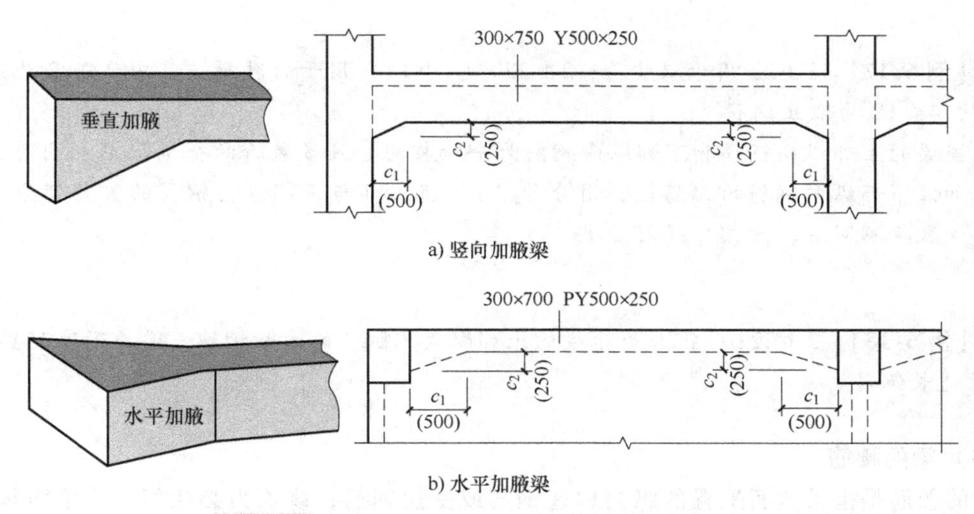

图 6-132　竖向加腋梁、水平加腋梁截面注写示意图

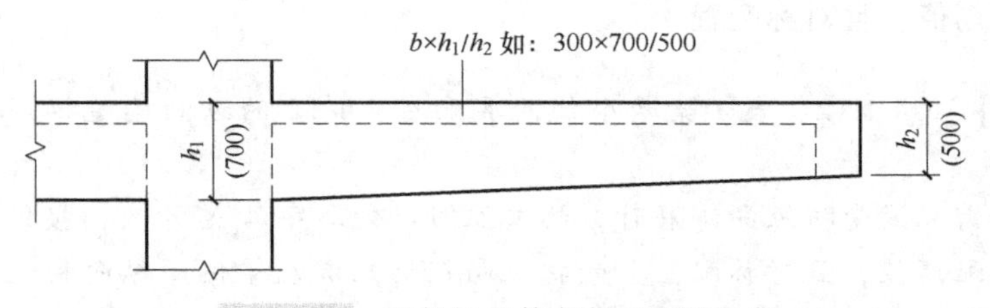

图 6-133　悬挑梁不等高截面注写示意

例如，Φ10@100/200（4），表示箍筋为 HPB300，直径为 10mm，加密区间距为 100mm，非加密区间距为 200mm，均为四肢箍。

Φ8@100（4）/150（2），表示箍筋为 HPB300，直径为 8mm，加密区间距为 100mm，四肢箍；非加密区间距为 150mm，双肢箍。

当抗震设计中的非框架梁、悬挑梁、井字梁，及非抗震设计中的各类梁采用不同的箍筋间距及肢数时，也用斜线“/”将其分隔开。注写时，先注写梁支座端部的箍筋（包括箍筋的箍数、钢筋级别、直径、间距与肢数），在斜线后注写梁跨中部分的箍筋间距及肢数。

【例 6-16】 13Φ10@150/200（4），表示箍筋为 HPB300，直径为 10mm；梁的两端各有 13 个四肢箍，间距为 150mm；梁跨中部分间距为 200mm，四肢箍。

18Φ12@150（4）/200（2），表示箍筋为 HPB300，直径为 12mm；梁的两端各有 18 个四肢箍，间距为 150mm；梁跨中部分间距为 200mm，双肢箍。

（4）梁上部通长钢筋或架立钢筋配置

通长钢筋可为相同或不同直径采用搭接连接、机械连接或对焊连接的钢筋，该项为必注值。所注规格与根数应根据结构受力要求及箍筋肢数等构造要求而定。当同排纵向钢筋中既有通长钢筋又有架立钢筋时，应用加号“+”将通长钢筋和架立钢筋相连。注写时须将角部纵向钢筋写在加号的前面，架立钢筋写在加号后面的括号内，以示不同直径及与通长钢筋的区别。当全部采用架立钢筋时，则将其写入括号内。

【例 6-17】 2 ⌀22 用于双肢箍；2 ⌀22 + (4 Φ12) 用于六肢箍，其中 2 ⌀22 为通长钢筋，4 Φ12 为架立钢筋。

当梁的上部纵向钢筋和下部纵向钢筋为全跨相同，且多数跨的全部配筋相同时，此项可加注下部纵向钢筋的配筋值，用分号“；”将上部与下部纵向钢筋的配筋值分隔开来，少数跨不同者，按相应规则处理。

【例 6-18】 3 ⌀22；3 ⌀20 表示梁的上部配置 3 ⌀22 的通长钢筋，梁的下部配置 3 ⌀20 的通长钢筋。

（5）梁的腰筋

梁的腰筋是指梁侧面配置的纵向构造钢筋或受扭钢筋，该项为必注值。当梁腹板高度 $h_w \geqslant 450$mm 时，须配置纵向构造钢筋，此项注写值以大写字母 G 开头，接续注写设置在梁两个侧面的总配筋值，且对称配置。

【例 6-19】 G4 Φ12，表示梁两个侧面共配有 4 Φ12 的纵向构造钢筋，每侧各配置 2 根。

当梁侧面需配置受扭纵向钢筋时，此项注写以大写字母 N 开头，接续注写配置在梁两个侧面的总配筋值，且对称配置。受扭纵向钢筋应满足梁侧面纵向构造钢筋的间距要求，且不再重复配置纵向构造钢筋。

【例 6-20】 N6 ⌀22，表示梁的两侧共配置 6 ⌀22 的受扭纵向钢筋，每侧各配置 3 ⌀22。

注：当为梁侧面构造钢筋时，其搭接与锚固长度可取为 $15d$；当为梁侧面受扭纵向钢筋时，其搭接长度为 l_1 或 l_{1e}（抗震），锚固长度为 l_a 或 l_{ae}（抗震），其锚固长度与方式同框架梁下部纵向钢筋。

（6）梁顶面标高高差

该项为选注值。梁顶面标高高差是指相对于结构层楼面标高的高差值，对于位于结构夹层的梁，则指相对于结构夹层楼面标高的高差。有高差时，须将其写入括号内，无高差时不注。

当某梁的顶面高于所在结构层的楼面标高时，其标高高差为正值，反之为负值。

【例 6-21】 某结构标准层的楼面标高分别为 44.950m 和 48.250m，当这两个标准层中某梁的梁顶面标高高差注写为（-0.050）时，即表明该梁顶面标高分别相对于 44.950m 和 48.250m 低 0.050m。

2. 梁原位标注

（1）梁支座上部纵向钢筋

梁支座上部纵向钢筋是指包括通长钢筋在内的所有纵向钢筋。

1）当上部纵向钢筋多于一排时，用斜线“/”将各排纵向钢筋自上而下分开。

【例 6-22】 梁支座上部纵向钢筋注写为 6 ⌀25 4/2，则表示上一排纵向钢筋为 4 ⌀25，下一排纵向钢筋为 2 ⌀25。

2）当同排纵向钢筋有两种直径时，用“+”将两种直径的纵向钢筋相连，注写时将角部纵向钢筋写在前面。

【例 6-23】 梁支座上部纵向钢筋注写为 2 ⌀25 + 2 ⌀22，则表示 2 ⌀25 放在角部，2 ⌀22 放在中部。

3）当梁中间支座两边的上部纵向钢筋不同时，须在支座两边分别标注；当梁中间支座两边的上部纵向钢筋相同时，可仅在支座的一边标注配筋值，另一边省去不注，如图 6-134 所示。

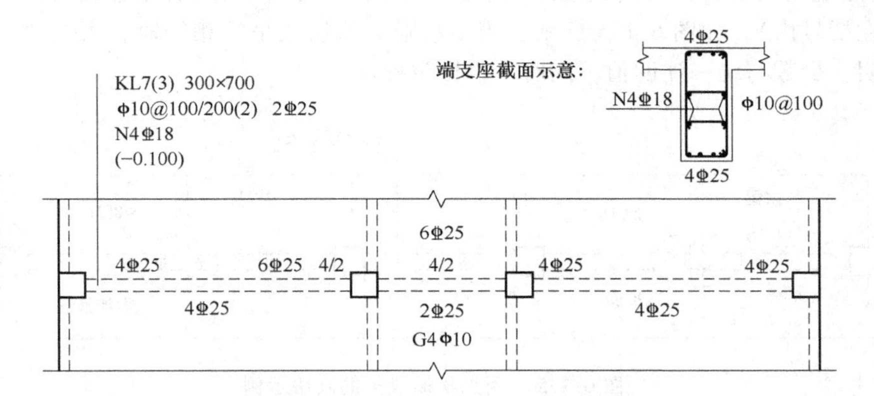

图 6-134 梁纵向钢筋中间支座注写方式

在设计时应注意的是：

① 对于支座两边不同配筋值的上部纵向钢筋，宜尽可能选用相同直径（不同根数），使其贯穿支座，避免支座两边不同直径的上部纵向钢筋均在支座内锚固。

② 对于以边柱、角柱（钢筋密集）为端支座的屋面框架梁，当能够满足配筋截面面积要求时，其梁的上部钢筋应尽可能只配置一层，以避免梁柱纵向钢筋在柱顶处因层数过多、密度过大导致不方便施工和影响混凝土浇筑质量。

（2）梁下部纵向钢筋

1）当下部纵向钢筋多于一排时，用斜线“/”将各排纵向钢筋自上而下分开。

【例 6-24】 梁下部纵向钢筋注写为 6 ⌀25 2/4，则表示上一排纵向钢筋为 2 ⌀25，下一排纵向钢筋为 4 ⌀25，全部伸入支座。

2）当同排纵向钢筋有两种直径时，用加号“+”将两种直径的纵向钢筋相连，注写时角筋写在前面。

3）当梁下部纵向钢筋不全部伸入支座时，用符号“-”表示不伸入支座的纵向钢筋，将支座下部纵向钢筋减少的数量写在括号内。

【例 6-25】 梁下部纵向钢筋为 6⏀25 (-2)/4，则表示上排纵向钢筋为 2⏀25 且不伸入支座；下一排纵向钢筋为 4⏀25，全部伸入支座。

梁下部纵向钢筋注写为 2⏀25+3⏀22 (-3)/5⏀25，表示上排纵向钢筋为 2⏀25 和 3⏀22，其中 3⏀22 不伸入支座；下一排纵向钢筋为 5⏀25，全部伸入支座。

4）当梁的集中标注中已按上述规定分别注写了梁上部和下部均为通长的纵向钢筋值时，则不需在梁下部重复做原位标注。

当在梁上集中标注的内容（即梁截面尺寸、箍筋、上部通长钢筋或架立钢筋，梁侧面纵向构造钢筋或受扭纵向钢筋，以及梁顶面标高高差中的某一项或几项数值）不适用于某跨或某悬挑部分时，则将其不同数值原位标注在该跨或该悬挑部位，施工时应按原位标注数值取用。

5）附加箍筋或吊筋，将其直接画在平面图中的主梁上，用线引注总配筋值（附加箍筋的肢数注在括号内），如图 6-135 所示。当多数附加箍筋或吊筋相同时，可在梁平法施工图上统一注明，少数与统一注明值不同时，再原位标注。

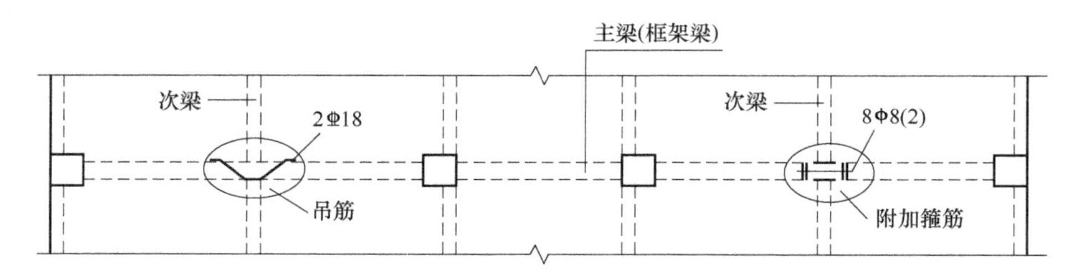

图 6-135　附加箍筋或吊筋画法示例

工程量计算时，附加箍筋或吊筋的几何尺寸应按照标准构造详图，结合其所在位置的主梁和次梁的截面尺寸而定。

6）框架扁梁注写规则同框架梁，对于上部纵向钢筋和下部纵向钢筋，尚需注明未穿过柱截面的纵向受力钢筋根数，如图 6-136 所示。

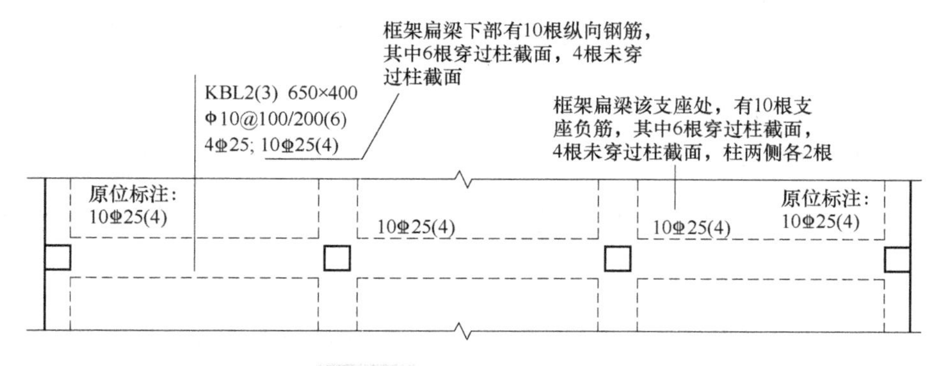

图 6-136　框架扁梁注写方式

梁平法施工图平面注写方式示例，如图 6-137 所示。

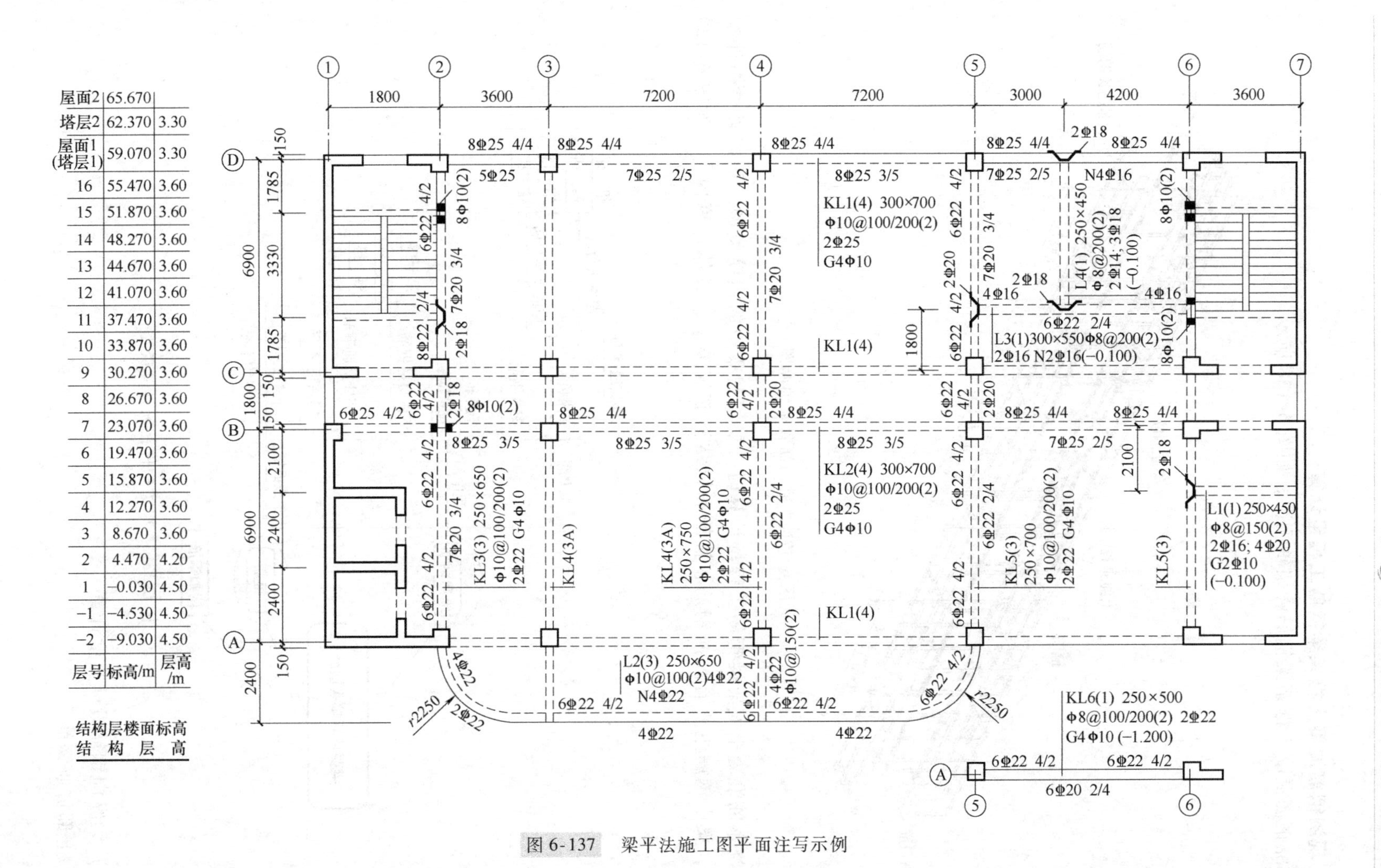

屋面2	65.670	
塔层2	62.370	3.30
屋面1(塔层1)	59.070	3.30
16	55.470	3.60
15	51.870	3.60
14	48.270	3.60
13	44.670	3.60
12	41.070	3.60
11	37.470	3.60
10	33.870	3.60
9	30.270	3.60
8	26.670	3.60
7	23.070	3.60
6	19.470	3.60
5	15.870	3.60
4	12.270	3.60
3	8.670	3.60
2	4.470	4.20
1	−0.030	4.50
−1	−4.530	4.50
−2	−9.030	4.50
层号	标高/m	层高/m

结构层楼面标高
结构层高

图 6-137 梁平法施工图平面注写示例

3. 现浇钢筋混凝土框架梁钢筋工程量计算

现浇钢筋混凝土框架梁钢筋骨架轴测图，如图 6-138 所示。

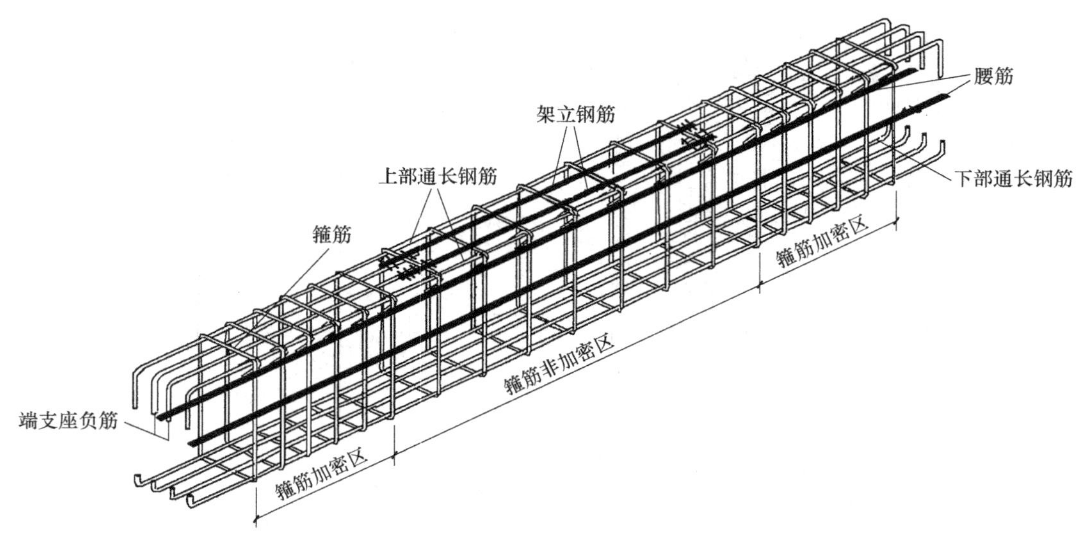

图 6-138　梁钢筋骨架轴测图

现浇钢筋混凝土框架梁钢筋工程量计算时，要清楚梁中的钢筋类型。根据梁类构件配筋特点，梁中钢筋主要有纵向钢筋、箍筋和拉结钢筋等类型，具体计算内容，如图 6-139 所示。

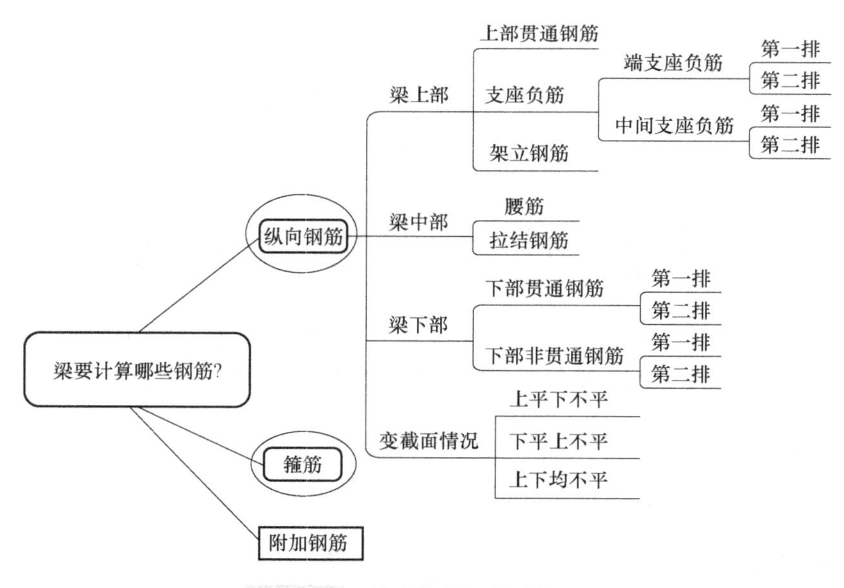

图 6-139　梁类构件钢筋计算类型

（1）梁纵向钢筋设计长度计算

1）上部贯通钢筋。

上部纵向钢筋设计长度 = l_n(左支座至右支座净跨长度) + 左支座锚固长度 + 右支座锚固长度　(6-18)

左、右支座锚固长度的取值：

① 当 h_c - 保护层厚度 < l_{aE}时，弯锚，如图 6-140a 所示：

$$支座锚固长度 = h_c - 保护层厚度 + 15d \quad (6\text{-}19)$$

② 当 h_c - 保护层厚度 ≥ l_{aE}时，直锚，如图 6-140b 所示：

$$支座锚固长度 = \max(l_{aE},\ 0.5h_c + 5d) \quad (6\text{-}20)$$

③ 当端支座加锚头（锚板）锚固时，如图 6-140c 所示：

$$支座锚固长度 = h_c - 保护层厚度 + 15d$$

锚头（锚板）另外计算。　(6-21)

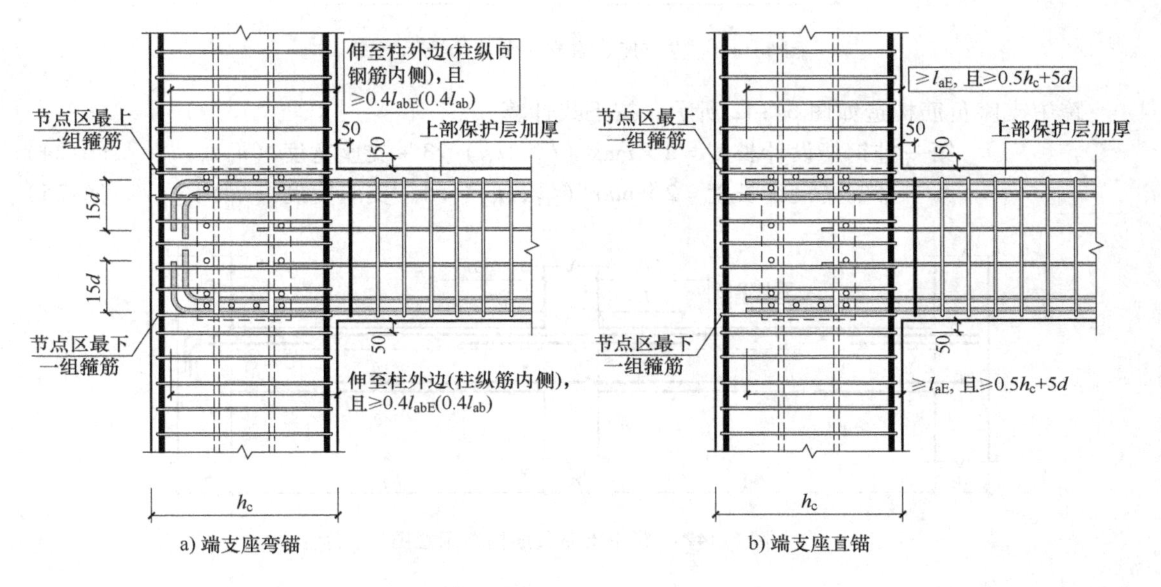

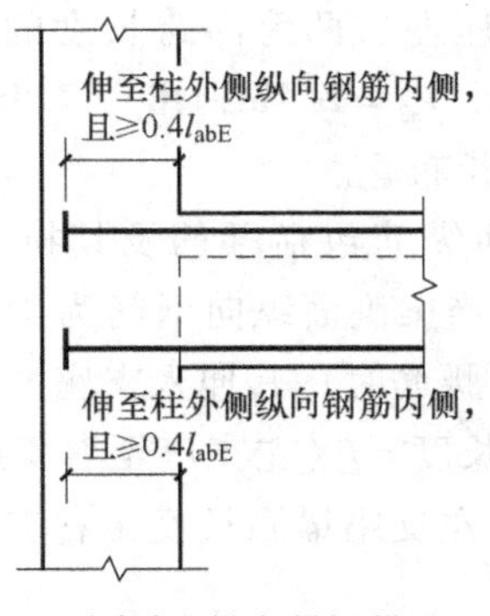

图 6-140　楼层框架梁（KL）纵向钢筋构造

2）支座负筋。梁支座负筋包括左（右）支座负筋和跨中支座负筋。

左（右）支座负筋（不包括该处的通长钢筋），第一排在本跨净跨的 1/3 处截断，第二排支座负筋在本跨净跨的 1/4 处截断，如图 6-141 所示。

左（右）支座负筋按下式计算：

$$第一排支座负筋计算长度=左（右）支座锚固长度+l_{n1}/3 \tag{6-22}$$

$$第二排支座负筋计算长度=左（右）支座锚固长度+l_{n1}/4 \tag{6-23}$$

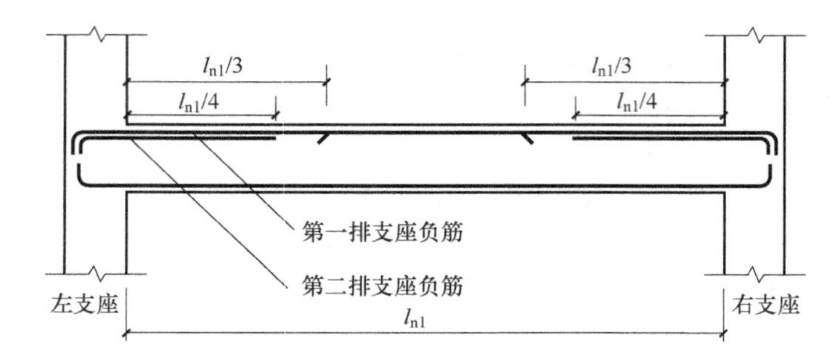

图 6-141 左支座、右支座负筋构造示意图

跨中支座负筋构造如图 6-142 所示，按下式计算：

$$第一排钢筋设计长度=2\times \max（l_{n1}，l_{n2}）/3+支座宽度（h_c） \tag{6-24}$$

$$第二排钢筋设计长度=2\times \max（l_{n1}，l_{n2}）/4+支座宽度（h_c） \tag{6-25}$$

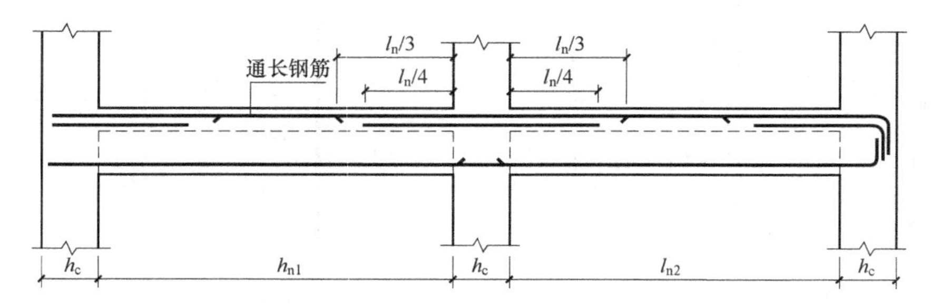

图 6-142 跨中支座负筋构造示意图

其中，$\max(l_{n1}，l_{n2})$ 表示该支座左右两跨净跨长度的最大值。需要注意的是，若两跨净跨长度相差较大，例如 $l_{n1}=7.8\text{m}$，$l_{n2}=2.4\text{m}$，出现 $7.8\text{m}/3=2.6\text{m}>2.4\text{m}$ 的情况，此时跨中支座负筋就应在右跨（l_{n2}）通长布置。

3）侧面纵向钢筋。梁侧面纵筋包括腰筋及其拉结钢筋，腰筋分为构造腰筋（标注为 G）和抗扭腰筋（标注为 N），当梁侧面纵向钢筋为构造腰筋时，其伸入支座的锚固长度为 $15d$；当梁侧面纵向钢筋为受扭腰筋时，其伸入支座的锚固长度与方式同梁的下部纵向钢筋。

$$构造腰筋设计长度=l_n（左支座至右支座净跨长度）+2\times 15d \tag{6-26}$$

$$抗扭腰筋设计长度=l_n+左支座锚固长度+右支座锚固长度（同上部纵向钢筋） \tag{6-27}$$

需要注意的是，设置腰筋时，要求两排腰筋之间需按非加密区箍筋“隔一拉一”设置拉结钢筋。当梁宽小于或等于 350mm 时，拉结钢筋按Φ6 考虑；当梁宽大于 350mm 时，拉结钢筋按Φ8 考虑。拉结钢筋及排布构造详图如图 6-143 所示。

$$拉结钢筋长度=b-2\times 保护层厚度+2\times 1.9d+2\times \max(10d,75\text{mm})+2d \tag{6-28}$$

$$拉结钢筋根数=[(l_{n1}-50\text{mm}\times 2)/(非加密区箍筋间距\times 2)+1]\times 腰筋排数 \tag{6-29}$$

或者按照箍筋数量的一半计算。

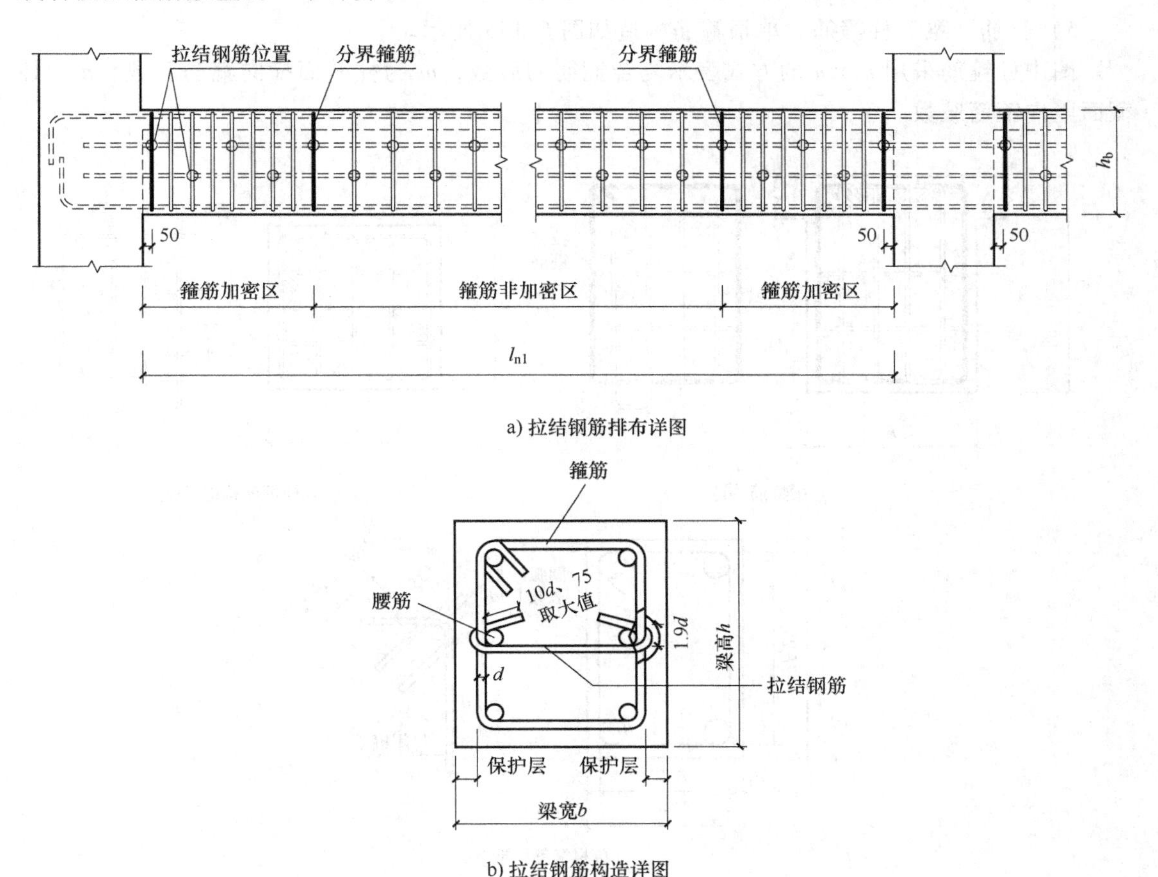

a) 拉结钢筋排布详图

b) 拉结钢筋构造详图

图 6-143　拉结钢筋排布及构造详图

4）下部纵向钢筋。下部纵向钢筋设计长度计算与上部纵向钢筋设计长度计算基本相同，主要区别在于，下部纵向钢筋除了角筋通长之外，其他纵向钢筋由于在支座位置基本不承受外力作用，因此有时将其设计为不伸入支座的纵向钢筋，其截断处距支座边缘应不大于 0.1 倍的净跨长度，如图 6-144 所示。

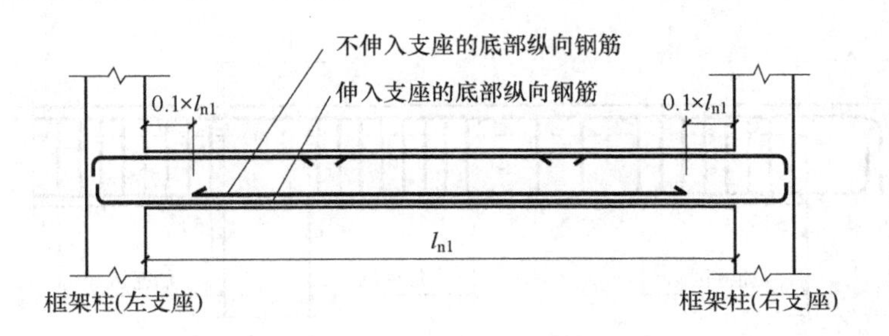

图 6-144　框架梁底部纵向配筋图

伸入支座的底部纵向钢筋与上部贯通钢筋的计算方法相同。

不伸入支座的底部纵向钢筋设计长度 $= l_{n1} - 2 \times 0.1 \times l_{n1} = 0.8 \times l_{n1}$ (6-30)

5）箍筋。梁、柱箍筋、单根箍筋构造如图 6-145 所示。

图中柱箍筋采用 $m \times n$ 的方式表示复合箍筋的肢数，m 为柱截面横向箍筋肢数，n 为柱截面竖向箍筋肢数。

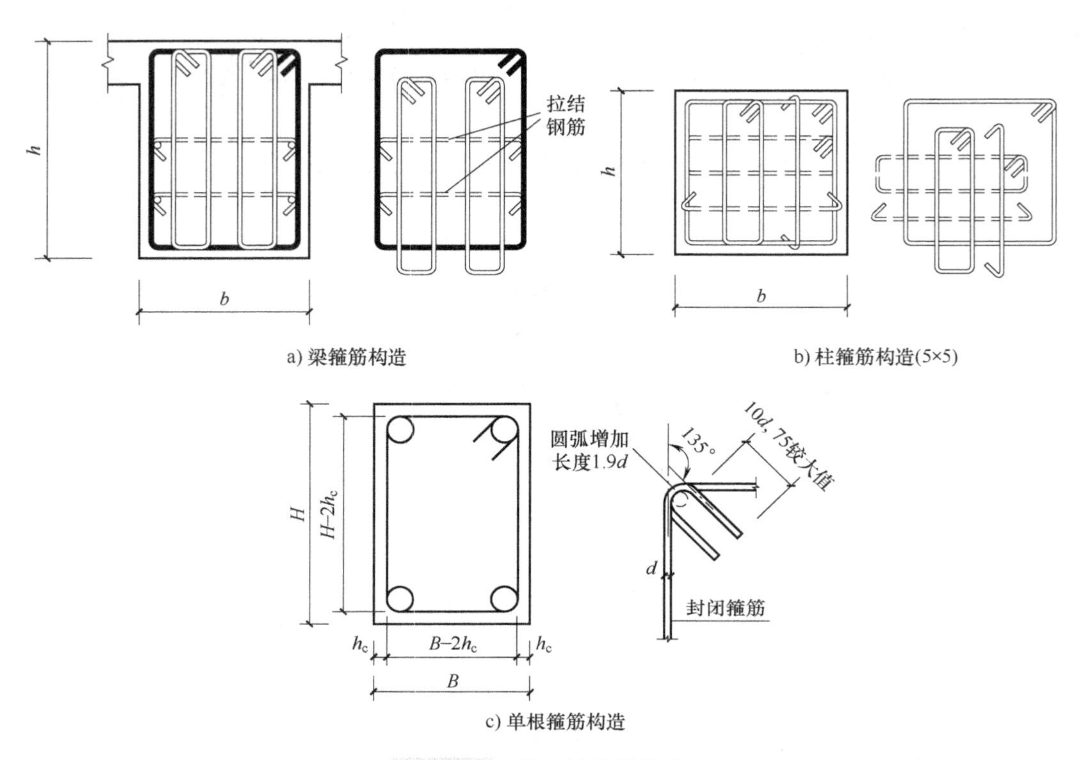

图 6-145　梁、柱箍筋构造

① 单根箍筋设计长度。

$$单根箍筋设计长度 = (B-2c) \times 2 + (H-2c) \times 2 + 2 \times 1.9d + 2 \times \max(10d, 75\text{mm}) \quad (6\text{-}31)$$

其中，max（10d，75mm）表示在 10 倍钢筋直径与 75mm 之间，取较大值。

② 箍筋根数。箍筋在梁内的布设分为加密区和非加密区。箍筋加密区范围如图 6-146 所示。

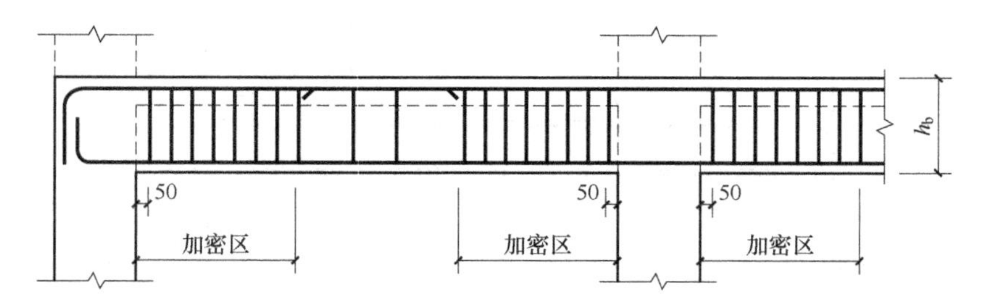

加密区：抗震等级为一级：≥2.0h_b且≥500
抗震等级为二~四级：≥1.5h_b且≥500

图 6-146　箍筋加密区范围

抗震等级为一级的结构，梁的箍筋加密区范围为 max($2.0h_b$, 500mm)。

抗震等级为二~四级的结构，梁的箍筋加密区范围为 max($1.5h_b$, 500mm)。

箍筋根数按下式计算：

箍筋根数 =2×[(加密区长度 -50mm)/加密间距 +1] +(非加密区长度/非加密间距 -1) (6-32)

6) 附加钢筋。附加钢筋包括吊筋和附加箍筋。吊筋和附加箍筋构造如图 6-147 所示。

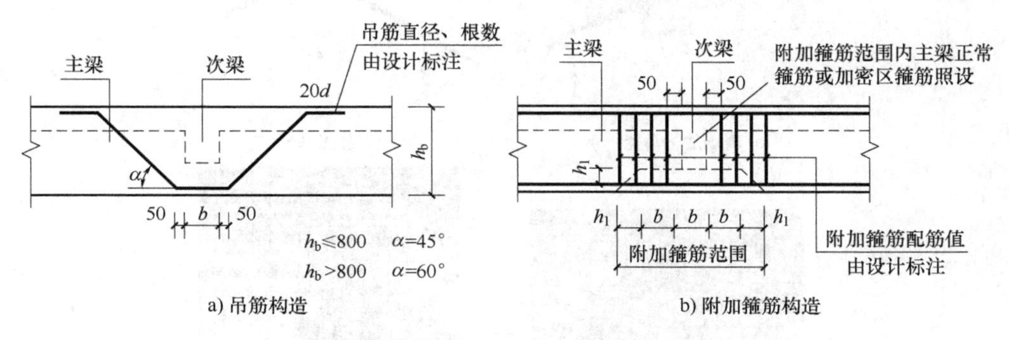

图 6-147 吊筋及附加箍筋构造

吊筋长度 = 次梁宽 +2×50mm +2×(主梁高 -2×保护层厚度)/sinα +2×20d (6-33)

附加箍筋单根长度计算与框架梁箍筋计算相同，附加箍筋根数如果设计注明则按设计，设计只注明间距而未注写具体数量按构造计算。

附加箍筋间距 8d（d 为箍筋直径）且不大于梁正常箍筋间距。

附加箍筋根数 =2×[(主梁高 - 次梁高 + 次梁宽 -50mm)/附加箍筋间距 +1] (6-34)

7) 弯起钢筋。底部纵向钢筋在支座处向上弯起，主要是为了能够抵抗支座附近斜截面的剪力。但由于其施工较复杂，目前设计时很少采用，大多采用箍筋加密的方式抵抗剪力。钢筋弯起角度，一般有 30°、45°和 60°三种。弯起增加长度（ΔL）是指钢筋弯起段斜长（S）与水平投影长度（L）之间的差值，应根据弯起的角度（α）和弯起钢筋轴线高差（Δh）计算求出，如图 6-148 所示。

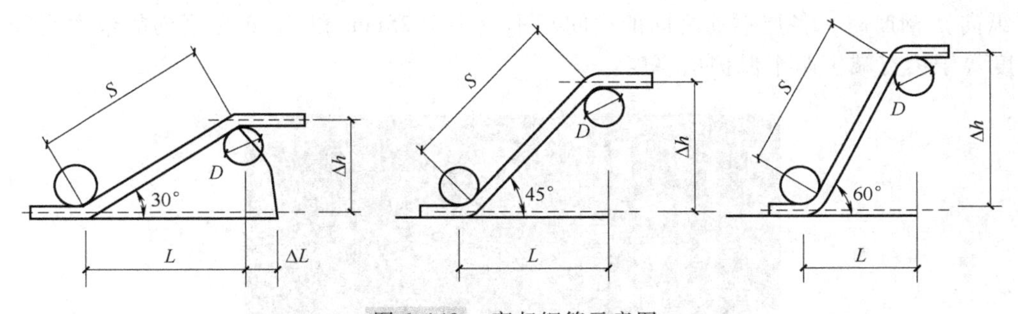

图 6-148 弯起钢筋示意图

D—钢筋弯曲圆心直径

弯起钢筋增加长度 $\Delta L = S - L$ (6-35)

一般，当 $\alpha = 30°$时，$\Delta L = 0.27\Delta h$；当 $\alpha = 45°$时，$\Delta L = 0.41\Delta h$；当 $\alpha = 60°$时，$\Delta L = 0.58\Delta h$。

其中，Δh = 构件截面高度 - 保护层厚度 ×2 - d，d 为钢筋的公称直径。

8）其他。马凳筋（图 6-149）、斜撑筋、抗浮筋、垫铁（图 6-150）、定位筋（图 6-151）等非设计结构配筋，按现浇构件钢筋项目编码列项，按设计及施工规范要求或经批准的施工方案计算工程量。

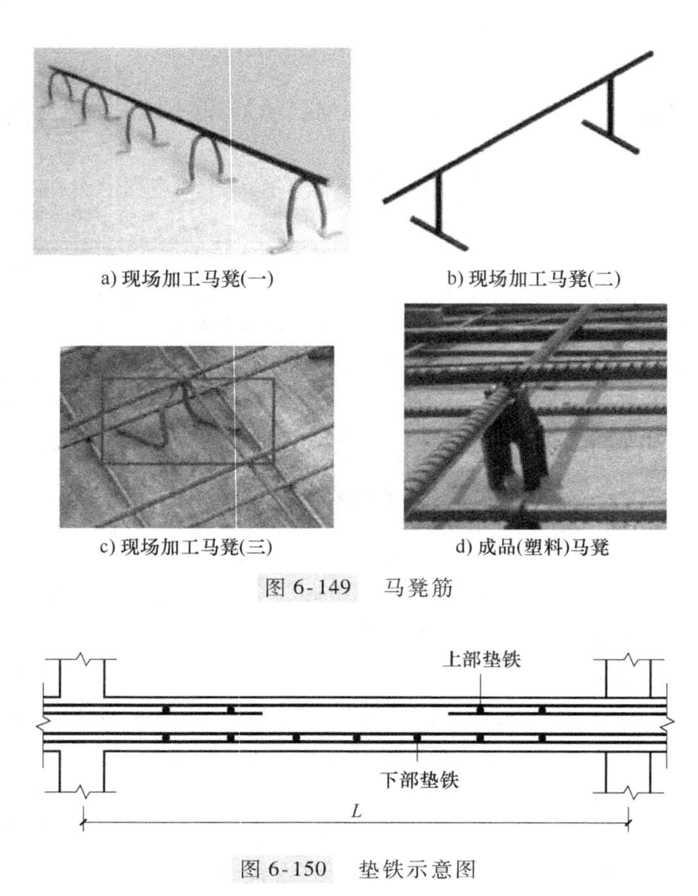

图 6-149　马凳筋

图 6-150　垫铁示意图

注：根据《混凝土结构设计规范》9.2.1 条第 3 款：当梁上部或下部有两排或两排以上的（纵向）钢筋时，各层钢筋之间的净间距不应小于 25mm 和 d，d 为钢筋的最大直径。垫铁长度等于梁宽减去两个保护层厚度。

图 6-151　剪力墙定位筋（梯子筋）

编制工程量清单时，如果设计未明确非设计结构配筋，其工程数量可为暂估量，实际工程量按现场签证数量计算。

通常，只有非常少的设计图中有马凳筋等非设计结构配筋的具体设计，工程结算时应根据经批准的施工组织设计计算其长度，但目前并没有统一的计算规则。在计算其工程量时，则应根据具体情况决定计算方法。例如，马凳筋常采用的计算方法为：马凳筋钢筋类别应按底板钢筋降低一个规格，单肢长度按底板厚度加 200mm 计算，每平方米 1 个，计入钢筋总量。

【例 6-26】 根据下列工程条件完成某框架结构 KL3（图 6-152）中钢筋工程量计算。

工程条件：某建筑物抗震等级为三级，框架柱、梁混凝土强度等级为 C30，混凝土结构环境类别为二 a 类，钢筋定尺长度 9m，机械连接。

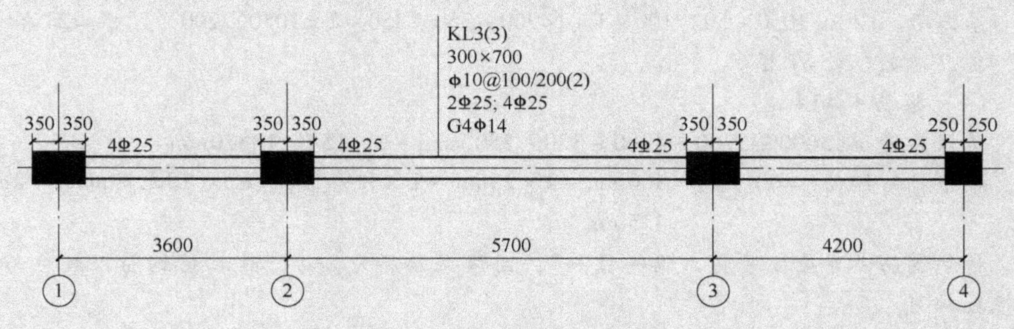

图 6-152 KL3 平法配筋图

【解】 根据给定的条件查表，梁、柱保护层厚度为 25mm；Φ25 钢筋锚固长度 $l_{aE}=37d=925$mm；①—②轴净跨 2900mm；②—③轴净跨 5000mm；③—④轴净跨 3600mm。

判断左右支座钢筋锚固方式：

左支座：$700\text{mm}-25\text{mm}=675\text{mm}<925\text{mm}$，弯锚；右支座：$500\text{mm}-25\text{mm}=475\text{mm}<925\text{mm}$，弯锚。

（1）上部贯通钢筋 2Φ25

$$单根长度=(3600+5700+4200-350-250)\text{mm}+(700\text{mm}-25\text{mm}+15d)+(500\text{mm}-25\text{mm}+15d)=14800\text{mm}$$

（2）上部非贯通钢筋

1）左支座 2Φ25：

$$单根长度=2900\text{mm}/3+(700\text{mm}-25\text{mm}+15d)=2017\text{mm}$$

2）右支座 2Φ25：

$$单根长度=3600\text{mm}/3+(500\text{mm}-25\text{mm}+15d)=2050\text{mm}$$

3）②轴支座 2Φ25：

$$5000\text{mm}/3=1667\text{mm}<2900\text{mm}$$

所以该支座处非贯通钢筋向支座左右两侧各伸出 1667mm。

单根长度 = 700mm + 2 × 1667mm = 4034mm

4）③轴支座 2Φ25：

计算同上，单根长度 4034mm。

(3) 箍筋Φ10

加密区范围 max（1.5h_b；500mm）= 1050mm

1）单根箍筋长度：

单根箍筋长度 = 2 × (300 − 2 × 25) mm + 2 × (700 − 2 × 25) mm × + 2 × 1.9d + 2 × max (10d;75mm) = 2038mm

2）箍筋根数：

第一跨：[2 × (1050 − 50)/100 + 1 + (3600 − 350 − 350 − 2 × 1050)/200 − 1]根 = 24 根

第二跨：[2 × (1050 − 50)/100 + 1 + (5700 − 350 − 350 − 2 × 1050)/200 − 1]根 = 35 根

第三跨：[2 × (1050 − 50)/100 + 1 + (4200 − 350 − 250 − 2 × 1050)/200 − 1]根 = 28 根

箍筋根数合计 87 根。

(4) 腰筋 4Φ14

单根长度 = (3600 + 5700 + 4200 − 350 − 250) mm + 2 × 15d = 13320mm

单根拉结钢筋(Φ6)长度 = 300mm − 2 × 25mm + 2 × 1.9d + 2 × max(10d,75mm) + 2d
= 435mm

拉结钢筋设置应按箍筋“隔一拉一”，因该梁腰筋为 2 排，故拉结钢筋根数应与箍筋根数相同。

(5) 下部通长钢筋 4Φ25

下部通长钢筋与上部贯通钢筋单根长度相同，为 14800mm。

6.5 装饰工程计量

6.5.1 楼地面装饰工程量计算规则

《计算规范》将楼地面装饰工程分为整体面层及找平层（011101）、块料面层（011102）、橡塑面层（011103）、其他材料面层（011104）、踢脚线（011105）、楼梯面层（011106）、台阶装饰（011107）、零星装饰项目（011108）、装配式楼地面及其他（011109）。

1. 整体面层及找平层

1）整体面层中水泥砂浆楼地面（011101001）、细石混凝土楼地面（011101002）、自流平楼地面（011101003）、耐磨楼地面（011101004）。以上不同做法的楼地面工程量均按设计图示尺寸以面积计算，单位：m^2。扣除凸出地面构筑物、设备基础、室内铁道、地沟等所占面积，不扣除间壁墙及≤0.3m^2 的柱、垛、附墙烟囱及孔洞所占面积。门洞、空圈、暖气包槽、壁龛的开口部分不增加面积。

2）塑胶地面（011101005）。塑胶地面，按设计图示尺寸以面积计算，单位：m^2。门洞、空圈、暖气包槽、壁龛的开口部分并入相应的工程量内。

3）找平层。找平层包括平面砂浆找平层（011101006）、混凝土找平层（011101007）、自流平找平层（011101008），均按设计图示尺寸以面积计算，单位：m^2。扣除凸出地面构筑物、设备基础、室内铁道、地沟等所占面积，不扣除间壁墙及≤0.3m^2的柱、垛、附墙烟囱及孔洞所占面积。门洞、空圈、暖气包槽、壁龛的开口部分不增加面积。平面砂浆找平层只适用于仅做找平层的平面抹灰。

2. 块料面层

块料面层分为石材楼地面（011102001）、拼碎石材楼地面（011102002）、块料楼地面（011102003），均按设计图示尺寸以面积计算，单位：m^2。门洞、空圈、暖气包槽、壁龛的开口部分并入相应的工程量内。

3. 橡塑面层

橡塑面层分为橡胶板楼地面（011103001）、橡胶板卷材楼地面（011103002）、塑料板楼地面（011103003）、塑料板卷材楼地面（011103004）、运动地板（011103005），均按设计图示尺寸以面积计算，单位：m^2。门洞、空圈、暖气包槽、壁龛的开口部分并入相应的工程量内。

4. 其他材料面层

其他材料面层分为地毯楼地面（011104001），竹、木（复合）地板（011104002），金属复合地板（011104003），防静电活动地板（011104004），均按设计图示尺寸以面积计算，单位：m^2。门洞、空圈、暖气包槽、壁龛的开口部分并入相应的工程量内。

5. 踢脚线

踢脚线分为水泥砂浆踢脚线（011105001）、石材踢脚线（011105002）、块料踢脚线（011105003）、塑料板踢脚线（011105004）、木质踢脚线（011105005）、金属踢脚线（011105006）、防静电踢脚线（011105007）。

1）水泥砂浆踢脚线。水泥砂浆踢脚线，按设计图示尺寸以延长米计算，单位：m。不扣除门洞口的长度，洞口侧壁也不增加。

2）石材踢脚线、金属踢脚线。石材踢脚线、金属踢脚线，按设计图示尺寸以面积计算，单位：m^2。

3）块料踢脚线、塑料板踢脚线、木质踢脚线、防静电踢脚线。块料踢脚线、塑料板踢脚线、木质踢脚线、防静电踢脚线，均按设计图示尺寸以延长米计算，单位：m。

6. 楼梯面层

楼梯面层根据所用材料及做法不同，分为水泥砂浆楼梯面层（011106001）、石材楼梯面层（011106002）、块料楼梯面层（011106003）、地毯楼梯面层（011106004）、木板楼梯面层（011106005）、橡胶板楼梯面层（011106006）、塑料板楼梯面层（011106007），均按设计图示尺寸以楼梯（包括踏步、休息平台及≤500mm 的楼梯井）水平投影面积计算，单位：m^2。楼梯与楼地面相连时，算至梯口梁内侧边沿；无梯口梁者，算至最上一层踏步边沿加 300mm。

7. 台阶装饰

台阶面根据面层所用材料及做法不同，分为水泥砂浆台阶面（011107001）、石材台阶面（011107002）、拼碎块料台阶面（011107003）、块料台阶面（011107004）、剁假石台阶面（011107005），均按设计图示尺寸以台阶（包括最上层踏步边沿加 300mm。）水平投影面积计算，单位：m^2。

8. 零星装饰项目

零星装饰项目分为石材零星项目（011108001）、拼碎石材零星项目（011108002）、块料零星项目（011108003）、水泥砂浆零星项目（011108004），均按设计图示尺寸以面积计算，单位：m^2。

9. 装配式楼地面及其他

装配式楼地面及其他包括架空地板（011109001）和卡扣式踢脚线（011109002）两个项目。

1）架空地板。架空地板，按设计图示尺寸以面积计算，单位：m^2。门洞、空圈、暖气包槽、壁龛的开口部分并入相应的工程量内。

2）卡扣式踢脚线。卡扣式踢脚线，按设计图示尺寸以延长米计算，单位：m。

6.5.2 墙、柱面装饰与隔断、幕墙工程量计算规则

《计算规范》中墙、柱面装饰与隔断、幕墙工程包括墙、柱面抹灰，零星抹灰，墙、柱面块料面层，零星块料面层，墙、柱饰面，幕墙工程，隔断。

1. 墙、柱面抹灰（011201）

墙、柱面抹灰在《计算规范》中分为墙、柱面一般抹灰（011201001），墙、柱面装饰抹灰（011201002），墙、柱面勾缝（011201003）和墙、柱面砂浆找平层（011201004），均按设计图示尺寸以面积计算，单位：m^2。扣除墙裙、门窗洞口及单个面积 $>0.3m^2$ 的孔洞面积，不扣除踢脚线、挂镜线和墙与构件交接处的面积，门窗洞口和孔洞的侧壁及顶面不增加面积。附墙柱、梁、垛、烟囱侧壁并入相应的墙面面积内；展开宽度 >300mm 的装饰线条，按图示尺寸以展开面积并入相应墙面、墙裙内。其中：

1）外墙抹灰面积，按外墙垂直投影面积计算。

2）外墙裙抹灰面积，按其长度乘以高度计算。

3）内墙抹灰面积，按主墙间的净长乘以高度计算。其高度按以下规则计算：无墙裙的，按室内楼地面至天棚底面计算；有墙裙的，按墙裙顶至天棚底面计算。

4）内墙裙抹灰面积，按内墙净长乘以高度计算。

5）砂浆找平项目适用于仅做找平层的立面抹灰。墙、柱面抹灰砂浆、水泥砂浆、混合砂浆、聚合物水泥砂浆、麻刀石灰浆、石膏灰浆等按墙、柱面一般抹灰列项；墙、柱面水刷石、斩假石、干粘石、假面砖等按墙、柱面装饰抹灰列项。

6）凸出墙面的柱、梁、飘窗、挑板等增加的抹灰面积并入相应的墙面积内。

2. 零星抹灰（011202）

墙、柱（梁）面 $\leq 0.5m^2$ 的少量分散的抹灰按零星抹灰项目编码列项，包括零星项目一般抹灰（011202001）、零星项目装饰抹灰（011202002）、零星项目砂浆找平（011202003），工程量均按设计图示尺寸以面积计算，单位：m^2。

3. 墙、柱面块料面层（011203）

（1）石材墙、柱面（011203001），拼碎石材墙、柱面（011203002），块料墙、柱面（011203003）

石材墙、柱面，拼碎石材墙、柱面（011203002），块料墙、柱面，按镶贴表面积计算，单位：m^2。

项目特征中“安装的方式”可描述为砂浆或黏结剂粘贴、挂贴、干挂等，无论哪种安装方式，都要详细描述与组价相关的内容。

（2）干挂用钢骨架（011203004）

干挂用钢骨架，按设计图示尺寸以质量计算，单位：t。

（3）干挂用铝方管骨架（011203005）干挂用铝方管骨架，按图示尺寸以面积计算，单位：m^2。

4. 零星块料面层（011204）

墙、柱面≤$0.5m^2$ 的少量分散的块料面层，按零星项目执行，包括石材零星项目（011204001）、块料零星项目（011204002）、拼碎石材块料零星项目（011204003），均按镶贴表面积计算，单位：m^2。

5. 墙、柱饰面（011205）

（1）墙、柱面装饰板（011205001）

墙、柱面装饰板，按设计图示尺寸以面积计算，单位：m^2。扣除门窗洞口及单个面积>$0.3m^2$ 的孔洞所占面积。

（2）墙、柱面装饰浮雕（011205002），墙、柱面成品木饰面（011205003），墙、柱面软包（011205004）

墙、柱面装饰浮雕，墙、柱面成品木饰面，墙、柱面软包，按图示尺寸以面积计算，单位：m^2。

6. 幕墙工程（011206）

（1）构件式幕墙（011206001）单元式幕墙（011206002）

构件式幕墙、单元式幕墙，按设计图示框外围尺寸以面积计算，单位：m^2。与幕墙同种材质的窗所占面积不扣除。

（2）全玻（无框玻璃）幕墙（011206003）

全玻（无框玻璃）幕墙，按设计图示尺寸以面积计算，单位：m^2。带肋全玻幕墙按展开面积计算。

7. 隔断（011207）

（1）隔断现场制作、安装（011207001）

隔断现场制作、安装，按设计图示框外围尺寸以面积计算，单位：m^2。不扣除单个面积≤$0.3m^2$ 的孔洞所占面积；浴厕门的材质与隔断相同时，门的面积并入隔断面积内。

（2）成品隔断安装（011207002）

成品隔断安装，按设计图示框外围尺寸以面积计算，单位：m^2。

6.5.3　天棚工程量计算规则

《计算规范》中天棚工程包括天棚抹灰（011301）、天棚吊顶（011302）、天棚其他装饰（011303）。

1. 天棚抹灰

天棚抹灰（011301001），按设计图示尺寸以水平投影面积计算，单位：m^2。不扣除间壁墙、垛、柱、附墙烟囱、检查口和管道所占的面积，带梁天棚的梁两侧抹灰面积并入天棚面积内，板式楼梯底面抹灰按斜面积计算，锯齿形楼梯底板抹灰按展开面积计算。

2. 天棚吊顶

(1) 平面吊顶天棚 (011302001)

平面吊顶天棚，按设计图示尺寸以水平投影面积计算，单位：m^2。不扣除间壁墙、检查口、附墙烟囱、柱垛和管道所占面积，扣除单个面积 $>0.3m^2$ 的孔洞、独立柱及与天棚相连的窗帘盒所占的面积。

(2) 跌级吊顶天棚 (011302002)

跌级吊顶天棚，按设计图示尺寸以水平投影面积计算，单位：m^2。天棚面中的灯槽及跌级天棚面积不展开计算。不扣除间壁墙、检查口、附墙烟囱、柱垛和管道所占面积，扣除单个面积 $>0.3m^2$ 的孔洞、独立柱及与天棚相连的窗帘盒所占的面积。

(3) 艺术造型吊顶天棚 (011302003)

艺术造型吊顶天棚，按设计图示尺寸以水平投影面积计算，单位：m^2。天棚面中的灯槽及造型天棚的面积不展开计算。不扣除间壁墙、检查口、附墙烟囱、柱垛和管道所占面积，扣除单个面积 $>0.3m^2$ 的孔洞、独立柱及与天棚相连的窗帘盒所占的面积。

(4) 格栅吊顶 (011302004)、吊筒吊顶 (011302005)、藤条造型悬挂吊顶 (011302006)、织物软雕吊顶 (011302007)、装饰网架吊顶 (011302008)

这些吊顶均按设计图示尺寸以水平投影面积计算，单位：m^2。

3. 天棚其他装饰

(1) 灯带 (槽) (011303001)

灯带 (槽)，按设计图示尺寸以框外围面积计算，单位：m^2。

(2) 送风口、回风口 (011303002)

送风口、回风口，按设计图示数量计算，单位：个。

6.5.4 油漆、涂料、裱糊工程量计算规则

《计算规范》中油漆、涂料、裱糊工程包括木材面油漆 (011401)、金属面油漆 (011402)、抹灰面油漆 (011403)、喷刷涂料 (011404)、裱糊 (011405)。

1. 木材面油漆

1) 木门油漆 (011401001) 木窗油漆 (011401002)。木门油漆、木窗油漆，按设计图示洞口尺寸以面积计算，单位：m^2。

木门油漆应区分木大门、单层木门、双层 (一玻一纱) 木门、双层 (单裁口) 木门、全玻自由门、半玻自由门、装饰门及有框门或无框门等项目，分别编码列项。

2) 木扶手油漆 (011401003)，窗帘盒油漆 (011401004)，封檐板、顺水板油漆 (011401005)，挂衣板、黑板框油漆 (011401006)，挂镜线、窗帘棍油漆 (011401007)，木线条油漆 (011401008)。这些均按设计图示尺寸以长度计算，单位：m。

木扶手应区分带托板与不带托板，分别编码列项。若木栏杆带扶手，木扶手不应单独列项，应包含在木栏杆油漆中。

3) 木护墙、木墙裙油漆 (011401009)，窗台板、筒子板、盖板、门窗套、踢脚线油漆 (011401010)，清水板条天棚、檐口油漆 (011401011)，木方格吊顶天棚油漆 (011401012)，吸音板墙面、天棚面油漆 (011401013)，暖气罩油漆 (011401014)，及其他木材面油漆 (011401015)。这些均按设计图示尺寸以面积计算，单位：m^2。

4）木间壁、木隔断油漆（011401016），玻璃间壁露明墙筋油漆（011401017），木栅栏、木栏杆（带扶手）油漆（011401018）。木间壁、木隔断油漆，玻璃间壁露明墙筋油漆，木栅栏、木栏杆（带扶手）油漆，按设计图示尺寸以单面外围面积计算，单位：m^2。

5）衣柜、壁柜油漆（011401019），梁柱饰面油漆（011401020），零星木装修油漆（011401021），木地板油漆（011401022）。衣柜、壁柜油漆，梁柱饰面油漆，零星木装修油漆，木地板油漆，按设计图示尺寸以油漆部分展开面积计算，单位：m^2。

6）木地板烫硬蜡面（011401023）。木地板烫硬蜡面，按设计图示尺寸以面积计算，单位：m^2。空洞、空圈、暖气包槽、壁龛的开口部分并入相应的工程量内。

2. 金属面油漆

（1）金属门油漆（011402001），金属窗油漆（011402002）

金属门油漆、金属窗油漆，按设计图示洞口尺寸以面积计算，单位：m^2。

金属门油漆应区分平开门、推拉门、钢制防火门等项目，分别编码列项。金属窗油漆应区分平开窗、推拉窗、固定窗、组合窗、金属隔栅窗等项目，分别编码列项。

（2）金属面油漆（011402003）

金属面油漆，按设计展开面积计算，单位：m^2。

（3）金属构件油漆（011402004），钢结构除锈（011402005）

金属构件油漆、钢结构除锈，按设计图示尺寸以质量计算，单位：t。

3. 抹灰面油漆

（1）抹灰面油漆（011403001）

抹灰面油漆，按设计图示尺寸以面积计算，单位：m^2。墙面油漆应扣除墙裙、门窗洞口及单个面积 >0.3m^2 的孔洞所占面积，不扣除踢脚线、挂镜线和墙与构件交接处的面积，门窗洞口和孔洞的侧壁及顶面不增加面积；附墙柱、梁、垛、烟囱侧壁并入相应的墙面面积内；展开宽度 >300mm 的装饰线条，按图示尺寸以展开面积并入相应墙面内。

（2）抹灰线条油漆（011403002）

抹灰线条油漆，按设计图示尺寸以长度计算，单位：m。

（3）满刮腻子（011402003）

满刮腻子，按设计图示尺寸以面积计算，单位：m^2。此项目只适用于仅做“满刮腻子”的项目，不得将抹灰面油漆和刷涂料中的“刮腻子”内容单独分出执行满刮腻子项目。

4. 喷刷涂料

（1）墙面喷刷涂料（011404001）、天棚喷刷涂料（011404002）

墙面喷刷涂料、天棚喷刷涂料，按设计图示尺寸以面积计算，单位：m^2。

（2）空花格、栏杆刷涂料（011404003）

空花格、栏杆刷涂料，按设计图示尺寸以单面外围面积计算，单位：m^2。

（3）线条刷涂料（011404004）

线条刷涂料，按设计图示尺寸以长度计算，单位：m。

（4）金属面刷防火涂料（011404005）

金属面刷防火涂料，可按设计展面积计算，单位：m^2。

(5) 金属构件刷防火涂料 (011404006)

金属构件刷防火涂料，按设计图示尺寸以质量计算，单位：t。

(6) 木材构件喷刷防火涂料 (011404007)

木材构件喷刷防火涂料，按设计图示以面积计算，单位：m^2。

5. 裱糊

裱糊包括墙纸裱糊 (011405001)、织锦缎裱糊 (011405002)，均按设计图示尺寸以面积计算，单位：m^2。

6.5.5 其他装饰工程计算规则

《计算规范》中其他装饰工程包括柜类、货架 (011501)，装饰线条 (011502)，扶手、栏杆、栏板装饰 (011503)，暖气罩 (011504)，浴厕配件 (011505)，雨篷、旗杆、装饰柱 (011506)，招牌、灯箱 (011507)，美术字 (011508)。

1. 柜类、货架

柜类 (011501001)，按设计图示尺寸以正投影面积计算，单位：m^2。

货架 (011501002)，按设计图示尺寸以延长米计算，单位：m。

柜类、货架不按名称设项，在项目特征中描述柜类名称，包括柜台、酒柜、衣柜、存包柜、鞋柜、书柜、厨房壁柜、木壁柜、厨房低柜、厨房吊柜、矮柜、吧台背柜、酒吧吊柜、酒吧台、展台、收银台、试衣间、货架、书架、服务台等。

2. 装饰线条

装饰线条 (011502001)，按设计图示尺寸以长度计算，单位：m。装饰线条材质在项目特征中描述。

3. 扶手、栏杆、栏板装饰

扶手、栏杆、栏板装饰分为带扶手的栏杆、栏板 (011503001)，不带扶手的栏杆、栏板 (011503002)，扶手 (011503003) 三项，均按设计图示以扶手中心线长度（包括弯头长度）计算，单位：m。带扶手的栏杆、栏板项目包括扶手，不得单独将扶手进行编码列项。

4. 暖气罩

暖气罩 (011504001)，按设计图示尺寸以垂直投影面积（不展开）计算，单位：m^2。暖气罩材质在项目特征中描述。

5. 浴厕配件

(1) 洗漱台 (011505001)

洗漱台，按设计图示尺寸以台面外接矩形面积计算，单位：m^2。不扣除孔洞、挖弯、削角所占面积，挡板、吊沿板面积并入台面面积内。在项目特征中描述配件名称，洗厕配件包括晒衣架、帘子杆、浴缸拉手、卫生间扶手、毛巾杆（架）、毛巾环、卫生纸盒、肥皂盒等。

(2) 洗厕配件 (011505002)

洗厕配件，按设计图示数量计算，单位：个。

(3) 镜面玻璃 (011505003)

镜面玻璃，按设计图示尺寸以边框外围面积计算，单位：m^2。

（4）镜箱（011505004）

镜箱，按设计图示数量计算，单位：个。工作内容中包括了“刷油漆”，不得单独将油漆分离，单列油漆项目。

6. 雨篷、旗杆、装饰柱

（1）雨篷吊挂饰面（011506001）、玻璃雨篷（011506003）

雨篷吊挂饰面、玻璃雨篷，按设计图示尺寸以水平投影面积计算，单位：m^2。

（2）金属旗杆（011505002）、成品装饰柱（011506004）

金属旗杆、成品装饰柱，按设计图示数量计算，以根计量，单位：根。

7. 招牌、灯箱

（1）平面、箱式招牌（011507001）

平面、箱式招牌，按设计图示尺寸以正立面边框外围面积计算，单位：m^2。复杂形状的凸凹造型部分不增加面积。

（2）竖式标箱（011507002）、灯箱（011507003）、信报箱（011507004）

竖式标箱、灯箱、信报箱，均按设计图示数量计算，单位：个。

8. 美术字

美术字（011508001），按设计图示数量计算，单位：个。美术字材质在项目特征中描述。

6.6 房屋修缮工程计量

《计算规范》中房屋修缮工程包括拆除、房屋修缮内容。房屋修缮工程中的拆除、维修按以下内容执行，新作按以上各节新建工程内容执行。

6.6.1 拆除工程

1. 砖砌体拆除（011601）

砖砌体拆除（011601001），按拆除的体积计算，单位：m^3。在项目特征中描述砌体名称，包括墙、柱、水池等。砌体表面的附着物种类，包括抹灰层、块料层、龙骨及装饰面层等。

2. 混凝土及钢筋混凝土构件拆除（011602）

混凝土及钢筋混凝土构件拆除包括混凝土构件拆除（011602001）、钢筋混凝土构件拆除（011602002），均按拆除构件的体积计算，单位：m^3。项目特征中描述构件表面的附着物，包括抹灰层、块料层、龙骨及装饰面层等。

3. 木构件拆除（011603）

木构件拆除（011603001），按拆除构件的体积计算，单位：m^3。在项目特征中描述构件名称，包括木梁、木柱、木楼梯、木屋架、承重木楼板等。构件表面的附着物种类，包括抹灰层、块料层、龙骨及装饰面层等

4. 抹灰层及保温层拆除（011604）

抹灰层及保温层拆除包括平面抹灰层拆除（011604001）、立面抹灰层拆除（011604002）、天棚抹灰面拆除（011604003）、平面保温层拆除（011604004）、立面保温层

拆除（011604005）、天棚保温层拆除（011604006），均按拆除部位的面积计算，单位：m^2。应在项目特征中描述抹灰种类为一般抹灰或装饰抹灰。

5. 块料面层拆除（011605）

块料面层拆除包括平面块料面层拆除（011605001）、立面块料面层拆除（011605002），均按拆除面积计算，单位：m^2。如仅拆除块料层，基层类型不用在项目特征中描述，否则应在项目特征中描述基层类型，包括砂浆层、防水层、干挂或挂贴所采用的钢骨架层等。

6. 龙骨及饰面拆除（011606）

龙骨及饰面拆除包括楼地面龙骨及饰面拆除（011606001）、墙柱面龙骨及饰面拆除（011606002）、天棚面龙骨及饰面拆除（011606003），均按拆除面积计算，单位：m^2。应在项目特征中描述基层类型，包括砂浆层、防水层等。如仅拆除龙骨及饰面，可不描述基层类型。如只拆除饰面，不用描述龙骨材料种类。

7. 屋面拆除（011607）

屋面拆除包括刚性层拆除（011607001）、防水层拆除（011607002）、找平层拆除（011607003）、屋面保温拆除（011607004）、均按铲除部位的面积计算，单位：m^2。

8. 铲除油漆涂料裱糊面（011608）

铲除油漆涂料裱糊面包括铲除油漆面（011608001）、铲除涂料面（011608002）、铲除裱糊面（011608003），均按铲除部位的面积计算，单位：m^2。应在项目特征中描述铲除部位名称，包括墙面、柱面、天棚、门窗等。

9. 栏杆栏板、轻质隔断隔墙拆除（011609）

（1）栏杆、栏板拆除（011609001）

栏杆、栏板拆除，按拆除的延长米计算，单位：m。

（2）隔断隔墙拆除（011609002）

隔断隔墙拆除，按拆除部位的面积计算，单位：m^2。

10. 门窗拆除（011610）

门窗拆除包括木门窗拆除（011610001）、金属门窗拆除（011610002），均按拆除面积计算，单位：m^2。应在项目特征中描述室内高度和门窗洞口尺寸。其中室内高度指室内楼地面至门窗的上边框。

11. 金属构件拆除（011611）

金属构件拆除包括钢梁拆除（011611001），钢柱拆除（011611002），钢网架拆除（011611003），钢支撑、钢墙架拆除（011611004），其他金属构件拆除（011611005），均按拆除构件的质量计算，单位：t。

12. 管道及卫生洁具拆除（011612）

（1）管道拆除（011612001）

管道拆除，按拆除管道的延长米计算，单位：m。

（2）卫生洁具拆除（011612002）

卫生洁具拆除，按拆除的数量，单位：套。

13. 灯具、玻璃拆除（011613）

（1）灯具拆除（011613001）

灯具拆除，按拆除的数量计算，单位：套。

(2) 玻璃拆除 (011613002)

玻璃拆除，按拆除的面积计算，单位：m^2。

14. 其他构件拆除 (011614)

(1) 暖气罩拆除 (011614001)、柜体拆除 (011614002)

暖气罩拆除、柜体拆除，按拆除垂直投影面积计算，单位：m^2。

(2) 窗台板拆除 (011614003)、筒子板拆除 (011614004)、窗帘盒拆除 (011614005)、窗帘轨拆除 (011614006)

窗台板拆除、筒子板拆除、窗帘盒拆除、窗帘轨拆除，按拆除的延长米计算，单位：m。双轨窗帘轨拆除按双轨长度分别计算工程量。筒子板拆除包含门窗套的拆除。

15. 建筑物整体拆除 (011615)

建筑物整体拆除 (011615001) 是指基础以上建筑物部分，按建筑物拆除建筑面积计算，单位：m^2。该项目不包括建筑基础，建筑物基础的相关拆除按混凝土和钢混凝土拆除计算。

16. 拆除建筑垃圾外运 (011616)

(1) 楼层垃圾运出 (011616001)

楼层垃圾运出，按运输建筑垃圾虚方以体积计算，单位：m^3。该项目仅包括将楼层建筑垃圾运输到楼下集中堆放于 20m 范围之内，不包括垃圾外运。

(2) 建筑垃圾外运 (011616002)

建筑垃圾外运，按外运建筑垃圾虚方以体积计算，单位：m^3。

6.6.2 *房屋修缮工程*

1. 开孔 (打洞) (011617)

开孔 (打洞) (011617001)，按数量计算，单位：个。应在项目特征中描述开孔 (打洞) 部位，打洞部位材质及洞尺寸。其中部位指墙面或楼板。打洞部位材质可描述为页岩砖或空心砖或钢筋混凝土等。

2. 混凝土结构加固 (011618)

(1) 浇筑混凝土加固 (011618001)

浇筑混凝土加固，按设计图示尺寸以体积计算，单位：m^3。扣除门窗洞口及单个面积 $>0.3m^2$ 的孔洞所占体积。不扣除构件内钢筋、预埋铁件所占的体积。浇筑混凝土加固项目不包括混凝土内的钢筋、铁件。钢筋应按钢筋混凝土相应项目编码列项。

(2) 喷射混凝土加固 (011618002)

喷射混凝土加固，按设计图示尺寸以面积计算，单位：m^2。不包括混凝土内钢筋网、钢线网。

(3) 结构外粘钢 (011618003)，结构外包钢 (011618004)

结构外粘钢，结构外包钢，均按设计图示尺寸及设计说明以质量计算，单位：t。

(4) 结构外粘贴纤维布 (011618005)

结构外粘贴纤维布，按设计图示尺寸以面积计算，单位：m^2。

3. 砌体结构修缮 (011619)

(1) 墙体拆砌 (011619001)

墙体拆砌适用于各类墙体的拆砌，是指拆砌面积在 3.6m^2 以内的拆砌项目，面积大于 3.6m^2 时，分别套用拆除和新砌工程。工程量按设计图示尺寸以体积计算，单位：m^3。应扣除门窗、洞口、嵌入墙内的钢筋混凝土柱、梁、圈梁、挑梁、过梁及凹进墙内的壁龛、管槽、暖气槽、消火栓箱所占体积；不扣除梁头、板头、檩头、垫木、木楞头、沿缘木、木砖、门窗走头、砌块墙内加固钢筋、木筋、铁件、钢管及单个面积≤0.3m^2 的孔洞所占的体积。凸出墙面的腰线、挑檐、压顶、窗台线、虎头砖、门窗套的体积也不增加。凸出墙面的砖垛并入墙体体积内计算。其中：

1）墙长度。外墙按中心线、内墙按净长计算。

2）墙高度。

① 外墙。斜（坡）屋面无檐口天棚者算至屋面板底；有屋架且室内外均有天棚者算至屋架下弦底另加 200mm；无天棚者算至屋架下弦底另加 300mm，出檐宽度超过 600mm 时按实砌高度计算；与钢筋混凝土楼板隔层者算至板顶；平屋面算至钢筋混凝土板顶。

② 内墙。位于屋架下弦者，算至屋架下弦底；无屋架者算至天棚底另加 100mm；有钢筋混凝土楼板隔层者算至楼板底；有框架梁时算至梁底。

③ 女儿墙。从屋面板上表面算至女儿墙顶面（如有混凝土压顶时算至压顶下表面）。

④ 内、外山墙。按其平均高度计算。

3）框架间墙。不分内外墙按墙体净尺寸以体积计算。

4）围墙。高度算至压顶上表面（如有混凝土压顶时算至压顶下表面），围墙柱并入围墙体积内。

（2）砖檐拆砌（011619002）

砖檐拆砌，按设计图示尺寸以长度计算，坡屋面的山墙砖檐按斜长计算，单位：m。

（3）掏砌砖砌体（011619003）

掏砌砖砌体，按实际掏砌尺寸以体积计算，单位：m^3。

（4）掏砌洞口（011619004）

掏砌洞口，按照设计图示洞口尺寸以面积计算，单位：m^2。

（5）其他砌体拆砌（011619005）

其他砌体拆砌，按设计图示尺寸或实际拆砌尺寸以体积计算，单位：m^3。扣除 0.3m^3 以外的孔洞，构件所占的体积。

4. 金属结构修缮（011620）

人字屋架金属部件拆换（011620001）、其他钢构件拆换（011620002）、钢构件整修（011620003），均按设计图示尺寸质量计算，单位：t。

5. 木构件修缮（011621）

木构件修缮项目用于抗震加固及修缮工程中木构件更换和局部木构件的维修。木构件更换（011621001），以实际更换部位的项计算，单位：项。局部木构件修补加固（011621002），以实际维修部位的项计算，单位：项。

6. 门窗整修（011622）

门窗整修（011622001），按照图示数量计算，单位：樘。

7. 屋面及防水修缮（011623）

防水修缮工程是指工程量单块面积在 10m^2 以内的项目，如超过 10m^2 时，分别执行拆除和新做防水工程。

（1）瓦屋面修补（011623001）

瓦屋面修补，按修补尺寸以斜面积计算，单位：m^2。不扣除房上烟囱、风帽底座、风道、小气窗、斜沟等所占面积。小气窗的出檐部分不增加面积。

（2）布瓦屋面拔草清垄（011623002）

布瓦屋面拔草清垄，按设计图示尺寸以屋面面积计算，单位：m^2。只适用于屋面不需进行查补而为保护屋面做法时使用。

（3）布瓦屋面斜脊、屋脊修补（011623003）

布瓦屋面斜脊、屋脊修补，按设计图示尺寸以长度计算，单位：m。

（4）采光天棚修补（011623004）

采光天棚修补，按设计修补尺寸以面积计算，单位：m^2。

（5）卷材防水修补（011623005），涂抹防水修补（011623006），屋面天沟、檐沟整修（011623007）

卷材防水修补，涂抹防水修补，屋面天沟、檐沟整修，均按修补尺寸以面积计算，单位：m^2。

（6）落水管修整（011623008）

落水管修整，按修整尺寸以长度计算，单位：m。

8. 保温修缮工程（011624）

保温修缮工程是指工程量单块面积在 $10m^2$ 以内的项目，如超过 $10m^2$ 时，分别执行拆除和新做保温工程。

屋面保温修缮（011624001）、墙面保温修缮（011624002）、天棚保温修缮（011624003），均按实际修补尺寸以面积计算，单位：m^2，不扣除 $\leqslant 0.3m^2$ 的孔洞面积。

9. 楼地面装饰工程修缮（011625）

1）整体面层楼地面修补（011625001），块料、石材面层楼地面修补（011625002），橡塑楼地面修补（011625003），竹、木（复合）地板整修（011625004），防静电活动地板修补（011625005），其他面层楼地面修补（011625006），踢脚线修补（011625007），楼梯面层修补（01162508）。这些均按设计图示尺寸或实际修补尺寸以面积计算，单位：m^2。

2）木楼梯踏板、梯板整修（011625009），木楼梯踏板、梯板拆换（011625010）。木楼梯踏板、梯板整修，木楼梯踏板、梯板拆换，均按设计图示尺寸或实际整修数量以步数计算，单位：步。

3）楼梯防滑条填换（011625011）。楼梯防滑条填换，按设计图示尺寸以长度计算，单位：m。

4）台阶面层修补（011625012）、楼地面找平层修补（011625013）。台阶面层修补，楼地面找平层修补，均按设计图示尺寸或实际修补尺寸以面积计算，单位：m^2。

以上楼地面装饰工程修缮程度应在特征描述中加以说明。

10. 墙、柱面抹灰修缮（011626）

墙、柱面抹灰修补（011626001），其他面（零星）抹灰修补（011626002），均按设计图示尺寸或实际修补尺寸以面积计算，单位：m^2。

11. 墙、柱面块料面层修缮（011627）

块料、石材墙柱面修补（011627001），其他面（零星）块料、石材修补（011627002），均按设计图示尺寸或实际修补尺寸以面积计算，单位：m^2。

12. 墙、柱饰面修缮（011628）

墙、柱饰面修补（011628001）按设计图示尺寸或实际修补尺寸以面积计算，单位：m^2。

13. 隔断、隔墙修缮（011629）

隔墙修补（011629001）、隔墙整修（011629002），均按设计图示尺寸或实际修补尺寸以面积计算，单位：m^2。

14. 天棚抹灰修缮（011630）

天棚抹灰修补（011630001），按设计图示尺寸或实际修补尺寸以面积计算，单位：m^2。

15. 天棚吊顶修缮（011631）

（1）吊顶面层补换（011631001）

吊顶面层补换，按设计图示尺寸或实际补换尺寸以面积计算，单位：m^2。

（2）天棚支顶加固（011631002）

天棚支顶加固，按设计图示尺寸或实做面积计算，单位：m^2。

16. 油漆、涂料、裱糊修缮（011632）

（1）门、窗油漆翻新（011632001）

门、窗油漆翻新，按设计图示洞口尺寸以面积计算，单位：m^2。

（2）木材面油漆翻新（011632002）、抹灰面油漆翻新（011632006）

木材面油漆翻新、抹灰面油漆翻新，均按设计图示尺寸以面积计算，单位：m^2。

（3）木扶手及其他板条、线条油漆翻新（011632003），抹灰线条油漆翻新（011632007）

木扶手及其他板条、线条油漆翻新，抹灰线条油漆翻新，均按设计图示尺寸以长度计算，单位：m。

（4）金属面油漆翻新（011632004）

金属面油漆翻新，按设计展开面积计算，单位：m^2。

（5）金属构件油漆翻新（011632005）

金属构件油漆翻新，按设计图示尺寸以质量计算，单位：t。

复 习 题

1. 阐述项目特征描述的意义。

2. 简述建筑面积计算的基本原则。

3. 在下列建筑物建筑面积计算中，计算1/2面积的是（　　）。

1）单层建筑物结构层高2.2m。

2）形成建筑空间的坡屋顶，结构净高在1.2m以下的部位。

3）有顶盖无围护结构的场馆看台。

4）窗台与室内楼地面高差在0.3m，结构净高2.4m的飘窗。

5）室外楼梯。

6）在主体结构内的阳台。

7）建筑物的外墙外保温层。

8）建筑物内结构层高 2.2m 的设备层。

9）室外爬梯。

4. 简述沟槽、地坑及一般土石方的划分。
5. 简述基础与墙身的划分原则。
6. 如何确定混凝土柱高？
7. 简述综合脚手架项目的适用范围？
8. 简述受力钢筋、架立钢筋、箍筋、分布钢筋、腰筋、吊筋的作用。
9. 简述混凝土构件中符号 L_{ab}、L_{abE}、L_{a}、L_{aE}的含义。
10. 简述墙面装饰工程计算规则。
11. 天棚工程有哪些项目？工程量应如何计算？
12. 房屋修缮工程包括哪些项目？

第 7 章

工业化建筑工程计量

7.1 建筑工业化

7.1.1 建筑工业化的发展

随着建筑业不断发展，传统的建造方式造成的资源浪费、生产效率低、劳动力成本高、环境污染等问题越来越突出，已成为制约建筑业可持续发展的重要因素。以工业化的生产方式重新组织建筑业能够有效实现“四节一环保”，即节能、节水、节地、节材和环境保护，提高劳动效率，提升建筑质量，促进建筑业建造模式的转变，是未来建筑业的发展方向。

20 世纪初，随着欧洲新建筑运动的兴起，提出了建造房子要像制造机器一样，工厂预制、现场机械装配，为建筑向大工业生产方式发展奠定了理论基础。第二次世界大战以后，欧洲国家在缺乏劳动力而又急需建造大量房屋的情况下，通过推行建筑工业化这种新的房屋建造生产方式来提高劳动生产率，快速重建住房，取得了很好的成效。美国、日本、苏联及新加坡等国家也紧随其后致力于建筑工业化的发展。为解决第二次世界大战后在重建时急需建造大量房屋而又缺乏劳动力的问题，欧洲国家通过推行建筑标准设计、构配件工厂化生产、现场装配式施工的一种新房屋建造生产方式以提高劳动生产率，为战后住房的快速重建提供了保障。

我国最早提出走建筑工业化的时间可以追溯到 1956 年 5 月 8 日，国务院出台了《关于加强和发展建筑工业的决定》，文件指出：为了从根本上改善我国的建筑工业，必须积极地、有步骤地实行工业化、机械化施工，逐步完成对建筑工业的技术改造，逐步完成向建筑工业化的过渡。

1978 年，我国国家建委（现为住房和城乡建设部，简称住建部）召开了建筑工业化规划会议，会议要求到 1985 年，全国大中城市要基本实现建筑工业化，到 2000 年，全面实现建筑工业的现代化。到 20 世纪 80 年代末，全国各地成立了数万家预制混凝土构件厂，预制混凝土构件年产量达 2500m^2，这种装配式体系在这一时期被广泛应用和认可。1995 年，建设部发布了《建筑工业化发展纲要》，以及随后颁布的一系列住宅产业化相关政策，都在积极助推我国建筑工业化的发展。

2016 年国家发布的《“十三五”规划纲要》中提出：“发展适用、经济、绿色、美观建筑，提高建筑技术水平、安全标准和工程质量，推广装配式建筑和钢结构建筑”。2016 年 2 月中共中央国务院《关于进一步加强城市规划建设管理工作的若干意见》中又指出：“发展新型建造方式。大力推广装配式建筑，减少建筑垃圾和扬尘污染，缩短建造工期，提升工程质量。制定装配式建筑设计、施工和验收规范。完善部品部件标准，实现建筑部品部件工厂化生产。鼓励建筑企业装配式施工，现场装配。建设国家级装配式建筑生产基地。加大政策支持力度，力争用 10 年左右时间，使装配式建筑占新建建筑的比例达到 30%，积极稳妥推广钢结构建筑”。这都指明了我国建筑行业近阶段的发展方向。

7.1.2 建筑工业化概念

1974 年，联合国出版的《政府逐步实现建筑工业化的政策和措施指引》中定义了建筑工业化。建筑工业化是按照大工业生产方式改造建筑业，使之逐步从手工业生产转向社会化大生产的过程。它的基本途径是建筑标准化、构配件生产工厂化、施工机械化和组织管理科学化，并逐步采用现代科学技术的新成果，以提高劳动生产率，加快建设速度，降低工程成本，提高工程质量。

建筑工业化的核心内容就是两提两减，即提高效率，提高品质，减少能耗，减少人工。与传统建筑建造方式相比，建筑工业化主要有以下几个优势：

（1）有利于提高工程建设效率，减少人工

建筑工业化通过标准化设计、工厂化生产、机械化施工的生产方式，做到设计施工一体化，有效实现缩短工程工期，并且极大程度地减少施工人数，有效解决劳动力匮乏的问题，同时又能提高劳动生产率，降低劳动力成本。据资料统计，发达国家预制装配建造方式与传统建造方式相比节约工期可达 30% 以上。

（2）有利于节约能源，减少环境污染

建筑工业化生产，其核心内容是建筑预制构配件的工厂化生产和现场装配，真正做到“四节一环保”（节地、节水、节能、节材，环保即施工现场无粉尘、噪声、污水等污染），实现绿色施工，对社会和经济发展产生较好的效益。根据万科的建筑工业化试点经验，建筑工业化建筑在其建造过程中每平方米可节能 23%，节水 79%，木模板量减少 87%，建筑垃圾量减少 91%。

（3）有利于提高工程质量与施工安全

建筑工业化的生产使标准化设计、工厂化生产，预制构配件生产质量有了保证，装配式机械化施工减少了现场的人工操作，使工程质量和安全管控有了极大的保障。

（4）有利于推动建筑行业可持续发展

建筑工业化是建筑行业的一场技术革命，要做到设计标准化、生产产业化、施工机械化需要技术先行，建筑技术水平的进步和发展又会促进行业产业链的整合发展，企业的转型升级，从而推动建筑行业的可持续发展。

7.2 工业化建筑

7.2.1 工业化建筑概念

由中华人民共和国住房和城乡建设部颁布的，自 2016 年 1 月 1 日起实施的《工业化建筑评价标准》（GB/T 51129—2015）中对工业化建筑做出了定义：工业化建筑是采用以标准化设计、工厂化生产、装配式施工、一体化装修和信息化管理等为主要特征的工业化生产方式建造的建筑。该标准的出台，明确了工业化建筑概念，对推进建筑工业化发展，促进传统建造方式向现代化建造方式转变，具有重要意义。

近几年，国家高度重视工业化建筑的发展，相关部门陆续颁布了一系列政策文件，2016 年颁布了《国务院办公厅关于大力发展装配式建筑的指导意见》、2016 年《装配式建筑工程消耗量定额》（TY01-01（01）—2016）、2017 年颁布了《“十三五”装配式建筑行动方案》及住房和城乡建设部批准实施的《装配式建筑评价标准》（GB/T 51129—2017），来推动规范工业化建筑的发展。因此，从某种意义上看，工业化建筑主要还是强调装配式建筑。

装配式建筑是指将预制部品部件通过系统集成的方法在工地装配而成的建筑。装配式建筑是一个系统工程，它实现了建筑主要承重结构预制，围护墙体和分隔墙体非砌筑并全装修。装配式建筑主要包括装配式混凝土建筑、装配式钢结构建筑、装配式木结构建筑、集块装配式建筑等。

由于对装配式混凝土建筑、装配式钢结构建筑、装配式木结构建筑都比较熟悉，不再赘述。下面仅对集块装配式建筑进行简单叙述。

7.2.2 集块装配式建筑

集块装配式建筑指以砌文化思想为基础，符合就地就近取材，实现标准化生产、模数化设计和装配式施工，完成工程建设的建筑，主要包含竖向承重结构装配化、水平承重结构装配化、围护墙装配化和填充墙装配化等内容。

集块装配式建筑是指依托配筋砌块砌体剪力墙结构体系、呼吸式夹心保温装饰系统、装配式建造及产业化技术体系形成的具有新时代特色的新型装配式建筑。它是以砌文化为基础，就地就近取材，实现标准化生产和模数化设计，采用装配式施工方法完成工程建设的建筑。它主要包含竖向和水平承重结构装配化、围护墙和填充墙装配化等内容。其具有“双工厂”“双积木”“双工法”的产业化技术特点和“七节一环保”的产业化优势。结合其特有的产业化及装配式建造工艺技术特点，从集块装配式建筑预制基础、现场预制砌块砌体构件及工厂化预制砌块砌体构件、工厂化预制叠合空心楼板及楼梯等全装配建造角度，进行整理总结，在建造实践中不断完善总结，使其具有跟上时代步伐的鲜活生命力。

7.2.3 工业化建筑工程造价

工业化建筑工程造价，从狭义角度来说是指工业化建筑的建筑安装费用，是指在建筑承发包市场交易活动中形成的建筑安装工程的价格。目前仍然按照由住房和城乡建设部、财政部印发的《建筑安装工程费用项目组成》（建标〔2013〕44 号）执行，是由分部分项工程费、措施项目费、其他项目费、规费和税金五部分组成。

国家在大力推行建筑工业化发展的同时，积极做好基础性工作，多方面完善有关工业化建筑工程造价体系。2016 年，住房和城乡建设部批准发行的《装配式建筑工程消耗量定额》，2018 年发布的《房屋建筑与装饰工程工程量计算规范（征求意见稿）》中相关章节写进了装配式建筑内容，各省市地方政府也出台了相应的配套计价定额，这些都是计算工业化建筑工程造价的重要依据。随着建筑工业化的逐步发展成熟，建筑工业化相关标准日益完善，有关建筑工业化造价体系必将更加完善。

7.3 工业化建筑工程计量方法

随着国家对工业化建筑大力推广，工业化建筑越来越多，但是对工业化建筑工程量的计量，国家一直没有统一的标准，给工业化建筑造价的管理与控制带来了困难。作为构成分部分项工程项目以及所需采取的措施项目的数量标准是工业化建筑工程造价的有效确定与控制的依据之一，各地已经建成的工业化建筑一般都是按照工程所在地的地方标准进行计算，国家住房和城乡建设部于 2018 年修订了《房屋建筑与装饰工程工程量计算规范》，这次修订的一项重要内容是增加了装配式建筑工程工程量计算规则，目前发布的是征求意见稿，这意味着装配式建筑工程有了统一的工程量计算规则，使得我国建筑工程造价体系更加完善。

本章讲述的装配式建筑工程量计算规则是根据《房屋建筑与装饰工程工程量计算规范（征求意见稿）》中的规定编写，适用于房屋建筑与装饰工程施工发承包计价活动中所涉及的装配式建筑工程的工程量清单编制和工程量计算。

装配式建筑工程涉及的现浇部分如基础、柱等仍按照钢筋混凝土工程部分及措施项目相应内容执行。门窗工程项目特征中“工艺要求”对装配式建筑等有特殊要求的工艺进行描述。

7.3.1 装配式混凝土结构

装配式混凝土结构工程，是指预制混凝土构件通过可靠的连接方式装配而成混凝土结构，包括装配整体式混凝土结构、全装配式混凝土结构。

预制混凝土构件按现场制作编制项目，“工作内容”中包括模板工程，不再另列。若采用成品预制混凝土构件时，成品混凝土构件（包括模板、钢筋、混凝土等所有费用）应计入综合单价中。

1. 装配式预制混凝土构件

预制混凝土构件清单中共列有实心柱、单梁、叠合梁、整体板、叠合板、实心剪力墙板、夹心保温剪力墙板、叠合剪力墙板、外挂墙板、女儿墙、楼梯、阳台、凸（飘）窗、空调板、压顶、其他构件 16 个清单项目。装配式混凝土结构与装配整体式混凝土结构中的预制混凝土构件按照“0503 装配式预制混凝土构件”中相关项目编码列项。

装配式构件安装包括构件固定所需临时支撑的搭设及拆除，支撑（含支撑预埋铁件）种类及搭设方式如采用特殊工艺需注明，可在项目特征中额外说明。

(1) 实心柱

实心柱，按成品构件设计图示尺寸以体积计算，单位：m^3。不扣除构件内钢筋、预埋铁件、配管、套管、线盒及单个面积≤0.3m^2 的孔洞、线箱等所占体积，构件外露钢筋体积也不再增加。项目特征包括：

1) 构件规格或型号。

2) 安装高度。

3) 混凝土强度等级。

4) 钢筋连接方式。

(2) 单梁、叠合梁

单梁、叠合梁，按成品构件设计图示尺寸以体积计算，单位：m^3。不扣除构件内钢筋、预埋铁件、配管、套管、线盒及单个面积≤0.3m^2 的孔洞、线箱等所占体积，构件外露钢筋体积也不再增加。项目特征包括：

1) 构件规格或型号。

2) 安装高度。

3) 混凝土强度等级。

4) 钢筋连接方式。

(3) 整体板、叠合板

整体板、叠合板（图 7-1），按成品构件设计图示尺寸以体积计算，单位：m^3。不扣除构件内钢筋、预埋铁件、配管、套管、线盒及单个面积≤0.3m^2的孔洞、线箱等所占体积，构件外露钢筋体积也不再增加。项目特征包括：

1) 类型。

2) 构件规格或型号。

3) 安装高度。

4) 混凝土强度等级。

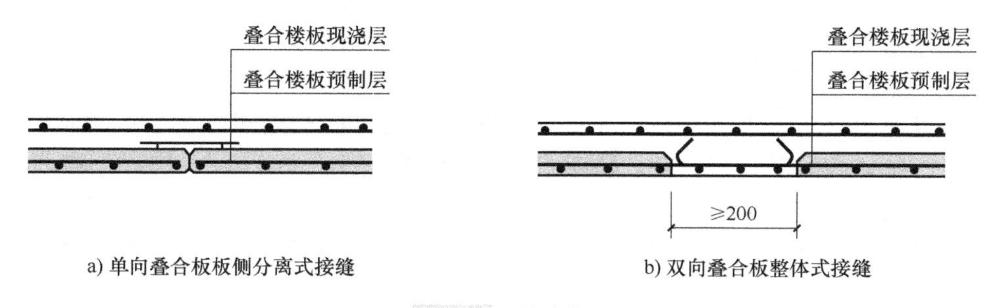

a) 单向叠合板板侧分离式接缝　　b) 双向叠合板整体式接缝

图 7-1　叠合板

装配式预制板的类型是指桁架板、网架板、PK 板等。

【例 7-1】　某装配式结构 1 跨的叠合板平面布置如图 7-2 所示，叠合板厚度为 150mm，墙厚度为 200mm，试计算该跨叠合板的工程量。

【解】

叠合板的工程量 $=(2.7+0.9+1.5+3.9+0.1\times2)m\times(3.5+0.1)m\times0.15m=4.97m^3$

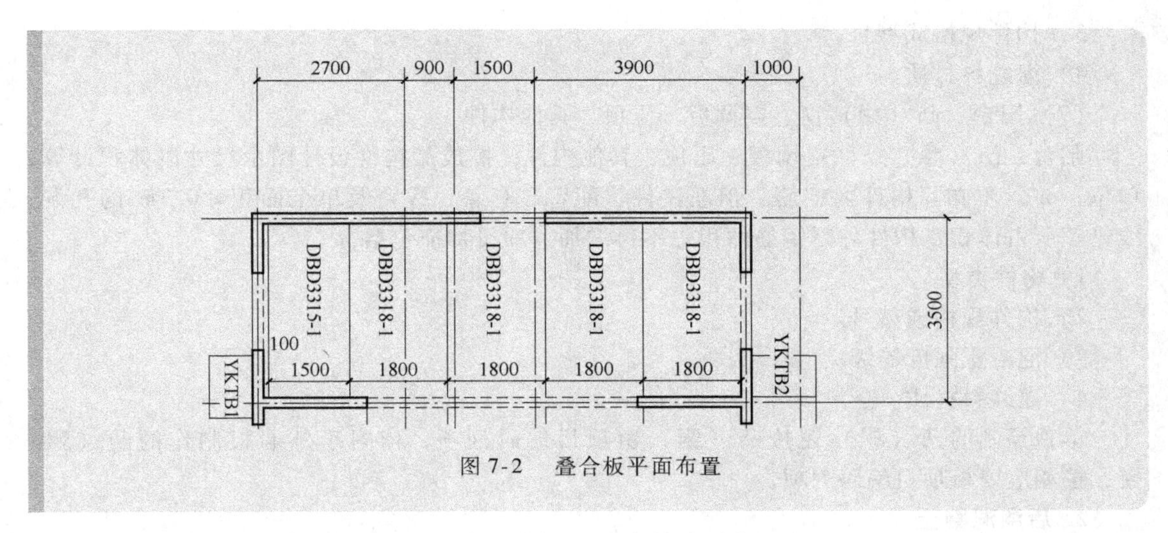

图 7-2 叠合板平面布置

(4) 实心剪力墙板、夹心保温剪力墙板、叠合剪力墙板

实心剪力墙板、夹心保温剪力墙板、叠合剪力墙板，按成品构件设计图示尺寸以体积计算，单位：m^3。不扣除构件内钢筋、预埋铁件、配管、套管、线盒及单个面积≤0.3m^2的孔洞、线箱等所占体积，构件外露钢筋体积也不再增加。项目特征包括：

1) 部位。

2) 构件规格或型号。

3) 安装高度。

4) 混凝土强度等级。

5) 钢筋连接方式。

6) 填缝料材质。

装配式预制剪力墙墙板的部位指内墙、外墙。

(5) 外挂墙板、女儿墙

外挂墙板、女儿墙，按成品构件设计图示尺寸以体积计算，单位：m^3。不扣除构件内钢筋、预埋铁件、配管、套管、线盒及单个面积≤0.3m^2的孔洞、线箱等所占体积，构件外露钢筋体积也不再增加。项目特征包括：

1) 构件规格或型号。

2) 安装高度。

3) 混凝土强度等级。

4) 钢筋连接方式。

5) 填缝料材质。

(6) 楼梯

楼梯，按成品构件设计图示尺寸以体积计算，单位：m^3。不扣除构件内钢筋、预埋铁件、配管、套管、线盒及单个面积≤0.3m^2的孔洞、线箱等所占体积，构件外露钢筋体积也不再增加。项目特征包括：

1) 楼梯类型。

2) 混凝土强度等级。

3）构件规格或型号。

4）灌缝料材质。

（7）阳台、凸（飘）窗、空调板、压顶、其他构件

阳台、凸（飘）窗、空调板、压顶、其他构件，按成品构件设计图示尺寸以体积计算，单位：m^3。不扣除构件内钢筋、预埋铁件、配管、套管、线盒及单个面积≤0.3m^2的孔洞、线箱等所占体积，构件外露钢筋体积也不再增加。项目特征包括：

1）构件类型。

2）构件规格或型号。

3）混凝土强度等级。

4）灌缝料材质。

单独预制的凸（飘）窗按凸（飘）窗项目编码列项，依附于外墙板制作的凸（飘）窗，按相应墙板项目编码列项。

2. 后浇混凝土

后浇混凝土是指装配整体式结构中，用于与预制混凝土构件连接形成整体构件的现场浇筑混凝土。

（1）装配构件梁、柱链接

装配构件梁、柱连接，按设计图示尺寸以体积计算，单位：m^3。项目特征包括：

1）混凝土种类。

2）混凝土强度等级。

3）浇筑方式。

（2）装配构件墙、柱连接

装配构件墙、柱连接，按设计图示尺寸以体积计算，单位：m^3。项目特征包括：

1）混凝土种类。

2）混凝土强度等级。

3）浇筑方式。

（3）叠合梁板

叠合梁板，按设计图示尺寸以体积计算，单位：m^3。项目特征包括：

1）混凝土种类。

2）混凝土强度等级。

3）浇筑方式。

叠合构件是指由预制构件部分和后浇混凝土部分组合而成的预制现浇整体式构件。

（4）叠合剪力墙

叠合剪力墙，按设计图示尺寸以体积计算，单位：m^3。项目特征包括：

1）混凝土种类。

2）混凝土强度等级。

3）浇筑方式。

墙板或柱等预制构件之间设计采用现浇混凝土墙连接的，当连接墙的长度在2m以内时，按连接墙、柱项目编码列项；当长度超过2m时，按现浇混凝土构件中的短肢剪力墙项目编码列项。

说明：

1）叠合楼板或整体楼板之间设计采用现浇混凝土板带拼缝的，板带混凝土浇捣工程量并入“叠合梁、板”工程量内。

2）后浇混凝土钢筋制作、安装、连接按照《计算规范》附录 5“钢筋及螺栓、铁件”相应项目及规定执行。

7.3.2 装配式钢结构工程

装配式钢结构工程，指钢构件通过可靠的连接方式装配而成的钢结构。清单项目详见金属结构工程工程量计算规则相应内容。

7.3.3 装配式木结构工程

装配式木结构工程，指木构件通过可靠的连接方式装配而成的木结构，包括装配式轻型木结构和装配式框架木结构。装配式木构件参照“其他木构件”编码列项。

其他木构件，按设计图示尺寸以体积计算，单位：m^3。项目特征包括：

1）构件名称。

2）构件规格尺寸。

3）木材种类。

4）刨光要求。

7.3.4 建筑构件及部品工程

建筑构件及部品工程包括单元式幕墙、轻质隔墙、预制烟道及通风道、预制成品护栏和装饰成品部件等内容。

1. 单元式幕墙

单元式幕墙是指由各种面板与支撑框架在工厂制成，形成完整的幕墙结构基本单位后，运至施工现场直接安装在主体结构上的建筑幕墙。

单元式幕墙，按设计图示框外围尺寸以面积计算，单位：m^2。项目特征包括：

1）支撑结构形式。

2）埋件种类、材质。

3）面层材料品种、规格、表面处理及颜色。

4）隔离带、框边封闭材料品种、规格。

5）嵌缝、塞口材料种类。

2. 轻质隔墙

轻质隔墙，按设计图示尺寸以面积计算，单位：m^2。项目特征包括：

1）墙板材质。

2）墙板厚度。

3）墙板高度。

4）墙板安装部位（内、外）。

5）砂浆强度等级或专用胶黏剂类型。

6）拼装墙板、粘网格布条填灌板下细石混凝土及填充层等墙板安装。

轻质隔墙适用于框架、框剪结构中的内外墙或隔墙。

3. 预制烟道、通风道

预制烟道、通风道，按设计图示尺寸以套计算，单位：套；按设计图示尺寸以长度计算，单位：m；按设计图示尺寸以体积计算，单位：m^3。项目特征包括：

1）构件名称。

2）单件尺寸、型号或体积。

3）混凝土强度等级。

4）砂浆强度等级、配合比。

5）场内运输。

4. 预制成品护栏

（1）预制混凝土成品护栏

预制混凝土成品护栏，按设计图示尺寸以套计算，单位：套；按设计图示尺寸以长度计算，单位：m；按设计图示尺寸以体积计算，单位：m^3。项目特征包括：

1）构件名称。

2）单件尺寸、型号或体积。

3）混凝土强度等级。

4）砂浆强度等级、配合比。

5）场内运输。

（2）钢护栏

钢护栏，按设计图示尺寸以质量计算，单位：t。不扣除孔眼的质量，焊条、铆钉、螺栓等不另增加质量。项目特征包括：

1）钢材品种、规格。

2）吊装机械。

3）场内运距。

（3）成品空调金属百叶护栏

成品空调金属百叶护栏，按设计图示尺寸以框外围展开面积计算，单位：m^2。项目特征包括：

1）材料品种、规格。

2）边框材质。

（4）型钢玻璃

型钢玻璃，按设计图示以扶手中心线长度（包括弯头长度）计算，单位：m。项目特征包括：

1）扶手材料种类、规格、品牌。

2）栏杆材料种类、规格、品牌。

3）栏板材料种类、规格、品牌、颜色。

4）固定配件种类。

5）防护材料种类。

5. 装饰成品部件

（1）成品踢脚线

1）木质踢脚线。木质踢脚线，按设计图示尺寸以延长米计算，单位：m^2。项目特征包括：

① 踢脚线高度。

② 基层材料种类、规格。

③ 面层材料品种、规格、颜色。

2）金属踢脚线。金属踢脚线，按设计图示尺寸以面积计算，单位：m^2。项目特征包括：

① 踢脚线高度。

② 基层材料种类、规格。

③ 面层材料品种、规格、颜色。

（2）墙面成品木饰面

墙面成品木饰面，按设计图示尺寸以面积计算，单位：m^2。项目特征包括：

1）基层类型。

2）木饰面材料种类。

3）木饰面样式种类。

（3）成品门

成品门，按照门窗工程相应门列项，单位：樘。

（4）成品橱柜

成品橱柜，按设计图示尺寸以正投影面积计算，单位：m^2。项目特征包括：

1）柜类名称。

2）柜类规格。

3）安装方式。

4）材料种类、规格。

5）五金种类、规格。

6）防护材料种类。

7）油漆品种、刷漆遍数。

复　习　题

1. 什么是工业化建筑？
2. 装配式建筑主要包括哪些？
3. 墙板或柱等预制构件之间设计采用现浇混凝土墙连接的工程量计算有何规定？
4. 叠合楼板或整体楼板之间设计采用现浇混凝土板带拼缝的工程量计算有何规定？

参考文献

[1] 张守健. 土木工程预算 [M]. 3版. 北京：高等教育出版社，2018.

[2] 许程洁. 建筑工程估价 [M]. 3版. 北京：机械工业出版社，2015.

[3] 王雪青. 工程估价 [M]. 2版. 北京：中国建筑工业出版社，2011.

[4] 刘长滨. 土木工程估价 [M]. 2版. 武汉：武汉理工大学出版社，2014.

[5] 宋显锐. 房屋建筑与装饰工程计量与计价 [M]. 武汉：武汉理工大学出版社，2017.

[6] 杨静，王炳霞. 建筑工程概预算与工程量清单计价 [M]. 2版. 北京：中国建筑工业出版社，2014.

[7] 齐宝库，黄昌铁. 工程估价 [M]. 北京：清华大学出版社，2016.

[8] 贾宏俊. 建设工程技术与计量 [M]. 北京：中国计划出版社，2017.

[9] 焦红，王松岩. 钢结构工程识图与预算快速入门 [M]. 北京：中国建筑工业出版社，2011.

[10] 全国造价工程师职业资格考试培训教材编审委员会. 建设工程计价 [M]. 北京：中国计划出版社，2018.

[11] 柯洪. 建设工程工程量清单与施工合同 [M]. 北京：中国建材工业出版社，2014.

[12] 严玲，尹贻林. 工程计价学 [M]. 3版. 北京：机械工业出版社，2017.

[13] 郭树荣. 工程造价管理 [M]. 2版. 北京：科学出版社，2015.

[14] 高竞. 平法结构钢筋图解读 [M]. 北京：中国建筑工业出版社，2012.